cours d'électrotechnique
1. machines tournantes à courants alternatifs

nouvelle édition, augmentée de problèmes corrigés

BTS, IUT
écoles d'ingénieurs
maîtrise EEA

Jean-Louis Dalmasso

Ancien élève de l'École Normale Supérieure
de l'Enseignement Technique
Agrégé de l'Université
Professeur au Lycée technique Rouvière
à Toulon

BELIN 8, rue Férou - 75006 Paris

DiA TECHNIQUE SUPÉRIEUR

ISBN 2-7011-0858-8

TABLE DES MATIÈRES

D. MACHINES SYNCHRONES MONOPHASEES

E. MACHINES TRIPHASEES A INDUCTION (dites *MACHINES ASYNCHRONES*)

E.I. Constitution et fonctionnement

E.II. Etude électromécanique

E.III. Diagramme vectoriel des intensités

E.IV. Caractéristiques du fonctionnement d'un moteur asynchrone

E.V. Démarrage des moteurs asynchrones

E.VI. Moteur asynchrone à rotor en court-circuit

PROBLEMES CORRIGES

PRÉFACE

Il y a deux façons d'aborder les machines tournantes, selon que l'on est physicien ou électrotechnicien.

L'électrotechnicien se souciera de l'utilisation de la machine : son branchement correct, le sens de rotation, le démarrage et le ralentissement, les protections, la mesure du couple et du rendement, enfin les groupements de machines et les cascades qui en multiplient les possibilités.

Le physicien essaiera de comprendre le fonctionnement de la machine en le ramenant aux lois de la physique, et il calculera des forces magnéto-motrices, des répartitions sinusoïdales, des couples électromagnétiques, puis il établira des diagrammes vectoriels, à partir desquels il essaiera de prévoir théoriquement tous les paramètres de la machine.

Le grand mérite de l'ouvrage que M. Dalmasso livre ici au public est de savoir constamment garder un équilibre entre ces deux points de vue. Il a réalisé un texte où tout s'enchaîne logiquement, où tout se démontre, ce qui évite les efforts de mémoire, et où les applications technologiques ne sont pas oubliées.

Tout en étant complet, l'auteur sait rester simple. Nous avons trop vu de ces ouvrages savants qui ne peuvent être compris que par ceux qui connaissent déjà la théorie ; ici, c'est un ouvrage qui s'adresse à l'étudiant débutant, qui lui explique tout en termes clairs, et qui l'emmène très loin sur les voies de la connaissance, en ne laissant rien dans l'ombre. Il profitera aussi bien aux élèves des écoles d'ingénieurs qu'à ceux des lycées techniques ; ces derniers n'auront qu'à sauter dans une première lecture des développements manifestement en dehors de leur programme, mais ils seront contents d'y trouver par la suite l'explication de tous les phénomènes qu'ils constatent lors de l'utilisation des machines.

Je crois même que certains techniciens de l'industrie y découvriront par-ci, par-là, des détails ou des utilisations qu'ils ne connaissent pas encore, tant l'auteur a approfondi ce domaine dont il est un spécialiste.

Je suis certain du bon accueil que les étudiants réserveront à cet ouvrage, qui sera d'ailleurs complété par un fascicule sur les convertisseurs statiques.

M. BORNAND

Professeur agrégé
Chargé de cours à l'Ecole supérieure d'ingénieurs
"Energie, transports et propulsion" d'Orléans

AVANT-PROPOS

Le présent exposé n'a pas pour ambition de s'ajouter aux excellents ouvrages publiés en français qui constituent la bibliothèque fondamentale de l'électrotechnicien. Conçu pour l'enseignement, c'est un cours destiné à accompagner le travail personnel et la progression de l'étudiant. L'aide du professeur peut parfois être souhaitable, pour franchir certaines difficultés, encore que tous les éléments du raisonnement soient fournis.

L'unité de l'ensemble provient d'un principe simple : toutes les machines tournantes à courants alternatifs (et on pourrait généraliser à tous les convertisseurs électromécaniques) sont le siège de champs d'induction glissants qui entrent en interaction avec les courants des enroulements ; leur fonctionnement s'explique à partir de cette observation. Le mode de création des champs glissants différencie les machines mais ne justifie pas des monographies séparées.

La première partie groupe les études théoriques sur les phénomènes fondamentaux rencontrés : champs glissants, forces électromotrices, couples électromagnétiques. L'étude de chaque machine est ensuite abordée en une suite de chapitres aussi indépendants que possible (à l'exception des tout premiers, qui constituent une sorte de "passage obligé") et dont la logique interne évolue avec le sujet traité (les courbes caractéristiques ne sont pas justifiées explicitement, l'étude énergétique est envisagée à partir des normes industrielles). Ce découpage doit permettre une grande souplesse d'utilisation. Certains passages sont destinés au lancement des séances d'essais de machines, dont ils fournissent la matière d'oeuvre (montage, normes, etc). Enfin, les annexes qui complètent certains chapitres offrent la possibilité de moduler, dans certaines limites, le niveau de l'étude.

Les problèmes corrigés ajoutés à cette nouvelle édition proposent des exemples de mise en oeuvre des méthodes de calcul ou de prédétermination établies dans l'exposé théorique ; ils ont aussi pour but de prolonger le domaine couvert par cet exposé en étudiant des systèmes (moteur synchrone auto-piloté, cascade hyposynchrone) dont l'analyse théorique complète dépasse l'ambition de cet ouvrage.

Juin 1985 *J.-L. DALMASSO*

Nous remercions l'Union technique de l'électricité (U.T.E.) d'avoir bien voulu nous autoriser à reproduire, dans les chapitres B et E, des extraits des normes NF C51-111 et NF C51-112. On peut se procurer les textes complets de ces documents à l'U.T.E., 12 place des Etats-Unis, 75783 Paris Cedex 16.

A. *Etudes préliminaires*

A.I. CHAMP MAGNÉTIQUE GLISSANT

A.I.1. INTRODUCTION

Les machines tournantes sont constituées d'un stator (partie fixe) et d'un rotor (partie mobile) séparés par un entrefer. Cet entrefer est donc limité par deux surfaces cylindriques coaxiales (pas nécessairement de sections droites circulaires).

Si un flux de champ magnétique circule dans cet entrefer entre rotor et stator, le théorème d'Ampère et la loi du flux maximal impliquent que les lignes de champ de ce flux y sont radiales (la longueur des portions de lignes de champ situées dans l'entrefer est alors minimale et, à force magnétomotrice donnée, l'excitation magnétique est maximale).

On dira qu'un tel entrefer est le siège d'un champ magnétique glissant si tout se passe comme si le rotor, animé d'un mouvement de rotation, était constitué de pôles d'aimants permanents (on notera parfois "rotor fictif équivalent" un tel dispositif).

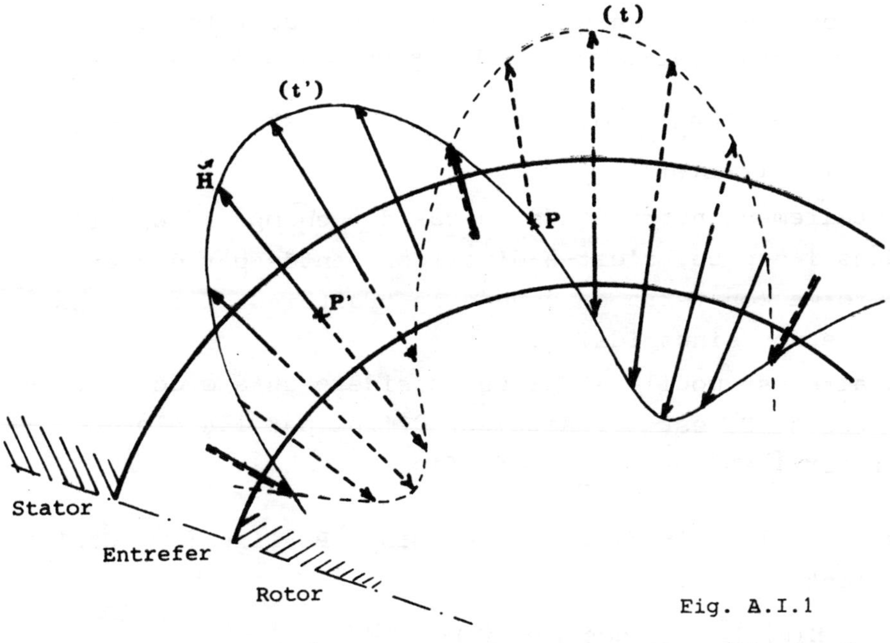

Fig. A.I.1

Le champ magnétique suit le mouvement de ce rotor fictif et semble donc glisser dans l'entrefer (voir fig. A.I.1) ; on a représenté le vecteur excitation $\vec{H}$ en divers points de l'entrefer aux instants t et t' : l'excitation a glissé pendant cet intervalle de temps de la "distance" séparant P' de P).

Un point fixe (par rapport au stator) de l'entrefer voit à chaque instant un vecteur excitation magnétique $\vec{H}$:

- de direction fixe (radiale);
- d'amplitude variable et périodique (en fonction de la position du rotor fictif par rapport à une origine fixe).

Tous les points de l'entrefer voient défiler le même champ glissant. En particulier, les valeurs extrêmes de l'amplitude du vecteur excitation magnétique sont indépendantes du point de l'entrefer considéré.

A.I.2. EXPRESSION MATHEMATIQUE D'UN CHAMP MAGNETIQUE GLISSANT

Soit un rotor portant à sa périphérie 2p pôles, p pôles Nord identiques et p pôles Sud identiques, régulièrement espacés (deux pôles successifs, de noms contraires, sont distants, angulairement, de $\frac{\pi}{p}$). A partir de l'axe OX d'un pôle Nord choisi comme référence, on peut repérer un point quelconque P de l'entrefer par l'angle θ défini par le rayon vecteur $\vec{OP}$ et l'axe OX. L'expression de l'excitation $H(\theta)$ au point P est une fonction périodique, de période $\frac{2\pi}{p}$ (décalage angulaire entre deux pôles de même nom), et maximale pour $\theta = 0$ (si on compte positivement un vecteur "sortant" du rotor).

La fonction la plus simple satisfaisant à ces conditions est :

$$H(\theta) = H_M \cos(p\theta)$$

où H_M est une grandeur constante.

On limitera volontairement notre étude au cas des champs à répartition sinusoïdale dans l'espace, c'est-à-dire représentés par des expressions de cette forme (on verra en annexe le traitement des champs à répartition spatiale non sinusoïdale).

Si cette roue polaire est mobile et si on considère un axe de référence fixe Ox le point P est parfaitement défini par l'angle α et la position du rotor l'est par α_x (cf. fig. A.I.2).

Alors, l'expression de l'excitation H au point P fixe (α = Cte) à l'instant t devient :

$$H(P,t) = H_M \cos p(\alpha-\alpha_x)$$

où α_x est une fonction du temps, rendant compte du déplacement du ro-

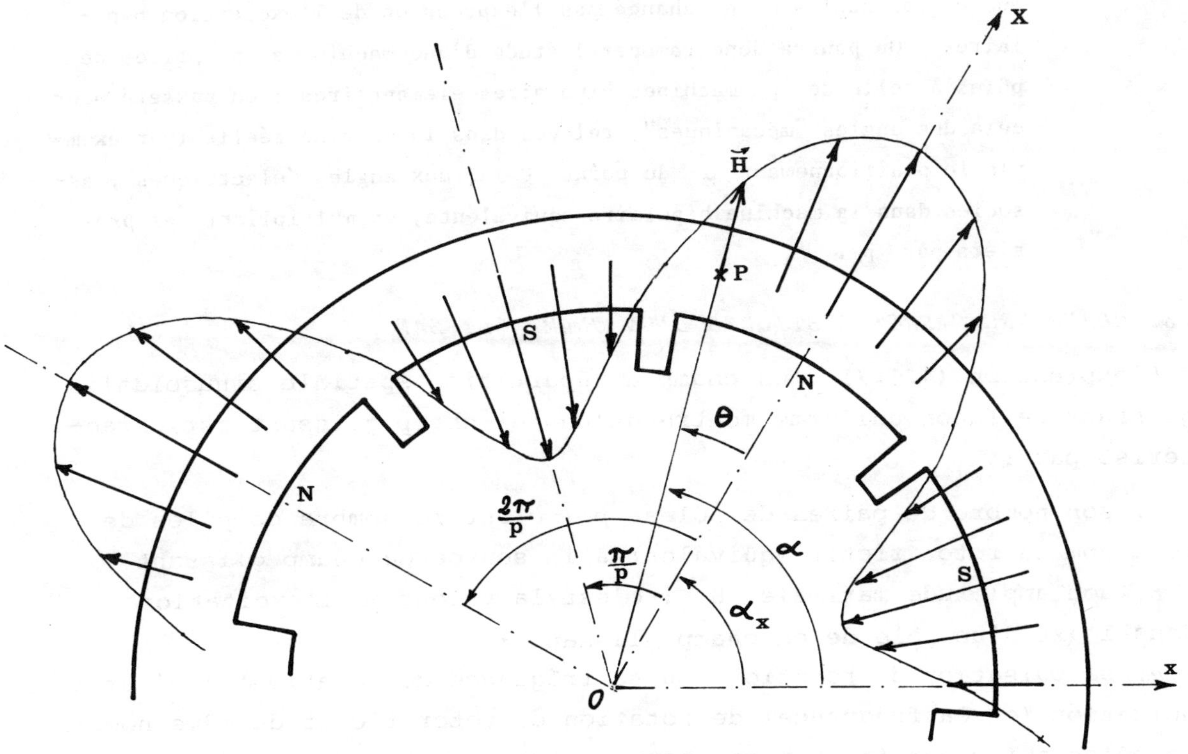

Fig. A.I.2

tor. Dans le cas simple mais courant d'une roue polaire tournant d'un mouvement uniforme de pulsation de rotation Ω (en rd/s), il vient :

$$\alpha_x = \Omega t$$

(en choisissant l'origine des temps lors d'un passage de OX suivant Ox) ; d'où :

$$H(P,t) = H_M \cos p(\alpha - \Omega t) = H_M \cos (p\alpha - p\Omega t) \qquad (A.I.1)$$

Cette expression est donc celle d'un champ 2p polaire, d'amplitude maximale H_M , glissant avec une pulsation de rotation Ω (dans le sens trigonométrique positif si Ω est positif, dans le sens inverse sinon).

Remarque : Les angles mécaniques θ, α, α_x, $\alpha - \alpha_x$ n'apparaissent dans les expressions mathématiques que multipliés par le nombre de paires de pôles p . Tout se passe donc comme si la machine étudiée était une superposition de p machines identiques (si on augmente de $\frac{2\pi}{p}$ l'un quelconque de ces angles on ne change pas l'expression de l'excitation bipolaires. On pourra donc ramener l'étude d'une machine à p paires de pôles à celle de p machines bipolaires élémentaires ; on passera pour cela des angles "mécaniques", relevés dans la machine réelle (par exemple le positionnement α du point P), aux angles "électriques", associés dans la machine bipolaire équivalente, en multipliant les premiers par p .

A.I.3. GRANDEURS CARACTERISTIQUES D'UN CHAMP GLISSANT

L'expression (*A.I.1*) d'un champ à répartition spatiale sinusoïdale glissant de façon uniforme montre qu'un tel champ glissant est caractérisé par :

a. son nombre de paires de pôles p : c'est le nombre de pôles de même nom du rotor fictif équivalent à la source de champ glissant ;

b. son amplitude maximale H_M : c'est la valeur de l'excitation dans l'axe d'un pôle de ce champ glissant ;

c. sa pulsation de rotation (ou sa fréquence de rotation) : c'est la pulsation (ou la fréquence) de rotation du rotor fictif de même nombre de pôles qui créerait le même champ glissant (rotor fictif équivalent) ; dans notre cas cette pulsation est représentée par Ω (et $n = \frac{\Omega}{2\pi}$ représenterait la fréquence de rotation, en tr/s ou Hz) ;

d. sa pulsation (ou sa fréquence) : c'est la pulsation (ou la fréquence)de l'excitation vue par un point P fixe de l'entrefer ; c'est aussi la pulsation de rotation (ou la fréquence de rotation) du rotor bipolaire qui créerait le même champ en ce point P ; on note ω cette pulsation (et $f = \frac{\omega}{2\pi}$ cette fréquence).

Remarque importante : Les trois grandeurs p, Ω, ω sont toujours et nécessairement liées par la relation : $\omega = p\,\Omega$ (*A.I.2*).

A.I.4. CREATION D'UN CHAMP GLISSANT

A.I.4.a. Roue polaire mobile

On a vu aux chapitres précédents que le procédé le plus simple pour obtenir un champ glissant est la mise en rotation d'un rotor portant des pôles magnétiques alternativement Nord et Sud (fig. A.I.2). Ce dispositif, appelé "roue polaire", sera utilisé dans les machines synchrones (on verra lors de l'étude de ces machines les différentes réalisations rencontrées). Généralement (toujours, pour les puissances supérieures au kilowatt), la roue polaire n'est pas constituée d'aimants permanents, mais de pôles portant un bobinage parcouru par un courant magnétisant continu.

A.I.4.b. Bobinage fixe parcouru par un courant alternatif sinusoïdal

Soit un bobinage constitué de p bobines (voir fig. A.I.3) :

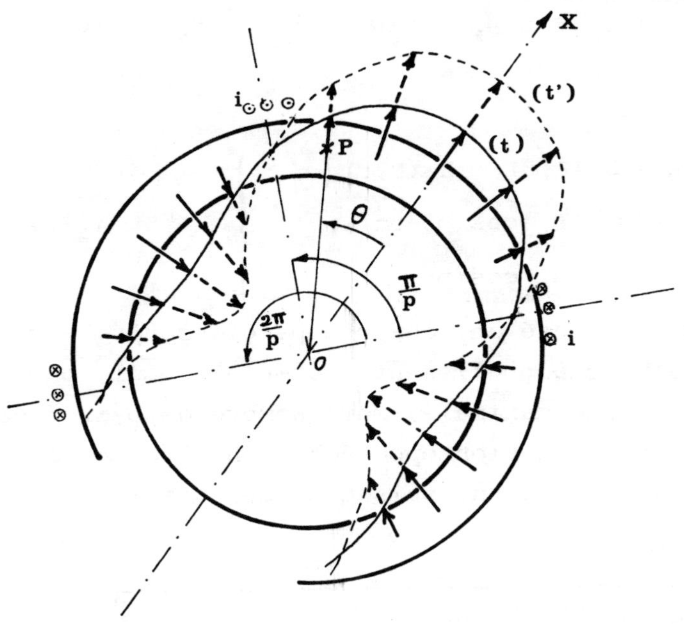

Fig. A.I.3

une bobine, d'axe OX, est composée de brins distants de $\frac{\pi}{p}$ (pour moitié situés à $\frac{\pi}{2p}$ de OX, l'autre moitié étant à $-\frac{\pi}{2p}$); les conducteurs de la bobine suivante sont situés à $\frac{2\pi}{p}$ des conducteurs homologues de cette bobine.

Cet enroulement étant parcouru par un courant alternatif d'intensité :

$$i = f(t)$$

la valeur de l'excitation magnétique en un point P de l'entrefer (situé à θ de OX) est de la forme :

$$H(P,t) = H_M(i).\cos(p\theta)$$

si les conducteurs sont disposés de telle sorte que la répartition spatiale du champ soit sinusoïdale.

Si l'intensité du courant est une fonction sinusoïdale du temps :

$$i = I_M \cos(\omega t)$$

et si on néglige la réluctance de la partie ferromagnétique du circuit devant celle des entrefers, le théorème d'Ampère impose que l'excitation maximale dans l'entrefer $H_M(i)$, c'est-à-dire l'excitation dans l'axe d'une bobine, est proportionnelle aux ampère-tours inducteurs, donc à l'intensité du courant magnétisant :

$$H_M(i) = K.i = K.I_M \cos(\omega t) = H_M \cos(\omega t) \qquad \text{où } H_M = \text{Cte.}$$

D'où l'expression finale de l'excitation au point P à l'instant t:

$$H(P,t) = H_M \cos(\omega t).\cos(p\theta) \qquad (A.I.3)$$

Ce n'est pas celle d'un champ glissant. On voit d'ailleurs sur la fig. A.I.3 que le champ magnétique , représenté à deux instants t et t' , n'a pas l'allure d'un champ glissant ; on remarque en particulier que certains points de l'entrefer voient un champ magnétique de valeur toujours nulle. Nous avons un champ magnétique "pulsant".

L'expression (*A.I.3*) peut aussi s'écrire :

$$H(P,t) = H_M \cos(\omega t).\cos(p\theta) = \frac{1}{2} H_M \cos(p\theta-\omega t) + \frac{1}{2} H_M \cos(p\theta+\omega t)$$

c'est-à-dire :

$$\left.\begin{aligned} &H(P,t) = H_1(P,t) + H_2(P,t) \\ \text{où :}\quad &H_1(P,t) = \frac{1}{2} H_M \cos(p\theta-\omega t) \\ \text{et :}\quad &H_2(P,t) = \frac{1}{2} H_M \cos(p\theta+\omega t) \end{aligned}\right\} \qquad (A.I.4)$$

Le champ pulsant est donc décomposé en deux champs glissants. Par analogie avec l'expression d'un champ glissant (formule *A.I.1*), on voit que H_1 et H_2 ont même amplitude maximale, même nombre de paires de pôles (p) et des pulsations de rotation opposées : H_1 tourne à la pulsation $\Omega_1 = \frac{\omega}{p}$, alors que H_2 a une pulsation de rotation $\Omega_2 = -\frac{\omega}{p}$.

THEOREME DE LEBLANC

Un enroulement, comprenant p bobines identiques régulièrement disposées le long d'un entrefer, créant un champ magnétique à répartition spatiale instantanée sinusoïdale, parcouru par un courant alternatif sinusoïdal, donne naissance à deux champs glissants de même amplitude maximale, de même nombre de paires de pôles (p) et de pulsations de rotation opposées.

A.I.4.c. Bobinage fixe triphasé parcouru par des courants triphasés

Disposons à la périphérie d'un entrefer les p bobines d'un premier enroulement (p = 2 dans le cas de figure) ; une de ces bobines, composées des faisceaux de conducteurs 1 et 1', admet OX_1 pour axe. Disposons maintenant un second enroulement, identique au précédent mais décalé angulairement de $\frac{2\pi}{3p}$ (la bobine formée des faisceaux 2 et 2' a pour axe OX_2). Un troisième enroulement, identique aux précédents, complète le bobinage (les spires formées par les conducteurs des faisceaux 3 et 3' ont pour axe OX_3). D'où le dispositif représenté en A.I.4 (remarques : les conducteurs ne sont pas ainsi groupés dans la masse du stator mais distribués dans des encoches qui n'ont pas été représentées ; les sens des courants portés sur les conducteurs sont les sens conventionnellement choisis positifs).

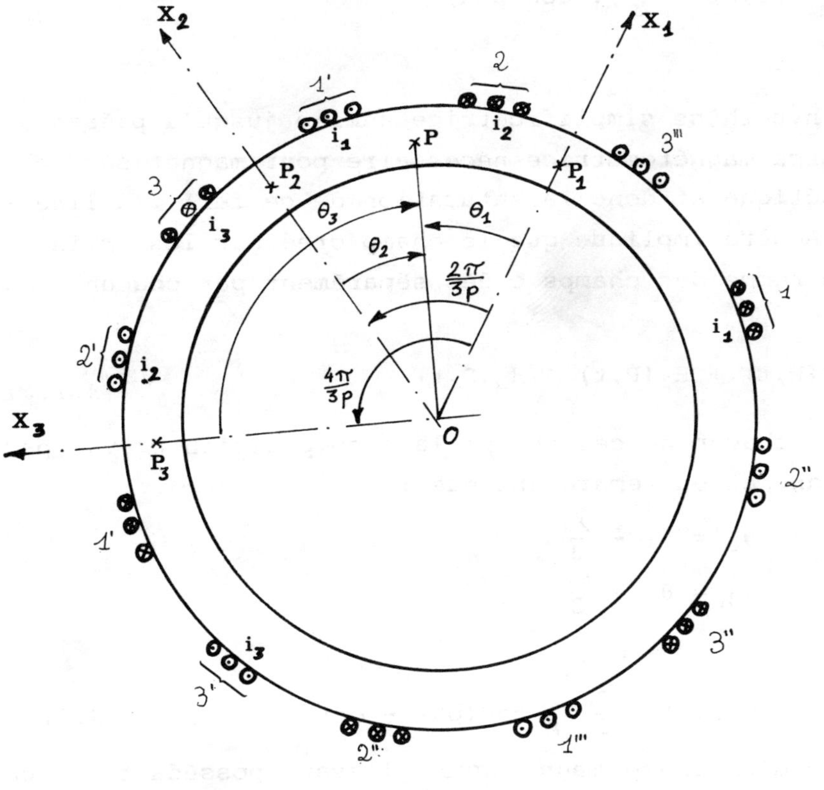

Fig. A.I.4

Les trois enroulements sont parcourus par des courants triphasés, équilibrés, formant, par exemple, un système direct :

$$i_1 = I_M \cos(\omega t)$$
$$i_2 = I_M \cos(\omega t - \frac{2\pi}{3})$$
$$i_3 = I_M \cos(\omega t - \frac{4\pi}{3})$$

La formule *(A.I.3)* du paragraphe précédent nous donne l'expression du champ créé par l'un quelconque de ces enroulements en un point P situé à θ_1 de OX_1 (ou à θ_2 de OX_2 et θ_3 de OX_3) :

$$H_1(P,t) = H_M \cos(\omega t) . \cos(p\theta_1)$$
$$H_2(P,t) = H_M \cos(\omega t - \frac{2\pi}{3}) . \cos(p\theta_2)$$
$$H (P,t) = H_M \cos(\omega t - \frac{4\pi}{3}) . \cos(p\theta_3)$$

où $H_M = K\ I_M$.

Compte tenu de l'hypothèse simplificatrice admise jusqu'à présent (on a négligé la force magnétomotrice nécessaire pour magnétiser le fer du circuit magnétique et donc la saturation de ce fer), la linéarité du théorème d'Ampère implique que le champ créé par les trois enroulements est la somme des champs créés séparément par chacun d'eux :

$$H(P,t) = H_1(P,t) + H_2(P,t) + H_3(P,t) \qquad (A.I.5)$$

En faisant subir à chacun de ces champs la décomposition prévue par le théorème de Leblanc et en remarquant que :

$$\theta_2 = \theta_1 - \frac{2\pi}{3}$$
$$\theta_3 = \theta_1 - \frac{4\pi}{3}$$

on obtient :

$$H(P,t) = \frac{3}{2} H_M \cos(p\theta_1 - \omega t) \qquad (A.I.6)$$

C'est l'expression d'un champ magnétique glissant possédant p paires de pôles et glissant avec la pulsation de rotation $\frac{\omega}{p}$ dans le sens direct.

On remarque que la valeur de l'excitation est maximale dans l'axe d'une bobine, par exemple sur OX_1 (c'est-à-dire en P_1 tel que θ_1=0), lorsque $\omega t = 0$ (à 2π près) c'est-à-dire lorsque la valeur de $i_1(t)$ est elle-même maximale. Il en serait bien sûr de même dans l'axe d'une autre bobine. Alimenté par un système direct de courants (les intensités passent par leur valeur maximale dans l'ordre 1, 2, 3), ce bobinage donnera donc naissance à un champ glissant dont la valeur maximale sera successivement observée en P_1, puis en P_2, puis en P_3, donc glissant dans le sens direct (dans le cas de bobinage choisi). Un système inverse de courants (dont les intensités se succèdent dans l'ordre 1, 3, 2 ou 3, 2, 1) conduirait à un champ glissant en sens inverse.

Application : pour changer le sens de glissement d'un tel champ glissant (par exemple dans le cas d'un moteur asynchrone), il suffit de permuter deux des phases de l'alimentation du bobinage triphasé.

THEOREME DE FERRARIS

p systèmes de bobines triphasées répartis régulièrement sur le périmètre d'un entrefer et alimentés par un système de courants triphasés de pulsation ω créent p paires de pôles d'un champ glissant de pulsation de rotation $\frac{\omega}{p}$.

La valeur du champ est maximale en un point de l'axe d'une bobine quand l'intensité du courant dans cette bobine passe par sa valeur maximale.

Remarque 1 : Le dernier énoncé suppose un certain choix des conventions de signes : l'intensité du courant dans une bobine sera comptée positivement lorsqu'elle crée, seule, un champ magnétique positif en un point de l'axe de cette bobine.

Remarque 2 : Le théorème de Ferraris s'applique de façon plus générale à tout bobinage polyphasé alimenté (de façon correcte) par un système de courants polyphasés (de même nombre de phases) équilibrés. Seule l'amplitude maximale de l'excitation ($\frac{q}{2} H_M$ s'il y a q phases) dépend du nombre des phases du bobinage et de l'alimentation.

Remarque 3 : Bien que non précisée explicitement dans l'énoncé du théorème, une hypothèse déjà citée doit être satisfaite pour que sa validité soit assurée : chaque enroulement doit créer un champ pulsant sinusoïdalement et à répartition instantanée dans l'espace également sinusoïdale.

ANNEXE : CHAMP GLISSANT A REPARTITION INSTANTANEE DANS L'ESPACE NON SINUSOIDALE

Si le rotor fictif équivalent à la source de champ, défini au paragraphe A.I.2, ne crée pas un champ magnétique à répartition sinusoïdale dans l'espace, il crée au moins une excitation H(θ) (où θ définit le point étudié de l'entrefer à partir de l'axe OX d'un pôle Nord du rotor fictif) représenté par une fonction périodique de période $\frac{2\pi}{p}$ (si le rotor fictif a p paires de pôles).

Le théorème de Fourier sur les fonctions périodiques nous indique qu'une telle fonction est décomposable en une série unique (dite série de Fourier) de fonctions harmoniques (sinusoïdales) de la forme :

$$H(\theta) = H_o + H_{M1}\cos(p\theta) + H_{M2}\cos(2p\theta + \phi_2) + \ldots + H_{Mn}\cos(np\theta + \phi_n) + \ldots$$

où la composante continue H_o est nécessairement nulle du fait de la conservation du flux (dans le cas général où les lignes de ce champ sont situées dans des plans perpendiculaires à l'axe de rotation).

Si cette roue polaire est entraînée à la pulsation de rotation Ω on a :

$$\theta = \alpha - \alpha_x = \alpha - \Omega t$$

et

$$H(P,t) = H_{M1}\cos(p\alpha - p\Omega t) + H_{M2}\cos(2p\alpha - 2p\Omega t + \phi_2) + H_{Mn}\cos(np\alpha - np\Omega t + \phi_n) + \ldots \qquad (A.I.7)$$

Un tel rotor fictif crée donc une série de champs glissants d'amplitudes différentes, de nombres de paires de pôles multiples de p (p, 2p,..., np,...) et de même pulsation de rotation Ω (c.à.d. tournant au synchronisme, ce qui était prévisible du fait de la "construction" de ce rotor).

L'étude de ce type de champ se réduira donc à celle de chacun des champs glissants harmoniques qui le composent.

De la même façon, si les enroulements étudiés aux paragraphes A.I.4.b et A.I.4.c créent un champ instantané à répartition spatiale non sinusoïdale, donc susceptible d'une décomposition en série de Fourier :

$$H(\theta) = H_1(i).\cos(p\theta) + H_2(i).\cos(2p\theta + \phi_2) + \ldots + H_n(i).\cos(np\theta + \phi_n) + \ldots$$

et si les amplitudes maximales sont liées à l'intensité instantanée magnétisante par une relation linéaire, on retrouvera, dans le cas d'un enroulement seul parcouru par un courant d'intensité sinusoïdale :

$$H(\theta,t) = H_{M1}\ \cos(\omega t).\cos(p\theta) + \ldots + H_{Mn}\ \cos(\omega t).\cos(np\theta + \phi_n) + \ldots$$

Chacun des termes de cette expression est associé, par le théorème de Leblanc, à deux champs glissants de sens opposés. L'enroulement crée donc deux systèmes de champs glissants de pulsations de rotation $\pm\ \frac{\omega}{p}$, $\pm\ \frac{\omega}{2p}$, $\pm\ \frac{\omega}{3p}$, ..., $\pm\ \frac{\omega}{np}$, etc.

L'utilisation d'un bobinage triphasé alimenté en triphasé supprime les deux tiers de ces champs glissants harmoniques (se superposant au champ glissant fondamental mis en évidence au cours de ce chapitre).

Enfin, si la saturation du circuit magnétique de la machine conduit à une relation non linéaire entre l'intensité i du courant magnétisant et le champ H, il faut remplacer les amplitudes maximales $H_1(i)$, $H_2(i)$,..., $H_n(i)$ par des séries de Fourier du type :

$$H_1(t) = H_{M11}\cos(\omega t) + H_{M12}\cos(2\omega t + \phi'_2) + \ldots$$
$$+ H_{M1n}\cos(n\omega t + \phi'_n) + \ldots$$

D'où apparition de nouveaux champs glissants harmoniques.

Conclusion : Une répartition spatiale instantanée non sinusoïdale du champ magnétique dans l'entrefer ou une non linéarité de la relation liant intensité du courant magnétisant et champ magnétique (saturation du circuit magnétisé) conduisent à l'apparition de champs d'induction glissants supplémentaires (harmoniques).

On a souvent intérêt à réduire au maximum l'amplitude de ces champs glissants parasites. Ils ne participent en général pas au fonctionnement de la machine (tournant parfois à des vitesses différentes de celle du champ glissant fondamental, ils sont soumis à des couples devenant périodiquement moteurs puis résistants, donc d'effet moyen nul) mais créent des pertes ferromagnétiques dans le circuit de la machine et des pertes par effet Joule dans les enroulements où ils donnent naissance à des harmoniques de courants.

A.II. FORCES ÉLECTROMOTRICES INDUITES PAR UN CHAMP GLISSANT

A.II.1. F.E.M. INDUITE DANS UN BRIN CONDUCTEUR

Considérons un champ **magnétique** de p paires de pôles à répartition sinusoïdale dans l'espace et glissant uniformément dans un entrefer avec une pulsation de rotation Ω, c.à.d. tel que l'axe OX d'un pôle Nord de ce champ est défini, à partir d'un axe fixe de référence Ox, par l'angle α_x satisfaisant à :

$$\alpha_x = \Omega t$$

Le vecteur excitation magnétique en un point P quelconque de l'entrefer est alors de la forme :

$$H(P,t) = H_M \cos(p\alpha - p\Omega t) \quad \text{(voir formule } (A.I.1))$$

et le vecteur champ a pour amplitude, du fait que $\vec{B} = \mu_0 \vec{H}$ dans l'air (ou dans le gaz ou fluide amagnétique contenu dans l'entrefer) :

$$B(P,t) = B_M \cos(p\alpha - p\Omega t)$$

le vecteur $\vec{B}(P,t)$ étant, bien sûr, radial.

Considérons maintenant, passant par ce point P , un conducteur rec-

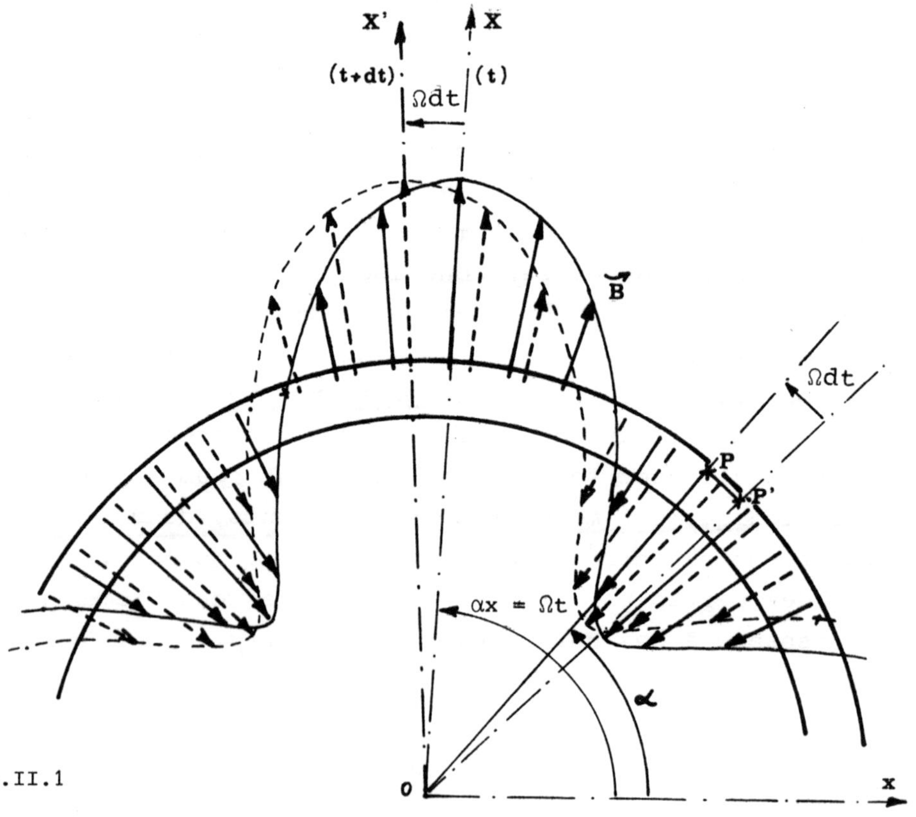

Fig. A.II.1

tiligne parallèle à l'axe de la machine, c.à.d. perpendiculaire au plan de la fig. A.II.1, de longueur L, longueur suivant l'axe de l'entrefer, et disposé dans une encoche (par exemple au stator) à la distance R de l'axe.

Pendant l'intervalle de temps infiniment petit (sauf pour la figure) dt le champ magnétique a glissé de l'angle Ωdt (OX est venu en OX') et le conducteur, placé en P et immobile, a donc coupé un certain flux d'induction $d\Phi$. Si la champ avait été fixe, le conducteur aurait coupé le même flux en se déplaçant de $-\Omega dt$, c.à.d. en venant de P en P' ; il aurait alors balayé un rectangle de longueur L (longueur du conducteur) et de largeur $R\Omega dt$.

L'élément de surface balayé par le conducteur a donc pour aire :

$$dS = L.R\Omega dt$$

et puisque le champ est radial, donc normal en tout point à cette portion de surface cylindrique, l'élément de flux coupé a pour valeur :

$$d\phi = B(P,t).dS = B_M\ L\ R\ \Omega\ dt.\ \cos(p\alpha - p\Omega t)$$

car le champ a même valeur en tout point de l'élément de surface (dt est un infiniment petit). Le flux est compté positivement lorsque le champ est positif, c'est-à-dire centrifuge dans notre cas.

On sait qu'un conducteur qui coupe un flux magnétique voit apparaître entre ses extrêmités une force électromotrice induite, du fait de la loi de Lenz.

Dans le convention de signes des générateurs (une f.e.m. positive crée, seule, un courant d'intensité positive qui crée lui-même, seul, un flux magnétique posifif à travers la surface balayée), la loi de Lenz s'exprime mathématiquement par la formule :

$$e = -\frac{d\Phi}{dt}$$

D'où la f.e.m. instantanée aux bornes du conducteur placé en P :

$$e_c(t) = -B_M\ L\ R\ \Omega\ \cos(p\alpha - p\Omega t) \qquad (A.II.1)$$

A.II.2. F.E.M. INDUITE DANS UNE SPIRE

Si nous disposons dans l'entrefer, en plus du conducteur situé en P , un second brin placé en un point M de cet entrefer, point défini à partir de l'axe fixe OX par l'angle :

$$\alpha' = \alpha - \frac{\pi}{p}$$

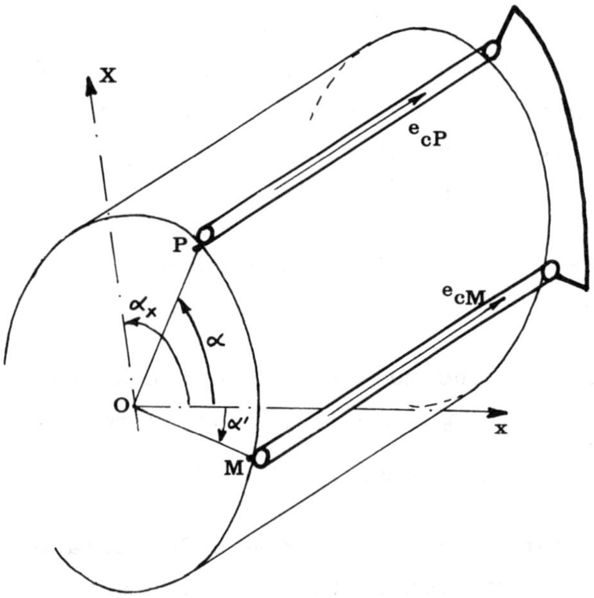

on constate aisément que la f.e.m. induite dans ce brin, $e_{cM} = e_c(\alpha',t)$, est opposée à la f.e.m. induite dans le premier conducteur $e_{cP} = e_c(\alpha,t)$:

$$e_{cM} = - e_{cP}$$

Ce résultat était prévisible puisque les points P et M , distants d'un pas polaire, sont en permanence sous des pôles de noms contraires. Si on monte en série, comme le montre la fig. A.II.2, les deux conducteurs, on obtient une spire qui voit apparaître entre ses extrémités libres P et M une f.e.m. :

$$e_s = e_{PM} = - e_{cP} + e_{cM} = - 2e_{cP}$$

D'où, en définitive :

$$e_s = - 2e_{cP} = + 2B_M L R \Omega \cos(p\alpha - p\Omega t) \qquad (A.II.2)$$

A.II.3. F.E.M. INDUITE DANS UNE BOBINE

Si nous remplaçons chacun des conducteurs placés en P et M par un faisceau de n conducteurs supposés superposés, nous pouvons réaliser n spires identiques à la précédente. Chacune voit donc apparaître entre des extrémités homologues des f.e.m. identiques. On peut les monter en série (par la face avant, si on reprend le cas de la figure A.II.2) et constituer une bobine de n spires aux bornes de laquelle apparaît une f.e.m. :

$$e_b = n\, e_s = + 2n\, B_M\, L R \Omega \cos(p\alpha - p\Omega t) \qquad (A.II.3)$$

A.II.4. F.E.M. AUX BORNES D'UN ENROULEMENT

Le champ glissant portant p paires de pôles, il est évident qu'il existe dans l'entrefer p positions identiques (du point de vue de leurs propriétés) à celle du point P , définies par les angles de la forme : $\alpha_k = \alpha + k\,\dfrac{2\pi}{p}$ où k = 0 (point P), 1, 2, ..., p - 1.

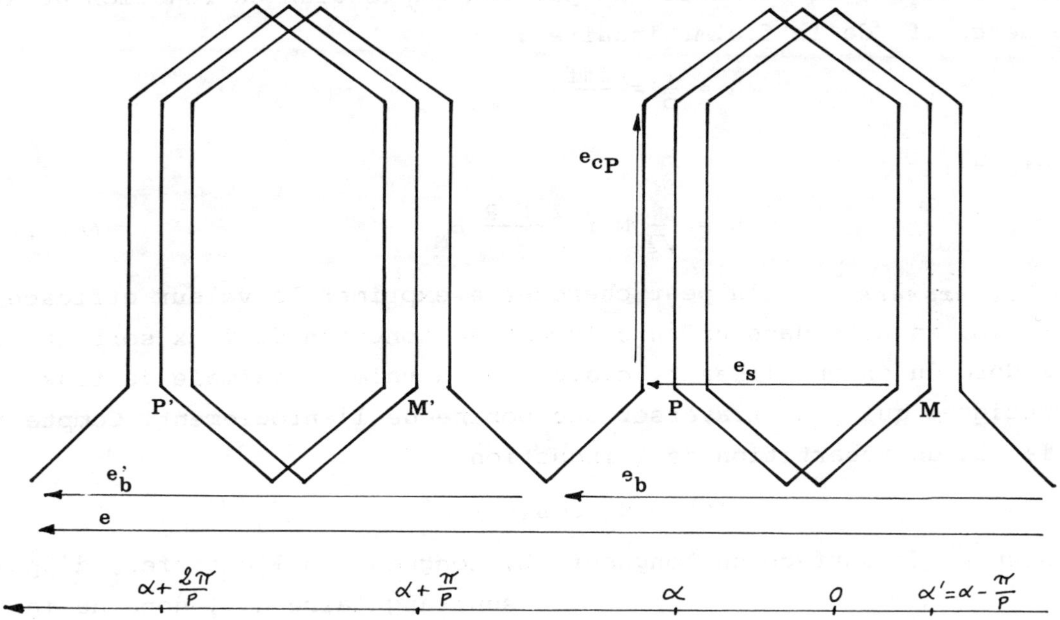

Fig. A.II.3

En effet, si on considère le point P' situé en $\alpha + \dfrac{2\pi}{p}$ (cas où k = 1) l'expression du champ créé en un point de l'entrefer par un champ magnétique glissant (formule *A.I.1*) implique, par construction, que : $B(P',t) = B(P,t)$ pour tout t.

De même on pourra trouver p sites analogues à celui de M et on pourra disposer dans l'entrefer p bobines analogues à celle décrite en A.II.3.

Ces p bobines, connectées en série, constituent un enroulement aux bornes duquel apparaît une force électromotrice :

$$e = p\,e_b = 2\,p\,n\,B_M\,L\,R\,\Omega\,\cos(p\alpha - p\Omega t) \qquad (A.II.4)$$

On remarque que la grandeur 2pn est le nombre de conducteurs de l'enroulement, que l'on notera N.

Conclusion : Un champ magnétique portant 2p pôles alternés, à répartition spatiale de l'induction sinusoïdale, glissant avec la pulsation de rotation Ω, induit dans un enroulement fixe une force électromotrice alternative sinusoïdale de pulsation $\omega = p\Omega$ et de valeur efficace :

$$E = \frac{1}{\sqrt{2}} e_{Max} = \frac{1}{\sqrt{2}} 2\, p\, n\, B_M\, L\, R\, \Omega = \frac{1}{\sqrt{2}} N\, B_M\, L\, R\, \Omega \qquad (A.II.5)$$

En remplaçant la pulsation Ω par son expression en fonction de la fréquence f de la f.e.m. induite :

$$\Omega = \frac{\omega}{p} = \frac{2\pi f}{p}$$

il vient :

$$E = \frac{\pi}{\sqrt{2}} N\, f\, \frac{2\, L\, R}{p} B_M \qquad (A.II.6)$$

Autre expression : on peut chercher à exprimer la valeur efficace de la f.e.m. induite dans un enroulement en fonction du flux sortant d'un pôle Nord du champ glissant, c.à.d. de la valeur maximale du flux magnétique qui peut traverser une bobine de l'enroulement. Compte tenu de la loi de répartition de l'induction :

$$B(\theta) = B_M \cos(p\theta)$$

un élément de surface de longueur L, longueur de l'entrefer, d'épaisseur angulaire $d\theta$, donc de largeur $R\, d\theta$, si R est la distance de l'entrefer à l'axe, et situé à θ de l'axe d'un pôle Nord du champ, est traversé par le flux magnétique de valeur élémentaire :

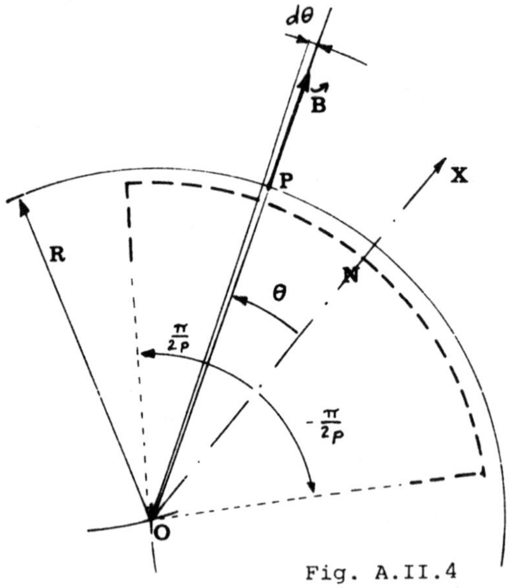

Fig. A.II.4

$$d\Phi = B(\theta).dS = B_M\, L\, R\, d\theta\, \cos(p\theta)$$

En intégrant cette expression pour les valeurs de θ comprises dans l'intervalle $-\frac{\pi}{2p} \leq \theta \leq +\frac{\pi}{2p}$ (limites du pôle Nord), on obtient la valeur du flux magnétique sortant d'un pôle :

$$\Phi_M = \frac{2}{p} B_M\, L\, R$$

que l'on reporte dans *(A.II.6)*.

D'où la *formule de Boucherot* donnant la valeur efficace de la f.e.m. induite dans un enroulement, dans le cas simple envisagé jusqu'ici :

$$E = \frac{\pi}{\sqrt{2}} \text{Nf} \frac{2LR}{P} B_M = \frac{\pi}{\sqrt{2}} \text{Nf}\Phi_M = 2,22 \text{ Nf}\Phi_M \qquad (A.II.8)$$

On verra en annexe les modifications qu'il faut apporter à cette formule pour tenir compte de diverses considérations ignorées lors des calculs précédents : inclinaisons des conducteurs et des encoches, raccourcissement des bobines, distribution des brins d'un faisceau dans des encoches voisines, champ glissant à répartition spatiale instantanée non sinusoïdale.

A.II.5. F.E.M. AUX BORNES D'UN BOBINAGE POLYPHASE

Considérons le bobinage triphasé représenté ci-contre (fig. A.II.5), constitué de trois enroulements identiques à celui étudié au paragraphe A.II.4 et disposés dans l'entrefer de telle sorte que les points homologues P_1, P_2 et P_3 sont repérés à partir de l'axe de référence Ox, par les angles α_1, α_2 et α_3 tels que :

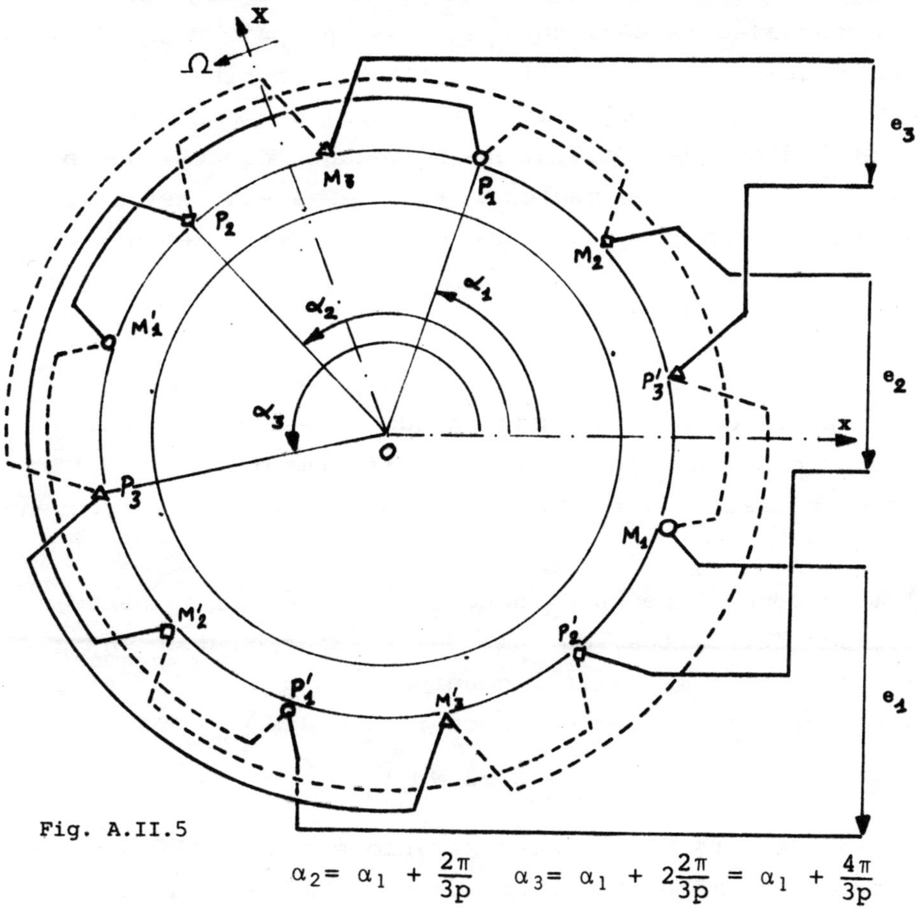

Fig. A.II.5

$$\alpha_2 = \alpha_1 + \frac{2\pi}{3p} \qquad \alpha_3 = \alpha_1 + 2\frac{2\pi}{3p} = \alpha_1 + \frac{4\pi}{3p}$$

On a vu au paragraphe précédent qu'un enroulement est le siège d'une f.e.m. induite de valeur instantanée (formule *A.II.4*) :

$$e = 2\, p\, n\, B_M\, L\, R\, \Omega \cos(p\alpha - p\Omega t) = E\sqrt{2} \cos(\omega t - p\alpha)$$

où E est la valeur efficace de cette f.e.m., donnée par la formule de Boucherot *(A.II.8)*, et $\omega = p\Omega$ la pulsation de cette f.e.m. On obtient les f.e.m. e_1, e_2 et e_3 en remplaçant dans cette expression α par les valeurs correspondantes. D'où :

$$e_1 = E\sqrt{2}\cos(\omega t - p\alpha_1)$$

$$e_2 = E\sqrt{2}\cos(\omega t - p\alpha_2) = E\sqrt{2}\cos(\omega t - p\alpha_1 - \frac{2\pi}{3})$$

$$e_3 = E\sqrt{2}\cos(\omega t - p\alpha_3) = E\sqrt{2}\cos(\omega t - p\alpha_1 - \frac{4\pi}{3})$$

qui est l'expression d'un système de tensions triphasé équilibré et direct (dans notre cas, car nous avons disposé les trois enroulements dans l'ordre correspondant au sens de rotation du champ magnétique glissant).

Plus généralement, si on avait disposé dans l'entrefer q (nombre entier) enroulements identiques régulièrement espacés (c.à.d. se succédant mécaniquement avec la période $\frac{2\pi}{pq}$), les p paires de pôles du champ magnétique glissant auraient induit dans ce bobinage un système de q forces électromotrices équilibrées (c.à.d. de même valeur efficace) régulièrement déphasées, c.à.d. se succédant "électriquement" avec la période $\frac{2\pi}{q}$. L'ordre de succession de ces f.e.m. est celui du passage d'un pôle du champ glissant dans l'axe des enroulements correspondants.

En résumé :

∇ p paires de pôles d'un champ magnétique glissant à la pulsation de rotation Ω (en rd/s) induisent dans un enroulement fixe des forces électromotrices de pulsation $\omega = p\,\Omega$ (en rd/s) et, donc, de fréquence $f = \frac{\omega}{2\pi}$ (Hz).

∇ un enroulement composé de N conducteurs connectés en série voit apparaître entre ses extrémités, du fait de la rotation d'un champ glissant de flux maximal Φ_M (flux issu d'un pôle Nord du rotor fictif équivalent), une f.e.m. de valeur efficace :

$$E = \frac{\pi}{\sqrt{2}}\,N\,f\,\Phi_M = 2{,}22\,N\,f\,\Phi_M$$

∇ q enroulements identiques décalés mécaniquement de $\frac{2\pi}{qp}$ voient apparaître q f.e.m. de même valeur efficace, de même fréquence, déphasées entre elles d'angles multiples de $\frac{2\pi}{q}$.

∇ l'ordre de succession (dans le temps) de f.e.m. polyphasées induites par un champ glissant est l'ordre de succession (mécanique) des enroulements correspondants dans l'entrefer, compté dans le sens de rotation du champ glissant.

ANNEXE 1 : FACTEUR DE BOBINAGE

I. FACTEUR D'INCLINAISON

On a établi au paragraphe A.II.1 l'expression de la f.e.m. induite dans un conducteur rectiligne, de longueur L, parallèle à l'axe de la machine, à la distance R de cet axe ; on a obtenu :

$$e_c(\alpha,t) = - B_M \, R \, L \Omega \, \cos(\omega t - p\alpha) \qquad \textit{(A.II.1)}$$

où B est l'amplitude maximale et Ω la pulsation de rotation du champ magnétique glissant . La valeur efficace de cette f.e.m. a donc pour expression :

$$E_c = \frac{1}{\sqrt{2}} e_{cMax} = \frac{1}{\sqrt{2}} B_M \, R \, L \Omega = \frac{\pi}{\sqrt{2}} f \Phi_M \qquad \textit{(A.II.9)}$$

On est parfois amené, pour des raisons que nous aborderons plus loin, à incliner les encoches (et par voie de conséquence les conducteurs) par rapport à l'axe de la machine. Au lieu d'occuper la position PQ (voir fig. A.II.6), le conducteur est disposé suivant PQ' , portion d'hélice construite à la surface de l'entrefer. L'inclinaison des conducteurs est caractérisée par la valeur de l'angle γ , angle dièdre des plans diamétraux contenant les extrémités P et Q' d'un conducteur.

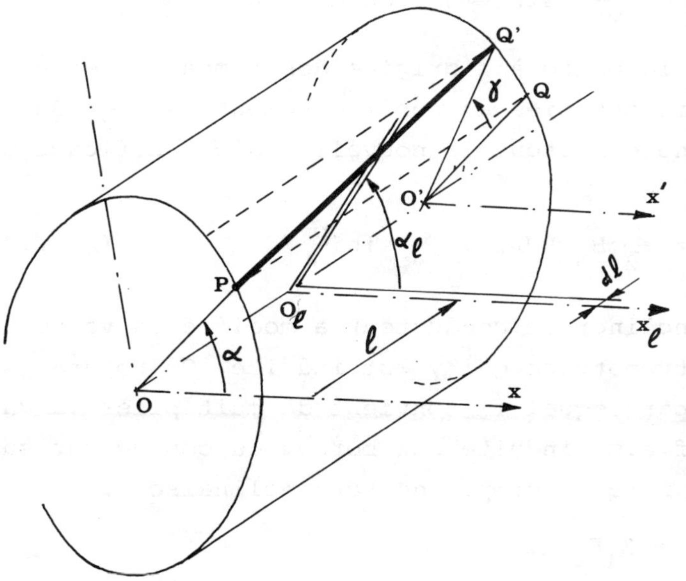

Fig. A.II.6

La formule *A.II.1* ne s'applique plus à l'ensemble du conducteur. Mais une portion élémentaire de conducteur, de longueur $d\ell$, située à la distance ℓ de P, peut être considérée comme rectiligne et parallèle à OO'. D'où la f.e.m. élémentaire qui y est induite :

$$de_c = - B_M\, R\, d\ell\, \Omega\, \cos(\omega t - p\alpha_\ell)$$

où α_ℓ caractérise le positionnement de l'élément étudié par rapport au plan de référence, c.à.d. par rapport à l'axe $O_\ell x_\ell$; on peut écrire :

$$\alpha_\ell = \alpha + k\ell$$

où k est une constante caractérisant l'hélice et telle que : $k\,L = \gamma$ (L est la longueur de la machine).

D'où encore :

$$de_c = - B_M\, R\, d\ell\, \Omega \cos(\omega t - p\alpha - p\,k\ell)$$

On obtient la f.e.m. induite aux bornes du brin considéré en sommant les f.e.m. élémentaires des portions de conducteur rencontrées lorsque la variable ℓ décrit l'intervalle [O,L].

L'intégration de l'expression précédente donne :

$$e'_c\ (t) = \int_{\ell=0}^{\ell=1} de_c = \frac{1}{p\,k}\, B_M R\, \Omega\, [\sin(\omega t - p\alpha - p\,k\,L) - \sin(\omega t - p\alpha)]$$

ou encore, comme $k\,L = \gamma$:

$$e'_c\ (t) = - B_M\, R\, L\,\Omega\, .\, \frac{2}{p\gamma}\ \sin(\frac{p\gamma}{2}).\ \cos(\omega t - p\alpha - \frac{p\gamma}{2})$$

Il était prévisible que la phase à l'origine des temps de cette fonction sinusoïdale serait associée au positionnement $\alpha + \frac{\gamma}{2}$ du milieu du conducteur. On note surtout la nouvelle valeur efficace de cette f.e.m. :

$$E'_c = \frac{1}{\sqrt{2}}\, B_M\, R\, L\, \Omega\ .\ \frac{2}{p\gamma}\, \sin(\frac{p\gamma}{2}) \qquad (A.II.10)$$

On voit que le fait d'incliner le conducteur a modifié la valeur efficace de la force électromotrice qui y est induite. On notera K_i le *facteur d'inclinaison* par lequel il convient de multiplier la valeur efficace E_c de la f.e.m. induite aux bornes du conducteur supposé parallèle à l'axe pour tenir compte de son inclinaison :

$$E'_c = K_i E_c$$

On voit que :

$$K_i = \frac{2}{p\gamma}\, \sin(\frac{p\gamma}{2}) = \frac{\sin(\frac{p\gamma}{2})}{\frac{p\gamma}{2}} \qquad (A.II.11)$$

Remarque : De par son expression, le coefficient K_i a toujours une valeur inférieure à l'unité. Cette valeur ne tend vers l'unité que si la valeur de γ tend vers zéro, c.à.d. si le conducteur n'est plus incliné.

II. FACTEUR DE RACCOURCISSEMENT

Au paragraphe A.II.2 on constitue une spire en connectant deux conducteurs, l'un passant par le point P, situé à α de l'axe de référence Ox, l'autre passant par M, repéré par :

$$\alpha' = \alpha - \frac{\pi}{p}$$

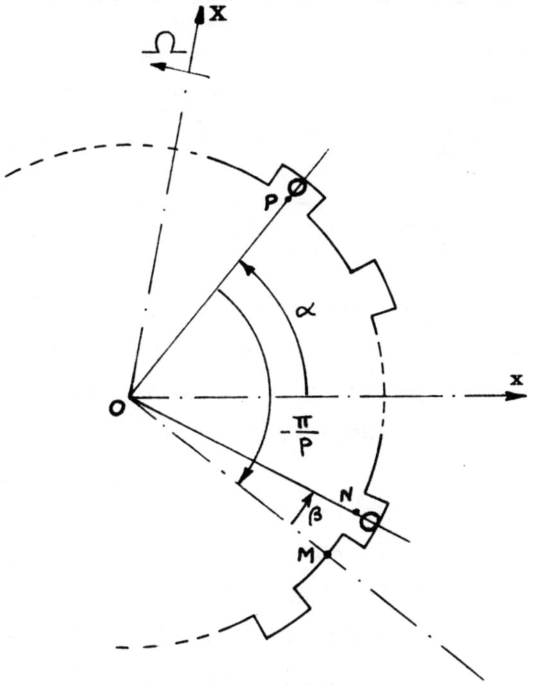

Fig. A.II.7

Encore faut-il, pour que cette opération soit possible, que l'on puisse trouver deux encoches distantes de $\frac{\pi}{p}$; cette condition n'est réalisée que si le nombre total d'encoches de la machine N_e est un multiple de 2p. Sinon on ne trouve pas d'encoche au point M et on dispose le second conducteur de la spire dans l'encoche la plus proche (notée N sur la fig. A.II.7).

Ce dernier brin est décalé de β par rapport à la position idéale M .

La force électromotrice induite dans la spire ainsi obtenue a pour expression :

$$e'_s = e_{PN} = - e_{cP} + e_{cN} = - e(\alpha,t) + e_c(\alpha - \frac{\pi}{p} + \beta, t)$$

ce qui peut encore s'écrire :

$$e'_s = B_M \, L \, R \, \Omega \, [\cos(\omega t - p\alpha) - \cos(\omega t - p\alpha + \pi - p\beta)]$$

$$e'_s = B_M \, L \, R \, \Omega \, [\cos(\omega t - p\alpha) + \cos(\omega t - p\alpha - p\beta)]$$

$$e'_s = 2 \, B_M \, L \, R \, \Omega \, \cos\frac{p\beta}{2} . \cos(\omega t - p\alpha - \frac{p\beta}{2}) \qquad (A.II.12)$$

En comparant cette expression avec celle obtenue en (A.II.2) pour une spire non raccourcie, on constate que la valeur efficace de la f.e.m. induite dans la spire doit, pour tenir compte du raccourcissement, être multipliée par un coefficient K_r :

$$E'_s = K_r E_s$$

où K_r est le *facteur de raccourcissement :*

$$K_r = \cos\left(\frac{p\beta}{2}\right) \qquad (A.II.13)$$

Remarque 1 : Le facteur de raccourcissement a nécessairement une valeur inférieure à l'unité.

Remarque 2 : Si on veut exprimer E'_s en fonction de la f.e.m. efficace E_c induite dans un brin parallèle à l'axe, on obtient :

$$E'_s = K_r E_s = K_r(2 E'_c) = 2 K_r E'_c = 2 K_r K_i E_c \qquad (A.II.14)$$

III. FACTEUR DE DISTRIBUTION

Au paragraphe A.II.3 on a constitué une bobine en remplaçant chaque conducteur d'une spire par un faisceau de n conducteurs. Pour simplifier le raisonnement, on a supposé ces n conducteurs "confondus", ou, pour le moins, contenus dans la même encoche. Une telle réalisation donnerait lieu à des encoches de grandes dimensions et, par ailleurs, conduirait à une sous-utilisation de la surface de l'entrefer (une machine triphasée à p paires de pôles n'aurait que 6p encoches occupées).

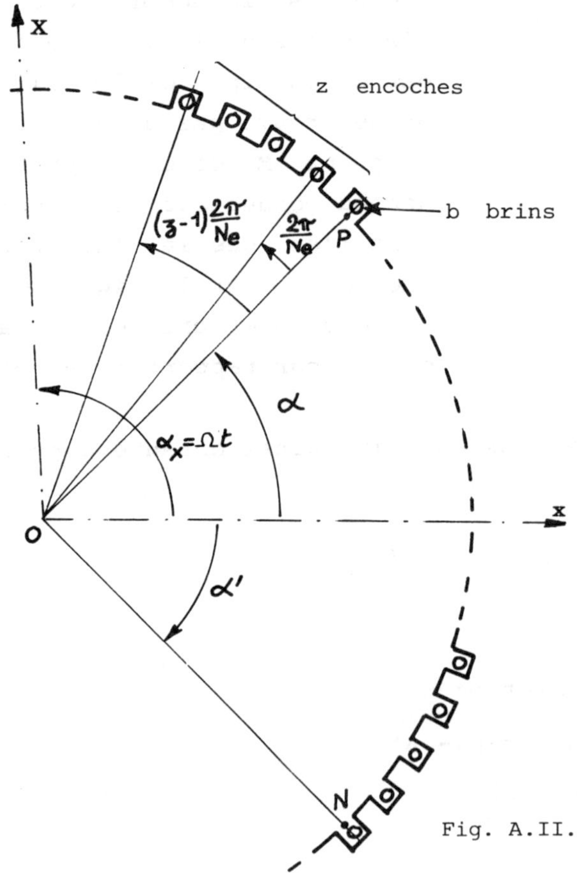

Fig. A.II.8

On est donc amené à distribuer les n conducteurs d'un faisceau entre z encoches voisines, à raison de b conducteurs par encoche (voir fig. A.II.8), de telle sorte que :

$$z\ b = n\ .$$

Les conducteurs contenus

dans les encoches P et N constituent une bobine de b spires identiques à celle étudiée au paragraphe précédent. D'où la f.e.m. à ses bornes :

$$e'_{s1} = b\ e'_s$$

où e'_s est donné par la formule *A.II.12*.

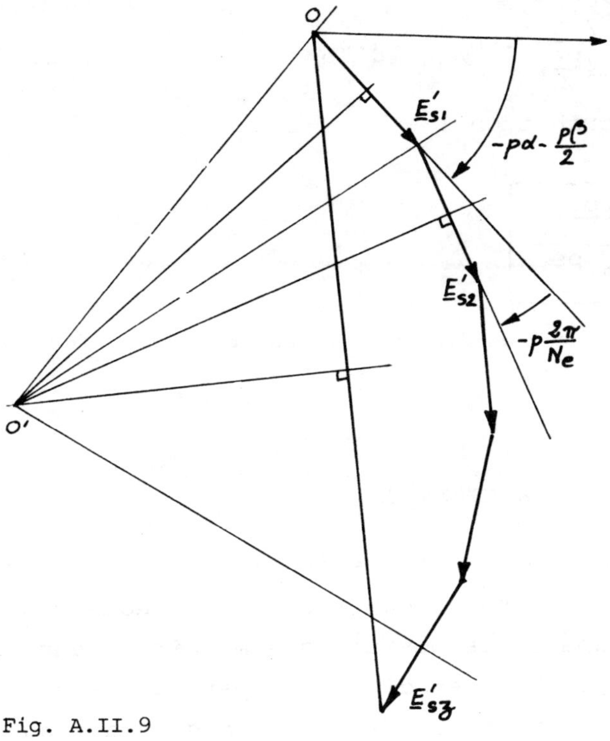

Fig. A.II.9

Les conducteurs situés dans les deux encoches suivant immédiatement P et N constituent, eux aussi, une bobine de b spires identiques ; on obtient la f.e.m. aux bornes de cette bobine en remplaçant, dans celle de e'_{s1}, l'angle α par l'angle $\alpha + 2\pi/N_e$. On voit que la f.e.m. e'_{s2} obtenue a même valeur efficace que e'_{s1} mais est déphasée (en retard dans notre cas) de

$p\ 2\pi/N_e = p\varepsilon$ si on note ε l'écart angulaire entre deux encoches successives.

Il en serait de même pour les conducteurs contenus dans les encoches suivantes. La f.e.m. induite dans la bobine constituée par l'ensemble de ces bobines élémentaires est la somme de ces f.e.m., somme étendue aux z bobines :

$$e'_b = e'_{s1} + e'_{s2} + \ldots + e'_{sz}$$

La construction de ces f.e.m. dans le plan de Fresnel (fig. A.II.9) montre aisément que la valeur efficace de cette somme s'exprime, par exemple à partir de la valeur efficace $E'_{s1} = b\ E'_s$ de la première bobine élémentaire, par :

$$E'_b = E'_{s1} \frac{1}{\sin(\frac{p\varepsilon}{2})} \cdot \sin(\frac{zp\varepsilon}{2}) \qquad (A.II.15)$$

Si on compare à l'expression que nous aurions obtenue en l'absence de distribution :

$$E_b = z\ E'_{s1} = z\ b\ E'_s = n\ E'_s$$

on obtient :

$$E'_b = \frac{\sin(\frac{zp\varepsilon}{2})}{z.\sin(\frac{p\varepsilon}{2})} \;.\; E_b = K_d . E_b \qquad (A.II.16)$$

où K_d est le facteur de distribution :

$$\boxed{K_d = \frac{\sin(\frac{zp\varepsilon}{2})}{z.\sin(\frac{p\varepsilon}{2})}} \qquad (A.II.17)$$

Remarque : La valeur du coefficient de distribution est toujours inférieure à l'unité.

IV. FACTEUR DE BOBINAGE

Cherchons à exprimer la force électromotrice induite dans un enroulement composé de p bobines distribuées comme celle que nous venons d'étudier. Ces p bobines occupent des positions similaires dans l'entrefer si le nombre des encoches N_e est divisible par p (sinon il conviendrait de faire intervenir un nouveau facteur ressemblant au facteur de raccourcissement) et la f.e.m. induite dans l'enroulement a pour valeur efficace :

$$E' = p\, E'_b$$

or :

$$E'_b = K_d\, E_b = K_d\, z\, b\, E'_s = K_d\, n\, E'_s$$

et on a vu en *A.II.14* que :

$$E'_s = 2\, K_r\, K_i\, E_c$$

d'où :

$$E' = 2\, p\, n\, K_d\, K_r\, K_i\, E_c$$

On reconnaît : 2 p n = N, nombre de conducteurs de l'enroulement, et on sait que :

$$E_c = \frac{\pi}{\sqrt{2}}\, f\, \Phi_M \qquad \text{(formule } A.II.9\text{)}.$$

D'où :

$$E' = K_d\, K_r\, K_i\, N\, f\, \Phi_M \;.\; \frac{\pi}{\sqrt{2}} \qquad (A.II.17)$$

Si on compare cette expression avec celle obtenue en *(A.II.8)* pour une machine idéale sans subtilités de bobinage, on voit que le bobinage intervient par l'intermédiaire d'un coefficient $K_b = K_d\, K_r\, K_i$ dit *facteur de bobinage :*

$$E' = \frac{\pi}{\sqrt{2}} K_b\, N f\, \Phi_M = 2,22\, K_b\, N f\, \Phi_M \qquad (A.II.18)$$

où :

$$K_b = K_d\, K_r\, K_i \qquad (A.II.19)$$

Remarque 1 : Ce facteur de bobinage K_b a une valeur nécessairement inférieure à l'unité ; cette valeur ne serait égale à l'unité que si tous les conducteurs de l'enroulement étaient rectilignes, parallèles à l'axe de la machine et répartis à l'intérieur de $2p$ encoches équidistantes.

Remarque 2 : On a vu, en annexe du chapitre A.I, que peuvent être superposés à un champ magnétique principal (fondamental) glissant d'autres champs magnétiques glissants (harmoniques). Ces champs parasites vont induire des f.e.m. dans les enroulements étudiés. Or, ces champs se distinguent le plus souvent du champ fondamental par le nombre de leurs paires de pôles qui, en général, est un multiple entier du nombre p de paires de pôles du champ glissant principal.

Chacun des trois facteurs intervenant dans K_b comprenant explicitement dans son expression le nombre p de paires de pôles du champ inducteur, il en résulte qu'à chaque champ glissant harmonique sera associé un coefficient de bobinage différent :

K_b sera associé au champ glissant fondamental à p paires de pôles,

K_{b2} sera associé au champ glissant à $2p$ paires de pôles,

K_{bk} sera associé au champ glissant à kp paires de pôles.

ANNEXE 2 : COEFFICIENT DE KAPP

I. FORCES ELECTROMOTRICES HARMONIQUES INDUITES

On a vu en annexe du chapitre A.I que le champ glissant dans l'entrefer n'est pas toujours un pur champ glissant sinusoïdal. Si on se limite au cas où la répartition spatiale instantanée du champ magnétique est non sinusoïdale, on sait que le champ en un point de l'entrefer (repéré par l'angle α) peut être représentée par une série de la forme :

$$B(\alpha,t) = B_{M1}\cos(p\alpha-p\Omega t) + \sum_{k=2}^{\infty} B_{Mk}\cos(kp\alpha-kp\Omega t-\phi_k) \qquad (A.II.20)$$

où le terme général est un champ magnétique possédant kp paires de pôles et glissant avec la pulsation Ω .

On pourrait chercher la f.e.m. induite par chacun de ces champs glissants dans l'enroulement fixe disposé dans l'entrefer. On simplifiera ce travail grâce à deux remarques :

a. L'harmonique de rang k du champ a une pulsation $kp\Omega = k\omega$, si $\omega = p\Omega$ est la pulsation de la f.e.m. induite par le champ fondamental. La f.e.m. induite par ce champ aura donc même pulsation ; en effet, on a vu au paragraphe A.II.1 (formule *A.II.1*) qu'une relation de proportionalité lie la f.e.m. induite dans un conducteur et le champ vu par ce même conducteur.

D'où les fréquences des harmoniques de tension : f , $2f$, $3f$, ..., kf,...

b. Un pôle du champ glissant de rang k s'étend angulairement sur $2\pi/2kp = \pi/kp$; une spire de l'enroulement fixe étudié embrasse le flux magnétique traversant un arc d'entrefer de $\frac{\pi}{p}$ (par construction et si on néglige un possible raccourcissement). Donc une spire embrasse le flux issu de k pôles. Le nombre k étant nécessairement entier, nous sommes en présence de deux cas :

- ou bien k est un nombre pair, de la forme $k = 2\,k'$ (où $k' = 1,2,3,\ldots$), et une spire embrasse le flux de $2k'$ pôles consécutifs, c.à.d. le flux de k' pôles N et de k' pôles S ; le flux total embrassé est donc nul en permanence et la f.e.m. induite nulle.

- ou bien k est impair, de la forme $k = 2\,k' + 1$ (où $k' = 0,1,2, 3,\ldots$), et une spire n'embrasse au maximum que le flux issu d'un seul pôle du champ glissant ; il apparaît une f.e.m. induite dont la valeur dépend du flux Φ_{pk} sortant d'un pôle de ce champ glissant.

Conclusion : Les champs glissants harmoniques de nombres de paires de pôles multiples impairs de p (nombre de paires de pôles du champ fondamental) donnent, seuls, naissance à des f.e.m. induites dans un enroulement fixe (comme celui étudié dans ce chapitre) ; si on note $k = 2\,k' + 1$ le rang d'un de ces champs :

- La f.e.m. induite par ce champ a pour fréquence $k\,f = k\frac{\omega}{2\pi} = k\,p\,\frac{\Omega}{2\pi}$, si Ω est la pulsation de rotation du champ glissant ;

- Le coefficient de bobinage associé à ce champ a pour valeur K_{bk}, dépendant du nombre kp de paires de pôles du champ glissant ;

- La valeur efficace de la f.e.m. induite dans un enroulement fixe par cet harmonique a pour expression, si on note Φ_{pk} le flux issu d'un de ces pôles :

$$E_k = 2{,}22\ K_{bk}\ N\ k\ f\ \Phi_{pk} \qquad \textit{(A.II.21)}$$

Application : Si on désire produire, grâce à cet enroulement et au champ de l'entrefer, des tensions de fréquence f, on verra apparaître, en plus, des tensions de fréquences $3f$, $5f$, $7f$, etc. Comme ces harmoniques de tension sont, en général, sans intérêt, on agira sur le champ de l'entrefer pour réduire l'importance des flux Φ_{pk} ou sur le bobinage pour que les coefficients de bobinage K_{bk} associés à ces harmoniques soient faibles.

II. COEFFICIENT DE KAPP

Du fait des résultats précédents, la f.e.m. induite dans un enroulement fixe par un champ glissant non sinusoïdal est de la forme :

$$e(t) = E_1\sqrt{2}\,\cos(\omega t-\psi_1) + \sum_k E_k\sqrt{2}\,\cos(k\omega t-\psi_k) \qquad \textit{(A.II.22)}$$

où $k = 3, 5, 7,\ldots, 2\,k'+1,\ldots$

On sait que la valeur efficace d'une telle f.e.m. est donnée par :

$$E^2 = E_1^2 + \sum_k E_k^2 \qquad \textit{(A.II.23)}$$

D'où, compte tenu de (A.II.21) :

$$E = 2,22\ N\ f\ \sqrt{K_{b1}^2\ \Phi_{p1}^2 + \sum_k k^2\ K_{bk}^2\ \Phi_{pk}^2} \qquad (A.II.24)$$

On cherche à faire apparaître une expression de la forme de celle établie en (A.II.8) :

$$E = 2,22\ N\ f\ \Phi_M$$

Pour cela on peut mettre (A.II.24) sous la forme :

$$E = 2,22\ N\ f\ \Phi_M \frac{\sqrt{K_{b1}^2\ \Phi_{p1}^2 + \sum_k k^2\ K_{bk}^2\ \Phi_{pk}^2}}{\Phi_M} = 2,22\ N\ f\ \Phi_M K_F$$

Sachant que le flux d'un pôle du champ magnétique est nécessairement de la forme :

$$\Phi_M = \Phi_{p1} \pm \Phi_{p3} \pm \Phi_{p5} \pm \Phi_{p7} \pm \ldots$$

on voit que le coefficient :

$$K_F = \frac{\sqrt{K_{b1}^2\ \Phi_{p1}^2 + \sum_k k^2\ K_{bk}^2\ \Phi_{pk}^2}}{\Phi_M} \qquad (A.II.25)$$

ressemble à un facteur de forme du flux d'un pôle du champ magnétique (les différentes composantes du flux étant toutefois pondérées par des facteurs de bobinage). Pour cela on nomme parfois *facteur de forme* ce coefficient K_F . On peut encore écrire la valeur efficace de la f.e.m. induite sous la forme :

$$E = K_p\ N\ f\ \Phi_M \qquad (A.II.26)$$

où

$$K_p = \frac{\pi}{\sqrt{2}}\ K_F = 2,22\ K_F \qquad (A.II.27)$$

est le *coefficient de Kapp*, associé non seulement à l'enroulement étudié mais aussi au champ magnétique glissant dans l'entrefer (par l'intermédiaire de la décomposition harmonique de ce dernier).

Remarque : On a cherché une expression de E faisant intervenir Φ_M parce que c'est le seul flux magnétique directement mesurable.

ANNEXE 3 : HARMONIQUES DE DENTURE

On dispose les conducteurs d'un enroulement au fond d'encoches aménagées à la surface du stator (ou du rotor) et non directement dans l'entrefer ; on réduit au minimum l'épaisseur de cet entrefer pour avoir un flux de valeur maximale, à force magnéto-motrice donnée. Cela n'a pas d'influence sur la f.e.m. induite dans ces conducteurs puisque, le flux étant conservatif, ils en coupent la même quantité que s'ils se trouvaient dans l'entrefer.

Par contre la fig. A.II.10 montre que ces encoches vont moduler la valeur du flux des pôles du champ magnétique glissant. En effet, suivant qu'un de ces pôles occupe la position 1 ou la position 2 , les surfaces de dents et d'encoches qui lui font face sont différentes et le flux du pôle varie, de même que la valeur maximale du champ B_M sous ce pôle.

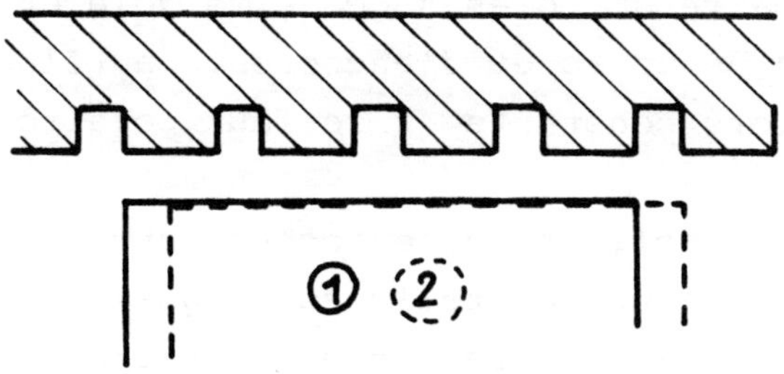

Fig. A.II.10

Si la machine possède N_e encoches (et donc N_e dents) et si le champ glisse avec la pulsation Ω , l'amplitude maximale du champ est modulée à la pulsation (pour le fondamental) $N_e \Omega$; d'où son expression :

$$B_M(t) = B_M \ [1 + \sum_{k=1}^{\infty} \beta_k . \cos(k \, N_e \Omega \, t - \delta_k)]$$

Si le champ glissant possède p paires de pôles, l'expression du champ en un point fixe de l'entrefer sera de la forme (voir chapitre A.I.) :

$$B(\alpha,t) = B_M[1 + \sum_{k=1}^{\infty} \beta_k \, . \cos(k \, N_e \, \Omega \, t - \delta_k)] . \cos(p\Omega t) - p\alpha)$$

que l'on peut aussi écrire, en notant $p \, \Omega = \omega$:

$$B(\alpha,t) = B_M \cos(\omega t - p\alpha) + \sum_{k=1}^{\infty} \beta_k \Big\{ \cos \, [(\frac{k}{p} \, N_e + 1)\omega t - \delta'_k] +$$

$$\cos[(\frac{k}{p} \, N_e - 1)\omega t - \delta''_k] \Big\} \qquad (A.II.28)$$

La force électromotrice induite dans un conducteur, proportionnelle au champ vu par ce conducteur (voir formule *A.II.1)*, comprend donc, en plus de la composante fondamentale de pulsation ω , d'autres composantes, de pulsations $(\frac{k}{p} N_e + 1)\omega$ et $(\frac{k}{p} N_e - 1)\omega$, où k = 1,2,3, etc.

Ces f.e.m. parasites alternatives sinusoïdales sont dites *forces électromotrices harmoniques de denture.*

Si on note $f = \frac{\omega}{2\pi}$ la fréquence de la f.e.m. fondamentale produite, les harmoniques de denture ont pour fréquence : $(\frac{k}{p} N_e + 1)f$ et $(\frac{k}{p} N_e - 1)f$, soit, dans l'ordre croissant :

$$(\frac{1}{p} N_e - 1)f,\ (\frac{1}{p} N_e + 1)f,\ (\frac{2}{p} N_e - 1)f,\ (\frac{2}{p} N_e + 1)f, \text{ etc.}$$

où p est le nombre de paires de pôles du champ glissant et N_e le nombre total d'encoches.

Pour éliminer ces f.e.m. harmoniques, on peut calculer le nombre d'encoches de telle sorte qu'une paire de pôles successifs voie en permanence des surfaces constantes de dents et d'encoches. La réluctance du circuit magnétique est alors constante et le flux polaire l'est aussi.

On peut aussi (voir fig. A.II.11) incliner les encoches dans l'entrefer, par rapport à l'axe de la machine, de telle sorte que l'écart angulaire entre les extrémités d'une encoche soit égal au décalage angulaire entre deux encoches successives. Les encoches constituent alors une hélice continue et chaque pôle voit à chaque instant les mêmes surfaces de dents et d'encoches. En effet, lorsque le pôle passe de la position 1 à la position 2, il découvre la surface hachurée a de dent mais recouvre une surface de dent b (hachurée aussi) de même aire.

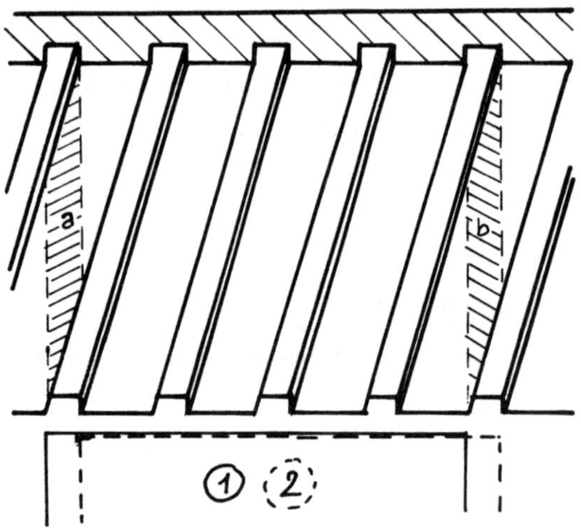

Fig. A.II.11

A.III. ETUDE ÉLECTRO-MÉCANIQUE DES MACHINES À CHAMP GLISSANT

A.III.1. PROBLEME

Au sein des machines tournantes s'effectue un transfert d'énergie entre stator et rotor (transfert de signe positif pour un moteur, négatif pour une génératrice). Ce transfert se traduit par un couple mécanique exercé sur le champ magnétique glissant par le bobinage parcouru par des courants alternatifs (et aussi par un couple opposé exercé sur le bobinage, couple dont on pourrait déterminer le moment en appliquant la loi de Laplace à tous les conducteurs du bobinage).

On va chercher dans ce chapitre la relation qui exprime le moment du couple appliqué au champ magnétique glissant en fonction des grandeurs électriques (courants, tensions, déphasages) qui caractérisent l'état de fonctionnement du bobinage.

A.III.2. ACTION D'UN ENROULEMENT MONOPHASE SUR UN CHAMP GLISSANT

Remarque préliminaire : Pour simplifier l'exposé, on supposera le bobinage immobile et, par voie de conséquence, le champ magnétique "mobile". Les résultats obtenus ne seront pas pour autant limités à ce cas de figure : le glissement "relatif" du champ magnétique par rapport au bobinage est la seule cause des couples mis en évidence (loi de Lenz)

Considérons un champ magnétique portant p paires de pôles, glissant avec la pulsation Ω et repéré par l'angle α_x définissant l'axe d'un pôle Nord de ce champ.

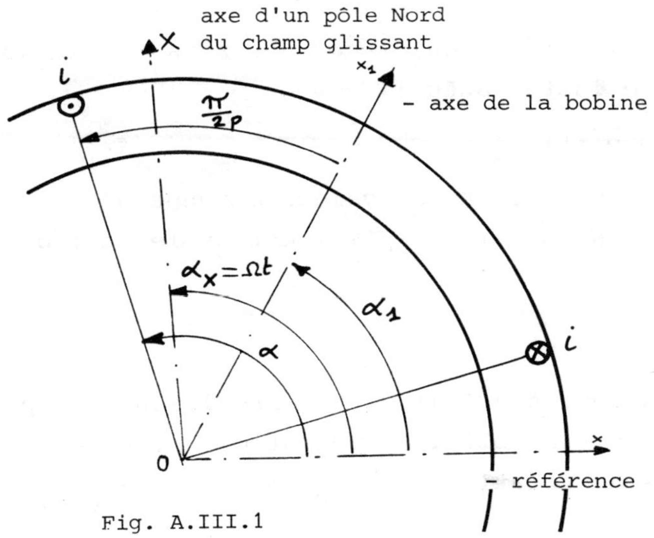

Fig. A.III.1

Soit aussi un enroulement comprenant p bobines régulièrement disposées dans l'entrefer. Soit Ox_1 l'axe de l'une de ces bobines, repéré par α_1.

On a vu, au § A.II.4, que le champ magnétique glissant induit dans cet enroulement une f.e.m. :

$$e(t) = E\sqrt{2}\cos(p\Omega t - p\alpha)$$

où $\alpha = \alpha_1 + \frac{\pi}{2p}$ définit la position d'un conducteur particulier. Il faut rappeler que cette expression a été établie dans la convention de signe des générateurs (responsable du signe négatif qui apparaît dans le formalisme de la loi de Lenz).

Cette f.e.m. peut encore s'écrire :

$$e(t) = E\sqrt{2}\,\sin(p\Omega t - p\alpha_1)$$

Cet enroulement est parcouru par un courant alternatif, sinusoïdal, de pulsation ω, dont l'intensité peut donc être représentée par une fonction de la forme :

$$i(t) = I\sqrt{2}\,\sin(\omega t - p\alpha_1 - \psi)$$

dans le même système de conventions de signes.

La puissance intantanée transmise de l'enroulement au champ magnétique glissant est nécessairement égale à la puissance reçue par cet enroulement (en plus de ses propres pertes de puissance) en provenance de la source d'énergie électrique qui l'alimente. C'est le principe de la conservation de l'énergie d'un système isolé. Dans la convention de signes des générateurs, la puissance électrique reçue par l'enroulement s'écrit :

$$p(t) = -\,e(t).i(t) = -\,2\,E\,I\,\sin(p\Omega t - p\alpha_1).\sin(\omega t - p\alpha_1 - \psi)$$

soit :

$$p(t) = -\,E\,I\,\cos[(p\Omega - \omega)t + \psi] + E\,I\,\cos[(p\Omega + \omega)t - 2p\alpha_1 - \psi]$$

On nommera *puissance électromagnétique* ou *puissance transmise* la valeur moyenne de cette puissance instantanée :

$$P_{em} = P_{tr} = \overline{p(t)} \qquad (A.III.1)$$

On voit, sur l'expression de $p(t)$, que sa valeur moyenne n'est non nulle que si l'une des pulsations $(p\Omega - \omega)$ ou $(p\Omega + \omega)$ est nulle, c.à.d. si :

$$\Omega = \pm\frac{\omega}{p}$$

Or, on sait (théorème de Leblanc, § A.I.4) qu'un enroulement de p bobines, parcouru par un courant sinusoïdal de pulsation ω, crée deux champs glissants de pulsations de rotation $\Omega_1 = \frac{\omega}{p}$ et $\Omega_2 = -\frac{\omega}{p}$.

D'où :

THEOREME : Un champ magnétique glissant ne reçoit d'énergie moyenne non nulle de la part d'un enroulement parcouru par un courant d'intensité sinusoïdale que s'il tourne au synchronisme de l'un des deux champs glissants créés par cet enroulement.

Remarque : Ce théorème, très général, s'applique à tous les convertisseurs électromécaniques ; on peut toujours faire apparaître deux champs magnétiques glissant nécessairement au synchronisme (dans les machines à courant continu, ces deux champs sont immobiles par rapport au stator).

Reprenons l'exemple étudié et supposons le champ glissant de pulsation $\Omega = \frac{\omega}{p}$. La puissance instantanée transmise devient :

$$p(t) = - E\ I \cos\psi + E\ I \cos(2\omega t - 2p\alpha_1 - \psi) \qquad (A.III.2)$$

Chacun des deux termes de cette expression représente l'action sur le champ magnétique glissant de l'un des champs créés par l'enroulement : le premier est dû au champ tournant dans le même sens, le second au champ tournant en sens inverse et donc à la pulsation $- 2\Omega$ par rapport au champ magnétique principal. Enfin la puissance électromagnétique a pour valeur :

$$P_{em} = P_{tr} = - E\ I \cos\psi \qquad (A.III.3)$$

D'où la valeur moyenne du moment du couple appliqué au champ glissant, comptée positivement lorsque ce couple tend à faire tourner ce champ dans son propre sens de rotation, c.à.d. a un effet moteur sur ce champ glissant :

$$C_{em} = - \frac{E\ I}{\Omega} \cos\psi = - p\,\frac{E\ I}{\omega} \cos\psi \qquad (A.III.4)$$

A.III.3. ACTION D'UN BOBINAGE TRIPHASE ALIMENTE EN TRIPHASE SUR UN CHAMP MAGNETIQUE GLISSANT

On dispose maintenant dans l'entrefer deux autres enroulements, identiques au précédent, mais dont les axes Ox_2 et Ox_3 sont décalés

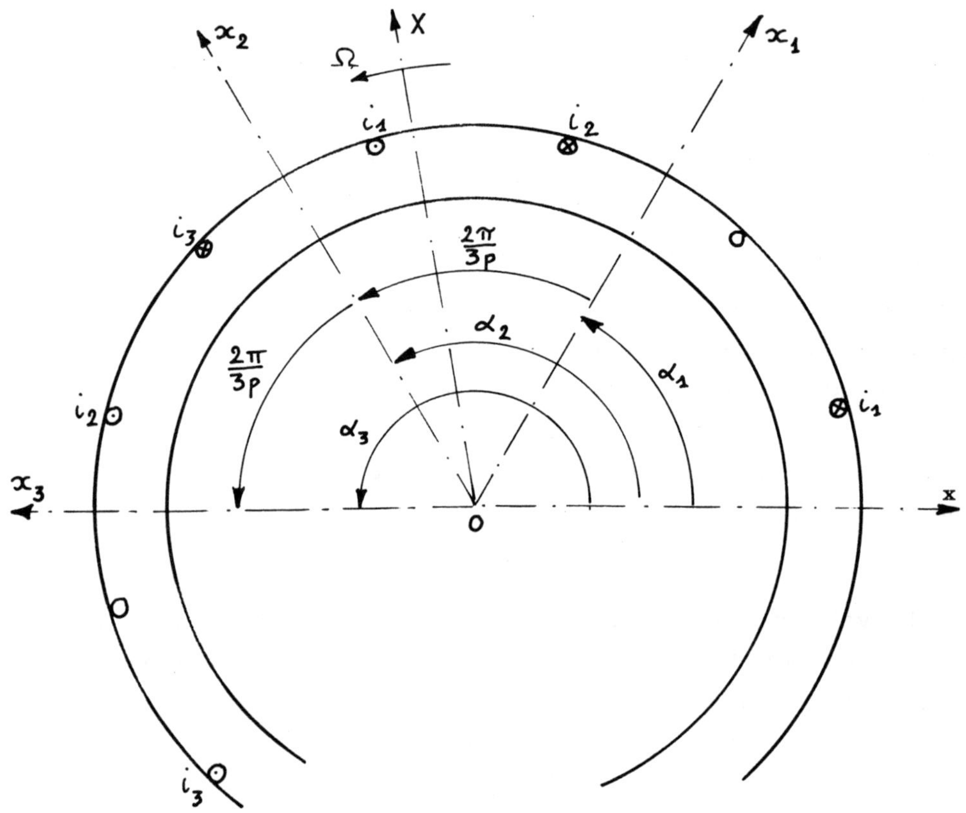

Fig. A.III.2

(dans le sens positif) de $\frac{2\pi}{3p}$ et $\frac{4\pi}{3p}$ (voir fig. A.III.2). Le champ magnétique glissant va induire dans ces enroulements des f.e.m. :

$$e_1(t) = E\sqrt{2}\,\sin(p\Omega t - p\alpha_1)$$

$$e_2(t) = E\sqrt{2}\,\sin(p\Omega t - p\alpha_1 - \frac{2\pi}{3})$$

$$e_3(t) = E\sqrt{2}\,\sin(p\Omega t - p\alpha_1 - \frac{4\pi}{3})$$

Si ces enroulements sont parcourus par des courants triphasés formant, par exemple, un système direct :

$$i_1(t) = I\sqrt{2}\,\sin(\omega t - p\alpha_1 - \psi)$$
$$i_2(t) = I\sqrt{2}\,\sin(\omega t - p\alpha_1 - \psi - \frac{2\pi}{3})$$
$$i_3(t) = I\sqrt{2}\,\sin(\omega t - p\alpha_1 - \psi - \frac{4\pi}{3})$$

la puissance transmise au champ magnétique glissant a pour expression :

$$p(t) = -\,e_1(t).i_1(t) - e_2(t).i_2(t) - e_3(t).i_3(t)$$

Cette puissance instantanée s'écrit encore :

$$p(t) = -\,3\,E\,I\,\cos[(p\Omega-\omega)t + \psi] \qquad (A.III.5)$$

La valeur moyenne de cette expression n'est non nulle que si :

$$\Omega = \frac{\omega}{p}$$

Or, d'après le théorème de Ferraris (§ A.I.4), le bobinage triphasé représenté sur la fig. A.III.2, alimenté par un système direct de courants triphasés, crée un champ tournant avec la pulsation $\Omega = \frac{\omega}{p}$.

Il n'y a donc de transfert d'énergie possible du bobinage vers le champ magnétique glissant que si le champ glissant créé par le bobinage est synchrone du champ glissant résultant.

Si cette condition est satisfaite, l'expression (*A.III.5*) devient :

$$p(t) = -\,3\,E\,I\,\cos\psi \qquad (A.III.6)$$

Cette expression ne comporte plus de terme fluctuant puisqu'il n'y a plus de champ magnétique glissant parasite.

La *puissance électromagnétique* ou *puissance transmise* au champ magnétique glissant a pour valeur :

$$P_{em} = P_{tr} = \overline{p(t)} = -\,3\,E\,I\,\cos\psi \qquad (A.III.7)$$

et le *moment du couple moteur appliqué au champ glissant* (de pulsation Ω) s'écrit :

$$C_{em} = \frac{P_{em}}{\Omega} = \frac{-3\,E\,I}{\Omega}\cos\psi = -\,p\,\frac{3\,E\,I}{\omega}\cos\psi \qquad (A.III.8)$$

où on rappelle que ψ est le retard angulaire de l'intensité sur la f.e.m. (qui sont bien de même pulsation puisque $p\Omega = \omega$), dans la convention de signes des générateurs.

Remarque 1 : Le raisonnement précédent aurait aussi bien pu s'appliquer à un bobinage q phasé alimenté par des courants q phasés ; on aurait obtenu :

$$P_{em} = - q\ E\ I \cos \psi \quad \text{et} \quad C_{em} = - q \frac{E\ I}{\Omega} \cos \psi$$

Remarque 2 : S'il y a plusieurs forces magnéto-motrices responsables de champs glissants synchrones dans un entrefer (par exemple une roue polaire mobile et un bobinage triphasé parcouru par des courants triphasés), c'est le ***champ magnétique glissant résultant*** de l'action de ces différentes f.m.m. qui est responsable des f.e.m. induites dans les enroulements du bobinage.

Remarque 3 : Le champ glissant résultant est repéré à chaque instant par la position de l'axe OX de l'un de ses pôles Nord (OX est à $\alpha_x = \Omega t$ de OX) ; on pourrait de même repérer le champ glissant créé par le bobinage par la position de l'axe OX_f (parce qu'il s'agit d'un champ glissant fictif) d'un de ses pôles Nord ; soit $\alpha_{xf}(t)$ l'angle définissant OX_f à partir de Ox.

OX et OX_f forment entre eux un angle constant que l'on aimerait évaluer ; le théorème de Ferraris nous indique que OX_f est suivant Ox_1 lorsque $i_1(t)$ passe par sa valeur maximale, c'est-à-dire lorsque :

$$\omega t - p\alpha_1 - \psi = \frac{\pi}{2}$$

On a alors :

$$\alpha_x = \Omega t = \frac{1}{p}\left(\frac{\pi}{2} + \psi + p\alpha_1\right)$$

et

$$\alpha_{xf} = \alpha_1$$

d'où :

$$\alpha_x - \alpha_{xf} = \frac{1}{p}\left(\frac{\pi}{2} + \psi\right)$$

ou

$$\psi = p(\alpha_x - \alpha_{xf}) - \frac{\pi}{2} \qquad (A.III.9)$$

On voit que la puissance électromagnétique et le moment du couple électromagnétique sont fonction du positionnement relatif des champs magnétiques résultant et fictif :

$$P_{em} = P_{tr} = - 3\ E\ I \cos \psi = - 3\ E\ I \sin[p(\alpha_x - \alpha_{xf})]$$

$$C_{em} = \frac{- 3\ E\ I}{\Omega} \cos \psi = \frac{- 3\ E\ I}{\Omega} \sin[p(\alpha_x - \alpha_{xf})]$$

(A.III.10)

B. *Génératrices synchrones triphasées*

B.I. INTRODUCTION

B.I.1. BUT

Les génératrices synchrones triphasées ou alternateurs triphasés sont des convertisseurs électromécaniques qui transforment l'énergie mécanique, fournie par un moteur ou une turbine, en énergie électrique triphasée, dont on sait que le transport et l'utilisation sont plus rationnels et plus rentables.

On a démontré, dans le § A.II.5, que des forces électromotrices triphasées apparaissent aux bornes d'un bobinage triphasé lorsqu'un champ magnétique glisse par rapport à ce bobinage.

Un alternateur hétéropolaire (on verra en annexe le cas de l'alternateur homopolaire) comprendra :

- un système d'enroulements triphasés (p bobines par enroulement) ;
- un système de p paires de pôles alternés (Nord et Sud) glissant par rapport aux enroulements. Ces pôles portent en général un bobinage parcouru par un courant magnétisant appelé courant d'excitation et dont on notera I_e l'intensité.

Le glissement relatif de l'un des deux systèmes par rapport à l'autre est obtenu en les disposant l'un au stator, l'autre au rotor d'une machine tournante. Le rotor est entraîné par la source d'énergie mécanique.

On pourrait a priori disposer indifféremment les pôles au stator ou au rotor. On choisira de les placer au rotor :

- parce qu'ils sont parcourus par des lignes de champ fixes et peuvent donc être réalisés en matériau ferromagnétique massif, donc mécaniquement rigide ; la carcasse qui porte les enroulements (que l'on nomme "induit"), soumise à un flux variable, doit être feuilletée (pour limiter les pertes d'énergie par courants de Foucault) ;

- parce que l'énergie qui doit parvenir au bobinage d'excitation porté par les pôles est beaucoup plus faible que celle qu'il faut recueillir aux bornes de l'induit ; son transfert par un système de bagues et de balais pose moins de problèmes (dimensions, pertes, etc.) ;
- parce que le nombre de ces bagues et balais est plus réduit dans le cas où l'excitation est mobile (deux bagues) que dans le cas où l'induit serait mobile (3, 4, ou 6 bagues) ; par ailleurs l'isolement des bagues d'alimentation de la roue polaire (quelques centaines de volts continus) pose moins de problèmes que l'isolement des bornes de sortie de l'induit (plusieurs dizaines de kilovolts, dans certains cas).

On verra en annexe, les formes de roues polaires rencontrées et, dans un prochain chapitre, les modes d'excitation utilisés (dont certains évitent l'emploi de bagues et de balais).

B.I.2. CONSTITUTION

Un alternateur triphasé comprend :

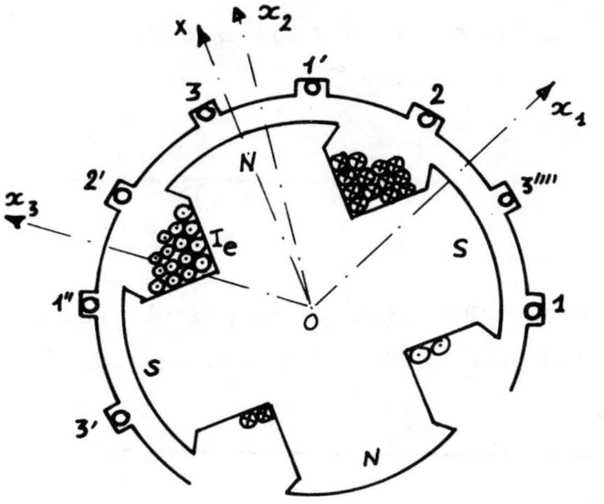

Fig. B.I.1

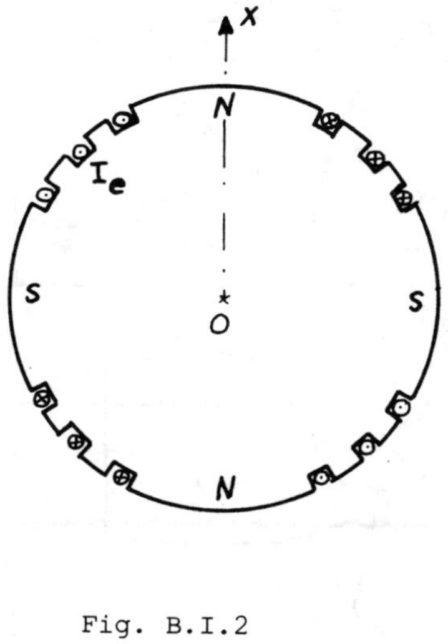

Fig. B.I.2

- un stator feuilleté pourvu d'encoches dans lesquelles sont distribués les conducteurs d'un bobinage triphasé (chaque enroulement comprenant p bobines, donc $2p$ faisceaux) ; la fig. B.I.1 montre une partie d'un tel bobinage dans le cas où $p = 2$ et en ne représentant qu'un conducteur par faisceau, c.à.d. un conducteur par pôle et par phase, alors qu'il y en a n distribués dans z encoches voisines, à raison de b par encoche ($z.b = n$) ;

- un rotor portant p paires de pôles alternés ; un bobinage, parcouru par un courant continu d'excitation, d'intensité I_e, assure la magnétisation de cette roue polaire ; il existe deux sortes de roues polaires :

  - les roues polaires à pôles saillants (fig. B.I.1) qui ont, par conséquent, un entrefer variable ;

  - les roues polaires à pôles lisses (fig. B.I.2) ou à entrefer constant.

Les lignes du champ magnétique étant fixes par rapport au rotor, ce dernier n'est pas le siège de pertes d'énergie de nature ferromagnétique ; il peut donc être réalisé massivement. Pourtant, à la surface des pôles, le défilement des dents et des encoches du stator donne naissance à une légère modulation du champ. Pour limiter les pertes d'énergie qui pourraient en résulter, on peut être amené à feuilleter les épanouissements polaires.

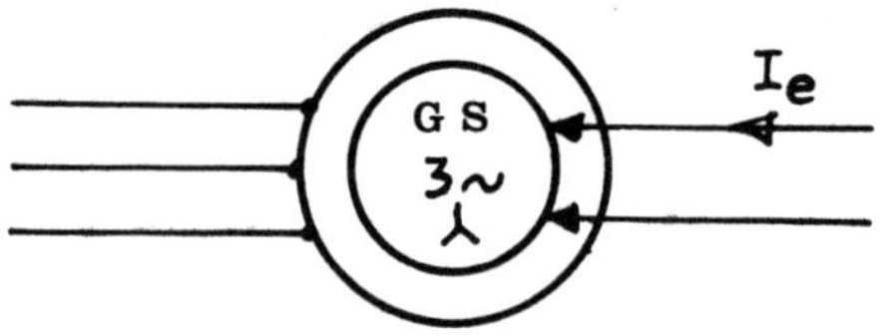

On symbolisera une génératrice synchrone triphasée (à induit connecté en étoile, par exemple) par le schéma de la fig. B.I.3.

Fig. B.I.3

B.I.3. FONCTIONNEMENT A VIDE

Considérons une génératrice triphasée. Son induit comprend trois enroulements ; Ox_1 , Ox_2 et Ox_3 sont les axes des premières bobines

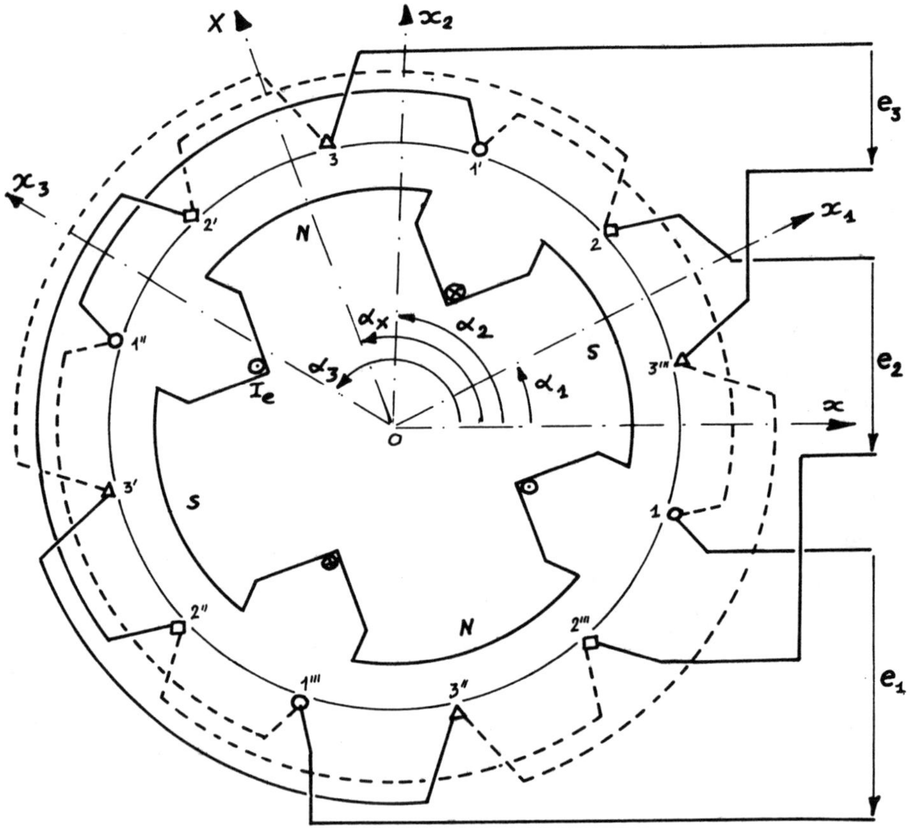

Fig. B.I.4

de ces enroulements ; les angles α_1, α_2 et α_3 qui les définissent forment une progression arithmétique de raison $\frac{2\pi}{3p}$. La roue polaire, portant p paires de pôles, tourne avec la pulsation Ω ; l'axe OX, de l'un de ses pôles N, est défini par l'angle $\alpha_x = \Omega t$.

On a démontré, dans le chapitre A.II. des préliminaires, qu'il apparaît aux bornes de ces enroulements un système de tensions triphasées :

$$e_1 = E\sqrt{2}\,\sin(\omega t - p\alpha_1)$$
$$e_2 = E\sqrt{2}\,\sin(\omega t - p\alpha_1 - \frac{2\pi}{3})$$
$$e_3 = E\sqrt{2}\,\sin(\omega t - p\alpha_1 - \frac{4\pi}{3})$$

où :

- la pulsation ω est liée à la pulsation de rotation de la roue polaire par la relation :

$$\omega = p\,\Omega \qquad (B.I.1)$$

- la valeur efficace de la f.e.m. s'exprime par la relation de Boucherot :

$$E = \frac{\pi}{\sqrt{2}} K_b\, N\, f\, \Phi_M = 2{,}22\, K_b\, N\, f\, \Phi_M \qquad (B.I.2)$$

si le champ magnétique de la roue polaire est à répartition spatiale instantanée sinusoïdale (sinon voir l'annexe 2 du § A.II). Dans cette expression :

∇ Le coefficient K_b est le facteur de bobinage de l'enroulement (voir l'annexe 1 de A.II.) ;

∇ f est la fréquence des f.e.m. induites :

$$f = \frac{\omega}{2\pi} = p\,\frac{\Omega}{2\pi}$$

∇ N est le nombre total de conducteurs montés en série dans un enroulement ;

∇ Φ_M est la valeur du flux magnétique qui sort d'un pôle Nord de la roue polaire ; on a montré aussi que ce flux Φ_M est lié, dans le cas d'une répartition sinusoïdale du champ, à la valeur maximale du champ dans l'axe d'un pôle par :

$$\Phi_M = \frac{2}{p} B_M\, L\, R \qquad (B.I.3)$$

où L est la longueur des conducteurs de l'induit et R le rayon de l'entrefer.

B.I.4. CARACTERISTIQUE INTERNE

La saturation du matériau ferromagnétique contenu dans le circuit emprunté par le flux magnétique de la machine (roue polaire et carcasse d'induit) conduit à une relation non linéaire entre le flux magnétique, de valeur Φ_M, et l'intensité I_e du courant magnétisant.

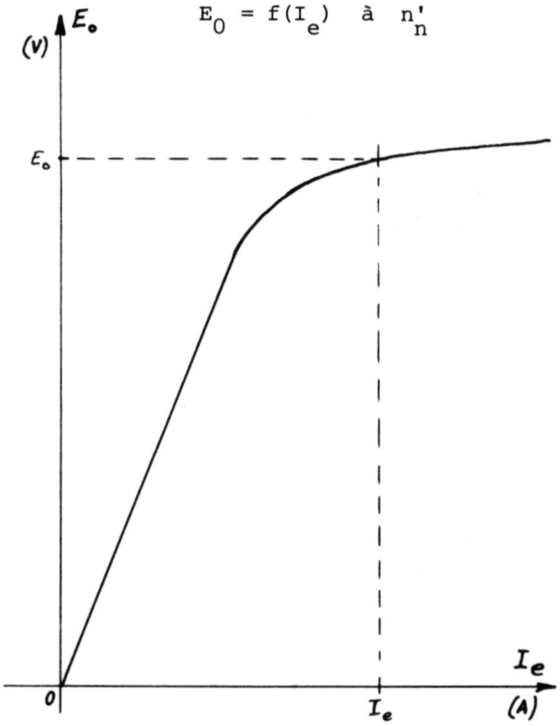

Fig. B.I.5

Le bobinage, le circuit magnétique et l'enroulement d'excitation de l'alternateur sont caractérisés par la *courbe à vide* ou *caractéristique interne*, à vitesse fixe nominale ; on nomme ainsi la courbe représentant la f.e.m. induite à vide dans un enroulement (ou entre fils de ligne) en fonction de l'intensité du courant d'excitation :

$$E_o = E_v = f(I_e) \text{ à } n_n' .$$

Cette courbe caractéristique est généralement relevée expérimentalement. En toute rigueur il conviendrait de la relever après démagnétisation du circuit magnétique et en opérant par valeurs strictement croissantes de l'intensité I_e. On se contentera souvent de la courbe des valeurs moyennes du cycle d'hystérésis asymétrique relevé lorsque l'intensité du courant d'excitation évolue entre zéro et la valeur maximale admissible.

Remarque : La machine sera construite de telle sorte que le point de fonctionnement soit situé légèrement au-delà du coude de saturation ; une variation de la force magnéto-motrice d'excitation conduit alors à une variation moindre de la force électromotrice induite.

ANNEXE 1 : ALTERNATEUR HOMOPOLAIRE

L'expression de la fréquence des f.e.m. induites dans un alternateur,

$$f = \frac{\omega}{2\pi} = p\,\frac{\Omega}{2\pi}$$

montre que l'obtention de tensions de fréquences élevées nécessite :

- un nombre élevé de pôles, et on est limité par les dimensions (périmètre) du rotor, elles-mêmes limitées par les effets de la force centrifuge ;
- une pulsation de rotation élevée, ce qui conduit à une force centrifuge très importante appliquée au bobinage rotorique d'excitation.

Pour atténuer l'acuité de ces problèmes, on réalise des alternateurs homopolaires (voir fig. B.I.6) ainsi nommés car chaque extrémité du rotor ne porte que des pôles de même nom.

Si chaque extrémité du rotor porte p pôles et si ce rotor tourne avec la pulsation de rotation Ω, une spire portée par le stator,

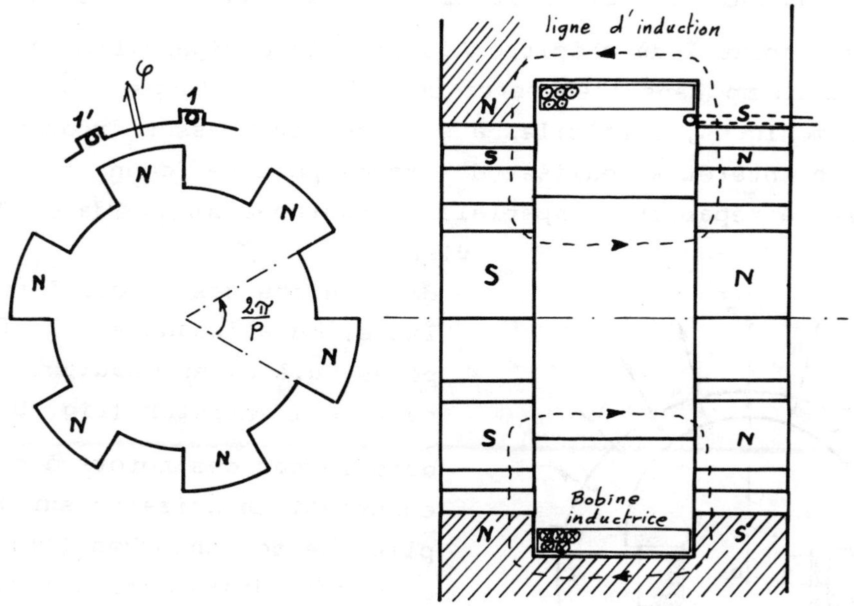

Fig. B.I.6

formée des brins 1 et 1', est traversée par un flux d'induction ϕ

modulé, ainsi que le montre la fig. B.I.7, à la fréquence

$$f = p\,\frac{\Omega}{2\pi}$$

La f.e.m. induite dans cette spire aura même fréquence fondamentale. On éliminera les f.e.m. harmoniques par filtrage. Comme on se soucie peu de l'allure de la répartition du champ dans l'entrefer, on peut disposer un nombre important de pôles sur le périmètre du rotor. Par ailleurs, le bobinage d'excitation étant disposé au stator, la roue polaire est massive et sa rigidité permet des vitesses de rotation élevées.

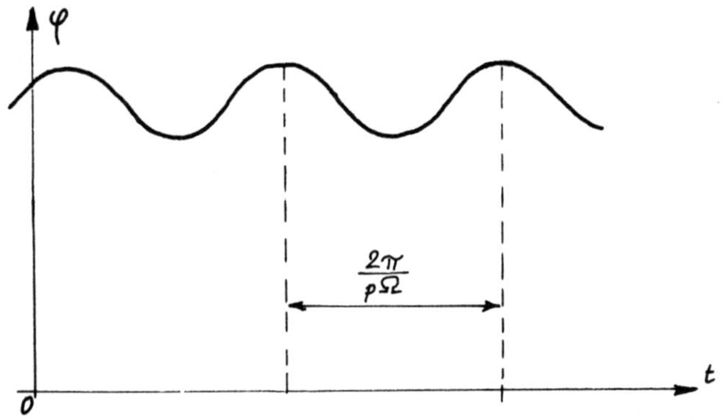

Fig. B.I.7

ANNEXE 2 : REPARTITION SINUSOIDALE DU CHAMP DANS L'ENTREFER

On a vu (annexe 2 du chapitre A.II.) qu'une répartition non sinusoïdale du champ dans l'entrefer conduisait à l'apparition de f.e.m. harmoniques, difficiles à éliminer aux basses fréquences.

On a donc intérêt à réaliser des roues polaires donnant un champ magnétique à répartition spatiale instantanée sinusoïdale. On y parvient :

- dans le cas des rotors à pôles saillants, en agissant sur la forme des pôles, c.à.d. en modulant l'épaisseur de l'entrefer (fig. B.I.8) ;
- dans le cas des rotors à entrefer constant, en agissant sur le remplissage des encoches (fig. B.I.9.a) ou sur la distribution et la taille de ces encoches (fig. B.I.9.b).

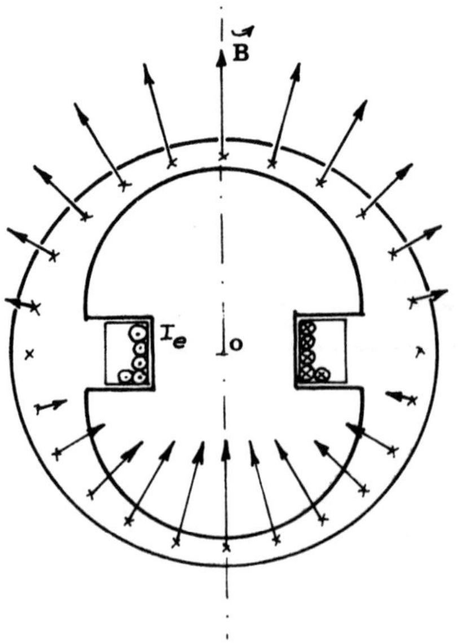

Fig. B.I.8

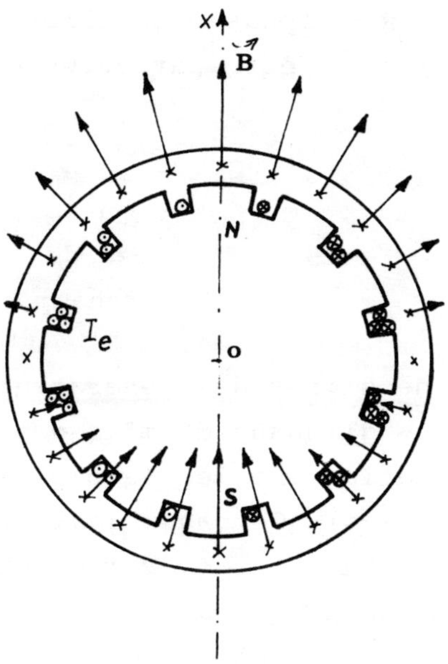

Fig. B.I.9.a

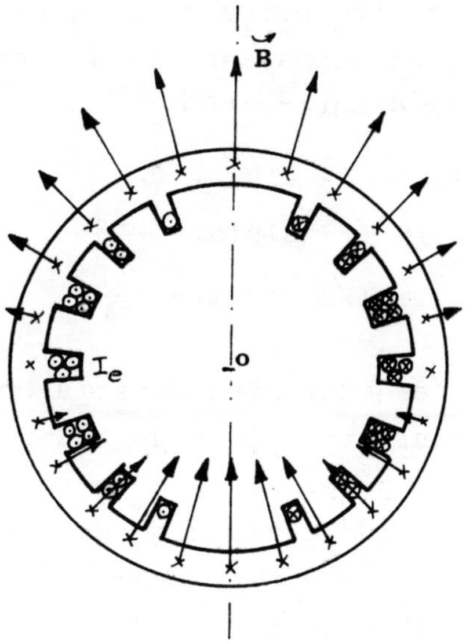

Fig. B.I.9.b

B.II. COMPORTEMENT DE L'ALTERNATEUR TRIPHASÉ EN CHARGE

B.II.1. REACTION MAGNETIQUE DE L'INDUIT

Considérons l'alternateur triphasé défini au chapitre précédent et représenté schématiquement par l'alternateur bipolaire équivalent (fig. B.II.1) dont on n'a dessiné que les axes des bobines d'induit.

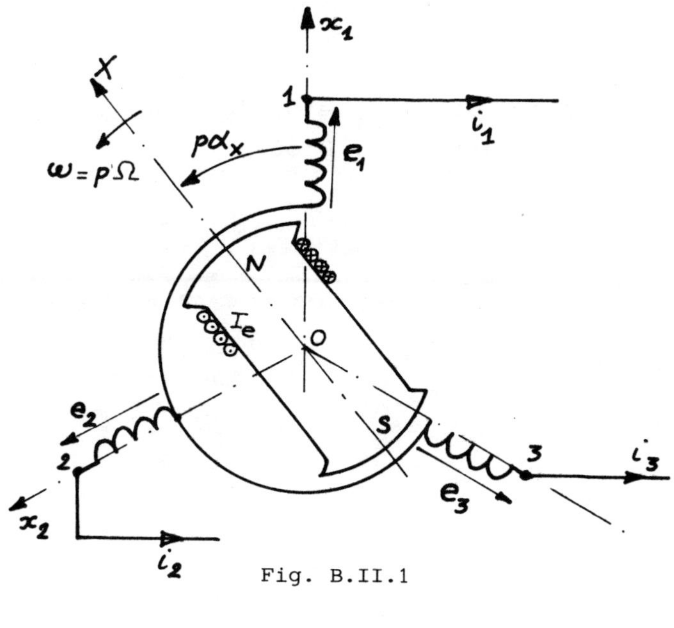

Fig. B.II.1

Le champ magnétique glissant crée, dans les trois enroulements, des f.e.m. d'expression (en prenant Ox_1 comme référence) :

$$e_1 = E\sqrt{2}\ \sin(\omega t)$$

$$e_2 = E\sqrt{2}\ \sin(\omega t - \frac{2\pi}{3})$$

$$e_3 = E\sqrt{2}\ \sin(\omega t - \frac{4\pi}{3})$$

dans les conventions de signes utilisées jusqu'ici.

Si cet alternateur débite dans une charge triphasée équilibrée provoquant un déphasage ψ, les enroulements vont être parcourus par des courants d'intensités :

$$i_1 = I\sqrt{2}\ \sin(\omega t-\psi)$$

$$i_2 = I\sqrt{2}\ \sin(\omega t-\psi-\frac{2\pi}{3})$$

$$i_3 = I\sqrt{2}\ \sin(\omega t-\psi-\frac{4\pi}{3})$$

intensités exprimées dans la convention de signes des générateurs.

Ces courants créent un champ magnétique glissant de même nombre de paires de pôles et de même vitesse de rotation que le champ glissant principal (voir théorème de Ferraris, § A.I.4). Ce *champ magnétique glissant*, qui constitue la *réaction magnétique de l'induit* en charge, est attribué, par commodité, à un système de *pôles tournants fictifs* (par opposition aux pôles réels de la roue polaire). Ce champ glissant se compose avec celui de la roue polaire pour donner le *champ magnétique glissant résultant*, champ qui est responsable des forces électromotrices induites dans les enroulements d'induit.

Si on note OX_r l'axe orienté d'un pôle N du champ glissant résultant et OX_f celui d'un pôle N du champ glissant fictif, l'angle (constant) que font entre eux ces deux axes peut être calculé en considérant que :

$$\alpha_{xr} = \Omega t$$

(du fait de l'expression des f.e.m.)
et en écrivant que OX_f est suivant Ox_1 ($\alpha_{xf} = 0$) lorsque i_1 passe par sa valeur maximale (théorème de Ferraris). D'où :

$$\omega t - \psi = \frac{\pi}{2}$$

et

$$\alpha_{xr} - \alpha_{xf} = \frac{1}{p}(\psi + \frac{\pi}{2})\ . \qquad (B.II.1)$$

D'où les effets magnétiques des courants d'induit ou réaction magnétique de l'induit :

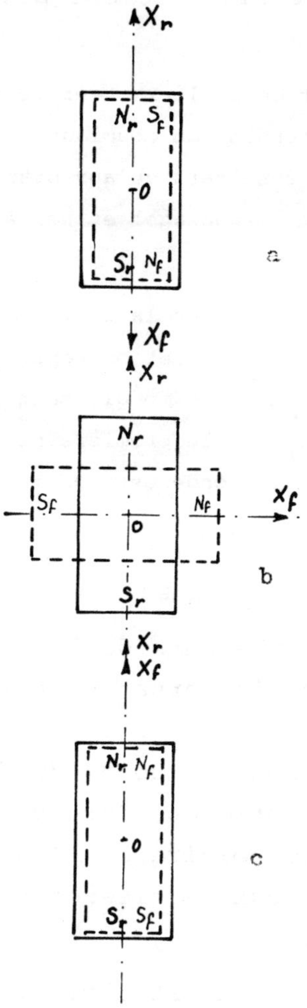

Fig. B.II.2

∇ Si $\psi = \frac{\pi}{2}$, c.à.d. si la charge est purement inductive (courants en quadrature arrière par rapport aux f.e.m. correspondantes) :

$$p(\alpha_{xr} - \alpha_{xf}) = \pi$$

et les pôles fictifs tendent à démagnétiser les pôles résultants (ils démagnétisent donc les pôles réels) ; on dit que la *réaction magnétique de l'induit est longitudinale et démagnétisante.* (voir fig. B.II.2.a) ;

∇ Si $\psi = 0$ (charge purement résistive ou active) :

$$p(\alpha_{xr} - \alpha_{xf}) = \frac{\pi}{2}$$

et les pôles fictifs sont régulièrement intercalés entre les pôles résultants (voir fig. B.II.2.b) ; on dit que la *R.M.I. est transversale ;*

∇ Si $\psi = -\frac{\pi}{2}$ (charge purement capacitive) :

$$p(\alpha_{xr} - \alpha_{xf}) = 0$$

et les pôles fictifs se superposent aux pôles réels de mêmes noms (voir fig. B.II.2.c) ; on dit que la *R.M.I. est longitudinale et magnétisante.*

Les déphasages intermédiaires des intensités sur les f.e.m. correspondent à des décalages intermédiaires entre pôles fictifs et pôles résultants.

Les résultats précédents sont en parfait accord avec ceux de l'étude électro-mécanique d'une machine à champ glissant (chapitre A.III) qui se terminait par l'expression suivante du couple électromagnétique moteur appliqué au champ magnétique glissant (c.à.d., ici, à la roue polaire) :

$$C_{em} = \frac{-3\,E\,I}{\Omega} \sin[p(\alpha_{xr} - \alpha_{xf})]$$

Dans le cas étudié présentement, le moment de ce couple est toujours négatif, ce qui traduit le fait que l'alternateur est un récepteur d'énergie mécanique, et passe par sa valeur maximale lorsque $p(\alpha_{xr} - \alpha_{xf}) = \frac{\pi}{2}$, c.à.d. lorsque l'alternateur débite dans une charge purement active (à E et I constantes), ce qui était aisément prévisible.

Remarque 1 : On a représenté (fig. B.II.1) l'induit de l'alternateur couplé en étoile, mais les conclusions de cette étude s'étendent au couplage triangle ; on veillera toutefois à n'appliquer ces résultats qu'aux grandeurs relatives aux enroulements (intensité, f.e.m., déphasage) et non à la ligne triphasée.

Remarque 2 : On voit qu'il conviendra toujours de distinguer la f.e.m. que créerait, seule, la roue polaire (on la nomme f.e.m. à vide et on représente par E_o sa valeur efficace) et la f.e.m. que crée le champ glissant résultant (f.e.m. résultante, de valeur efficace E_r) ; la première ne dépend que de I_e (à bobinage et vitesse fixes), la seconde est aussi fonction de I et de ψ .

B.II.2. ETAT MAGNETIQUE DE LA MACHINE

On vient de voir que la roue polaire et les enroulements de l'induit participent à la création du champ magnétique de l'alternateur triphasé.

Le flux magnétique total traversant un enroulement ne peut, du fait du phénomène de saturation des matériaux ferromagnétiques, être décomposé en deux flux dont un proviendrait de la roue polaire et l'autre de l'induit. Par contre on peut le décomposer en deux parties circulant dans des portions distinctes de la machine :

- le flux provenant du champ magnétique glissant résultant, qui parcourt la roue polaire, l'entrefer et la carcasse d'induit, dont on notera ϕ_r la valeur instantanée ;
- le flux de fuite des conducteurs de l'enroulement, qui circule essentiellement dans de l'air (ou un fluide amagnétique), autour des conducteurs, au fond des encoches ; le circuit emprunté par ce flux étant non saturable, sa valeur est directement proportionnelle à l'intensité du courant qui lui donne naissance :

$$\phi_f = \lambda i$$

(i est l'intensité instantanée du courant circulant dans l'enroulement).

D'où :

$$\phi_t = \phi_r + \phi_f = \phi_r + \lambda i \qquad (B.II.2)$$

si on note λ le *coefficient d'auto-induction de fuite* de l'enroulement.

La force électromotrice induite dans cet enroulement par la variation de ce flux (loi de Lenz) peut donc s'écrire :

$$e_t = e_r - \lambda\frac{di}{dt}$$

ce qui se traduit dans le plan de Fresnel des tensions par :

$$\underline{E}_t = \underline{E}_r - j\lambda\omega\underline{I} \qquad (B.II.3)$$

B.II.3. EQUATION AUX TENSIONS

Chaque enroulement de l'alternateur se comporte donc comme une source de f.e.m. interne e_t et de résistance interne R (résistance de l'enroulement). Dans la convention des générateurs, adoptée jusqu'ici, la différence de potentiel qui apparaît entre les bornes de l'enroulement a pour expression :

$$\underline{V} = \underline{E}_t - R.\underline{I}.$$

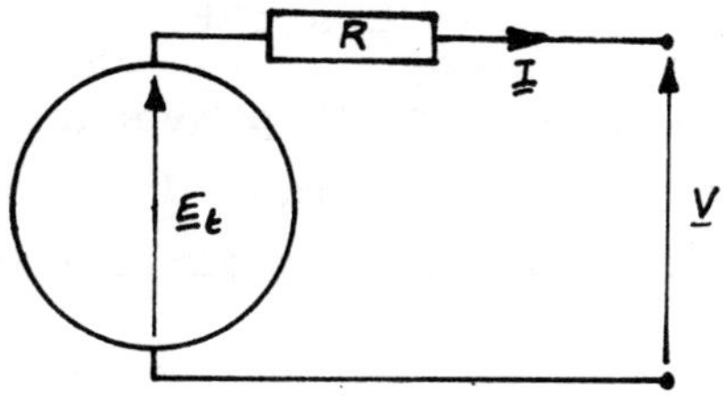

Fig. B.II.3

D'où l'équation aux tensions d'une phase (d'un enroulement) :

$$\underline{V} = \underline{E}_t - R.\underline{I} = \underline{E}_r - R.\underline{I} - j\lambda\omega\underline{I} \qquad (B.II.4)$$

où $\underline{E}_r$ est la f.e.m. induite par le champ glissant résultant (dans le formalisme de Fresnel), $\underline{I}$ l'intensité du courant électrique de cet enroulement, R sa résistance et $\lambda\omega$ sa réactance de fuite.

Remarque : Cette formule s'applique à chacun des enroulements de l'alternateur.

B.II.4. FORCES MAGNETO-MOTRICES

Le flux résultant ϕ_r (à travers un enroulement), responsable de la f.e.m. résultante e_r, est dû, on l'a vu, à l'action combinée de la roue polaire et des courants de l'induit. Exprimons la force magnéto-motrice responsable de ce flux.

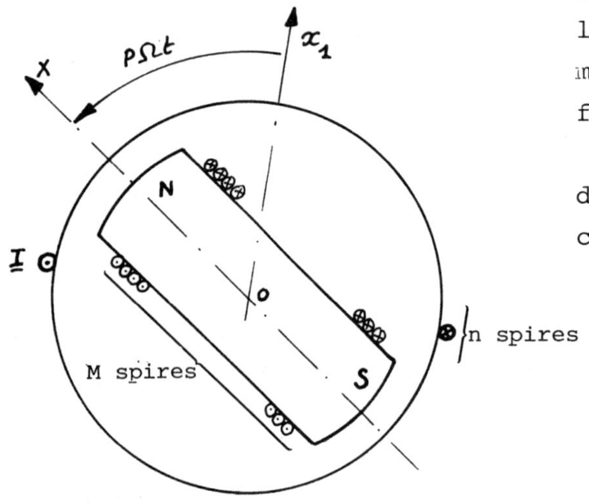

Fig. B.II.4

Soit $\mathcal{E}_r$ la valeur instantanée de cette f.m.m. ; on peut la décomposer en :

- une f.m.m. $\mathcal{E}(I_e)$ due à la roue polaire et s'exprimant, du fait de la rotation d'icelle (voir fig. B.II.4) :

$$\mathcal{E}(I_e) = M.I_e.\cos(p\Omega t)$$

- une f.m.m. $\mathcal{E}(I)$ provenant de la réaction magnétique de l'induit et d'expression (voir théorème de Ferraris) :

$$\mathcal{E}(I) = \frac{3}{2}\, n\; I\sqrt{2}\, \sin(\omega t-\psi_o)$$

D'où la force magnétomotrice résultante, du fait de la linéarité du théorème d'Ampère :

$$\mathcal{E}_r = \mathcal{E}(I_e) + \mathcal{E}(I) = M.I_e.\cos(\omega t) + \frac{3}{2}\, nI\sqrt{2}.\sin(\omega t-\psi_o)$$

où M est le nombre de spires inductrices portées par une paire de pôles et n le nombre de spires d'une bobine de l'induit (on a réduit notre étude à celle d'une machine bipolaire élémentaire, voir fig. B.II.4).

L'expression précédente peut encore s'écrire, en passant dans le plan complexe des f.m.m. :

$$\mathcal{E}_r = (M.I_e - j\; k.I.e^{-j\psi_0}).e^{j\omega t} \qquad (B.II.5)$$

Si on note $\underline{I}_{eo}$ le vecteur complexe tel que :

$$M.\underline{I}_{eo} = M.I_e + k.I.e^{-j\psi_0\; -j\pi/2}$$

on voit que, par construction, $M.I_{eo}$ représente la valeur maximale de la f.m.m. résultante ; on aurait la même f.m.m. en alimentant la roue polaire par un courant d'intensité I_{eo} ; à vide, excité par I_{eo}, l'alternateur voit donc apparaître aux bornes d'un enroulement une f.e.m. de valeur efficace E_r : (I_{eo}, E_r) est le couple des coordonnées d'un point de la caractéristique interne.

On peut encore passer dans le plan de Fresnel des intensités où la relation précédente s'écrit (compte tenu de l'origine des temps choisie) :

$$M.\underline{I}_{eo} = M.\underline{I}_e + k.\underline{I}$$

ou encore :

$$\underline{I}_{eo} = \underline{I}_e + \frac{k}{M}\underline{I} = \underline{I}_e + \alpha\,\underline{I} \qquad (B.II.6)$$

où $\alpha = \frac{k}{M}$ est un nombre réel positif.

Remarque 1 : Il peut sembler curieux d'associer un vecteur de Fresnel ($\underline{I}_e$) à une grandeur continue, mais il ne faut pas oublier que, du fait de la rotation uniforme de la roue polaire, la f.m.m. à laquelle elle donne naissance est sinusoïdale donc susceptible d'une représentation dans un plan de Fresnel.

Remarque 2 : Compte tenu du choix de l'origine des temps (lors d'un passage d'un pôle Nord de la roue polaire dans l'axe d'une bobine de l'enroulement), la force magnéto-motrice $\mathcal{E}(I_e)$ et le flux magnétique à vide ϕ_o prennent leurs valeurs maximales à l'origine des temps. Les vecteurs de Fresnel qui leur sont associés, $\underline{I}_e$ et $\underline{\Phi}_o$, ont donc une phase à l'origine nulle.

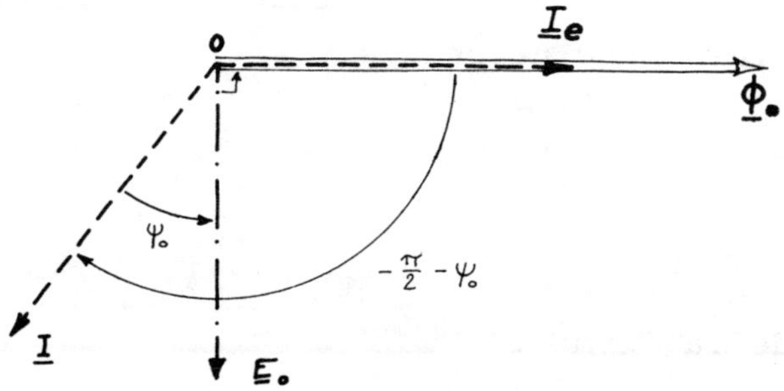

Fig. B.II.5

$$\underline{E}_o = -\frac{d\underline{\Phi}_o}{dt} = -j\omega\underline{\Phi}_o$$

(dans la convention de signes des générateurs) est donc en quadrature arrière sur $\underline{\Phi}_o$ et $\underline{I}_e$

Enfin, $\underline{I}$ est en retard (par construction) de ψ_o sur $\underline{E}_o$.

D'où le diagramme vectoriel des intensités (fig. B.II.5) ou des f.m.m., où l'on retrouve bien que :

$$I\,e^{-j(\frac{\pi}{2}+\psi_o)} = \underline{I}$$

B.II.5. SCHEMA EQUIVALENT ET DIAGRAMME VECTORIEL

Les équations aux tensions et aux intensités d'un alternateur triphasé s'écrivent donc :

$$\underline{V} = \underline{E}_r - R.\underline{I} - j\lambda\omega\underline{I}$$

et

$$\underline{I}_{eo} = \underline{I}_e + \alpha\underline{I}$$

où on sait que I_{eo} est l'intensité du courant d'excitation qui permet d'avoir, à vide, une f.e.m. de valeur efficace E_r .

Ces équations, qui traduisent le comportement d'un enroulement de l'alternateur, permettent de donner de cet enroulement un schéma équivalent tel que celui de la fig. B.II.6, où une génératrice (à excitation "composée") est en série avec une impédance de pertes :

$$\underline{Z} = R + j\lambda\omega$$

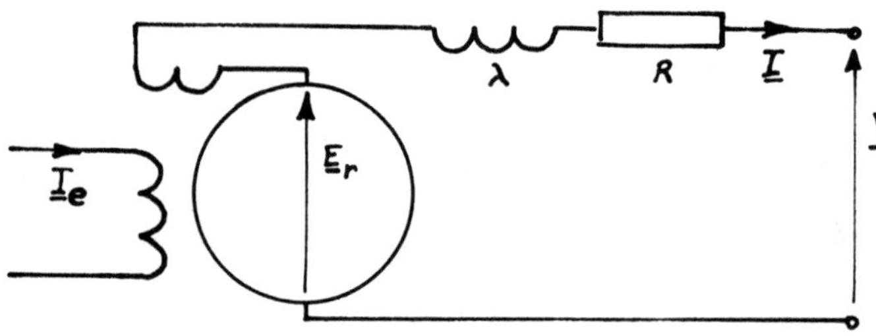

Fig. B.II.6

Par ailleurs, du fait de la relation d'Hopkinson, le flux magnétique résultant a même phase que la f.m.m. qui lui donne naissance ; si :

$$\mathscr{E}_r = M.I_{eo} \cos(\omega t-\xi)$$

on a :

$$\phi_r = \Phi_{rM} \cos(\omega t-\xi)$$

et la f.e.m. résultante est de la forme :

$$e_r = - k' \frac{d}{dt}(\phi_r) = + k'\Phi_{rM} \cos(\omega t-\xi-\frac{\pi}{2})$$

dans la convention de signes des générateurs.

Ceci se traduit dans les plans de Fresnel correspondants par les relations suivantes :

- les vecteurs $\underline{I}_{eo}$ et $\underline{\Phi}_r$ ont même phase ;

- le vecteur $\underline{E}_r$ est en quadrature arrière sur $\underline{I}_{eo}$.

D'où les diagrammes vectoriels équivalents aux équations précédentes.

On a représenté sur la fig. B.II.7 l'allure de ces diagrammes dans le cas d'une charge inductive.

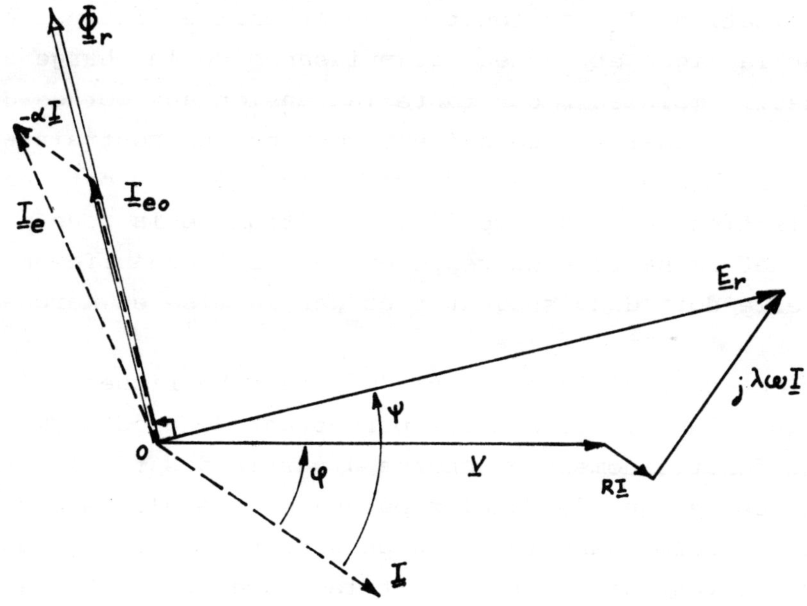

Fig. B.II.7

$\underline{V} + R\underline{I} + j\lambda\omega I = Er$

$\underline{V} = Er - j\lambda$

B.III. Prédétermination des conditions de fonctionnement d'un alternateur triphasé en charge

B.III.1. BUT

On vient de voir que la réaction de l'induit d'un alternateur triphasé en charge conduira à modifier la valeur de l'intensité du courant d'excitation I_e en fonction de la charge (intensité du courant appelé par la ligne et facteur de puissance de la charge apparente) si l'on désire maintenir constante la tension aux bornes des enroulements (ou de la charge), ce qui est souvent une contrainte imposée.

La connaissance de la plage de variation de I_e est indispensable à la réalisation de la source d'alimentation de la roue polaire ainsi qu'aux prédéterminations du rendement et de l'échauffement de l'alternateur ; elle doit donc souvent précéder la mise en marche de l'alternateur.

Il convient donc d'élaborer des "modèles théoriques" (équations, schémas équivalents, diagrammes) permettant de prédéterminer les conditions de fonctionnement en charge à partir des résultats d'essais ne mettant en jeu que de faibles puissances (seuls essais réalisables sur une plate-forme dans le cas d'un alternateur de forte puissance).

Ces modèles vont différer suivant les types de machines et de fonctionnement envisagés. Ils se distingueront aussi par la quantité d'informations nécessaires à leur mise en oeuvre.

On passe des machines réelles, complexes, à ces modèles, simples et utilisables, grâce à un certain nombre de simplifications (on suppose les intensités, champs et f.e.m. sinusoïdaux, la densité de courant constante dans les conducteurs, les matériaux ferromagnétiques homogènes et uniformément saturés, on néglige les effets de bord aux extrêmités de la machine, etc.). Les prédéterminations auxquelles ils conduisent seront entachées nécessairement d'une "erreur théorique" imputable à ces approximations ; la comparaison avec les résultats d'essais directs permettra, seule, d'estimer le sens et l'ordre de grandeur de cette erreur, pour un type donné d'alternateurs.

Le problème que l'on se donnera pour but de résoudre est, dans le cas général, le suivant : étant données les grandeurs définissant la charge de l'alternateur (tensions entre bornes, courants en ligne, facteur de puissance de la charge), déterminer l'intensité I_e du courant d'excitation nécessaire pour réaliser un tel fonctionnement.

Remarques préliminaires :

∇ Les modèles qui vont être élaborés supposeront l'alternateur débitant sur une charge équilibrée ; ils ne pourront être utilisés en cas de charge déséquilibrée qu'en acceptant le risque d'une erreur supplémentaire ;

∇ Compte tenu de la restriction précédente, on réduira l'étude à celle d'*un seul enroulement de l'alternateur*. Il conviendra donc d'exprimer le problème proposé *relativement à un enroulement* et de déterminer expérimentalement les *grandeurs caractéristiques* (C.I., impédance, etc.) *d'un seul enroulement*.

B.III.2. DIAGRAMME DE POTIER

B.III.2.a. Hypothèses

Le diagramme de Potier est celui qui correspond aux équations et au schéma équivalent établis au chapitre B.II. Lors de l'établissement de l'équation aux intensités de ce modèle, nous avons supposé (§ B.II.4) que la valeur maximale Φ_{rM} du flux magnétique du champ glissant résultant ne dépend que de la valeur maximale $M.I_{eo}$ de la f.m.m. tournante résultante. Ceci n'est vrai que si la réluctance du circuit magnétique emprunté par le flux résultant est indépendante du positionnement des pôles du champ glissant résultant par rapport à la roue polaire.

En toute rigueur le diagramme de Potier ne s'applique donc qu'aux alternateurs à *entrefer constant, c.à.d. à pôles lisses*.

Aucune hypothèse restrictive n'a été faite au sujet de l'état magnétique de l'alternateur qui peut donc être saturé.

B.III.2.b. Equations et schéma équivalent

Rappelons les équations de ce modèle :

$$\underline{V} = \underline{E}_r - R.\underline{I} - j\lambda\omega.\underline{I} \qquad (B.III.1)$$

$$\underline{I}_e = \underline{I}_{eo} - \alpha.\underline{I} \qquad (B.III.2)$$

auxquelles il faut ajouter que $\underline{E}_r$ et $\underline{I}_{eo}$ sont liées par :

- la caractéristique interne (d'un enroulement) en ce qui concerne leurs normes ;

- une quadrature de phase ($\underline{I}_{eo}$ en avance sur $\underline{E}_r$).

On peut en déduire le schéma équivalent représenté sur la fig. B.III.1, par exemple.

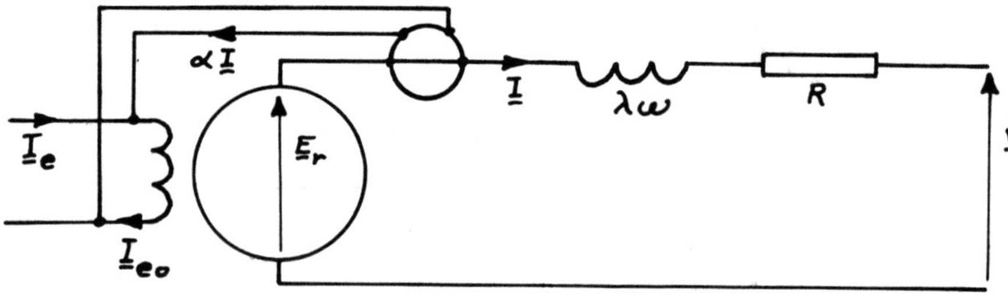

Fig. B.III.1

B.III.2.c. Construction du diagramme

Supposons connues les grandeurs caractéristiques d'un enroulement : C.I., R, λω, α. En partant des données (V, I, ϕ), on peut construire :

$$\underline{E}_r = \underline{V} + R.\underline{I} + j\lambda\omega.\underline{I}$$

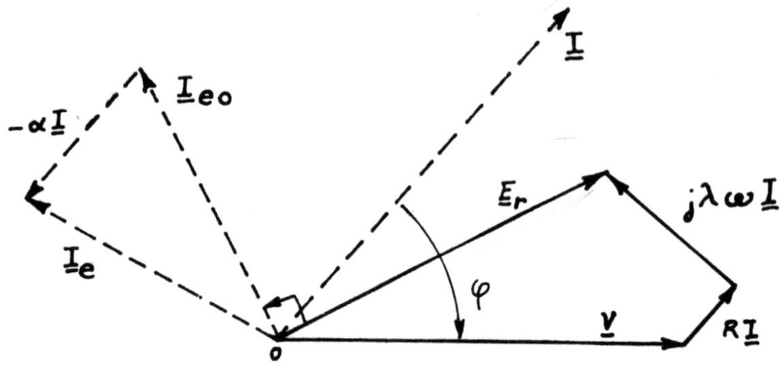

Fig. B.III.2

La C.I. donne alors la valeur de I_{eo} associée à celle de E_r trouvée.

On construit $\underline{I}_{eo}$ en quadrature avance sur $\underline{E}_r$, puis, dans le plan de Fresnel des intensités :

$$\underline{I}_e = \underline{I}_{eo} - \alpha.\underline{I}$$

D'où la valeur cherchée de I_e. La fig. B.III.2 donne l'allure des diagrammes obtenus dans le cas d'une charge capacitive.

Remarque : On réalise bien deux diagrammes vectoriels situés dans deux plans de Fresnel distincts : les unités choisies dans ces deux plans sont donc indépendantes ; seules les phases relatives des vecteurs de ces deux plans ne sont pas quelconques.

B.III.2.d. Détermination des grandeurs caractéristiques

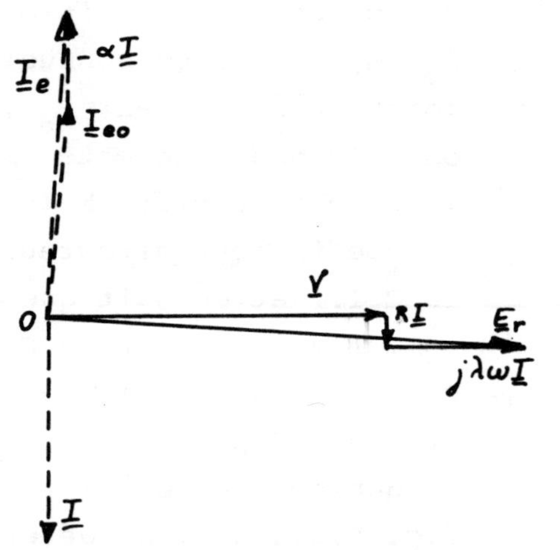

Fig. B.III.3

∇ La caractéristique interne (C.I.) $E_o = f(I_e)$ à f = Cte est relevée au cours d'un essai à circuit ouvert ;

∇ La résistance R d'un enroulement est mesurée à chaud ;

∇ Pour la détermination de $\lambda\omega$ et α , on remarque (fig. B.III.3) que les équations de Potier se réduisent, dans le cas d'une charge purement inductive, à :

$$\begin{cases} E_r = V + \lambda\omega.I \\ I_e = I_{eo} + \alpha.I \end{cases}$$

Alors, il découle de cette remarque que la courbe $U = f(I_e)$ à I=Cte et $\phi = \frac{\pi}{2}$ (charge purement inductive) se déduit de la courbe à vide par une translation (αI, $- \lambda\omega I$).

On montre aisément que l'on pourra déterminer les éléments de cette translation si on connaît :

- la C.I. $E_o = f(I_e)$ à f = Cte ;
- un point P (I_e,V) en charge purement inductive (essai en déwatté) ;
- le point P_o (I_{ecc},V = 0) correspondant au court-circuit pour la même intensité.

En effet, tout point P(I_e, V) de la courbe (Γ) représentant :

$$U = f(I_e) \quad \text{à} \quad f = \text{Cte}, \quad I = \text{Cte} \quad \text{et} \quad \phi = \frac{\pi}{2}$$

se déduit d'un point M (I_{eo}, E_r) de la caractéristique interne (ou à vide) par :

$$I_e = I_{eo} + \alpha I$$
$$V = E_r - \lambda\omega I$$

ce qui correspond (à I = Cte) à une translation. En particulier, P_o, obtenu en court-circuit (à même intensité I) se déduit d'un point M_o de la C.V. par la même translation.

Toute figure géométrique contenant MP se translate donc dans le plan (I_e, V) lorsque P décrit la courbe (Γ). Considérons le triangle occupant la position $P_oN_oM_o$ (supposée connue) lorsque P est en P_o ; on en connaît un côté (N_oP_o), l'angle au sommet N (par le coefficient directeur de la C.I.) et on sait que le sommet M est sur la C.I. D'où la construction de ce triangle à partir d'un point P quelconque de (Γ) (voir fig. B.III.4) ; on détermine :

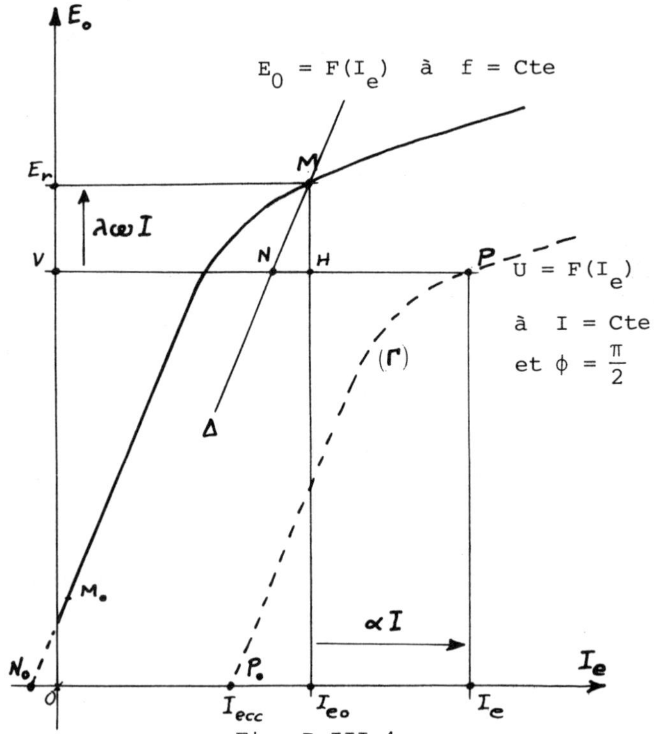

Fig. B.III.4

- le segment $PN = P_oN_o$
- la droite Δ , passant par N et parallèle à la partie rectiligne de la C.I.
- l'intersection M de Δ et de la C.I.

Connaissant M (I_{eo}, E_r), on mesure :

$$HP = I_e - I_{eo} = \alpha I$$

$$HM = E_r - V = \lambda\omega I$$

et on en déduit les valeurs des grandeurs α et $\lambda\omega$.

Remarque 1 : La précision de la détermination est d'autant meilleure que l'ordonnée de P est plus grande (il faut être nettement au-delà du coude de saturation de la C.I.) et que la valeur de I est plus élevée (les segments à mesurer HP et HM sont plus grands et l'incertitude relative de mesure plus faible).

Remarque 2 : On pourrait aussi déterminer α et $\lambda\omega$ à partir d'un essai purement réactif sur charge capacitive ($\cos\phi = 0$ AV , $\phi = -\frac{\pi}{2}$) .
Dans ce cas, les équations de Potier deviennent :

$$V = E_r + \lambda\omega I$$

$$I_e = I_{eo} - \alpha I$$

ce qui traduit que $P(I_e, V)$ se déduit de $M(I_{eo}, E_r)$ par la translation $(-\alpha I, \lambda\omega I)$.

Pour des raisons voisines de celles développées précédemment, on peut construire M à partir de P $(V, I, I_e, \phi = -\frac{\pi}{2})$, de P_o $(V = 0, I, I_{ecc})$ et de la C.I. ; on trace (voir fig. B.III.4 bis) :

- le point N tel que $PN = N_oP_o$;
- la droite Δ, parallèle à la partie rectiligne de la C.I. et passant par N ;
- l'intersection M de Δ et de la C.I.

On mesure : $PH = I_{eo} - I_e = \alpha I$

$MH = V - E_r = \lambda\omega I$

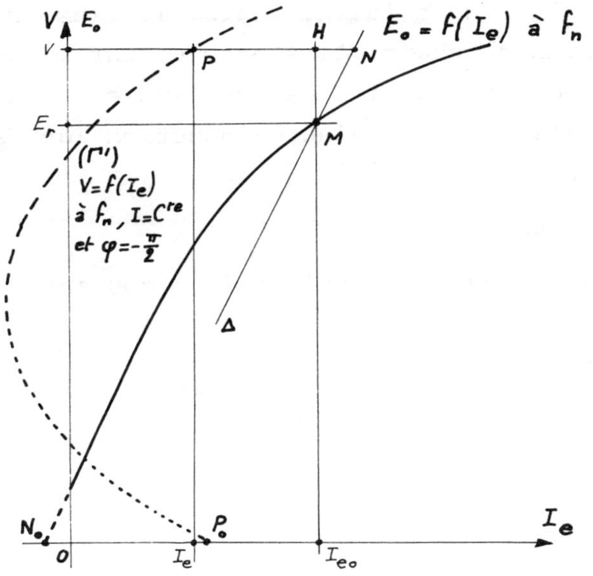

Fig. B.III.4 bis

On remarque que la courbe (Γ') représentant :

$V = f(I_e)$ à f_n, $I_e = Cte$ et $\phi = -\frac{\pi}{2}$

n'est la translatée de la C.I. que pour les valeurs élevées de la tension, donc de l'impédance (capacitance) de charge. Aux faibles valeurs de l'impédance de charge, il faut tenir compte de l'impédance de pertes interne de l'enroulement $(R + j\lambda\omega)$ et le facteur de puissance interne (déphasage entre $\underline{I}$ et $\underline{E}_r$) ne peut plus être maintenu à une valeur nulle. En court-circuit, on se retrouve au point P_o, pratiquement purement inductif (car la réactance propre d'un enroulement est très supérieure à sa résistance).

B.III.3. DIAGRAMME DE LA REACTANCE SYNCHRONE

B.III.3.a. Hypothèses

Lorsque le circuit magnétique d'un alternateur n'est pas saturé, le système d'équations établies précédemment se simplifie. On obtient la méthode de Behn-Eschenburg.

Cette méthode est donc théoriquement réservée aux alternateurs non saturés à pôles lisses.

B.III.3.b. Equation et schéma équivalent

Si l'alternateur n'est pas saturé, la réluctance de son circuit magnétique est constante et indépendante du flux qui y est établi. On montre alors (à partir de la relation d'Hopkinson) que le flux résultant, créé par la f.m.m. tournante résultante, est la somme des flux que créeraient séparément la roue polaire et le bobinage d'induit.

$$\phi_r = \phi_o + \phi_i$$

si on note ϕ_o le flux créé par la roue polaire, c.à.d. le flux qui circulerait à vide, et ϕ_i le flux du champ glissant créé par l'induit en charge. La force électromotrice induite par ce flux est donc la somme de la f.e.m. à vide et d'une f.e.m. d'auto-induction (du fait de la linéarité de la loi de Lenz) :

$$\underline{E}_r = \underline{E}_o - j\,L\omega.\underline{I}$$

puisque le flux de réaction d'induit est proportionnel au courant d'induit.

D'où l'équation aux tensions :

$$\underline{V} = \underline{E}_r - R.\underline{I} - j\lambda\omega.\underline{I} = \underline{E}_o - R.\underline{I} - j\lambda\omega.\underline{I} - jL\omega.\underline{I}$$

En notant :

$$\lambda\omega + L\omega = \mathcal{L}\omega$$

la réactance totale d'un enroulement ou réactance synchrone d'une phase de l'alternateur, on obtient :

$$\underline{V} = \underline{E}_o - R.\underline{I} - j\mathcal{L}\omega\underline{I} \qquad (B.III.3)$$

où E_o est la f.e.m. qui serait induite à vide lorsque l'excitation est fournie par la courant d'intensité I_e.

D'où un schéma équivalent à un enroulement de l'alternateur (fig. B.III.5).

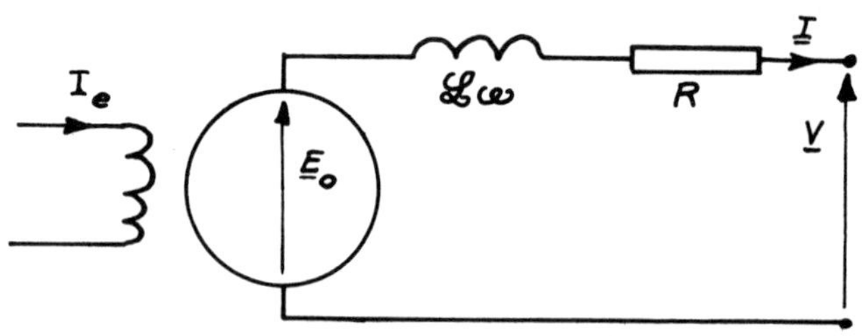

Fig. B.III.5

Remarque : La réactance synchrone $\mathcal{L}\omega$ n'est pas la réactance que l'on pourrait déterminer par une mesure en monophasé de l'impédance d'un enroulement. En effet, le flux de réaction d'induit ϕ_i , qui donne naissance à la f.e.m. d'auto-induction $\underline{E}_i = - jL\omega.\underline{I}$, est *créé par les trois enroulements* de la machine (théorème de Ferraris). $L\omega$ est dite *réactance cyclique* de l'induit ramenée à un enroulement.

B.III.3.c. Détermination de la réactance synchrone

Lors d'un fonctionnement en court-circuit, l'équation (*B.III.3*) devient :

$$\underline{E}_{occ} = (R + j\mathcal{L}\omega).\underline{I}_{cc}$$

soit, en modules :

$$E_{occ} = \sqrt{R^2 + (\mathcal{L}\omega)^2}.I_{cc} = Z.I_{cc}$$

La réactance synchrone est généralement très grande devant la résistance d'un enroulement ; d'où :

$$Z = \frac{E_{occ}}{I_{cc}} \approx \mathcal{L}\omega \quad (B.III.4)$$

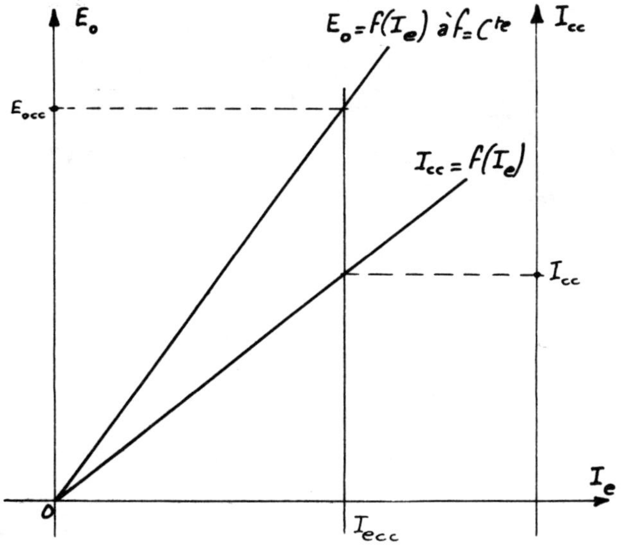

Fig. B.III.6

On détermine donc $\mathcal{L}\omega$ en relevant :

- la C.I. $E_o = f(I_e)$ à $f = Cte$;
- la caractéristique de court-circuit $I_{cc} = f(I_e)$.

Pour une valeur (I_{ecc} sur la fig. B.III.6) de l'intensité du courant d'excitation, ces courbes donnent E_{occ} et I_{cc} ; on en déduit $\mathcal{L}\omega$.

Remarque 1 : L'alternateur n'ayant pratiquement pas de flux pendant l'essai en court-circuit, la f.m.m. tournante résultante est négligeable devant les f.m.m. de la roue polaire et de l'induit. Alors la formule (*B.II.5*) permet de conclure à la linéarité de la courbe $I_{cc} = f(I_e)$: $I_{cc} = A.I_e$.
Un relevé suffira pour la construire (à I_{cc} la plus grande possible).

Remarque 2 : On voit sur la formule (*B.III.4*) que, E_o et $\mathcal{L}\omega$ étant proportionnelles à la fréquence (donc à la pulsation de rotation), l'intensité du courant de court-circuit sera pratiquement indépendante de Ω (à condition toutefois que cette pulsation de rotation soit suffisante pour que $\mathcal{L}\omega >> R$).

Remarque 3 : Du fait que $\mathcal{L}\omega >> R$, lors du fonctionnement en court-circuit, l'alternateur est dans les conditions d'une charge purement inductive.

B.III.3.d. Construction du diagramme

Connaissant l'impédance interne $Z = R + j\mathcal{L}\omega$, pour un fonctionnement en charge donné, défini par le triplet (V, I, ϕ), on peut construire dans le plan de Fresnel des tensions :

$$\underline{E}_o = \underline{V} + R.\underline{I} + j\mathcal{L}\omega.\underline{I}$$

(fig. B.III.7). La C.I. fournit alors la valeur cherchée de I_e.

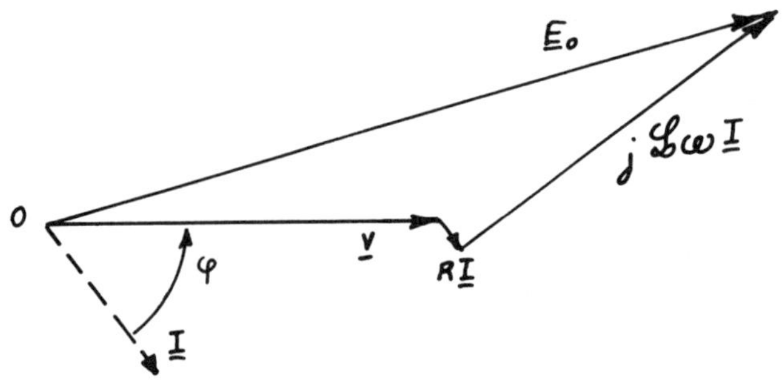

Fig. B.III.7

La simplicité de la construction graphique associée à cette méthode conduira à l'utiliser pour des machines fonctionnant en régime saturé, si l'on désire simplement obtenir un ordre de grandeur de I_e ou si l'on ne dispose pas des grandeurs caractéristiques nécessaires à la mise en oeuvre d'une autre méthode.

On peut alors :

- soit admettre que la saturation se traduit par une variation de $\mathcal{L}\omega$; on détermine, à partir de la C.I. et de la courbe en court-circuit, la courbe :

$$\mathcal{L}\omega = f(I_e)$$

  On ne peut plus résoudre le problème initial : trouver I_e connaissant (V, I, ϕ) mais on résoud : trouver V connaissant (I_e, I, ϕ) ou I connaissant (I_e, V, ϕ).

- Soit considérer malgré tout l'alternateur comme non saturé et remplacer la C.I. réelle relevée par une C.I. fictive linéaire :

  - Confondue avec la tangente à la partie linéaire de la C.I. relevée si on ignore l'ordre de grandeur de la valeur cherchée de I_e ;

- Passant par un point de la C.I. réelle (et par l'origine) situé au voisinage de la valeur de I_e utilisée.

B.III.4. DIAGRAMME DE BLONDEL (OU DE LA DOUBLE REACTION)

Les méthodes précédentes sont inapplicables si l'alternateur possède des pôles saillants. On voit sur la fig. B.III.8 que, dans le cas d'une roue polaire à pôles saillants, la réluctance du circuit magnétique parcouru par le flux résultant est fonction du décalage des axes OX_r et OX.

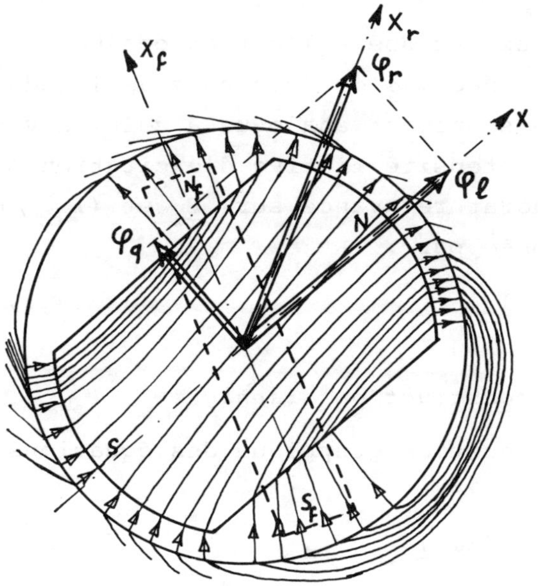

Fig. B.III.8

Pour simplifier le traitement d'un tel cas, on décomposera le flux du champ magnétique glissant résultant en deux parties :

- une composante longitudinale ϕ_ℓ ;
- une composante transversale ϕ_q.

Alors :

$$\phi_r = \phi_\ell + \phi_q$$

et :

$$\phi_t = \phi_r + \phi_f = \phi_\ell + \phi_q + \phi_f$$

B.III.4.a. Equation aux tensions

De la relation précédente on déduit la f.e.m. totale induite dans un enroulement :

$$\underline{E}_t = \underline{E}_\ell + \underline{E}_q + \underline{E}_f = \underline{E}_\ell + \underline{E}_q - j\lambda\omega.\underline{I}$$

La composante transversale ϕ_q du flux résultant est due à la composante active du courant d'induit (voir § B.II.1). Le circuit emprunté par ce flux ne se saturant pas (il contient beaucoup d'air), la composante $\underline{E}_q$ est une f.e.m. d'auto-induction associée à la composante active $\underline{I}_a$ de l'intensité du courant d'induit ($\underline{I}_a$ est la composante de $\underline{I}$ en phase avec $\underline{E}_\ell$ puisque c'est l'axe OX qui sert de référence). Si on note τ la réactance cyclique transversale d'un enroulement, on a donc :

$$\underline{E}_q = - j\tau.\underline{I}_a$$

et :

$$\underline{E}_t = \underline{E}_\ell - j\tau.\underline{I}_a - j\lambda\omega.\underline{I}$$

D'où :

$$\underline{V} = \underline{E}_t - R.\underline{I} = \underline{E}_\ell - R.\underline{I} - j\lambda\omega.\underline{I} - j\tau.\underline{I}_a \qquad (B.III.5)$$

B.III.4.b. Equation aux intensités

La composante longitudinale du flux est due à l'action conjuguée de la roue polaire et de la composante réactive des courants de l'induit $\underline{I}_r$ (en quadrature avec $\underline{E}_\ell$). Un raisonnement analogue à celui développé au § B.II.4 montrerait que l'intensité fictive d'excitation $I_{eo\ell}$ responsable de $\underline{E}_\ell$ ($\underline{I}_{eo\ell}$ est en quadrature avance sur $\underline{E}_\ell$ et ($I_{eo\ell}$, E_ℓ) est en un point de la C.I.) est donnée par :

$$\underline{I}_{eo\ell} = \underline{I}_e + \alpha.\underline{I}_r \qquad (B.III.6)$$

B.III.4.c. Diagramme et construction graphique

Le diagramme de Blondel est la traduction graphique des équations établies ci-dessus :

$$\underline{E}_\ell = \underline{V} + R.\underline{I} + j\lambda\omega.\underline{I} + j\tau.\underline{I}_a \qquad (B.III.7)$$

et :

$$\underline{I}_e = \underline{I}_{eo\ell} - \alpha.\underline{I}_r \qquad (B.III.8)$$

On remarque, sur la fig. B.III.9, que l'équation aux intensités se réduit à une somme (ou à une différence) arithmétique.

L'ordre des opérations permettant la construction du diagramme est le suivant (connaissant V, I et ϕ) :

- on trace :

  $\underline{E}_r = \underline{V} + R.\underline{I} + j\lambda\omega.\underline{I}$
- on construit le point B, extrémité du vecteur $\underline{E}_r + j\tau.\underline{I}$
- on projette l'extrémité A de $\underline{E}_r$ sur OB ; on montre aisément que C est l'extrémité du vecteur $\underline{E}_\ell$ (en effet, on voit que $\underline{AC} = j\tau\underline{I}_a$ car :

  $$AC = \tau\, I.\cos\,\psi' = \tau\, I_a)$$
- la C.I. donne la valeur de $I_{eo\ell}$ associée à E_ℓ

- on détermine la valeur de la composante $\underline{I}_r$ en quadrature avec $\underline{E}_\ell$
- on construit (ou on calcule) :

$$\underline{I}_e = \underline{I}_{eo\ell} - \alpha \, \underline{I}_r$$

D'où la valeur de I_e cherchée.

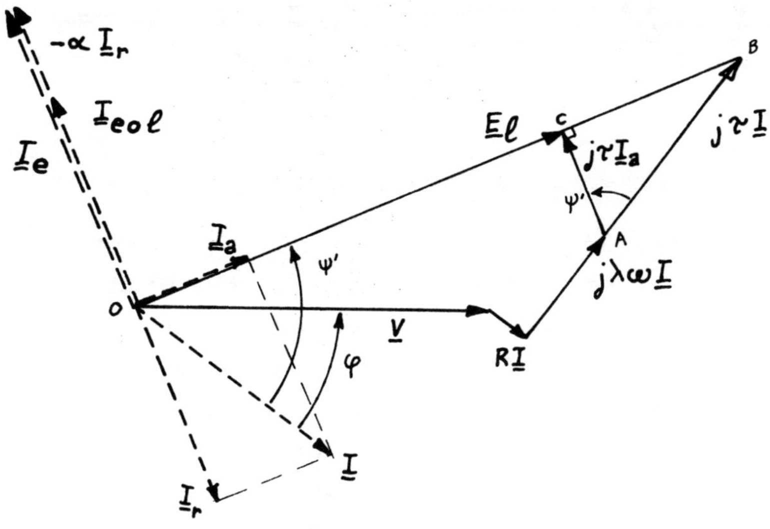

Fig. B.III.9

B.III.4.d. Détermination des grandeurs caractéristiques

- la C.I. est relevée à la vitesse nominale (et pour un enroulement) ;
- la résistance (d'un enroulement) est mesurée à chaud ;
- la réactance de fuite $\lambda\omega$ et le coefficient de réaction magnétique longitudinale d'induit sont déterminés comme pour la méthode de Potier ; en effet, lors des essais sur charge purement inductive qui servent à la détermination de $\lambda\omega$ et de α, la réaction d'induit est purement longitudinale (voir § B.II.1) ;
- pour déterminer l'inductance (réactance) cyclique transversale τ, on pourrait songer à mesurer l'impédance cyclique des enroulements d'induit pour diverses positions du rotor ; mais

les f.e.m. induites dans la masse de la roue polaire ou dans les amortisseurs de Leblanc faussent les résultats.

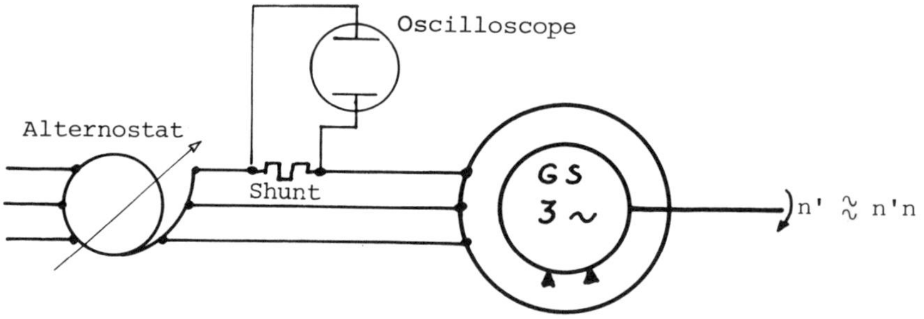

Fig. B.III.10

Il est préférable d'entraîner le rotor de l'alternateur au voisinage de sa vitesse de synchronisme et d'alimenter les enroulements de l'induit par des tensions triphasées de fréquence nominale (tensions faibles pour que la machine ne s'accroche pas en moteur synchrone), comme indiqué sur la fig. B.III.10. Le champ magnétique glissant, créé par l'induit (théorème de Ferraris), glisse aussi par rapport à la roue polaire (qui ne tourne pas à la vitesse de synchronisme) et passe régulièrement de la disposition transversale à la disposition longitudinale, et réciproquement.

La réactance cyclique passe donc de $X_q = \lambda\omega + \tau$, lors de la réaction transversale, à $X_\ell = L\omega + \lambda\omega = \mathcal{L}\omega$ en réaction longitudinale et, à tension d'induit constante (et en négligeant la résistance R), l'intensité du courant appelé par l'induit évolue entre :

$$I_{Max} = \frac{V}{X_q}$$

et :

$$I_{Min} = \frac{V}{X_\ell}$$

L'oscilloscope permet de mesurer le rapport :

$$\frac{I_{Min}}{I_{Max}} = \frac{X_q}{X_\ell} = \frac{\lambda\omega+\tau}{\mathcal{L}\omega} \qquad (B.III.9)$$

On en déduit la valeur de la réactance transversale τ .

Remarque 1 : La réactance synchrone $\mathcal{L}\omega$ à utiliser pour déduire τ de la formule *(B.III.9)* doit être calculée pour un fonctionnement non saturé de l'alternateur puisque l'essai décrit sur la fig. B.III.10 est fait loin de la saturation .

Remarque 2 : Cet essai va donner la valeur de la réactance transversale τ de l'alternateur non saturé. Cela n'a pas d'importance puisqu'on a vu que le circuit emprunté par la composante transversale du flux ne se sature pas.

Remarque 3 : Il est indispensable de démagnétiser la roue polaire de l'alternateur avant de réaliser l'essai décrit dans ce §. C'est le seul moyen d'empêcher la machine de s'accrocher en moteur synchrone (même sous très faible tension) et d'observer des courants appelés par l'induit à peu près sinusoïdaux.

ANNEXE : DIAGRAMME DE ROTHERT

Certaines machines à pôles lisses présentent une réactance de fuite négligeable devant la résistance R d'un enroulement. Dans ce cas (rare parmi les machines modernes), les équations de l'alternateur se réduisent à :

$$\underline{E}'_o = \underline{V} + R.\underline{I} \qquad (B.III.10)$$

$$\underline{I}_e = \underline{I}'_{eo} - K_R.\underline{I} \qquad (B.III.11)$$

où $\underline{I}'_{eo}$ est le courant fictif d'excitation responsable de $\underline{E}'_o$ ($\underline{I}'_{eo}$ est en quadrature avance sur $\underline{E}'_o$ et les grandeurs I'_{eo} et E'_o sont les coordonnées d'un point de la C.I.).

Ce sont les équations du diagramme de Rothert. Ce modèle considère donc que la réaction de l'induit se résume (en plus de la chute ohmique de tension) à une modification de la f.m.m. du champ d'induction glissant. La construction graphique se réduit pratiquement à celle du diagramme des intensités (surtout si RI est négligeable devant V).

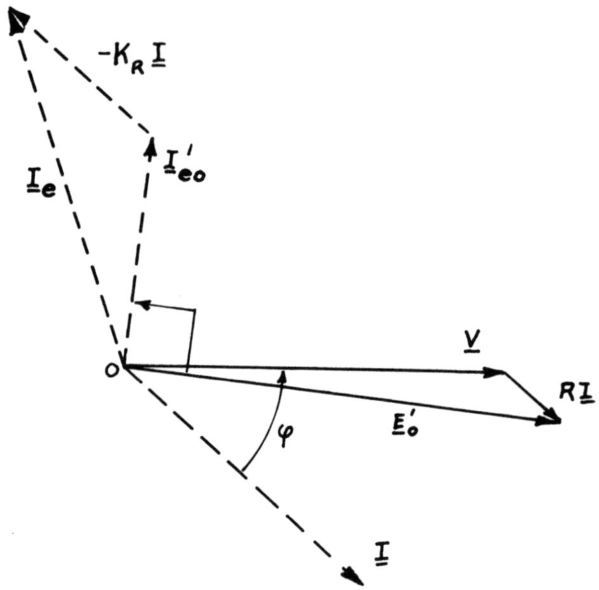

Fig. B.III.11

La fig. B.III.11 montre les diagrammes traduisant les équations précédentes. Connaissant les grandeurs V, I et ϕ, on peut construire :

$$\underline{E}'_o = \underline{V} + R.\underline{I}$$

La valeur de E'_o donne I'_{eo} (grâce à la C.V.) et on trace $\underline{I}'_{eo}$ en avance de $\frac{\pi}{2}$ sur $\underline{E}'_o$; puis on construit :

$$\underline{I}_e = \underline{I}'_{eo} - K_R.\underline{I}$$

Le coefficient de Rothert K_R de réaction magnétique de l'induit est déterminé à l'aide d'un essai en court-circuit ; pendant un fonctionnement en court-circuit, il n'y a pratiquement pas de flux dans l'alternateur ($E'_{occ} = R.I_{cc}$ est négligeable) et la f.m.m. qui lui donne naissance est nulle : $\underline{I}'_{eocc} = \underline{I}_{ecc} + K_R.\underline{I}_{cc} = 0$

D'où :

$$K_R = \frac{I_{ecc}}{I_{cc}} \qquad (B.III.12)$$

B.IV. CARACTÉRISTIQUES D'UN ALTERNATEUR TRIPHASÉ

B.IV.1. CARACTERISTIQUE A VIDE (CARACTERISTIQUE INTERNE)

C'est la courbe :

$$E_o = f(I_e)$$

à la fréquence nominale (et à I = 0).

Elle est relevée au cours d'un *essai à circuit ouvert.*

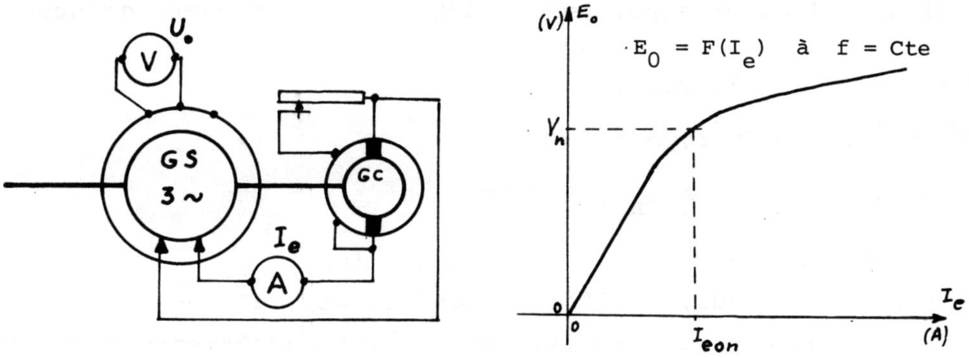

Fig. B.IV.1

B.IV.2. CARACTERISTIQUE EN COURT-CIRCUIT

C'est la relation :

$$I_{cc} = f(I_e)$$

à la fréquence nominale (et à U = 0).

Elle est relevée au cours d'un *essai en court-circuit.*

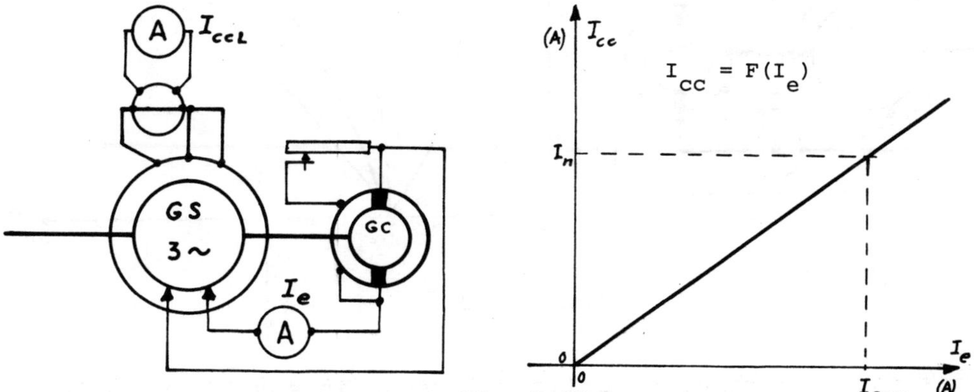

Fig. B.IV.2

On réalise un court-circuit triphasé aux bornes de l'induit. Cette caractéristique est linéaire pour les valeurs réalisables de l'intensité du courant induit.

B.IV.3. RAPPORT DE COURT-CIRCUIT

Si on note I_{eon} l'intensité du courant d'excitation qui permet d'avoir la tension nominale à vide et I_{ecn} celle qui permet d'avoir le courant nominal en court-circuit, on appelle *rapport de court-circuit* de l'alternateur, le rapport :

$$\rho = \frac{I_{eon}}{I_{ecn}} \qquad (B.IV.1)$$

Application : court-circuité alors qu'il présente, à vide, sa tension nominale, l'alternateur tend à débiter des courants d'intensité ρI_n.

B.IV.4. CARACTERISTIQUE EN CHARGE

C'est une courbe du type :

$$V = f(I_e) \quad \text{à} \quad f = f_n \text{ , } I = \text{Cte} \quad \text{et} \quad \phi = \text{Cte}$$

On la relève en charge ou on la prédétermine.

On remarque, bien sûr, l'effet démagnétisant (qui contraint à augmenter I_e) d'une charge inductive et l'effet magnétisant d'une charge capacitive.

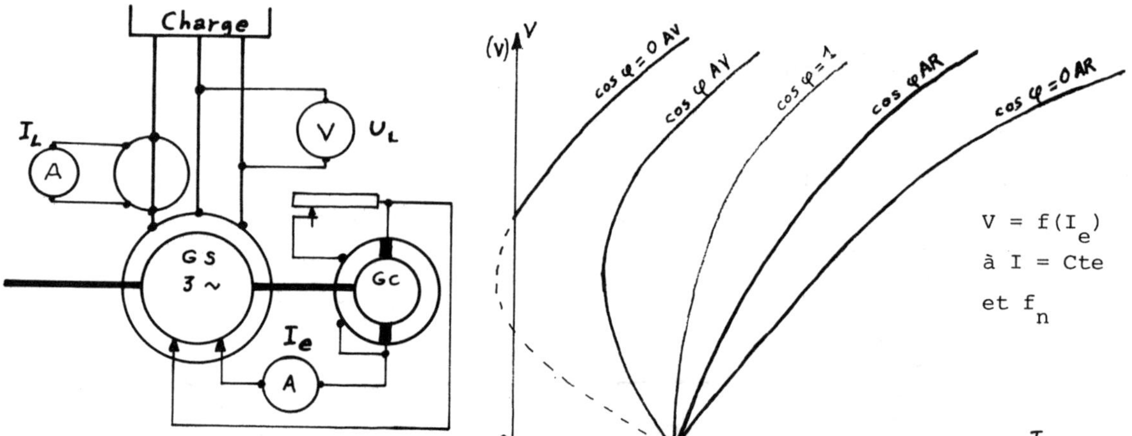

Fig. B.IV.3

L'une des caractéristiques, celle relevée à intensité nominale du courant d'induit et à $\cos\phi = 0$ AR, dite courbe de Potier, joue un rôle particulier puisqu'elle permet de déterminer les éléments du modèle de Potier.

B.IV.5. CARACTERISTIQUES EXTERNES

Ce sont les relations de la forme :

$$V = f(I) \quad \text{à } f = f_n \text{ , } I_e = Cte \quad \text{et} \quad \cos\phi = Cte.$$

On les relève en charge et on les prédétermine.

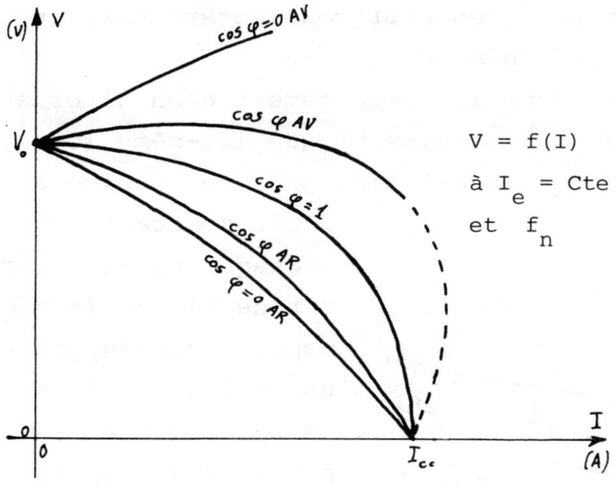

Fig. B.IV.4

On remarque à nouveau les effets démagnétisants et magnétisants de charges respectivement inductives et capacitives.

Ces courbes sont surtout intéressantes dans les cas d'alternateurs à aimants permanents ou dépourvus de régulation de tension.

B.IV.6. CARACTERISTIQUES DE REGLAGE

Ce sont les courbes :

$$I_e = f(I) \quad \text{à } f = f_n \text{ ,}$$
$$V = V_n \quad \text{et} \quad \cos\phi = Cte.$$

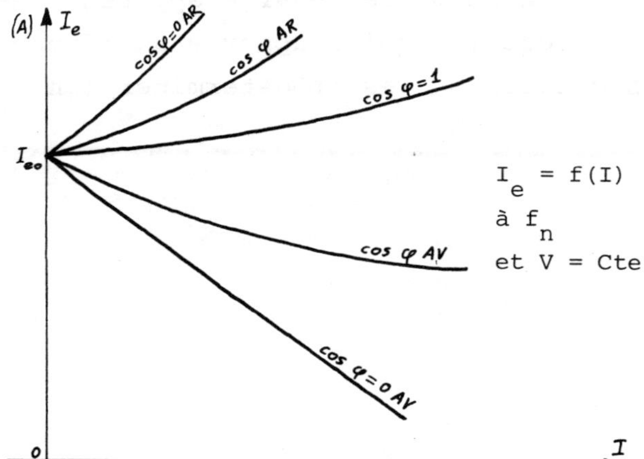

Fig. B.IV.5

Comme les alternateurs travaillent généralement à tension constante, ces courbes sont importantes ; elles permettent de calculer les dispositifs d'excitation et de régulation de tension.

On les relève directement, lorsque c'est possible, ou on les prédétermine.

B.IV.7. COURBES DE MORDEY (COURBES EN V OU EN U).

Ce sont les relations :

$$I = f(I_e) \quad \text{à} \quad f = f_n \quad \text{et} \quad P_u = \text{Cte} \quad (\text{à} \quad V = V_n = \text{Cte}).$$

Si on admet que les pertes de puissance de l'alternateur varient peu lorsqu'on décrit l'une de ces courbes, on peut considérer aussi que ce sont des courbes à puissance absorbée constante.

Ces caractéristiques illustrent donc le comportement d'un alternateur couplé sur un réseau beaucoup plus puissant que lui-même (et qui lui impose donc $V = V_n$ et $f = f_n$) et entraîné par une turbine à débit constant.

Chaque valeur du débit de fluide (eau ou vapeur) correspond à une valeur de la puissance absorbée et donc à une valeur de la puissance utile.

Si, à débit constant, on modifie l'intensité du courant d'excitation I_e, on ne change pas la puissance utile (active), qui ne dépend que de la turbine, mais on change le facteur de puissance de la "charge apparente de l'alternateur", c.à.d. la puissance réactive qu'il apporte au réseau.

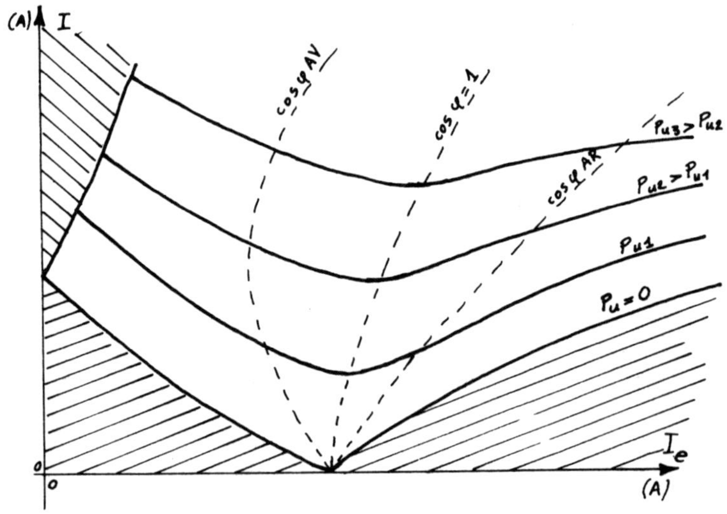

Fig. B.IV.6

On peut relever directement ces courbes ou les prédéterminer (en écrivant $P_u = 3VI \cos\phi = \text{Cte}$).

B.V. RENDEMENT D'UN ALTERNATEUR

B.V.1. BILAN ENERGETIQUE

L'alternateur reçoit une puissance mécanique (ou puissance absorbée) P_a de la machine d'entraînement (moteur ou turbine) ; il fournit une puissance utile P_u à la ligne qui le relie à l'utilisation. Du fait de la conservation de l'énergie d'un système isolé, la différence des puissances P_a et P_u représente la somme des pertes de puissance de l'alternateur.

Ces pertes comprennent, d'après la *section quatre de la norme NF C 51-112* :

10. **PERTES A COMPRENDRE**

Les pertes totales peuvent être considérées comme égales à la somme des pertes suivantes :

10.1. Pertes constantes

a) Pertes dans le fer et pertes supplémentaires à vide dans les autres parties métalliques.

b) Pertes dues au frottement (paliers et balais) à l'exclusion des pertes dans un système de graissage séparé ... La poussée, la température des paliers et la qualité de l'huile pour lesquelles le chiffre des pertes est applicable doivent également être indiquées.

c) Pertes totales par ventilation dans la machine, y compris la puissance absorbée par les ventilateurs faisant partie intégrante de la machine et par les machines auxiliaires, s'il en existe, faisant partie intégrante de la machine.

10.2. Pertes en charge

a) Pertes par effet Joule dans les enroulements primaires.

b) Pertes par effet Joule dans les enroulements de démarrage ou amortisseurs. (Ces pertes ne présentent d'importance que dans le cas des machines monophasées).

10.3. Pertes dans le circuit d'excitation

a) Pertes par effet Joule dans les enroulements et rhéostats d'excitation.

b) Toutes les pertes dans l'excitatrice lorsque celle-ci, formant partie intégrante d'un ensemble complet, est entraînée mécaniquement par l'arbre, et est utilisée exclusivement pour l'excitation de la machine, ainsi que les pertes dans le rhéostat d'excitation de cette excitatrice, à l'exception des pertes par frottement et par ventilation.

Les pertes dans les redresseurs tournants et dans les engrenages, courroies ou transmissions analogues entre l'arbre et l'excitatrice, doivent être comprises.

Toutes les pertes dans tout appareil d'auto-excitation et de réglage recevant sa puissance du réseau à courant alternatif relié aux bornes de la machine synchrone ...

c) Pertes électriques dans les balais.

10.4. Pertes supplémentaires en charge

a) Pertes supplémentaires dans le fer et les autres parties métalliques autres que les conducteurs.

b) Pertes par courants de Foucault dans les conducteurs de l'enroulement primaire.

Il peut être intéressant de doubler cette énumération "fonctionnelle" des pertes de puissance d'une seconde liste définie à partir de la localisation de ces pertes :

∇ *Pertes du rotor :*

- pertes mécaniques (frottements, balais, ventilation) ; elles dépendent essentiellement de la vitesse de rotation et de la température ;
- pertes d'excitation : effet Joule dans la roue polaire et, éventuellement, pertes de l'excitatrice ; elles dépendent de l'intensité I_e ;
- pertes ferromagnétiques (faibles) localisées à la surface des pôles et dues à la modulation de l'excitation (hystérésis alternative) par la denture de l'induit ;

∇ *Pertes du stator :*

- pertes ferromagnétiques dans la carcasse portant le bobinage d'induit : courants de Foucault et hystérésis (alternative dans les dents et tournante dans la carcasse) ; elles sont fonction du flux du champ magnétique glissant ;
- pertes ferromagnétiques supplémentaires ; elles proviennent de

la différence des flux à vide (où l'on mesure les pertes fer précédentes) et en charge (réaction magnétique de l'induit) ; elles varient avec la charge de la machine ;

- pertes par effet Joule dans l'induit ; elles dépendent de l'intensité I et de la température du bobinage ; il conviendrait, en toute rigueur, d'y ajouter les pertes par courants de Foucault dans les conducteurs ;
- il faut tenir compte, aussi, des puissances prélevées à la sortie de l'induit pour alimenter l'excitation (s'il n'y a pas d'excitatrice en bout d'arbre) ou un dispositif de régulation de tension, ou encore tout autre matériel annexe (ventilateur, etc.).

D'où l'allure des diagrammes énergétiques d'un alternateur triphasé. On a représenté sur les fig. B.V.1 et B.V.2 les bilans énergétiques (qualitatifs) d'un alternateur muni d'une excitatrice en bout d'arbre (B.V.1) et d'un alternateur dont l'excitation est obtenue par redressement d'une partie de la tension d'induit (B.V.2).

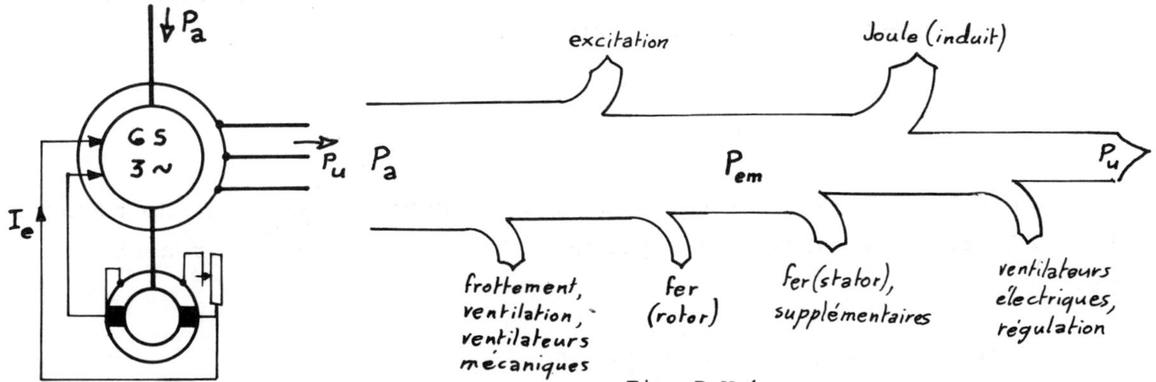

Fig. B.V.1

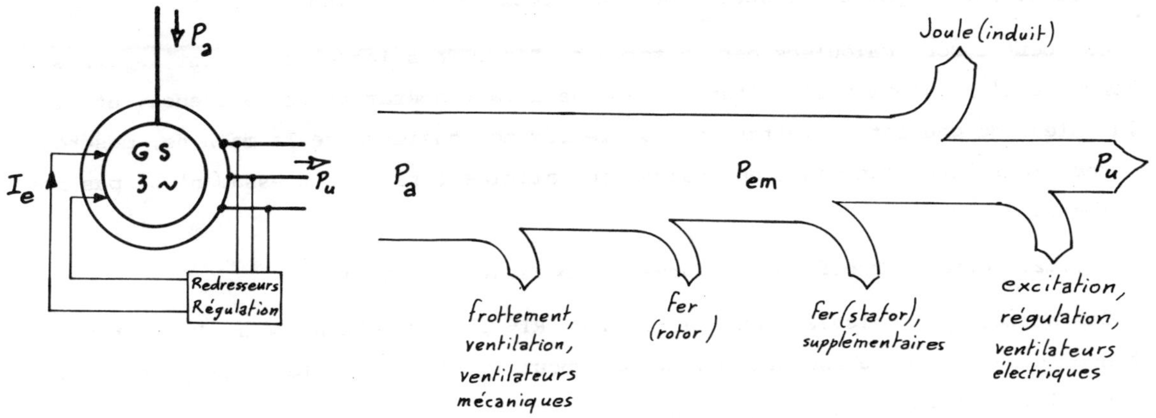

Fig. B.V.2

Il est important de remarquer que font partie des "pertes de l'alternateur" les pertes de tous les matériels annexes au service exclusif de la machine, tels que ventilateurs, excitatrice, redresseurs, dispositifs de régulation et éventuellement pompes à liquide réfrigérant.

B.V.2. DETERMINATION DES PERTES

La mesure (ou le calcul) des différentes pertes d'un alternateur sert à déterminer son rendement, mais aussi à estimer les échauffements des différentes parties de la machine et à prévoir, éventuellement, les moyens à mettre en oeuvre pour le refroidissement ou les limites d'utilisation.

Ces pertes devraient être déterminées à la température du régime de service nominal. Cette température étant fonction de la région d'utilisation, de la saison et de l'environnement de la machine, la norme NF C 51-112 prévoit une "température de référence" à laquelle on effectuera les mesures (ou à laquelle on se ramènera par le calcul):

> Sauf spécification contraire, toutes les pertes par effet Joule doivent être ramenées à l'une des températures indiquées ci-après :
>
> Classes A, E et B : 75°C
>
> Classes F et H : 115°C

La norme NF C 51-112 définit aussi les essais permettant de mesurer et de séparer les différentes pertes. Nous allons en citer quelques-uns.

11.1.1. Pertes dans le circuit d'excitation

11.1.1.1. Pertes par effet Joule dans le circuit d'excitation

Ces pertes sont calculées par la formule RI^2 , dans laquelle R est la résistance de l'enroulement d'excitation ramenée à la température de référence, et I la valeur du courant d'excitation pour le régime considéré de la machine, mesurée directement lors d'un essai en charge, ou calculée lorsque cet essai n'est pas possible ...

11.1.1.2. Pertes par effet Joule dans le rhéostat principal

Ces pertes sont calculées par la formule RI^2 , en admettant pour R la résistance de la partie du rhéostat en circuit pour le régime considéré et pour I ... (voir 11.1.1.1).

11.1.1.3. Pertes électriques dans les balais

La somme de ces pertes est prise égale au produit du courant d'excitation au régime considéré par une chute de tension déterminée. Cette chute de tension est fixée, pour tous les balais d'une même polarité, à 1,0 V pour les balais en carbone ou en graphite, et à 0,3 V pour les balais en carbone métallisé, c.à.d. que la chute de tension totale est de 2,0 V pour les balais en carbone ou en graphite et de 0,6 V pour les balais en carbone métallisé.

11.1.1.4. Pertes dans l'excitatrice

Ces pertes comprennent la différence entre la puissance absorbée sur l'arbre par l'excitatrice et la puissance utile qu'elle fournit à ses bornes, ainsi que les pertes d'excitation de l'excitatrice si elle est elle-même excitée par une source séparée.

Si elle ne peut être désaccouplée de la machine principale, la puissance qu'elle absorbe peut être mesurée, soit par la méthode de la machine tarée, soit par la méthode de ralentissement appliquée au groupe complet. Dans ces deux méthodes, la puissance absorbée par l'excitatrice s'obtient par différence entre les pertes totales du groupe mesurées dans des conditions identiques, soit avec l'excitatrice en charge, soit avec l'excitatrice non excitée, l'excitation étant fournie par une source indépendante...

11.1.2. Pertes constantes

11.1.2.1. Essai au facteur de puissance unité à la tension et à la fréquence nominales.

La somme des pertes constantes est déterminée généralement par la méthode du fonctionnement en moteur à vide. La machine synchrone est alimentée à sa tension nominale et à sa fréquence nominale de manière à fonctionner en moteur à vide. L'excitation est réglée de façon que la machine absorbe le courant minimal. La puissance électrique absorbée, diminuée des pertes Joule dans les enroulements primaires et, s'il y a lieu, de la puissance absorbée par l'excitatrice, donne la somme des pertes constantes.

11.1.2.2. Essai à circuit ouvert

Les pertes constantes peuvent également être déterminées en entraînant la machine à sa vitesse nominale au moyen d'un moteur taré. La machine étant excitée par une source indépendante de façon à fonctionner en alternateur à vide sous une tension égale à sa tension nominale, la puissance qu'elle absorbe sur son arbre, et qui se déduit de la puissance électrique absorbée par le moteur taré, donne la somme des pertes, § 10.1.a, 10.1.b, 10.1.c. En supprimant l'excitation, on obtient de la même façon la somme des pertes, § 10.1.b, et 10.1.c. Les pertes dans le fer 10.1.a s'en déduisent par différence.

11.1.2.3. Essai de ralentissement

La somme des pertes constantes, les pertes fer et la somme des pertes mécaniques (frottement et ventilation) peuvent être déterminées en utilisant la méthode de ralentissement.

11.1.2.4. Essai au facteur de puissance unité à tension variable

Les pertes constantes peuvent être séparées en faisant fonctionner la machine en moteur à sa fréquence nominale, mais à des tensions différentes...

11.1.3. Pertes en charge

Les pertes par effet Joule dans les enroulements d'induit sont mesurées normalement au cours de l'essai en court-circuit (11.1.4).

Lorsqu'elles doivent être indiquées séparément, ces pertes sont calculées en partant du courant nominal et de la résistance des enroulements ramenée à la température de référence.

11.1.4. Pertes supplémentaires en charge

Sauf spécification contraire, la somme des pertes, § 10.4.a et 10.4.b, est mesurée par la méthode de l'essai en court-circuit.

La machine à essayer avec son enroulement d'induit mis en court-circuit est entraînée à sa vitesse nominale et excitée de façon que le courant dans l'induit en court-circuit soit égal au courant nominal. La puissance absorbée sur l'arbre, diminuée des pertes mécaniques, § 10.1.b et 10.1.c ci-dessus, et de la puissance absorbée par l'excitatrice, s'il y a lieu, représente la somme des pertes normales dépendant du courant et des pertes supplémentaires en charge.

En première approximation et si on ne cherche pas à séparer toutes les pertes, on voit que quatre essais suffisent pour les mesurer :

- Essai à circuit ouvert, machine non excitée : $P_{a1} = P_{\text{mécaniques}}$
- Essai à vide à tension et fréquence nominales (excitation séparée) :

$$P_{a2} = P_{\text{mécan.}} + P_{\text{fer}} = P_{\text{constantes}}$$

- Essai à circuit ouvert, machine non excitée, excitatrice débitant I_e dans une résistance de même valeur que la roue polaire :

$$P_{a3} = P_{\text{mécan.}} + P_{\text{excitation}}$$

- Essai en court-circuit nominal :

$$P_{a4} = P_{mécan.} + P_{Joule} + P_{supplémentaires}$$

D'où :

$$\text{Pertes totales} = P_{mécan.} + P_{fer} + P_{excitation} + P_{Joule} + P_{supplémentaires}$$

$$= P_{a2} + P_{a3} + P_{a4} - 2.P_{a1} \qquad (B.V.1)$$

B.V.3. DETERMINATION DU RENDEMENT

Par définition, le rendement d'un alternateur s'exprime :

$$\eta = \frac{P_u}{P_a} = \frac{P_u}{P_u + \text{Pertes}} = \frac{P_a - \text{Pertes}}{P_a} \qquad (B.V.2)$$

La connaissance de la puissance utile (ou de la puissance absorbée) et des pertes conduit donc au calcul du rendement approché. Pour obtenir le rendement vrai, il faut effectuer un essai direct. La norme NF C 51-112 prévoit :

11.2.1. Essai au frein

La machine tournant dans les conditions nominales de vitesse, tension et courant, le rendement est pris égal au rapport de la puissance utile à la puissance absorbée.

L'essai doit être effectué à une température aussi voisine que possible de celle atteinte en fonctionnement à la fin du temps spécifié dans le service nominal. Il n'est pas effectué de correction tenant compte de la variation de résistance des enroulements avec la température.

11.2.2. Essai avec machine auxiliaire tarée

(même texte que 11.2.1)

11.2.3. Essai en opposition

Les machines identiques tournant dans des conditions nominales qui sont pratiquement les mêmes, les pertes sont considérées comme également réparties et le rendement est calculé à partir d'une part de la moitié des pertes totales et d'autre part de la puissance électrique absorbée.

L'essai doit être effectuée à une température ... (même texte).

11.2.4. Essai en opposition avec marche en parallèle sur le réseau

(même texte que 11.2.3)

11.2.5. Essai à facteur de puissance nul

La machine tournant dans les conditions nominales de vitesse, tension et courant, les pertes totales sont équivalentes à la puissance absorbée au cours de l'essai, corrigée pour la différence entre les pertes de courant d'excitation effectives et celles en pleine charge.

B.VI. Marche en parallèle des alternateurs triphasés

B.VI.1. PROBLEMES

Les centrales électriques sont équipées de plusieurs alternateurs de fortes et moyennes puissances plutôt que d'une seule machine de puissance maximale. Ce choix permet :

- de répartir la puissance demandée par l'utilisation (et variable au cours d'une journée) entre plusieurs machines couplées en parallèle et fonctionnant au voisinage de leurs puissances nominales (et donc au rendement optimal) ;
- de limiter l'incapacité provoquée par la panne d'une machine et de réduire la puissance de la machine de secours à prévoir ;
- de simplifier les problèmes de réalisation et d'exploitation des alternateurs.

La marche en parallèle de plusieurs alternateurs pose a priori deux problèmes :

- régulation de tension de chaque alternateur ;
- régulation de fréquence (donc de vitesse de rotation) de chaque machine.

Le premier de ces problèmes est résolu par la nature même du fonctionnement "en parallèle" : chaque alternateur se voit imposer la tension du réseau constitué par l'ensemble des machines avec lequel il est couplé. La régulation de la tension du réseau ainsi constitué devient un "problème d'ensemble" (il convient d'agir sur toutes les machines du réseau et non sur l'une d'entre elles seulement). Nous verrons que, bien que cela ne soit pas évident, il en est de même pour la fréquence : un alternateur couplé sur un réseau voit sa fréquence (et donc sa vitesse de rotation $\Omega = \frac{\omega}{p} = \frac{2\pi f}{p}$) imposée par le réseau (à moins, bien sûr, qu'il soit capable d'entraîner toutes les autres machines du réseau à la fréquence qu'il imposerait). Là aussi, la régulation de la fréquence est à résoudre au niveau de l'ensemble des machines.

La mise en service (et l'arrêt du service) d'une machine va présenter quelques difficultés ;

- couplage d'un alternateur sur un réseau ;
- répartition des puissances entre cette machine et le réseau ou, ce qui revient au même, répartition des puissances (actives et réactives) entre deux alternateurs en parallèle ;
- recherche d'une répartition optimale des puissances ;
- stabilité du fonctionnement de l'alternateur ainsi couplé.

Remarque : Le couplage en série des alternateurs, dans le but de réaliser des tensions élevées, n'est pas utilisé : il conduit à un fonctionnement instable (les f.e.m. tendent à se mettre en opposition) si les rotors ne sont pas mécaniquement liés ; par ailleurs, on peut aisément élever la tension grâce à un transformateur disposé entre l'alternateur et la ligne.

B.IV.2. COUPLAGE D'UN ALTERNATEUR SUR UN RESEAU

Il faut éviter que le fait de connecter les bornes d'un alternateur triphasé aux barres d'un réseau triphasé s'accompagne de l'apparition de courants importants dans les enroulements. Ces courants provoqueraient des chutes de tension aux bornes de la ligne, la disjonction des appareils de protection et un couple important qui, du fait de l'inertie mécanique de l'ensemble rotor-turbine, pourrait causer la rupture de l'accouplement.

On effectue le couplage lorsque les bornes homologues (c.à.d. qui seront connectées entre elles) de l'alternateur et du réseau sont aux mêmes potentiels. Pour cela, il faut s'assurer que les deux systèmes de tensions étoilées triphasées V_1, V_2, V_3 (aux bornes du réseau) et E_1, E_2, E_3 (aux bornes de la machine) satisfont aux conditions suivantes :

- ils ont même ordre de succession ;
- ils ont même valeur efficace des tensions ;
- ils sont de même fréquence ;
- deux tensions homologues (par exemple $\underline{V}_1$ et $\underline{E}_1$) ont même phase.

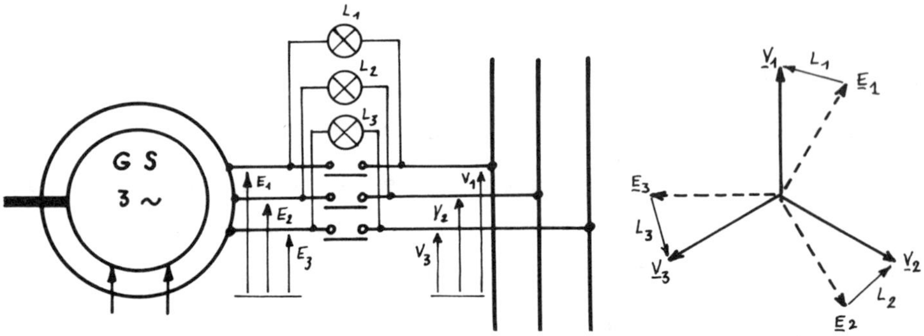

Fig. B.VI.1

Le dispositif de la fig. B.VI.1 permet de vérifier que ces conditions sont remplies. L'égalité des ordres de phases se traduit par des "feux battants", l'égalité des fréquences et des phases par l'extinction permanente des lampes (il est préférable de vérifier l'égalité des tensions avec un voltmètre).

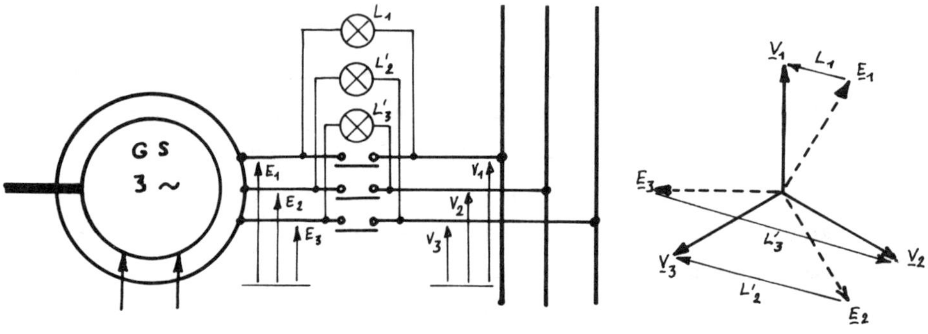

Fig. B.VI.2

On peut améliorer la précision du couplage en utilisant le dispositif de la fig. B.VI.2 où les feux sont "tournants" ; le couplage sera commandé à l'extinction de L_1 et à l'égalité des luminances de L'_2 et L'_3.

Pour les gros alternateurs, où une précision supérieure est nécessaire, on utilise un synchronoscope ; c'est un petit moteur asynchrone monophasé alimenté par une phase du réseau et la phase homologue de la machine ; le moteur (à phase auxiliaire diphasée) est arrêté à l'égalité des fréquences et, sinon, indique par son sens de rotation le signe de l'écart des fréquences.

B.VI.3. REPARTITION DES PUISSANCES ENTRE DEUX ALTERNATEURS

On a déjà envisagé (§ B.IV.7) le cas d'un alternateur couplé sur un réseau et on a déjà énoncé les théorèmes qui rendent compte de son comportement énergétique :

- la puissance active fournie au réseau par l'alternateur *ne dépend que de la machine d'entraînement* (turbine ou moteur), puisque la vitesse de rotation est imposée par la fréquence du réseau ;
- la puissance réactive fournie au réseau est aussi fonction de l'intensité du courant d'excitation I_e.

On en déduit les manoeuvres à effectuer pour opérer la répartition choisie des puissances actives et réactives appelées par la ligne :

- on réalise la répartition des puissances actives (sans toucher aux excitations des alternateurs) par action sur l'admission du fluide dans les turbines ;
- on réalise celle des puissances réactives en modifiant les excitations.

On peut visualiser ces opérations, dans le plan de Fresnel des tensions, en adoptant le modèle de Behn-Eschenburg (on négligera R devant $\mathcal{L}\omega$) ; on remarque que l'extrémité A_o d'un vecteur :

$$\underline{E}_{o1} = \underline{V} + j\mathcal{L}\omega.\underline{I}_{o1}$$

est telle que :

$$O'M = \mathcal{L}\omega.I_{o1}.\ \cos(\phi_1) = \frac{\mathcal{L}\omega}{3\ V}.P$$

et :

$$O'N = \mathcal{L}\omega.I_{o1}.\ \sin(\phi_1) = \frac{\mathcal{L}\omega}{3\ V}.Q$$

Les droites parallèles à $\underline{V}$ (Δ pour P_t) sont les lieux des fonctionnements équipuissance active ; les droites perpendiculaires (Δ' pour Q_t) sont les lieux des fonctionnements équipuissance réactive.

D'où le déroulement des opérations de partage des puissances :

- on part d'un alternateur (1) fournissant P_t et Q_t (donc de f.e.m. $\underline{E}_{o1} = \underline{OA}_o$) et d'un alternateur (2) couplé en parallèle mais déchargé ($\underline{E}_{o2} = \underline{V} = \underline{OB}_o$) ;

- On augmente le débit dans la turbine 2 jusqu'à ce que l'alternateur (2) fournisse la puissance active P_2 désirée ;

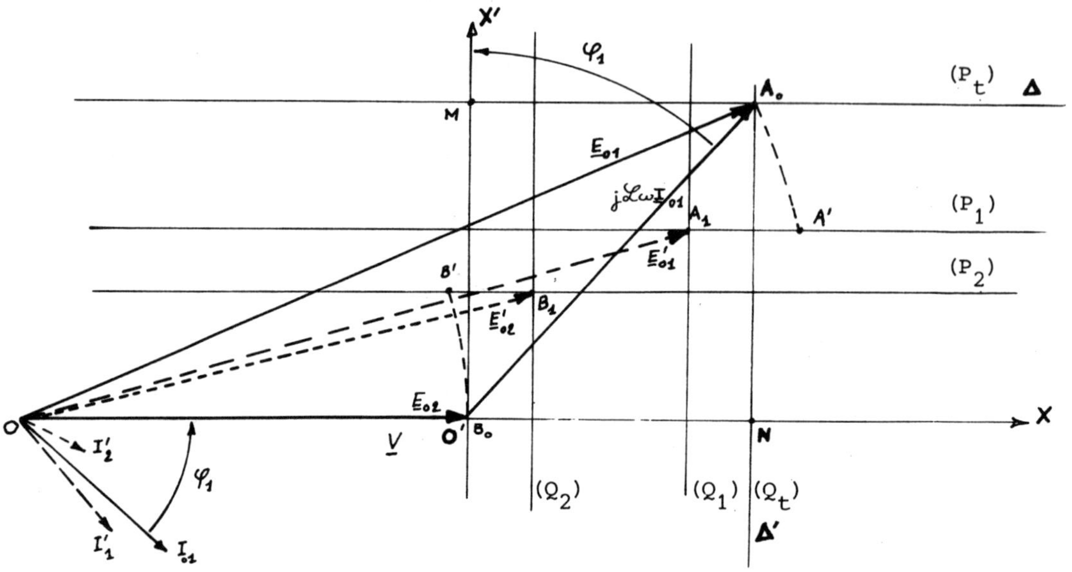

Fig. B.VI.3

en même temps on réduit la puissance fournie par la machine (1) jusqu'à la valeur P_1 telle que $P_1 + P_2 = P_t$; le point A_o est venu en A' tandis que l'extrémité de $\underline{E}_{o2}$ est passée de B_o à B' ;

- on surexcite (dans notre cas) la machine (2) pour qu'elle fournisse la puissance réactive désirée Q_2 et on sous-excite (1) pour fournir le complément Q_1 $(Q_1 + Q_2 = Q_t)$; l'extrémité de $\underline{E}'_{o1}$ est venue en A_1 , celle de $\underline{E}'_{o2}$ en B_1 .

Remarque : On a considéré deux alternateurs identiques pour simplifier les constructions graphiques.

B. VI. 4. REPARTITION OPTIMALE DES PUISSANCES

L'effet Joule, dans les enroulements d'induit, est la source de pertes qui est la plus sensible aux fluctuations de la charge. Nous allons chercher les conditions d'une répartition qui maintiendrait ces pertes à leur valeur minimale. On exprime les pertes par effet Joule de l'ensemble des deux alternateurs :

$$P_j = 3R_1 I_1^2 + 3R_2 I_2^2$$

soit, en tenant compte des décompositions en parties actives et réactives :

$$P_j = 3R_1(I_{1a}^2 + I_{1r}^2) + 3R_2(I_{2a}^2 + I_{2r}^2)$$

Si on écrit que ces pertes sont minimales ($dP_j = 0$) lorsque les intensités varient, tout en vérifiant

$$I_{1a} + I_{2a} = I_a = Cte$$

$$I_{1r} + I_{2r} = I_r = Cte$$

on trouve :

$$R_1 \, I_{1a} = R_2 \, I_{2a} \quad ; \quad R_1 \, I_{1r} = R_2 \, I_{2r}$$

et on vérifie que $dP_j = 0$ et $d^2P_j = 6(R_1 + R_2)(dI_{1a}^2 + dI_{1r}^2) > 0$

Ces relations ont pour conséquence que :

- les deux intensités $\underline{I}_1$ et $\underline{I}_2$ doivent être en phase ;
- les valeurs efficaces de ces intensités satisfont à :

$$R_1 . I_1 = R_2 . I_2$$

D'où encore :

$$\frac{R_2}{R_1} = \frac{I_1}{I_2} = \frac{V_1 I_1}{V_2 I_2} = \frac{S_1}{S_2} = \frac{P_1}{P_2} = \frac{Q_1}{Q_2} \qquad (B.VI.1)$$

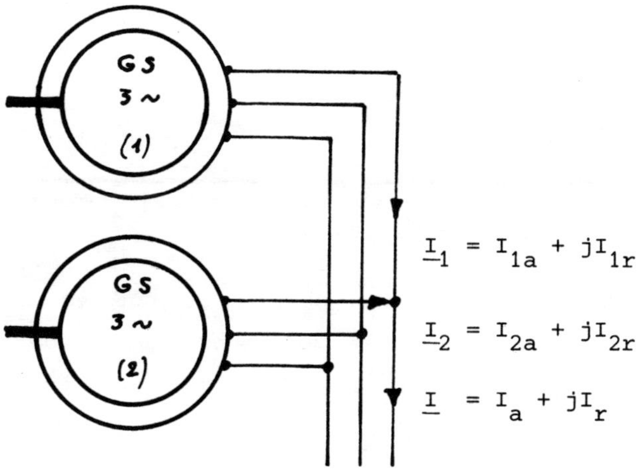

Fig. B.VI.4

On en déduit que des alternateurs couplés en parallèle ne peuvent fonctionner simultanément à leurs régimes nominaux que si les résistances sont inversement proportionnelles à leurs puissances nominales.

D'où, aussi, sur la fig. B.VI.5, les diagrammes de tensions associés à l'état initial et à l'état final de la répartition des puis-

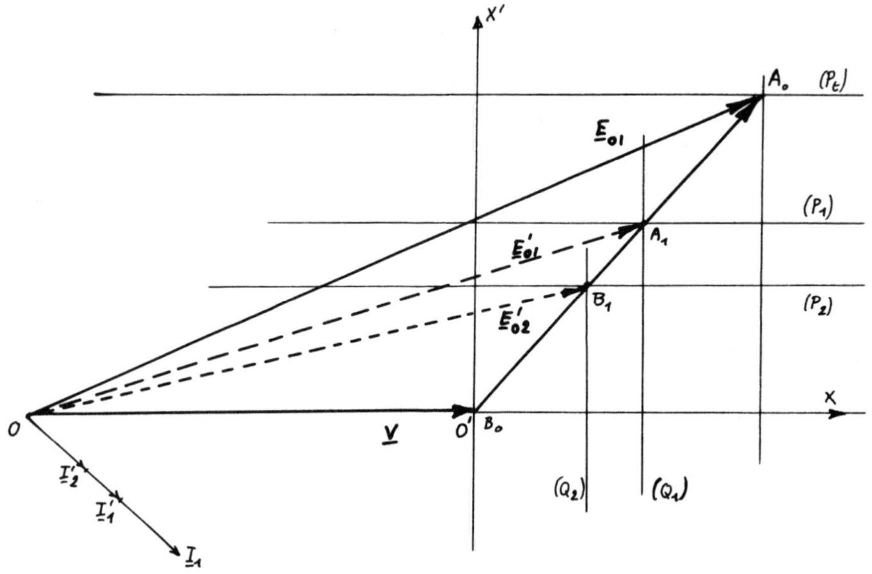

Fig. B.VI.5

sances correspondant au meilleur rendement de l'ensemble des alternateurs.

B.VI.5. STABILITE DU FONCTIONNEMENT D'UN ALTERNATEUR COUPLE SUR UN RESEAU

Déterminons le couple résistant opposé par un alternateur triphasé à tension et intensité du courant d'excitation constantes.

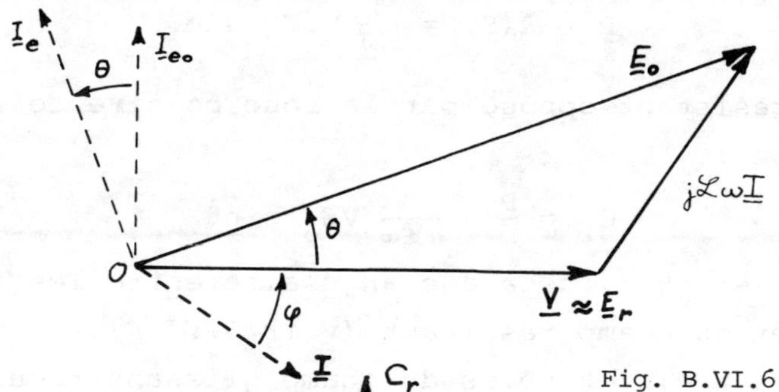

Fig. B.VI.6

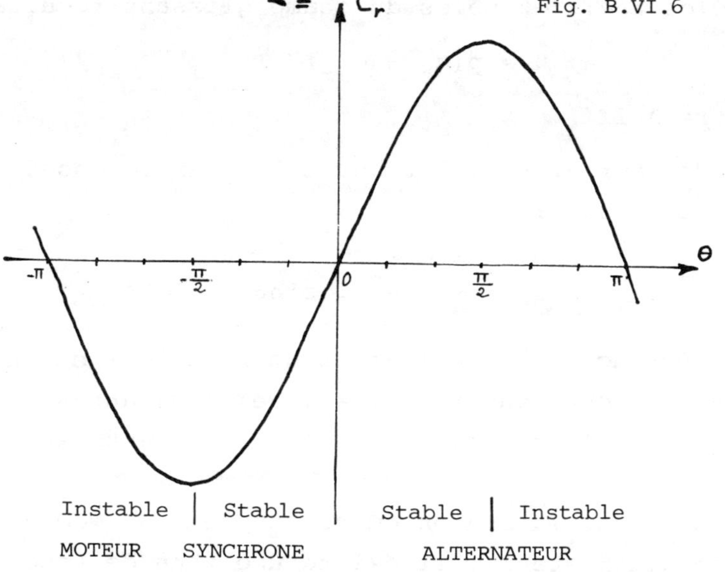

Fig. B.VI.7

Si on néglige (pour simplifier) les pertes de la machine, il suffit de déterminer la puissance active fournie ; c'est la partie réelle de :

$$\underline{S} = 3.\underline{V}.\underline{I}^*$$

On voit sur B.VI.6 que :

$$\underline{I} = \frac{\underline{E}_o - \underline{V}}{j\mathcal{L}\omega}$$

d'où :

$$\underline{S} = \frac{3}{\mathcal{L}\omega}\, j(\underline{V}.\underline{E}_o^* - V^2)$$

En remarquant que :

$$\underline{V}.\underline{E}_o^* = V.E_o\ (\cos\theta - j.\sin\theta)$$

il vient :

$$P = \mathcal{R}(\underline{S}) = \frac{3}{\mathcal{L}\omega}\ V.E_o\ \sin\theta$$

et le couple résistant opposé par la roue polaire de l'alternateur a pour expression :

$$C_r = \frac{P}{\Omega} = \frac{3}{\Omega\mathcal{L}\omega}\ VE_o.\sin\theta \qquad (B.VI.2)$$

On reconnaît en θ, décalage angulaire entre les f.m.m. de la roue polaire et du champ résultant (voir *B.VI.6*), le décalage électrique entre pôles réels et pôles du champ glissant résultant :

$$\theta = p(\alpha_x - \alpha_{xr})$$

(voir chapitre A.III).

La courbe de la fig. B.VI.7 traduit les variations du couple résistant de l'alternateur :

$$C_r = \frac{3.V.E_o}{\Omega\mathcal{L}\omega}\ .\ \sin\theta$$

à tension, fréquence (donc pulsation de rotation) et intensité du courant d'excitation (donc f.e.m. à vide) constantes, en fonction du retard angulaire (électrique) des pôles résultants sur les pôles réels.

On voit que, dans la région où ce couple a un moment positif (fonctionnement en alternateur), il existe une zone de fonctionnements stables ; pour qu'un fonctionnement soit stable, il faut qu'un accroissement positif du retard des pôles résultants sur les pôles réels (c.à.d. une surcharge de l'induit) se traduise par une augmentation du couple résistant. Ceci est vérifié dans la partie ascendante de $C_r = f(\theta)$, à condition que la puissance appelée par le réseau n'excède pas la valeur maximale disponible :

$$P_{max} = \frac{3}{\mathcal{L}\omega}\ V.E_o$$

On caractérise la stabilité du fonctionnement par la pente (coefficient directeur) de la courbe $C_r = f(\theta)$ au point considéré ; cette grandeur est appelée *moment du couple synchronisant* ; elle a pour expression :

$$C_s = \frac{d}{d\theta}(C_r) = \frac{3.V.E_o}{\Omega\mathcal{L}\omega}\ .\cos\theta \qquad (B.VI.3)$$

Cette grandeur caractérise le moment du couple qui rappelle la machine au point de fonctionnement en régime permanent : en cas d'écart de $\Delta\theta$ par rapport à la position correspondant au régime permanent, il apparaît un couple de rappel de moment :

$$\Gamma_s = C_s . \Delta\theta \qquad (B.VI.4)$$

Remarque : Ce dernier couple est le *vrai couple synchronisant* puisque c'est lui qui contraint l'alternateur à tourner au synchronisme ; c'est pourquoi C_s devrait être nommé "coefficient de couple synchronisant".

On appelle *puissance synchronisante* la grandeur :

$$P_s = \Gamma_s . \Omega = C_s . \Omega . \Delta\theta \qquad (B.VI.5)$$

Les expressions précédentes montrent que l'obtention d'une bonne stabilité nécessitera :

- une excitation importante (f.e.m. à vide E_o grande) ;
- une réactance synchrone $\mathscr{L}\omega$ faible (entrefer important).

Il y aura des risques importants de décrochage :

- en cas de surcharge excessive (θ tend alors vers $\frac{\pi}{2}$) ;
- en cas de court-circuit aux bornes de l'alternateur (U =0) ;
- en cas de panne de la source d'excitation.

Remarque : Du fait de ce couple de rappel, toute variation brutale du fonctionnement donnera lieu à un mouvement d'oscillations amorties (pompage électrique) ; on limitera la durée de ces phénomènes transitoires en disposant un amortisseur de Leblanc sur la roue polaire (voir chapitre D).

B.VII. FONCTIONNEMENTS PARTICULIERS D'UN ALTERNATEUR

Les chapitres précédents sont consacrés à l'étude des régimes permanents de fonctionnement d'un alternateur triphasé sur charge équilibrée. De nombreux régimes transitoires ou fonctionnements particuliers peuvent poser des problèmes : court-circuit permanent, court-circuit brusque, charge déséquilibrée, auto-amorçage, variation brutale de la charge, etc...

On ne fera qu'aborder ici certaines de ces questions.

B.VII.1. IMPEDANCES INTERNES SYMETRIQUES

Certains des fonctionnements qui vont être étudiés donnent lieu à des tensions ou à des courants déséquilibrés (court-circuit dissymétrique, charge déséquilibrée). On pourra décomposer ces grandeurs en sommes de systèmes symétriques direct, inverse et homopolaire :

$$\underline{V}_1 = \underline{V}_d + \underline{V}_i + \underline{V}_o \qquad \underline{I}_1 = \underline{I}_d + \underline{I}_i + \underline{I}_o$$

$$\underline{V}_2 = \underline{a}^2.\underline{V}_d + \underline{a}.\underline{V}_i + \underline{V}_o \qquad \underline{I}_2 = \underline{a}^2.\underline{I}_d + \underline{a}.\underline{I}_i + \underline{I}_o$$

$$\underline{V}_3 = \underline{a}.\underline{V}_d + \underline{a}^2.\underline{V}_i + \underline{V}_o \qquad \underline{I}_3 = \underline{a}.\underline{I}_d + \underline{a}^2.\underline{I}_i + \underline{I}_o$$

On montrerait que les impédances internes cycliques, présentées par les enroulements de l'induit au passage de courants symétriques, dépendent de l'ordre de succession des courants (ou plus exactement du mouvement relatif du champ d'induction de R.M.I. par rapport à la roue polaire). On définira :

- une impédance interne cyclique directe :

$$\underline{Z}_d = R + j\mathcal{L}\omega$$

($\mathcal{L}\omega$ est la réactance synchrone directe) ;

- une impédance interne cyclique inverse :

$$\underline{Z}_i = R + j\,X_i$$

(X_i est la réactance cyclique inverse) ;

que l'on peut déterminer en alimentant l'induit par un système de tensions symétriques créant un champ d'induction tournant en sens opposé au sens de rotation de la roue polaire ;

- une impédance interne homopolaire :

$$\underline{Z}_o = R + j\,X_o$$

que l'on peut mesurer en alimentant l'induit par un système de tensions homopolaires ; la réactance homopolaire X_o n'a une valeur finie que si l'induit est connecté en étoile avec fil neutre.

Si on applique la loi des mailles de Kirschoff à chaque phase de la machine, il vient, dans la convention de signes des générateurs :

$$\underline{E}_1 = \underline{E}_o = \underline{Z}_d.\underline{I}_d + \underline{Z}_i.\underline{I}_i + \underline{Z}_o.\underline{I}_o + \underline{V}_d + \underline{V}_i + \underline{V}_o$$

$$\underline{E}_2 = \underline{a}^2.\underline{E}_o = \underline{a}^2.\underline{Z}_d.\underline{I}_d + \underline{a}.\underline{Z}_i.\underline{I}_i + \underline{Z}_o.\underline{I}_o + \underline{a}^2.\underline{V}_d + \underline{a}.\underline{V}_i + \underline{V}_o$$

$$\underline{E}_3 = \underline{a}.\underline{E}_o = \underline{a}.\underline{Z}_d.\underline{I}_d + \underline{a}^2.\underline{Z}_i.\underline{I}_i + \underline{Z}_o.\underline{I}_o + \underline{a}.\underline{V}_d + \underline{a}^2.\underline{V}_i + \underline{V}_o$$

en vertu du théorème de superposition des états d'équilibre et compte tenu du fait que l'alternateur ne fournit qu'un système symétrique de f.e.m. (on a négligé les harmoniques) direct (on a numéroté les bornes de l'induit pour qu'il en soit ainsi).

On montre facilement que le système précédent d'équations est équivalent à :

$$\left.\begin{aligned} \underline{Z}_d.\underline{I}_d + \underline{V}_d &= \underline{E}_o \\ \underline{Z}_i.\underline{I}_i + \underline{V}_i &= 0 \\ \underline{Z}_o.\underline{I}_o + \underline{V}_o &= 0 \end{aligned}\right\} \qquad (B.VII.1)$$

C'est ce système d'équations qui, associé aux trois relations imposées par la charge (triphasée), permettra de déterminer les six grandeurs (tensions et courants) qui définissent le fonctionnement de la machine.

B.VII.2. COURT-CIRCUIT PERMANENT D'UN ALTERNATEUR

B.VII.2.a. Court-circuit permanent symétrique

C'est celui qui se produit si les trois bornes de l'alternateur sont connectées entre elles (voir fig. B.VII.1), ce qui impose :

$$\underline{V}_1 = \underline{V}_2 = \underline{V}_3$$

ou encore :

$$\underline{V}_d = \underline{V}_i = 0$$

et

$$\underline{V}_o = \underline{V}_1$$

En portant dans le système d'équations *(B.VII.1)*, on en déduit les composantes symétriques des courants :

$$\underline{I}_d = \frac{\underline{E}_o}{\underline{Z}_d} \quad ; \quad \underline{I}_i = 0 \quad ; \quad \underline{I}_o = \frac{\underline{V}_1}{\underline{Z}_o}$$

En fait, il n'y a pas de composante homopolaire car, s'il n'y a pas de fil neutre, $\underline{Z}_o$ est infinie et, s'il y a un neutre, V_1 est nulle.

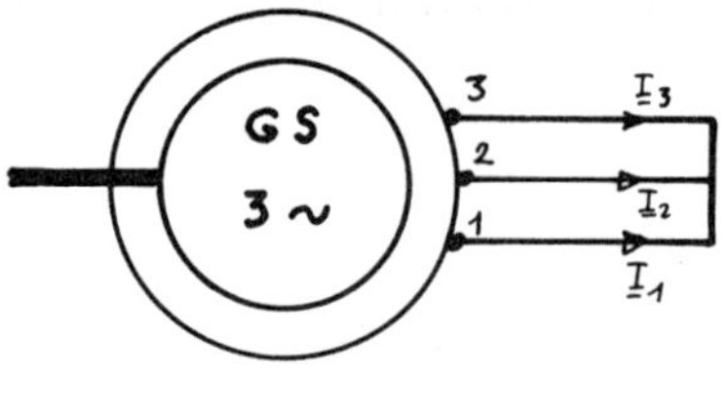

Fig. B.VII.1

Les courants de court-circuit forment donc un système symétrique direct d'intensité :

$$I_d = \frac{E_o}{Z_d} \approx \frac{1}{\mathcal{L}\omega} . E_o$$

La norme NF C 51-111 limite l'intensité du courant de court-circuit symétrique permanent :

> Sauf spécification contraire, la valeur de crête du courant de court-circuit des machines synchrones et des turbo-alternateurs non couverts par la publication 34-3 de la CEI , dans le cas de court-circuit sur toutes les phases en fonctionnement à vide sous la tension nominale, ne doit pas dépasser 15 fois la valeur de crête ou 21 fois la valeur efficace du courant nominal.

Le rapport de court-circuit (§ B.IV.3) nous permet de calculer l'intensité du courant de court-circuit correspondant à l'excitation (I_{eon}) qui permet d'avoir la tension nominale à vide. Si I_{ecn} permet d'avoir le courant nominal en court-circuit, la linéarité de la caractéristique en court-circuit donne :

$$I_{cc}(I_{eon}) = \frac{I_{eon}}{I_{ecn}} . I_{cc}(I_{ecn}) = \rho . I_n \qquad (B.VII.2)$$

B.VII.2.b. Court-circuit permanent dissymétrique

On pourrait étudier les courts-circuits dissymétriques suivants : entre une phase et le neutre, entre deux phases, entre deux phases et le neutre. On donnera un exemple de calcul en considérant le court-circuit établi entre une phase et le neutre (fig. B.VII.2). Ce fonctionnement impose :

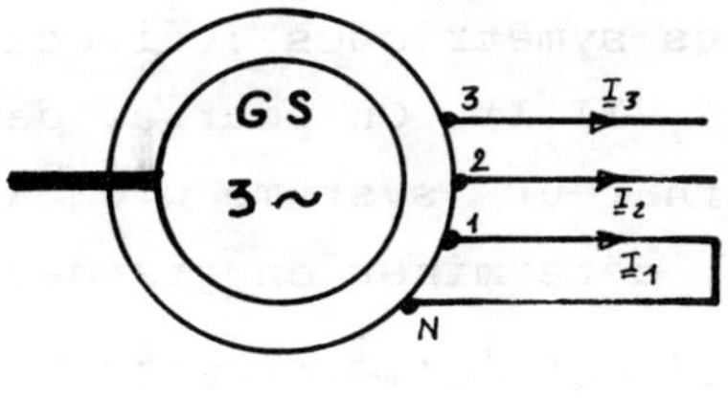

Fig. B.VII.2

$$V_1 = 0 \quad \text{et} \quad I_2 = I_3 = 0$$

Ces conditions impliquent que :

$$3.\underline{I}_d = 3.\underline{I}_i = 3.\underline{I}_o = \underline{I}_1$$

En portant les composantes symétriques des courants dans *(B.VII.1)* et sommant les trois équations, on trouve :

$$\frac{\underline{I}_1}{3}(\underline{Z}_d + \underline{Z}_i + \underline{Z}_o) = \underline{E}_o$$

D'où :

$$\underline{I}_1 = \frac{3.\underline{E}_o}{\underline{Z}_d + \underline{Z}_i + \underline{Z}_o} \qquad (B.VII.3)$$

B.VII.3. COURT-CIRCUIT BRUSQUE D'UN ALTERNATEUR

Les régimes de courts-circuits étudiés au § précédent étaient des régimes permanents établis. Les résultats diffèrent si on envisage un court-circuit s'établissant brusquement sur un alternateur excité en charge. En effet, les courants de court-circuit qui vont prendre naissance dans l'induit vont modifier brusquement le flux du champ magnétique fictif de R.M.I. Conformément à la loi de Lenz, cette modification va tendre à réduire le flux de la roue polaire ; mais du fait de cette même loi, des courants vont naître dans l'enroulement d'excitation et la masse du rotor (et de l'amortisseur), qui vont renforcer le flux de la roue polaire. D'où un régime transitoire, amorti par les pertes (pertes de flux et pertes par effet Joule), qui précèdera le régime permanent.

On peut retenir que la valeur maximale de crête du courant de court-circuit est de l'ordre de :

$$I_{ccMax} \approx \frac{2}{\sigma} . I_{cc}\sqrt{2}$$

où I_{cc} est l'intensité efficace du courant de court-circuit permanent et $\sigma = (\nu_1\nu_2 - 1)/\nu_1\nu_2$ le coefficient de Blondel de l'induit (ν_1 est le coefficient d'Hopkinson d'un enroulement d'induit et ν_2 celui de l'inducteur).

B.VII.4. FONCTIONNEMENT SUR CHARGE DESEQUILIBREE

Si l'induit d'un alternateur débite dans une charge déséquilibrée, les tensions et courants produits par cette machine sont dissymétriques. On peut les décomposer en trois systèmes symétriques : direct, inverse et homopolaire (voir équations au § B.VII.1). On pourra, dans chaque cas, à partir des équations de l'alternateur (système d'équations *B.VII.1*) et des équations de la charge, déterminer en grandeurs et phases les composantes symétriques $\underline{V}_d$, $\underline{V}_i$, $\underline{V}_o$, $\underline{I}_d$, $\underline{I}_i$, $\underline{I}_o$ et en déduire $\underline{V}_1$, $\underline{V}_2$, $\underline{V}_3$, $\underline{I}_1$, $\underline{I}_2$, $\underline{I}_3$.

Les composantes inverse et homopolaire des courants d'induit vont avoir des conséquences néfastes au bon fonctionnement de l'alternateur. On peut déjà prévoir que ces systèmes ne pourront apporter d'énergie à la charge puisque les seules f.e.m. induites par la roue polaire forment un système équilibré direct (dans notre cas) et qu'un tel système ne peut communiquer de l'énergie qu'à un système équilibré direct de courants.

Le système homopolaire ne crée pas de champ d'induction glissant, mais le système inverse créé (Ferraris) un champ glissant à la pulsation $\Omega_i = -\frac{\omega}{p}$; ce champ induit, dans les enroulements d'excitation et la masse du rotor, des courants de pulsation 2ω (car ce champ glisse avec la pulsation -2Ω par rapport au rotor). Ces courants, monophasés, vont engendrer (théorème de Leblanc) deux champs glissants : l'un tourne avec la pulsation -2Ω (par rapport au rotor, donc $-\Omega$ par rapport à l'induit) et crée le système inverse de f.e.m. qui apporte de l'énergie au système inverse des courants ; l'autre tourne avec la pulsation 2Ω par rapport à la roue polaire, soit 3Ω par rapport au stator et induit un système de f.e.m. triphasé direct de pulsation 3ω (harmonique 3). La charge, déséquilibrée, va faire apparaître un harmonique 3 inverse qui créera, en vertu du même processus, un harmonique 5 de tension.

Le déséquilibre de la charge est donc la cause de l'apparition de la série des harmoniques impairs de tensions (systèmes directs et inverses). Les courants correspondants à ces harmoniques vont donner lieu à des pertes par effet Joule dans l'induit (d'autant plus importantes que s'y ajoute un effet de peau qui augmente la résistance apparente de l'induit, du fait des champs glissants), et les champs glissants sont cause de pertes supplémentaires ferromagnétiques dans la carcasse d'induit et même dans les épanouissements polaires et la masse du rotor. D'où réduction du rendement de la machine et (surtout) échauffement parfois excessif des enroulements et des pôles.

Pour ces raisons, la norme NF C 51-111 limite le déséquilibre admissible :

> "Sauf spécification contraire, les génératrices synchrones de courant triphasé, de puissance nominale inférieure ou égale à 100 MVA, doivent fonctionner en permanence sur un réseau dissymétrique tel que, aucun des courants de phase ne dépassant le courant nominal, le rapport de la composante inverse du système des courants au courant nominal ne dépasse pas les valeurs suivantes:
>
> 8 % pour les turbo-alternateurs ;
>
> 12 % pour les machines à pôles saillants.
>
> Les limites d'échauffement prévues par la norme peuvent être dépassées de 5 K lorsque la machine fonctionne dans de telles conditions.
>
> Pour les machines de puissance supérieure à 100 MVA, les conditions doivent être fixées par accord entre le constructeur et l'acheteur."

B.VII.5. AUTO-AMORÇAGE D'UN ALTERNATEUR TRIPHASE

Un alternateur entraîné à vide (à $I_e = 0$) peut voir apparaître des f.e.m. induites aux bornes de ses enroulements si ces derniers sont connectés aux bornes d'une batterie de condensateurs (fig. B.VII.3) ; en effet, le flux rémanent rotorique induit des f.e.m. aux bornes des condensateurs ; les courants capacitifs qui parcourent alors l'induit ont une réaction magnétisante qui amplifie le flux de la roue polaire ; d'où avalanche et auto-amorçage de la machine.

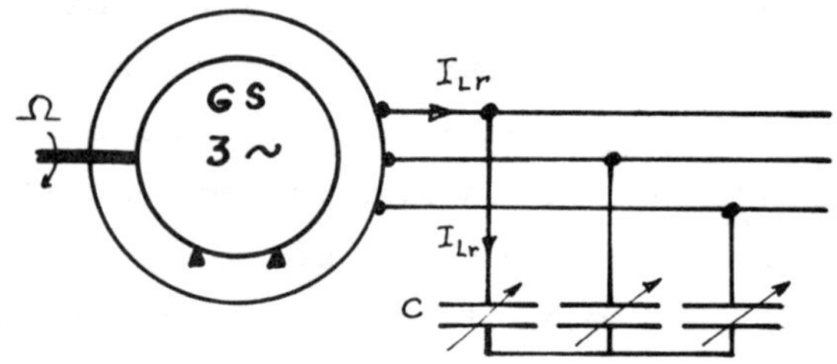

Fig. B.VII.3

On peut caractériser un tel fonctionnement par la courbe :

$$V = f(I_r) \quad \text{à } f = f_n \ , \ I_e = 0 \ , \ \phi = -\frac{\pi}{2} \ .$$

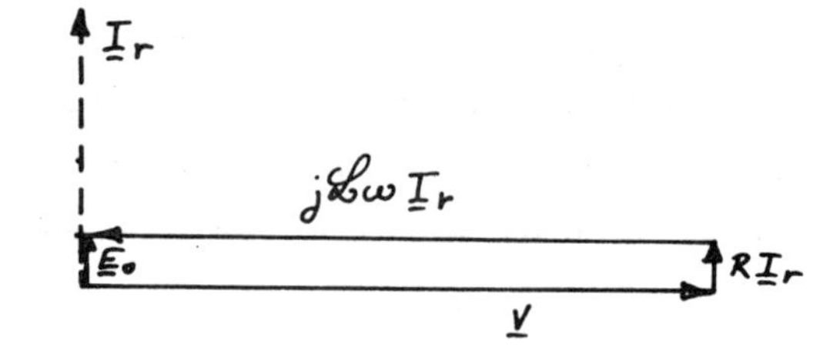

Fig. B.VII.4

Cette courbe peut être prédéterminée grâce au diagramme de Behn-Eschenburg ; dans ce modèle, la condition $I_e = 0$ se traduit par $E_o = 0$, d'où :

$$V = \mathscr{L}\omega I_r$$

(voir fig. B.VII.4).

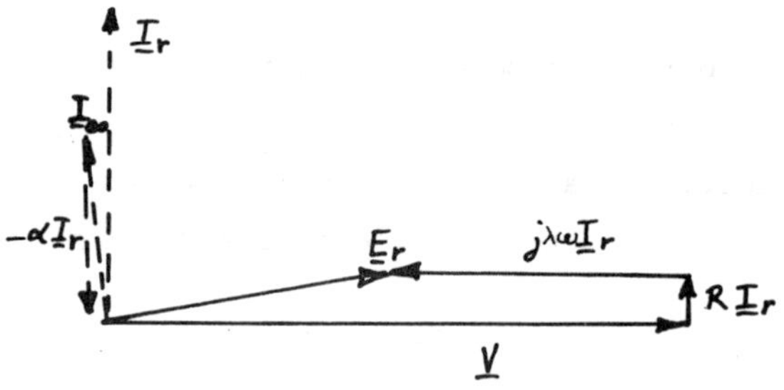

Fig. B.VII.5

Dans le modèle de Potier, la condition $I_e = 0$ devient :

$$I_{eo} = \alpha I_r \quad \text{et} \quad V = E_r + \lambda\omega . I_r \ ;$$

pour chaque valeur de I_r, on peut donc calculer I_{eo} (d'où E_r par la C.V.) et en déduire V (voir fig. B.VII.5).

D'où l'allure de la courbe caractéristique d'auto-amorçage (fig. B.VII.6).

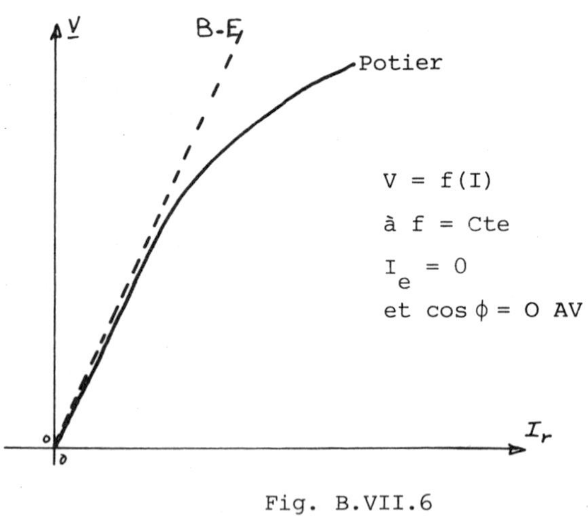

Fig. B.VII.6

On pourrait envisager de charger une machine ainsi amorcée, mais elle ne pourra fournir sa puissance nominale, l'intensité du courant réactif nécessaire pour réaliser la magnétisation de l'alternateur étant trop importante ; de plus, ce procédé exigerait une batterie de condensateurs considérable.

Cette propriété est peu utile, mais ne doit pas être oubliée car les lignes triphasées ont un comportement très capacitif ; dés lors, il ne suffit plus de couper l'excitation d'un alternateur tournant et connecté à une ligne de grandes dimensions pour être assuré que l'induit ne sera plus sous tension.

B.VIII. CHOIX ET RÉALISATIONS PRATIQUES

B.VIII.1. NOMBRE DE PAIRES DE POLES

Il peut sembler, au vu de la formule *(A.II.6)*, que l'on a intérêt à disposer le maximum de paires de pôles dans un alternateur. En effet, à fréquence constante, si l'on passe d'une machine bipolaire à une machine à p paires de pôles, la pulsation de rotation est divisée par p et la force centrifuge à la périphérie du rotor par p^2 ; à force centrifuge égale, on peut donc multiplier par p^2 le rayon de la roue polaire ; comme il y a p fois plus de pôles, on multiplie par p la surface de chaque pôle et par p le nombre de conducteurs par pôle et par phase. Toutes choses égales par ailleurs (longueur de l'induit et facteur de bobinage), la f.e.m. induite dans un enroulement est donc multipliée par p^3.

En fait, on a aussi multiplié par p^4 la masse du rotor et cela peut poser des problèmes. Par ailleurs, il ne suffit pas de concevoir un alternateur susceptible de transformer telle puissance mécanique en puissance électrique (aux pertes près), il faut aussi que la source d'énergie mécanique puisse fournir la puissance désirée à la vitesse ainsi choisie.

Les turbo-alternateurs peuvent fournir des couples élevés à des vitesses de rotation élevées, du fait de la fluidité de la vapeur actionnant la turbine. On les fera donc fonctionner à la vitesse de rotation maximale :

$$p = 1 \ , \ \Omega = \omega = 2\pi f = 314 \text{ rd/s} \ , \ n' = 60 \ f = 3\ 000 \text{ t/mn.}$$

Exemple : Turbo-alternateur de Porcheville :

P = 600 MW , n' = 3 000 t/mn , f = 50 Hz ; refroidissement : hydrogène sous pression ; rotor : longueur 13 m, masse 74 t ; excitation : 3 300 A, 475 V, 1570 kW.

Les alternateurs entraînés par des turbines à eau ne peuvent tourner à des vitesses aussi élevées. On choisit la vitesse qui permet de récupérer le maximum de puissance, compte tenu de la dénivellation de la chute d'eau et du débit.

Exemples :

Centrale	P_n	*P*	*Vitesse (t/mn)*	*Tension (kV)*	*Chute (m)*
Volgograd	148 MVA	44	68		
Suisse (B.B.)	86 MVA	7	428,5		
Serre-Ponçon	90 MVA	14	214	10,5	124,5
La Bathie	83,5 MW	7	428		1200
Malgovert	80 MVA	7	428		750
Génissiat	70 MVA	20	150		64,5
Donzère-Mon.	50 MVA	28	107		25
Usine marée-motrice (Rance)	10 MW	32	93,75	3,5	

Remarque :

Aux grandes vitesses, les roues polaires seront lisses, car il est plus facile de caler des conducteurs dans des encoches que de maintenir des bobines autour de pôles saillants.

B.VIII.2. EXCITATION DES ALTERNATEURS TRIPHASES

On a déjà vu que la source d'excitation d'un alternateur peut être une génératrice à courant continu montée sur le même arbre (fig. B.VIII.1). On excite parfois cette génératrice par une autre, dite "pilote" ; le réglage de l'excitation s'opère sur des puissances très faibles : il est donc plus facile et le rendement de de l'ensemble est meilleur.

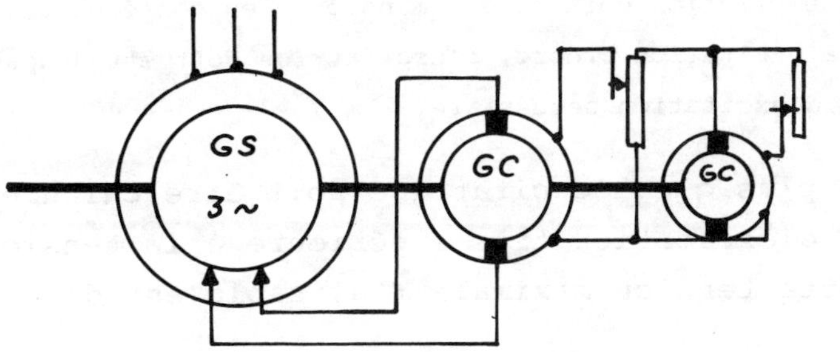

Fig. B.VIII.1

Pour supprimer les inconvénients des balais et des collecteurs de ces dispositifs (éclatement aux grandes vitesses, nettoyage), on réalise des alternateurs sans bagues ni balais ; le schéma de principe d'une telle machine est présenté sur la fig. B.VIII.2.

On peut supprimer l'inducteur de l'alternateur auxiliaire et placer son induit sous les pôles de l'alternateur principal ; c'est alors le flux rémanent de la roue polaire qui assure l'amorçage de la machine. Ce dernier dispositif a pour avantage, dans le cas des alternateurs autonomes (non couplés sur un réseau), de supprimer le flux en cas de court-circuit, donc de limiter automatiquement l'intensité des courants de court-circuit. C'est une sorte d'excitation "*shunt*".

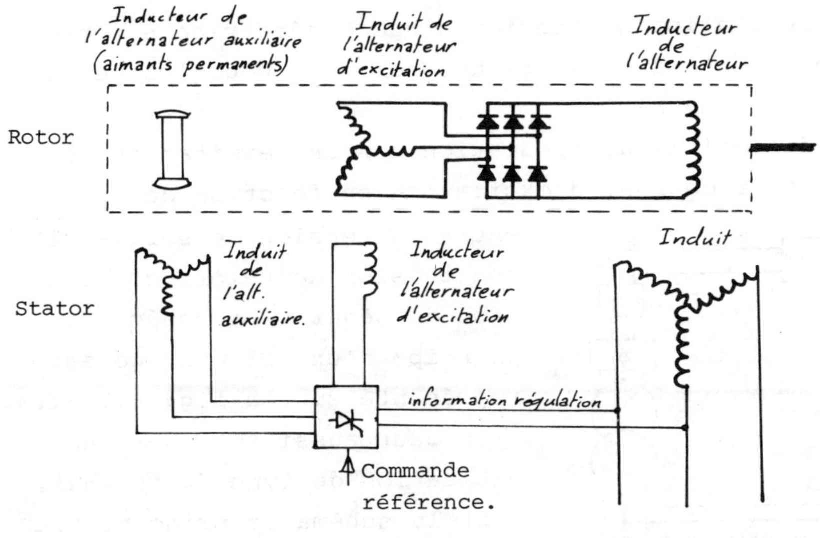

Fig. B.VIII.2

Les excitatrices sont calculées (en général prédéterminées) pour permettre les fonctionnements prévus par la plaque signalétique. La norme NF C 51-111 prévoit en plus une *réserve d'excitation :*

> Les génératrices étant à la température de régime nominale et à leur vitesse nominale, doivent pouvoir fournir momentanément leur tension nominale et un courant égal à 125 % du courant nominal (au facteur de puissance nominal en courant alternatif). Dans le cas des machines à excitation séparée ou auto-excitées, l'enroulement d'excitation doit être dimensionné en conséquence. Dans le cas des machines à excitation propre, l'excitatrice doit être capable de fournir la tension d'excitation nécessaire.

La même norme prévoit de plus que l'excitatrice doit être calculée pour permettre une tension d'excitation très supérieure à la tension d'excitation nominale ; cette tension maximale réalisable est dite *tension de plafond* :

> La tension de plafond de la source d'excitation des génératrices synchrones non compoundées ou des compensateurs synchrones est la tension maximale à laquelle peut travailler la source d'excitation, les enroulements d'excitation de la machine étant à leur température de régime.
> La tension de plafond doit être au moins 1,4 fois la tension nominale d'excitation pendant au moins 10 secondes.

B.VIII.3. REGULATION DE TENSION D'UN ALTERNATEUR TRIPHASE

Le problème de la régulation en tension d'une génératrice synchrone est surtout important pour les machines autonomes ou pour les petits réseaux (réseau de bord d'un navire).

On peut monter un dispositif de régulation sur une excitation de type shunt en modulant le courant d'excitation en fonction de l'écart entre la tension de sortie et une tension de référence (tension de Zéner). Le schéma de principe d'un tel montage est représenté sur la fig. B.VIII.3.

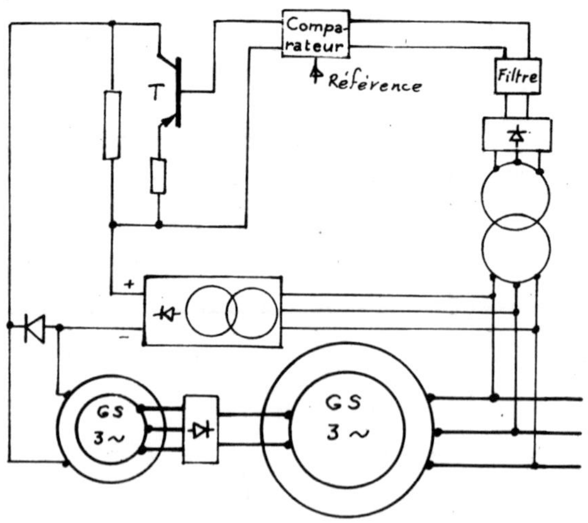

Fig. B.VIII.3

On peut aussi réaliser une excitation de type "*compound*", dont le schéma de principe est celui de la fig. B.VIII.4. Un choix judicieux des caractéristiques des éléments du montage permet de réaliser un courant d'excitation variant avec la charge à peu près comme le courant d'excitation prévu par la méthode de prédétermination de Potier (simplifiée car on a négligé R.I et λω.I devant V). La fig. B.VIII.5 montre cette composition des courants.

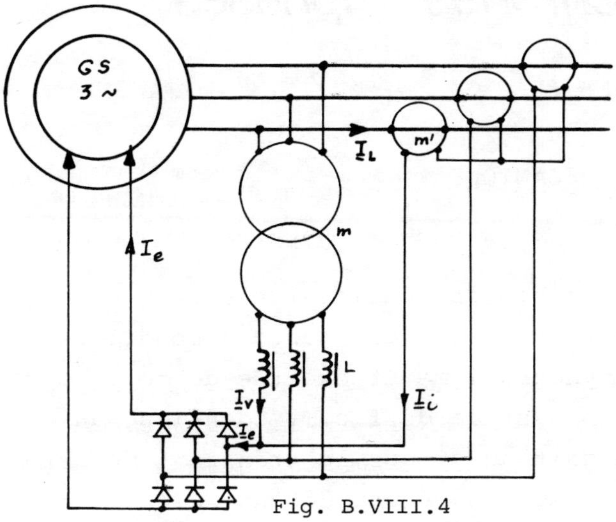

Fig. B.VIII.4

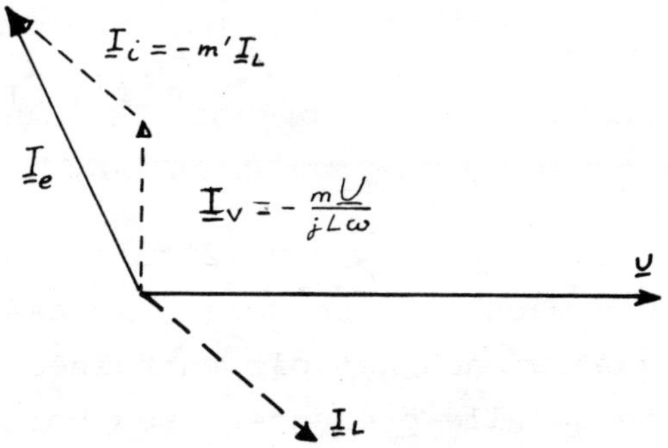

Fig. B.VIII.5

Remarque : On peut associer au compoundage une régulation par comparaison de la tension avec une référence, comme dans le dispositif précédent.

C. *Moteurs synchrones triphasés*

C.I. ETUDE MÉCANIQUE

C.I.1. REVERSIBILITE DU FONCTIONNEMENT DE LA MACHINE SYNCHRONE

On a vu au § B.VI.2 qu'il est possible de connecter électriquement une machine synchrone triphasée sur un réseau triphasé, à condition que la machine soit entraînée au synchronisme et excitée de telle sorte qu'elle présente à ses bornes un système de f.e.m. identique au système de tensions du réseau. On sait aussi que le transfert d'énergie d'une machine synchrone couplée sur un réseau dépend du comportement de la machine qui lui est mécaniquement accouplée.

Si cette machine présente un couple moteur, elle tend à entraîner la roue polaire au-delà de la vitesse de synchronisme. Cette vitesse étant imposée par le réseau, l'induit crée alors un système de pôles fictifs qui ralentissent les pôles réels dans leur mouvement. La machine d'entraînement, freinée, fournit de l'énergie mécanique ; le réseau reçoit de l'énergie électrique. La machine synchrone fonctionne en génératrice et les pôles réels sont en avance sur les pôles fictifs (voir fig. C.I.1).

Inversement, si la machine accouplée présente un couple résistant, les pôles réels vont être freinés par la charge (mécanique) et

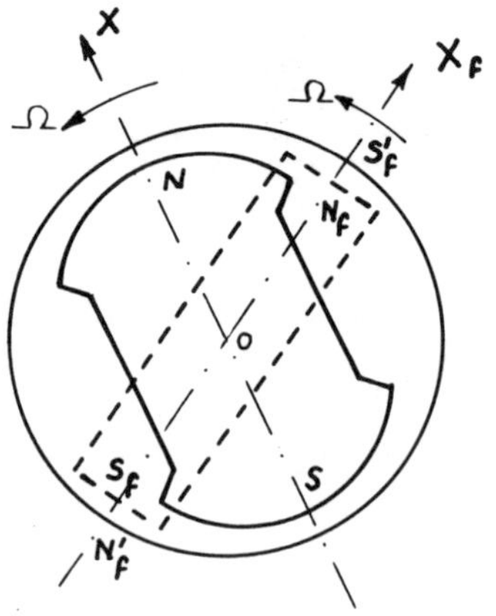

Fig. C.I.1

retarder sur les pôles fictifs créés par l'induit (fig. C.I.2). On comprend aisément que, pour des raisons de symétrie, les pôles fictifs exercent alors un couple moteur sur les pôles réels et les entraînent dans leur sillage, à la vitesse de synchronisme fixée par le réseau ($\Omega = \frac{\omega}{p}$). La machine synchrone fonctionne alors en moteur et l'énergie va du réseau à la charge mécanique. La machine synchrone décrite et étudiée dans la partie B précédente peut donc fonctionner en moteur. On vient de voir, et cela a été rigoureusement démontré dans le chapitre A.III, que ce moteur ne peut tourner (en présentant un couple moteur) qu'à la vitesse $\Omega_s = \frac{\omega}{p}$ imposée par le réseau d'alimentation et dite *vitesse de synchronisme*. C'est pourquoi on le nomme *moteur synchrone*.

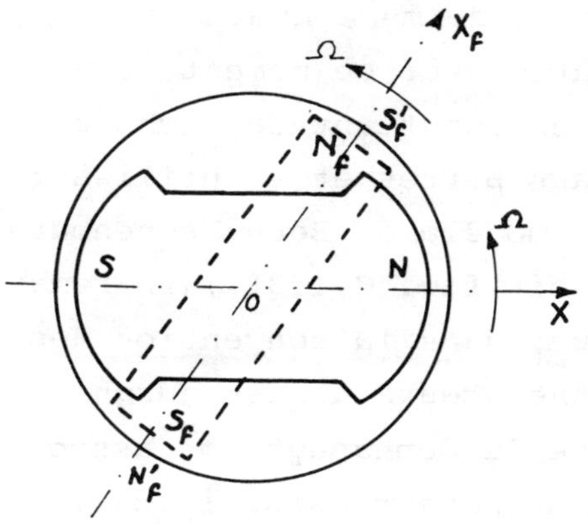

Fig. C.I.2

Remarque 1 : En fait, et on l'a déjà vu dans le chapitre A.III, la roue polaire n'échange de l'énergie qu'avec le champ magnétique glissant résultant (créé conjointement par l'inducteur et l'induit), ce champ résultant échangeant de l'énergie avec l'induit. C'est pour simplifier les raisonnements que nous avons supprimé, sans modifier qualitativement les résultats, cet intermédiaire.

Remarque 2 : Pour bien saisir la nature et le sens des phénomènes d'attraction (ou de répulsion) qui apparaissent entre la roue polaire et le rotor fictif, il convient de ne pas oublier que le champ glissant fictif est créé par l'induit (ou stator) ; en conséquence, en face d'un pôle Nord (N_f) du rotor fictif, le stator se comporte comme un pôle Sud (S'_f) et réciproquement.

C.I.2. COUPLE ELECTROMAGNETIQUE ET STABILITE

On a établi au § A.III.3 l'expression du moment du couple moteur appliqué au champ glissant par un bobinage triphasé alimenté. Ce moment est aussi celui du couple moteur exercé par le champ glissant (résultant) sur la roue polaire (en régime permanent, la somme des couples appliqués au champ glissant résultant est nulle) ; c'est donc aussi le moment du couple moteur électromagnétique :

$$C_{em} = -\frac{3\,E_r\,I}{\Omega}\cos(\psi) = -\frac{3\,E_r\,I}{\Omega}\sin[p(\alpha_{xr}-\alpha_{xf})] \qquad (C.I.1)$$

où ψ est le déphasage de l'intensité du courant d'induit sur la f.e.m. résultante et $(\alpha_{xr} - \alpha_{xf})$ le décalage mécanique angulaire entre les pôles résultants et les pôles fictifs de même nom.

On peut chercher une expression plus pratique de ce moment, comme on l'a fait en B.VI.5 pour l'alternateur, en admettant la machine sans pertes et en utilisant le modèle de Behn-Eschenburg (voir fig. C.I.3) ; (on remarque, dans la convention des générateurs admise jusqu'ici, que le déphasage ϕ associé à un moteur est tel que : $-\frac{3\pi}{2} < \phi < -\frac{\pi}{2}$). Puisque la machine est supposée sans pertes,

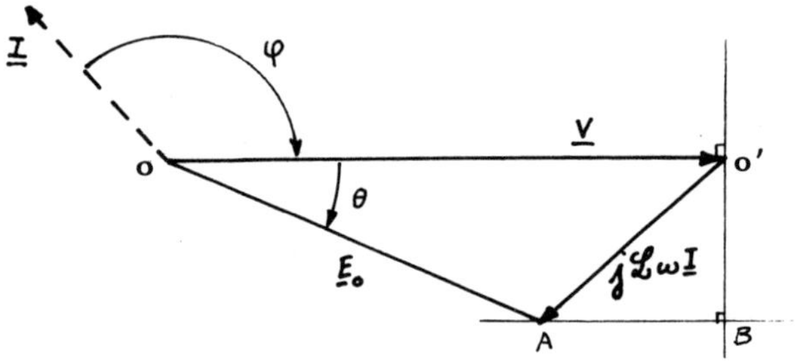

Fig. C.I.3

on a :

$$\underline{V} = \underline{E}_r$$

(machine à flux forcé) et, par conséquent :

$$\phi = \psi$$

Alors, on voit sur C.I.3 que :

$$E_o.\sin(\theta) = \mathscr{L}\omega I.\cos(\phi) = \underline{O'B}$$

D'où la nouvelle expression du moment du couple moteur électromagnétique (ou moment du couple transmis) :

$$C_{em} = -\frac{3\ V\ E_o}{\Omega\mathscr{L}\omega}\sin(\theta) = -\frac{3\ V\ E_o}{\Omega\mathscr{L}\omega}\sin\left[p(\alpha_x - \alpha_{xr})\right] \qquad (C.I.2)$$

car on sait que θ est le décalage électrique entre pôles réels et pôles résultants (puisque c'est le décalage électrique entre $\underline{E}_o$ et $\underline{V} = \underline{E}_r$).

Cette dernière expression, analogue à celle établie en B.VI.5 (au signe près puisqu'on recherche maintenant un couple moteur), rend mieux compte du fonctionnement d'un moteur synchrone alimenté à tension et fréquence constantes lorsque l'intensité de son courant d'excitation est constante (alors E_o = Cte). Le moment du couple électromagnétique n'est alors fonction que du décalage électrique entre pôles réels et résultants.

La figure C.I.4 représente l'allure de cette fonction. La machine fonctionne en moteur lorsque θ est négatif, c.à.d. lorsque les pôles résultants sont en avance sur les pôles réels, ce qui implique que les pôles fictifs sont aussi en avance sur les pôles réels, condition que l'on a déjà établie au § précédent.

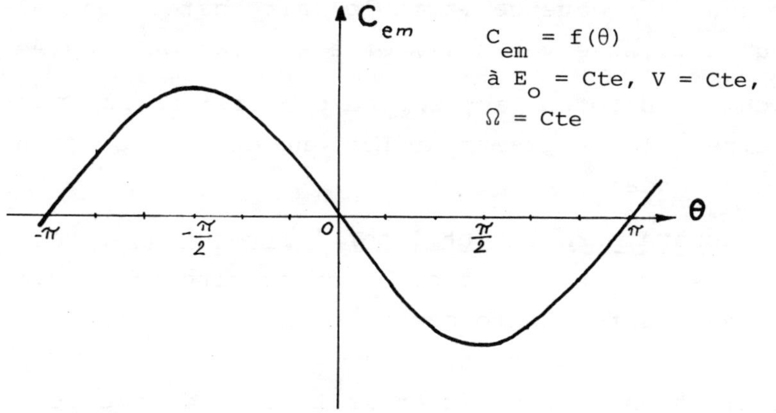

Fig. C.I.4

On peut étudier sur la fig. C.I.4 la stabilité du fonctionnement d'un moteur synchrone. On constate que seuls les fonctionnements correspondant à $-\frac{\pi}{2}<\theta<0$ sont stables (une augmentation du retard des pôles réels sur les pôles résultants, consécutive à une surcharge de l'arbre, conduit alors à une augmentation du moment du couple moteur). On caractérise la stabilité par la valeur du *coefficient de couple synchronisant* :

$$C_s = \frac{d}{d\theta}(C_{em}) = - \frac{3\ V\ E_o}{\Omega \mathcal{L} \omega} \cos(\theta) \qquad (C.I.3)$$

Si une perturbation décale de $\Delta\theta$ le rotor par rapport à la position correspondant au régime permanent, il est rappelé vers cette position d'équilibre par un *couple synchronisant* de moment :

$$\Gamma_s = C_s . \Delta\theta \qquad (C.I.4)$$

Les conditions d'une bonne stabilité et les causes de décrochage ont été énoncées dans le chapitre B.VI.

C.I.3. DEMARRAGE ET ACCROCHAGE D'UN MOTEUR SYNCHRONE

On a déjà vu que le moteur synchrone ne présente de couple moteur non nul qu'à la vitesse de synchronisme. Il ne pourra donc démarrer en "moteur synchrone" sur son réseau d'alimentation.

Plusieurs procédés sont utilisables, pour réaliser le démarrage :

- entraîner la machine en alternateur à vide grâce à un moteur auxiliaire jusqu'à sa vitesse de synchronisme et effectuer alors le couplage sur le réseau d'alimentation (cf. couplage d'un alternateur) ;

- alimenter le moteur à fréquence variable (alternateur entraîné par un moteur à vitesse variable) et à excitation séparée ;
- démarrer la machine en moteur asynchrone en utilisant la masse de la roue polaire, l'amortisseur de Leblanc et l'enroulement inducteur comme secondaire.

Le dernier mode de démarrage permet d'utiliser les techniques employées pour les moteurs asynchrones à rotor en court-circuit, c.à.d. les démarrages statoriques : autotransformateur et bobines inductrices en série essentiellement (voir chapitre E.V).

On peut combiner ces différents procédés en mettant en oeuvre le montage de la fig. C.I.5. Au cours du démarrage, on ferme le circuit inducteur du moteur sur une résistance R de l'ordre de 5 à 8 fois sa propre résistance pour augmenter le couple moteur et limiter la tension qui apparaîtrait entre ses bornes. L'opération s'effectue en trois temps :

- 1er temps : K_1 et K_3 fermés, K_2 ouvert, le moteur démarre sous tension réduite (environ 30 % de la tension nominale) grâce à l'autotransformateur ;
- 2ème temps : Lorsque la vitesse atteint 50 à 75 % de la vitesse de synchronisme, on ouvre K_3 et le démarrage se poursuit avec des bobines inductrices montées en série avec l'induit ; on peut ainsi parvenir à 95 % de la vitesse de synchronisme ; on surexcite alors la machine qui peut s'accrocher sur le secteur ;
- 3ème temps : on ferme K_2 et le moteur se trouve sous sa tension nominale.

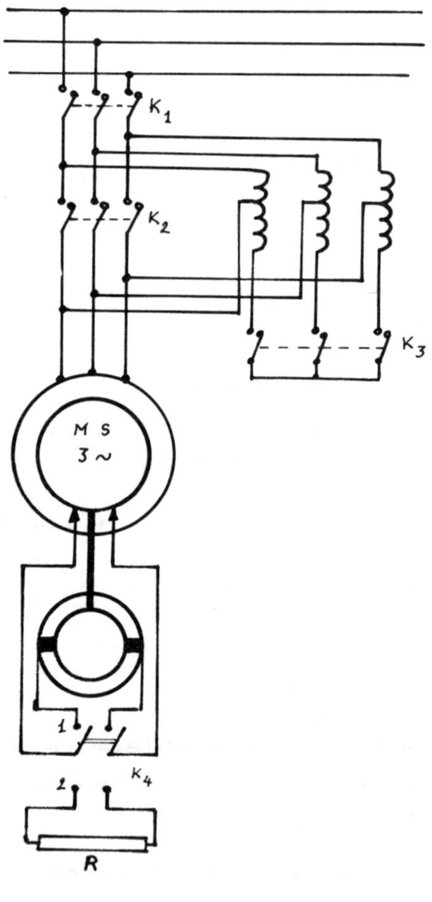

Fig. C.I.5

Dans le cas d'un démarrage en "asynchrone" d'un moteur synchrone se pose le problème de l'accrochage du moteur. Suivant la valeur de l'intensité du courant d'excitation injecté dans l'inducteur et le positionnement relatif des pôles réels et fictifs lors de l'inversion de K_4 , les pôles réels peuvent, ou non, s'accrocher aux pôles fictifs et la machine devenir, ou non, un moteur synchrone. On a intérêt à avoir l'excitation la plus élevée possible et à l'appliquer au moment où pôles réels et fictifs sont alignés (ce que l'on vérifie en plaçant un voltmètre aux bornes de l'inducteur : l'indication de ce voltmètre passe par zéro en allant vers le sens correspondant à la tension d'excitation lorsque cette condition est vérifiée).

Remarque : Pour que les bobines inductrices utilisées dans le montage C.I.5 n'aient pas des réluctances trop faibles, on ménage des entrefers dans leurs circuits.

C.II. Etude électrique

C.II.1. SCHEMAS EQUIVALENTS ET EQUATIONS

On a vu que le moteur synchrone et l'alternateur sont une seule et même machine utilisée dans des conditions différentes. Le moteur satisfait donc aux mêmes lois que l'alternateur et peut être représenté par les *mêmes équations* et les *mêmes schémas équivalents*.

Toutefois, pour des raisons de commodité, on préfère considérer le moteur synchrone comme un récepteur électrique et donc adopter les conventions de signes des récepteurs, alors que les équations de l'alternateur ont été établies dans les conventions de signes des générateurs.

On passe de la convention des générateurs à celle des récepteurs en inversant :

- soit la convention de signes des f.e.m. et des tensions,
- soit la convention de signes des intensités.

D'où les modèles permettant de prédéterminer le fonctionnement d'un moteur synchrone triphasé alimenté par un réseau triphasé équilibré. Comme dans le cas de l'alternateur, on se contente d'étudier une phase du moteur.

BEHN-ESCHENBURG.- Le schéma équivalent est celui de la fig. C.II.1 (identique à celui de l'alternateur) et il se réduit, dans la convention de signes choisie, à l'équation aux tensions suivante :

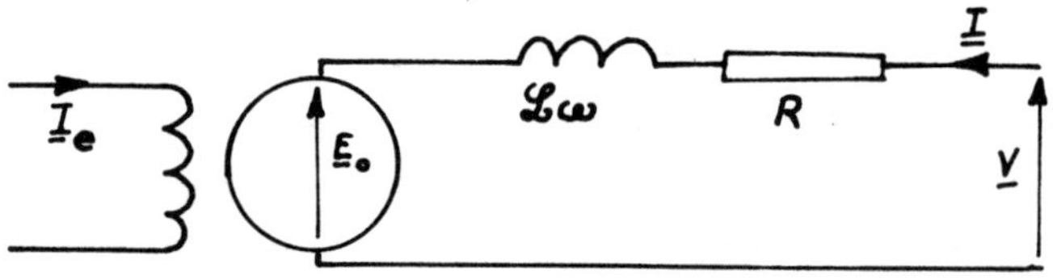

Fig. C.II.1

$$\underline{V} = R.\underline{I} + j\mathscr{L}\omega.\underline{I} + \underline{E}_o \qquad (C.II.1)$$

POTIER.- Le schéma équivalent est indiqué à la figure C.II.2 et les équations de Potier du moteur s'écrivent, compte tenu des conventions :

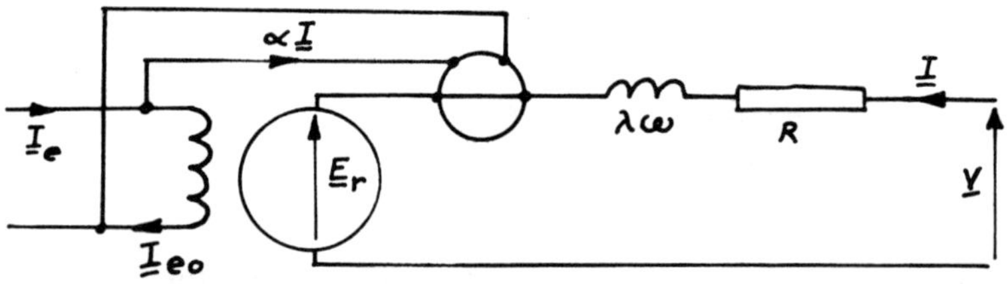

Fig. C.II.2

et :

$$\left.\begin{aligned} \underline{V} &= R.\underline{I} + j\,\lambda\omega.\underline{I} + \underline{E}_r \\ \underline{I}_e &= \underline{I}_{eo} + \alpha.\underline{I} \end{aligned}\right\} \qquad (C.II.2)$$

Les éléments des schémas équivalents et des équations sont déterminés de la même façon que dans le cas de l'alternateur, c.à.d. à partir des essais en circuit ouvert, en court-circuit et en fonctionnement purement inductif.

C.II.2. DIAGRAMME DE POTIER

C'est la traduction, dans les plans de Fresnel des tensions et des intensités, des équations de Potier (*C.II.2*) du moteur synchrone. On a représenté, sur les figures C.II.3 et C.II.4, l'allure de ce diagramme dans les cas où le moteur se comporte comme une charge électrique inductive (C.II.3) et capacitive (C.II.4). On constate que, toutes choses égales par ailleurs (V , I , $|\phi|$, donc à puissance absorbée constante et donc à puissance utile pratiquement constante), il faut surexciter la machine pour passer du comportement inductif au comportement capacitif.

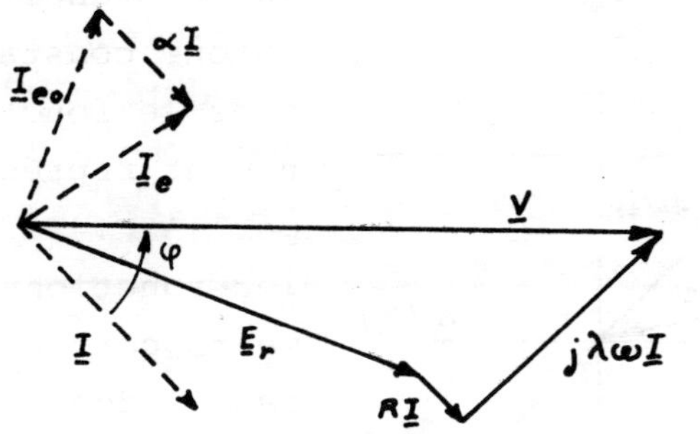

Fig. C.II.3

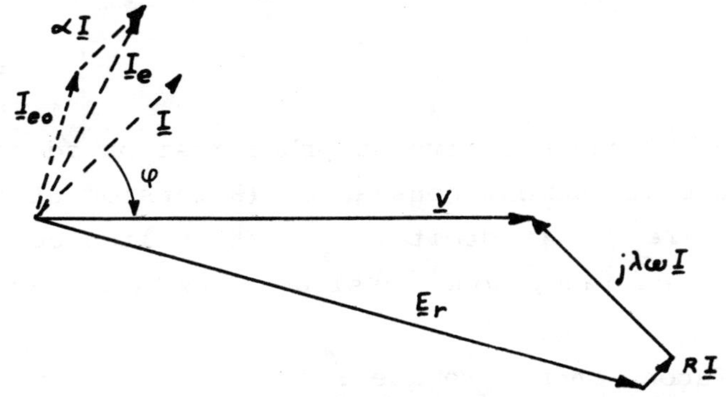

Fig. C.II.4

C.II.3. DIAGRAMME BIPOLAIRE SIMPLIFIE DE BLONDEL

C'est l'analogue du diagramme de Behn-Eschenburg de la génératrice, dans le cas où on néglige (diagramme simplifié) la résistance d'un enroulement devant sa réactance synchrone. Le moteur synchrone étant alimenté sous tension fixe, les extrémités O et O' du vecteur $\underline{V}$ du plan de Fresnel des tensions (fig. C.II.5) sont fixes, d'où le nom de diagramme bipolaire.

On remarque que :

$$O'B = \mathcal{L}\omega . I_1 \cos(\phi_1) = \frac{\mathcal{L}\omega}{3\ V} . 3\ V\ I_1 \cos(\phi_1) = \frac{\mathcal{L}\omega}{3\ V} P_1$$

si on note P_1 la puissance électrique active absorbée par la machine dans le fonctionnement associé au point A_1 .

La projection B du point A_1 sur l'axe O'X' (perpendiculaire à OX) ne dépend donc que de la puissance active absorbée par le moteur (si on suppose la réactance synchrone constante) dans le fonctionnement représenté par A_1 . Tous les fonctionnements correspondant à des vecteurs $\underline{E}_o$ d'extrémités situées sur la droite Δ_1 (parallèle à OX passant par B) sont des fonctionnements à même puissance active absorbée ; si on admet que les pertes du moteur sont pratiquement constantes (à tension et fréquence constantes), on peut dire que la droite Δ_1 est le lieu des fonctionnements équipuissance mécanique, donc aussi des fonctionnements équicouple moteur.

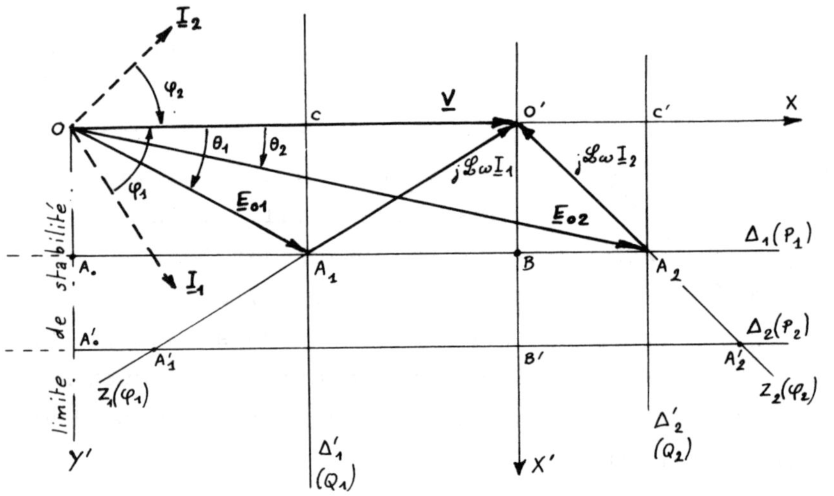

Fig. C.II.5

De la même façon, on montre que :

$$O'C = \mathscr{L}\omega . I_1 \sin(\phi_1) = \frac{\mathscr{L}\omega}{3\ V} Q_1$$

si on note $Q_1 = 3\ V\ I_1\ \sin(\phi_1)$ la puissance réactive absorbée par la machine. La droite Δ'_1 est le lieu des fonctionnements équipuissance réactive absorbée associé à Q_1 .

Le diagramme bipolaire de Blondel permet donc, connaissant la tension d'alimentation du moteur, sa charge (donc sa puissance active absorbée, aux pertes près) et le facteur de puissance que l'on désire lui voir prendre, de prédéterminer l'intensité du courant appelé et la valeur de la f.e.m. à vide E_o , donc l'intensité du courant d'excitation (au moyen de la C.I.).

Remarque 1 : Les fonctionnements associés aux points de la droite $O'Z_1$ ont même facteur de puissance : A_1 et A'_1 , par exemple, sont associés à des fonctionnements de facteur de puissance $\cos \phi_1$.

Remarque 2 : On pourrait graduer l'axe O'X' en puissance active

($P = \frac{3\ V}{\mathcal{L}\omega}.O'B$) et l'axe O'X en puissance réactive ($Q = \frac{3\ V}{\mathcal{L}\omega}.O'C$); il faut noter que, lorsque C est situé entre O et O', le moteur absorbe de la puissance réactive (fonctionnement inductif) alors qu'il en fournit au réseau lorsque C est entre O' et X.

Remarque 3 : On a vu que la machine synchrone ne fonctionne de façon stable en moteur synchrone que lorsque : $0>\theta>-\frac{\pi}{2}$. Les lieux des fonctionnements équipuissances (active et réactive) sont donc limités aux demi-droites situées dans le quatrième quadrant du plan de Fresnel.

C.II.4. COURBES EN V (OU EN U) DE MORDEY

Ce sont, comme dans le cas de l'alternateur (§ B.IV.7), les courbes représentant les variations de I en fonction de I_e à tension et fréquence constantes, pour diverses valeurs de la puissance utile du moteur. On a représenté, sur la fig. C.II.6, l'allure de ces courbes pour différentes valeurs de la puissance : $0 < P_1 < P_2 < P_3$. On pourrait prédéterminer ces courbes à partir du diagramme bipolaire précédent.

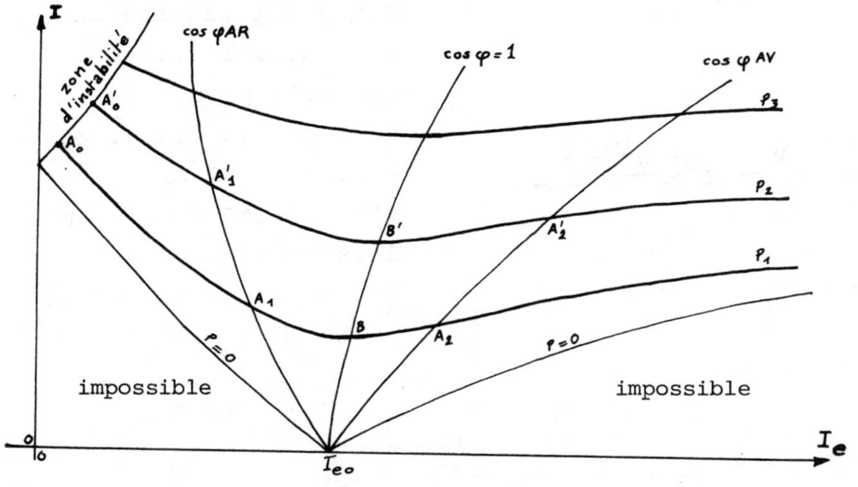

Fig. C.II.6

On remarque que, à puissance constante, l'intensité du courant d'induit appelé sur le réseau passe par sa valeur minimale lors du fonctionnement à facteur de puissance unité.

On peut aussi construire les courbes des fonctionnements à même facteur de puissance.

Ces courbes permettent de résoudre le problème précédent : connaissant la tension, la fréquence, la charge et le facteur de puissance (ou l'intensité du courant d'induit), elles permettent de déterminer I_e.

C.II.5. COMPENSATEUR SYNCHRONE

On a vu que le moteur synchrone peut fonctionner comme une charge capacitive, à condition de le surexciter, donc fournir de la puissance réactive au réseau. On utilise parfois cette propriété pour améliorer le facteur de puissance d'une charge très inductive. On peut même, à la limite, n'utiliser une machine synchrone en moteur à vide que pour donner de l'énergie réactive au réseau qui l'alimente, le réseau n'apportant que l'énergie active correspondant aux pertes de la machine.

Le diagramme bipolaire se réduit alors à celui présenté à la fig. C.II.7, en négligeant les pertes du compensateur. On a alors :

$$\phi = -\frac{\pi}{2}$$

$$Q = 3\ V\ I \sin(\phi) = -\ 3\ V\ I \qquad (C.II.1)$$

(dans la convention des récepteurs, la puissance est comptée positivement lorsqu'elle est absorbée), et :

$$E_0 = V + \mathcal{L}\omega.I \qquad (C.II.2)$$

Connaissant la puissance réactive à fournir, l'équation *(C.II.1)* donne l'intensité du courant d'induit et *(C.II.2)* permet de calculer la f.e.m. à vide, d'où on déduit l'intensité du courant d'excitation (au moyen de la C.I.).

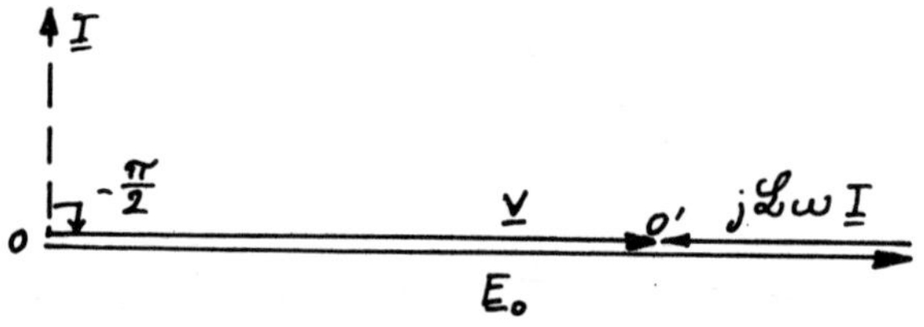

Fig. C.II.7

ANNEXE 1 : DIAGRAMME DE BLONDEL

Si l'on ne néglige pas la résistance d'un enroulement, le diagramme bipolaire a l'allure représentée à la fig. C.II.8. On pourrait à nouveau rechercher le lieu des extrémités de $\underline{E}_o$, associé à une puissance active absorbée constante : on trouverait une droite perpendiculaire à l'axe O'X" (même raisonnement que dans le cas du diagramme simplifié). On s'intéresse surtout aux caractéristiques à couple constant, c.à.d. à puissance mécanique constante, ou, à défaut, au lieu des fonctionnements à puissance électromagnétique constante. La puissance électromagnétique s'exprime :

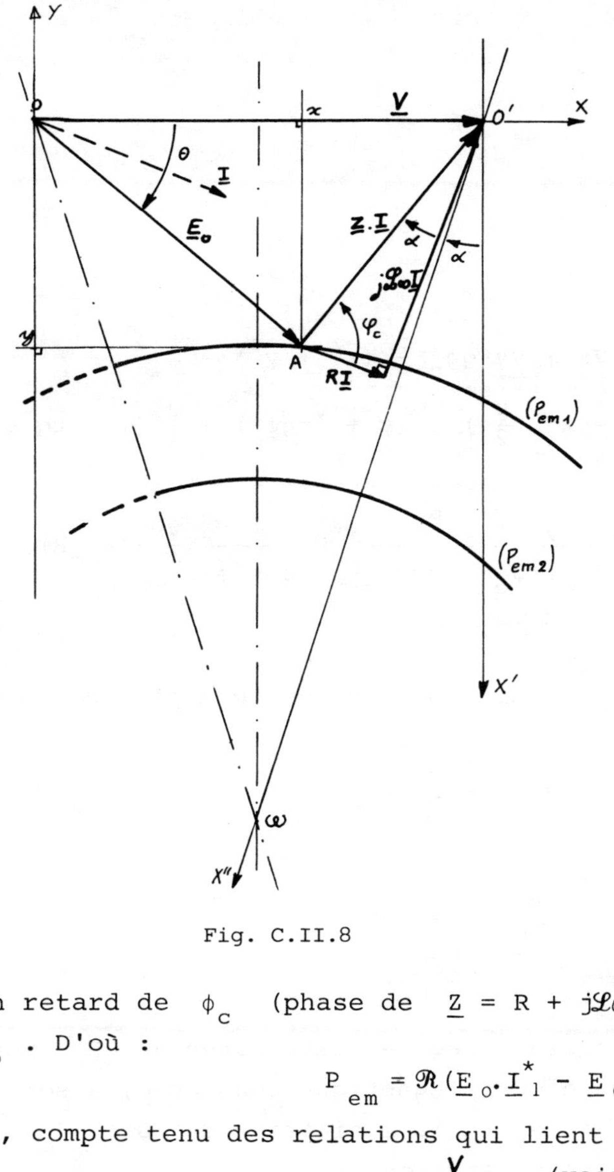

Fig. C.II.8

$$P_{em} = \mathcal{R}(\underline{E}_o.\underline{I}^*)$$

D'autre part, de :

$$\underline{V} = \underline{E}_o + \underline{Z}.\underline{I}$$

on tire :

$$\underline{I} = \frac{\underline{V}}{\underline{Z}} - \frac{\underline{E}_o}{\underline{Z}} = \underline{I}_1 - \underline{I}_2$$

où on voit que $\underline{I}_1$ et $\underline{I}_2$ sont en retard de ϕ_c (phase de $\underline{Z} = R + j\mathcal{L}\omega$) respectivement sur $\underline{V}$ et $\underline{E}_o$. D'où :

$$P_{em} = \mathcal{R}(\underline{E}_o.\underline{I}^*_1 - \underline{E}_o.\underline{I}^*_2)$$

ou, compte tenu des relations qui lient ces différentes grandeurs (voir fig. C.II.9) :

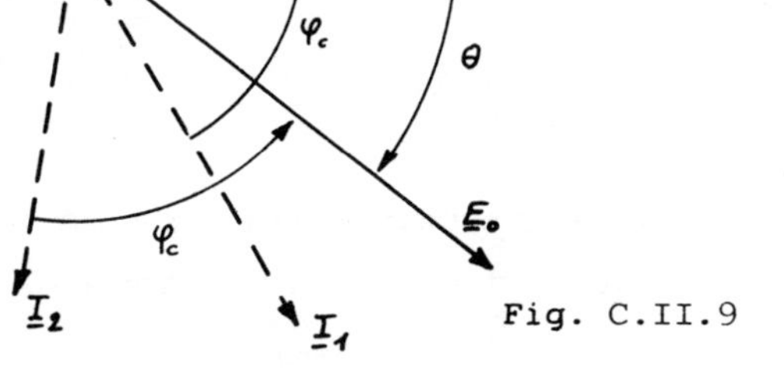

Fig. C.II.9

$$P_{em} = \frac{1}{Z}(E_oV\cos(\theta+\phi_c) - E_o^2\cos(\phi_c))$$

On peut encore écrire cette expression :

$$P_{em} = \frac{E_oV}{Z}(\cos\theta\cos\phi_c - \sin\theta\sin\phi_c) - \frac{1}{Z}E_o^2\cos\phi_c$$

D'où :

$$\frac{P_{em}Z}{\cos\phi_c} = E_oV\cos\theta - E_oV\sin\theta.tg\phi_c - E_o^2$$

soit, en posant

$$E_o\cos\theta = x$$

et :

$$E_o\sin\theta = y$$

(coordonnées du point A) :

$$\frac{P_{em}Z}{\cos\phi_c} = Vx - Vytg\phi_c - (x^2 + y^2)$$

$$= -(x - \frac{V}{2})^2 - (y + \frac{V}{2}tg\phi_c)^2 + \frac{V^2}{4}(1 + tg^2\phi_c)$$

D'où :

$$(x - \frac{V}{2})^2 + (y + \frac{V}{2}tg\phi_c)^2 = \frac{V^2}{4\cos^2\phi_c} - \frac{P_{em}Z}{\cos\phi_c} = \frac{1}{\cos^2\phi_c}(\frac{V^2}{4} - P_{em}R)$$

car $Z\cos\phi_c = R$.

Cette équation est celle d'un cercle dont le centre a pour coordonnées :

$$x_o = \frac{V}{2} \quad , \quad y_o = -\frac{V}{2}tg\phi_c$$

et dont le rayon a pour valeur :

$$R_o = \frac{1}{\cos\phi_c}\sqrt{\frac{V^2}{4} - P_{em}R}$$

On remarque d'abord que ce cercle, lieu des extrémités de E_o pour les fonctionnements à puissance électromagnétique constante, a son centre à l'intersection de O'X" et de la médiatrice de OO' (on a noté ω ce point) : en effet, on observe que :

$$\frac{y_o}{x_o} = -tg\phi_c$$

et que ϕ_c phase de $\underline{Z}$, par construction, est complémentaire de α .

On voit aussi que le rayon de ce cercle dépend de la puissance électromagnétique considérée et surtout que ce cercle n'existe que si la puissance exigée est telle que :

$$\frac{V^2}{4} - P_{em}R > 0$$

c'est-à-dire si :

$$P_{em} < \frac{V^2}{4\,R} = P_{emMax} \qquad (C.II.3)$$

Il existe donc une puissance électromagnétique limite à l'utilisation d'un moteur synchrone, pour une tension d'alimentation donnée.

Remarques : Le raisonnement précédent porte sur un seul enroulement ; la puissance électromagnétique disponible dans un moteur triphasé est donc triple de celle déterminée.

L'étude de la stabilité du moteur synchrone ainsi représenté montrerait que c'est la droite $O\omega$ qui sépare les fonctionnements stables des fonctionnements instables.

ANNEXE 2 : MOTEUR A RELUCTANCE VARIABLE

On nomme ainsi un moteur analogue au moteur synchrone mais dont le rotor, à entrefer variable (donc à réluctance variable), ne porte pas d'enroulement inducteur d'excitation. Si l'induit crée un champ d'induction glissant, possédant autant de pôles que le rotor présente de régions où l'entrefer a sa valeur minimale, les pôles du champ glissant (pôles fictifs, donc dessinés en traits interrompus sur la fig. C.II.10) verront l'entrefer varier du fait de leur rotation et, par conséquent, la réluctance du circuit magnétique par lequel leur flux se referme évoluer entre deux valeurs extrêmes. La règle du flux maximal, conséquence de la loi de Lenz et de celle de Laplace, va faire apparaître un couple qui tendra à maintenir le rotor au synchronisme du champ glissant et tel que le flux du champ glissant soit maximal (ou presque). Ce couple n'est pas très important, mais suffit parfois à synchroniser des moteurs synchrones lors du démarrage en asynchrone à vide. Il est utilisé pour synchroniser de petits moteurs asynchrones à cage (moteurs d'entraînement de tourne-disque, par exemple). On peut, par exemple, donner à la cage le profil représenté sur la fig. C.II.10.

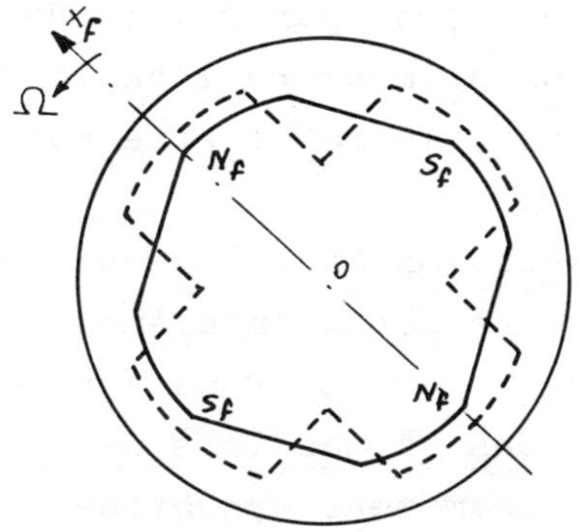

Fig. C.II.10

ANNEXE 3 : MOTEUR PAS A PAS

C'est un moteur de conception un peu voisine de celle du moteur à réluctance variable, mais dont le nombre des "dents", ou pôles (bien qu'ils ne soient pas magnétisés, on peut, par extension, nommer ainsi les épanouissements du rotor), n'est pas un multiple du nombre d'enroulements de l'induit.

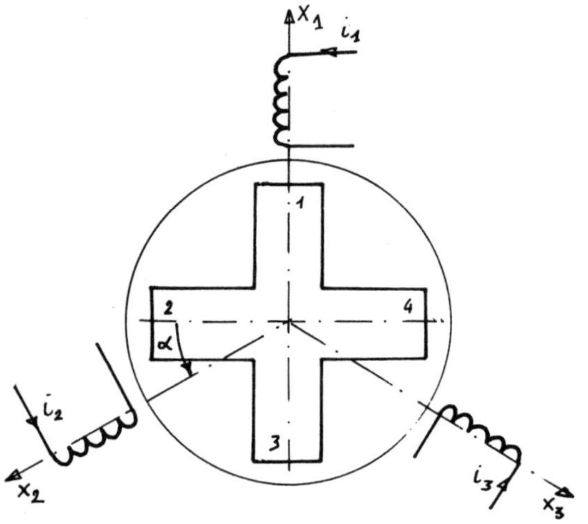

Fig. C.II.11

Soit, par exemple, la machine décrite sur la fig. C.II.11 et possédant un rotor à 4 dents et un induit triphasé.

Lorsque l'enroulement numéro 1 est seul alimenté, la loi du flux maximal implique qu'une dent doit être alignée dans l'axe de cet enroulement (cas de la figure) ; si on alimente maintenant l'enroulement 2, et lui seul, il va attirer suivant son axe la dent la plus proche, c.à.d. dans notre cas la dent 2. Le rotor tourne alors de α . De la même façon, par raison de symétrie, il tournera à nouveau de α lorsqu'on alimentera l'enroulement 3. A chaque cycle d'alimentation du stator, le rotor effectue donc une rotation de 3α.

Ce dispositif permet d'obtenir une grande précision dans la connaissance de la position du rotor (on peut obtenir une rotation élémentaire très réduite en agissant sur le nombre de dents du rotor ou sur le nombre d'enroulements du stator), ce qui n'est pas le cas lors de l'utilisation d'un moteur synchrone classique (le moteur synchrone constitue un asservissement de vitesse parfait, mais le positionnement relatif des pôles réels et résultants dépend de la charge et de l'excitation). En alimentant un moteur pas à pas grâce à un générateur d'impulsions suivi d'un compteur et d'un distributeur (répartissant de façon cyclique les impulsions entre les différents enroulements statoriques), on obtient un réglage de position précis.

Bien entendu, alimenté par des impulsions périodiques de fréquence $f = \frac{1}{T}$, ce moteur tourne à vitesse constante. La pulsation de rotation vaut :

$$\Omega = \frac{\alpha}{T}$$

ANNEXE 4 : DIAGRAMME DES FORCES MAGNETO-MOTRICES

Le diagramme bipolaire de Blondel constitue la transposition au cas des moteurs synchrones (et dans la convention des récepteurs) de celui de Behn-Eschenburg établi pour les génératrices. De la même façon, on peut modifier la méthode d'étude de Potier en tenant compte des particularités du moteur synchrone :

a) le moteur synchrone travaille souvent à tension d'alimentation et fréquence pratiquement constantes et le flux de son champ glissant est donc quasiment invariable ;

b) les moteurs synchrones sont en général des machines de taille et de puissance moyennes ; on acceptera donc une imprécision relative plus grande des méthodes de prédétermination que dans le cas des très gros alternateurs ; en conséquence, on tiendra pour négligeables devant la tension d'alimentation les chutes de tension dues à la résistance et à la réactance de fuite des enroulements ;

c) puisqu'on recherche une méthode de prédétermination éventuellement peu précise, on la souhaite facile à mettre en oeuvre et donc utilisant les résultats d'essais simples et, si possible, d'essais effectués en fonctionnement moteur de la machine (elle est équipée pour ce mode de fonctionnement).

1°) Principe de la méthode d'étude des F.M.M.

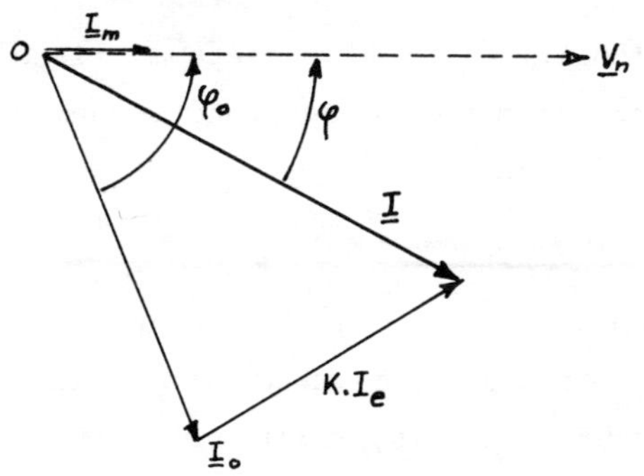

Fig. C.II.12

Si on néglige les chutes de tension provoquées par la résistance R et la réactance de fuite $\lambda\omega$ d'un enroulement devant la d.d.p. appliquée à l'enroulement on peut écrire (dans la convention de signes des récepteurs) :

$$\underline{V} = \underline{E}_r + R.\underline{I} + j\lambda\omega.\underline{I} \# \underline{E}_r$$

Alimenté à tension constante le moteur synchrone est donc une machine à flux résultant forcé. La F.M.M. résultante glissant dans la machine est donc d'amplitude constante. Or, dans le modèle de représentation de Potier, la f.m.m. résultante est attribuée à un courant fictif d'excitation d'intensité $\underline{I}_{eo}$ telle que (cf. § B.II.4) :

$$M.\underline{I}_{eo} = M.\underline{I}_e - k.\underline{I}$$

(toujours dans la convention de signes des récepteurs). En notant $\frac{M}{k} = K$ on peut donc en déduire :

$$K.\underline{I}_{eo} = K.\underline{I}_e - \underline{I}$$

ou

$$\underline{I} = K.\underline{I}_e - K.\underline{I}_{eo}$$

En application de cette équation, on voit que si le moteur synchrone fonctionne à vide sans excitation ($I_e = 0$), ses enroulements d'induit vont être parcourus par des courants d'intensité I_o telle que :

$$\underline{I}_o = K.0 - K.\underline{I}_{eo} = -K.\underline{I}_{eo}$$

L'intensité du courant d'excitation fictif I_{eo} responsable du champ résultant glissant est donc liée à l'intensité du courant appelé en moteur synchrone à vide, sous tension normale et sans excitation. D'où la nouvelle expression de l'équation aux intensités, obtenue en remplaçant $- K.\underline{I}_{eo}$ par $\underline{I}_o$ dans la précédente :

$$\underline{I} = \underline{I}_o + K.\underline{I}_e$$

La figure C.II.12 montre la traduction vectorielle de cette équation.

> *Remarque* : Bien qu'exprimée en fonction des intensités du courant d'induit, cette équation est en réalité une relation entre forces magnéto-motrices : elle traduit la constance de la f.m.m. résultante lors des fonctionnements à flux forcé par une tension d'alimentation fixe.

2°) Détermination du coefficient d'équivalence K .

Pour déterminer K, il suffit de connaître $\underline{I}_o$ et le couple des valeurs ($\underline{I}$, I_e) pour un autre fonctionnement ; on choisit le fonctionnement à vide à courant d'induit minimal, dont on sait qu'alors $\underline{I}_m$ est en phase avec $\underline{V}$.

D'où les étapes du calcul de K :

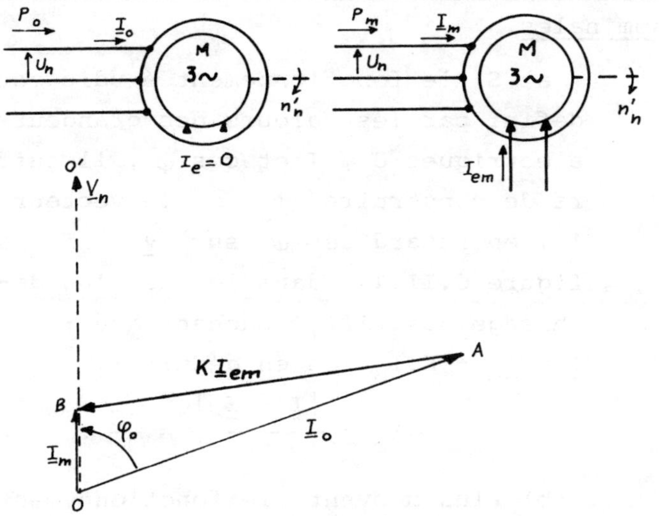

Fig. C.II.13

a) un essai à vide, sous tension nominale V (par enroulement) à fréquence normale, sans excitation ($I_e = 0$), permet de mesurer I_o et P_o ; on en déduit la valeur du facteur de puissance :

$$\cos \varphi_o = \frac{P_o}{\sqrt{3}.U.I_o}$$

On construit $\underline{I}_o$, en retard de φ_o sur $\underline{V}$, car, en l'absence d'excitation, le moteur synchrone reçoit du réseau la puissance réactive nécessaire à la création du champ glissant forcé. Soit : $\underline{I}_o = \underline{OA}$.

b) Un essai en moteur synchrone à vide, à tension et fréquence normales, à courant d'induit d'intensité minimale I_m (réglée par action sur l'intensité du courant d'excitation), permet de relever I_m et I_{em} (valeur de I_e donnant ce fonctionnement), ainsi éventuellement que P_{1m}. On vérifie que le facteur de puissance vaut alors $\cos \varphi_m = 1$ et on construit $\underline{I}_m$ en phase avec $\underline{V}$. Soit : $\underline{I}_m = \underline{OB}$.

c) L'équation aux F.M.M. établie plus haut impose que les grandeurs $\underline{I}_o$, $\underline{I}_m$ et $\underline{I}_{em}$ soient liées par : $\underline{I}_m = \underline{I}_o + K.I_{em}$.

On en déduit la valeur de K :

$$K = \frac{\underline{I}_m - \underline{I}_o}{\underline{I}_{em}} = \frac{\underline{AB}}{\underline{I}_{em}} = \frac{AB}{I_{em}}$$

Remarque : En toute rigueur l'intensité $\underline{I}_o$ du courant appelé sous tension nominale (et à fréquence nominale) en l'absence d'excitation est indépendante de la charge (d'après l'équation aux f.m.m.) ; en réalité, on ne pourra avoir un fonctionnement au synchronisme en l'absence d'excitation qu'à vide, d'où les conditions de l'essai fournissant $\underline{I}_o$.

3°) Prédétermination des conditions d'un fonctionnement en charge à tension et fréquence nominales.

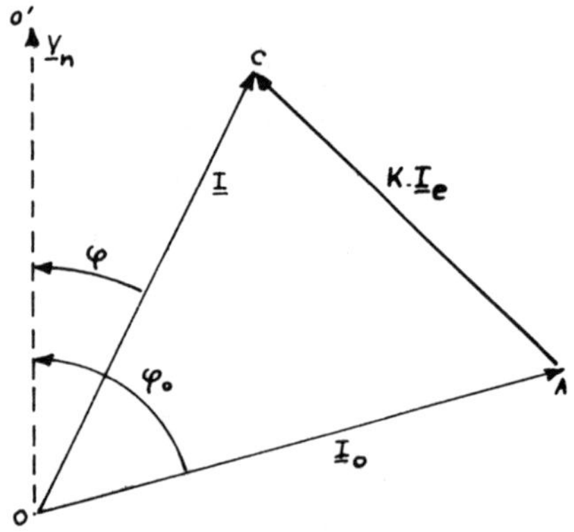

Fig. C.II.14

a) Si le fonctionnement étudié est défini par les valeurs des grandeurs électriques U , I et cos φ , il suffira de construire $\underline{I}_o$ et le vecteur $\underline{I}$, en retard de φ sur $\underline{V}$ (cf. la figure C.II.14 dans le cas d'un déphasage positif). Sachant que : $\underline{I} = \underline{I}_o + K.\underline{I}_e$ on en déduit :

$$I_e = \frac{|\underline{I} - \underline{I}_o|}{K} = \frac{AC}{K} .$$

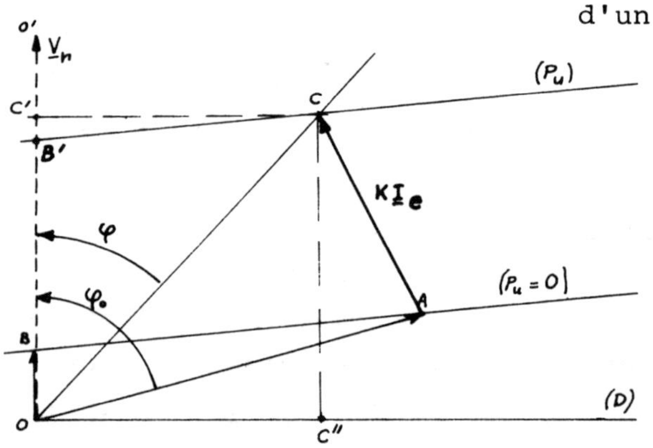

Fig. C.II.15

b) Plus souvent, le fonctionnement d'un moteur synchrone est défini par une grandeur mécanique (puissance utile ou moment du couple utile) et une grandeur électrique (intensité ou facteur de puissance), en plus de la tension et de la fréquence.

On admettra pour simplifier que les lieux des extrémités C des vecteurs $\underline{I}$ à puissance utile constante sont des droites parallèles entre elles ; ces droites sont donc parallèles à la droite AB associée au fonctionnement à vide ($P_u = 0$). Connaissant P_u ou T_u on peut donc déterminer le point B', intersection de la direction de $\underline{V}$ et de la droite équipuissance ou équicouple associée au fonctionnement étudié :

$$OB' = OB + \frac{P_u}{3.V} = OB + \frac{T_u.\Omega}{3.V} = OB + \frac{2\pi.f.T_u}{3.p.V}$$

La droite passant par B' et parallèle à AB est la droite équipuissance cherchée. Connaissant, suivant les cas, soit la valeur de I, soit celle de cos φ, on cherche le point de cette droite associé au fonctionnement fixé (point C tel que, soit OC = I, soit la direction de OC soit en retard de φ sur celle de $\underline{V}$). On en déduit alors la valeur de φ (si on s'était donné I), celle de I (si φ était donné) et, dans tous les cas, l'intensité

I_e du courant d'excitation permettant ce fonctionnement :

$$I_e = \frac{AC}{K}$$

Remarque 1 : On pourrait, comme dans le cas du diagramme bipolaire de Blondel, déduire immédiatement de ce diagramme les puissances active et réactive absorbées par le moteur sur le réseau ; en effet, les projections C' et C" sur la direction OO' et sur la direction perpendiculaire (D) sont telles que :

$$OC' = I.\cos\varphi = P_a/(3.V)$$
$$OC'' = I.\sin\varphi = Q/(3.V)$$

D'où : $P_a = \sqrt{3}.U.(OC')$ $\qquad Q = \sqrt{3}.U.(OC'')$

Remarque 2 : Dans le cas où on se fixe comme données, outre la tension et la fréquence d'alimentation, le moment du couple utile (ou la puissance utile) et l'intensité du courant d'induit, il existe en général deux fonctionnements différents satisfaisant à ces conditions, l'un correspondant à un comportement inductif du moteur (et c'est celui qui est obtenu pour le courant d'excitation de plus faible intensité), l'autre, pour le plus fort courant d'excitation, correspondant à un comportement capacitif du moteur (restitution d'énergie réactive au réseau d'alimentation).

Remarque 3 : Tous les calculs et toutes les constructions ont été effectués en supposant, soit que la machine était couplée en étoile, soit que l'on raisonnait sur le dipôle monophasé équivalent à la machine vue entre les "bornes" d'une phase du réseau. Si la machine est couplée en triangle et si l'on désire travailler sur un enroulement, pour éviter les confusions, il convient de ramener à un enroulement les résultats des essais préliminaires (c'est-à-dire construire $\underline{J}_o$ et $\underline{J}_m$) ainsi que les données du problème (calculer J si I est donnée, déterminer la composante active utile $J_u = BB' = P_u/(3.U)$ si P_u ou T_u est donné).

D. *Machines synchrones monophasées*

D.1. Introduction

Rien n'interdit la réalisation de machines synchrones (moteur et génératrice) monophasées. On sait (théorème de Leblanc, § A.I.4) qu'un enroulement, traversé par un courant d'intensité sinusoïdale, crée deux champs magnétiques glissants ; il suffira que l'un de ces deux champs tourne au synchronisme avec la roue polaire pour qu'il y ait un transfert d'énergie entre rotor et stator, donc fonctionnement en moteur ou en alternateur, suivant le sens de ce transfert.

On voit déjà quelques inconvénients de ces machines :

- comme on ne peut disposer des brins d'induit dans toutes les encoches du stator (si on ne veut pas avoir un facteur de distribution trop réduit), on sous-utilise le stator et on tire moins de puissance de la machine qu'en triphasé, à masse de fer et excitation égales ;

- comme il existe deux champs magnétiques glissants, le moteur synchrone peut indifféremment tourner au synchronisme de l'un quelconque d'entre eux, mais ne peut pas démarrer en moteur asynchrone (pas plus que le moteur asynchrone monophasé), à moins de lui adjoindre une phase auxiliaire le transformant en moteur diphasé pendant le démarrage.

D.2. Réaction magnétique de l'induit
Harmoniques

Une machine synchrone monophasée (on traitera simultanément les cas du moteur et de la génératrice) se compose donc d'un induit comprenant p bobines alimentées par un réseau de fréquence $f = \frac{\omega}{2\pi}$ (ou alimentant une charge à cette fréquence) et d'une roue polaire portant p paires de pôles et tournant avec la pulsation $\Omega = \frac{\omega}{p}$.

On a vu (théorème de Leblanc) que l'induit d'une telle machine crée deux champs magnétiques de même nombre de pôles (2p) glissant avec les pulsations de rotation :

$$\Omega_1 = \frac{\omega}{p} \quad \text{et} \quad \Omega_2 = -\frac{\omega}{p}$$

Le champ glissant de pulsation Ω_1 est immobile par rapport à la roue polaire ; il joue donc le même rôle que le champ du rotor fictif d'une machine triphasée.

Le champ magnétique de pulsation Ω_2 (par rapport au stator) tourne, par rapport au rotor, à la pulsation :

$$\Omega_2 - \Omega = -2\frac{\omega}{p}$$

Il induit donc dans la masse de la roue polaire et dans l'enroulement inducteur (pratiquement en court-circuit puisqu'alimenté par une source de courant continu) des f.e.m. de pulsation 2ω. Les courants de pulsation 2ω, qui en résultent au rotor, créent à leur tour (toujours en vertu du théorème de Leblanc) deux champs magnétiques glissant avec les pulsations (par rapport au rotor) :

$$\Omega'_{1r} = \frac{2\omega}{p} \quad \text{et} \quad \Omega'_{2r} = -\frac{2\omega}{p}$$

Ces champs glissent, par rapport à l'induit, avec les pulsations :

$$\Omega'_1 = \Omega'_{1r} + \Omega = 3\frac{\omega}{p} \qquad \Omega'_2 = \Omega'_{2r} + \Omega = -\frac{\omega}{p}$$

Le second de ces champs échange de l'énergie avec le champ de même vitesse créé par l'induit (Ω_2). Le premier fait apparaître aux bornes de l'induit une f.e.m. de pulsation 3ω. Cette f.e.m., par l'intermédiaire des courants qu'elle fait naître, crée aussi deux champs glissants qui induisent au rotor des tensions et des courants, lesquels feront apparaître au stator une f.e.m. de pulsation 5ω.

En conséquence, la machine monophasée se distingue de la machine triphasée par :

- l'apparition de la série des harmoniques impairs de tensions et de courants au stator, c.à.d. des grandeurs de fréquences 3f, 5f, 7f, ..., (2k + 1)f, etc.

- l'apparition de f.e.m. et de courants induits alternatifs dans la masse des pôles (d'où pertes ferromagnétiques et échauffement supplémentaires) et dans les enroulements inducteurs (d'où problèmes d'isolement et échauffement).

D.3. AMORTISSEUR DE LEBLANC

Pour limiter les effets de l'existence d'un second champ glissant dans les machines monophasées, on amortit le flux issu des pôles de ce champ magnétique en disposant dans les épanouissements des pôles du rotor des barres court-circuitées. Les f.e.m. qui prennent naissance dans ces barres créent des courants qui, du fait de la loi de Lenz, tendent à annuler la cause de leur existence, c.à.d. à réduire les variations du flux dues à la rotation du second champ magnétique glissant (Ω_2). Ainsi, ce champ n'a pas d'influence sur le coeur de la roue polaire ni sur l'enroulement inducteur.

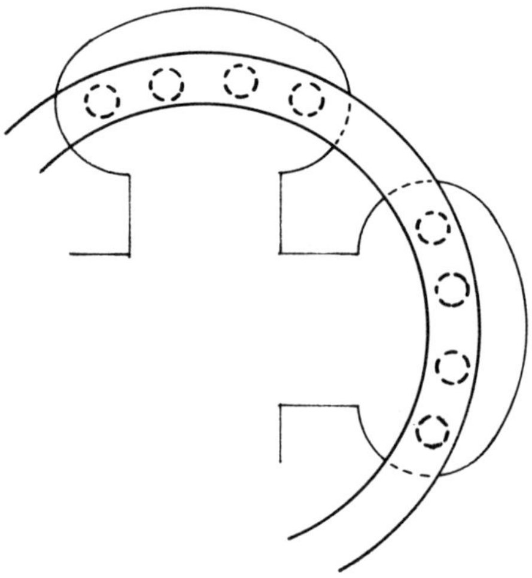

Fig. D.1

Les barres de l'amortisseur sont court-circuitées par deux anneaux communs à toutes les barres et situés aux deux extrémités du rotor, ceci pour étouffer aussi bien les champs glissants longitudinaux que ceux qui sont transversaux.

Cet amortisseur peut aussi jouer le rôle de la cage d'écureuil de certaines machines à induction (d'où possibilité de démarrage en asynchrone).

Remarque 1 : Il va sans dire que cet amortisseur n'a pas d'effet sur le champ glissant principal de réaction d'induit, par rapport auquel il est immobile ; il ne peut qu'amortir les mouvements d'oscillation dus à une charge ou à une décharge brutale de la machine.

Remarque 2 : On peut monter un tel dispositif sur des machines triphasées génératrices susceptibles de fonctionner dans des conditions de déséquilibre de l'induit telles qu'un champ glissant inverse important puisse apparaître.

Remarque 3 : On se dispense de ce procédé dans le cas des gros turbo-alternateurs ; le rotor de ces machines, à pôles lisses et massif, joue, à sa surface, le rôle de l'amortisseur de Leblanc.

E. *Machines triphasées à induction (dites machines asynchrones)*

E.I. CONSTITUTION ET FONCTIONNEMENT

E.I.1. DESCRIPTION

Une machine à induction polyphasée (on étudiera les machines monophasées au chapitre F) comprend :

- une carcasse statorique feuilletée, ferromagnétique, portant dans des encoches des enroulements polyphasés (triphasés dans le cas de la fig. E.I.1) 2p polaires (p = 1 dans le cas de la fig.); ce bobinage est appelé "primaire" de la machine ;

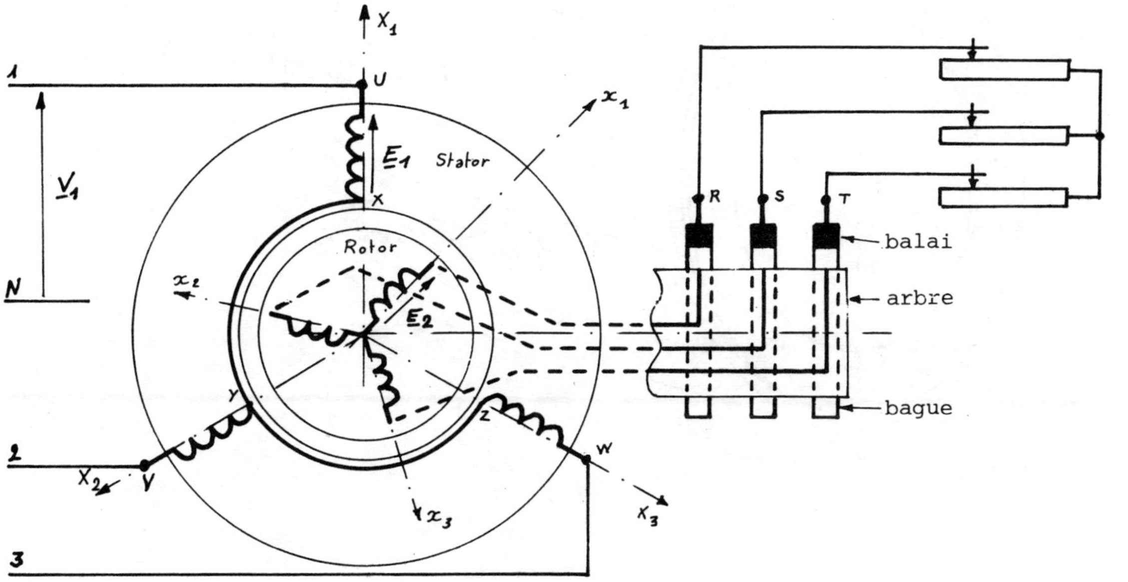

Fig. E.I.1

- un rotor feuilleté, ferromagnétique, portant un bobinage généralement polyphasé (triphasé dans le cas de figure) de même nombre de paires de pôles que le primaire ; ce bobinage, dit "secondaire", est le plus souvent connecté en étoile ; les sommets de l'étoile sont reliés à des bagues portées sur l'arbre de la machine et sur lesquelles frottent des balais isolés (les bagues aussi sont électriquement isolées) ; des bornes, reliées aux balais, permettent de fermer le secondaire sur un rhéostat triphasé ou de le court-circuiter.

On peut remplacer ce type de rotor, dit "rotor bobiné", par un rotor dit "en court-circuit" et portant une "cage d'écureuil" : cette cage est composée de barres conductrices (en cuivre ou en aluminium) traversant l'empilement des tôles du rotor, parallèlement à l'axe, et court-circuitées, aux deux extrémités de la machine, par des anneaux conducteurs de faible résistance. L'allure d'un tel rotor est donnée sur la fig. E.I.2.

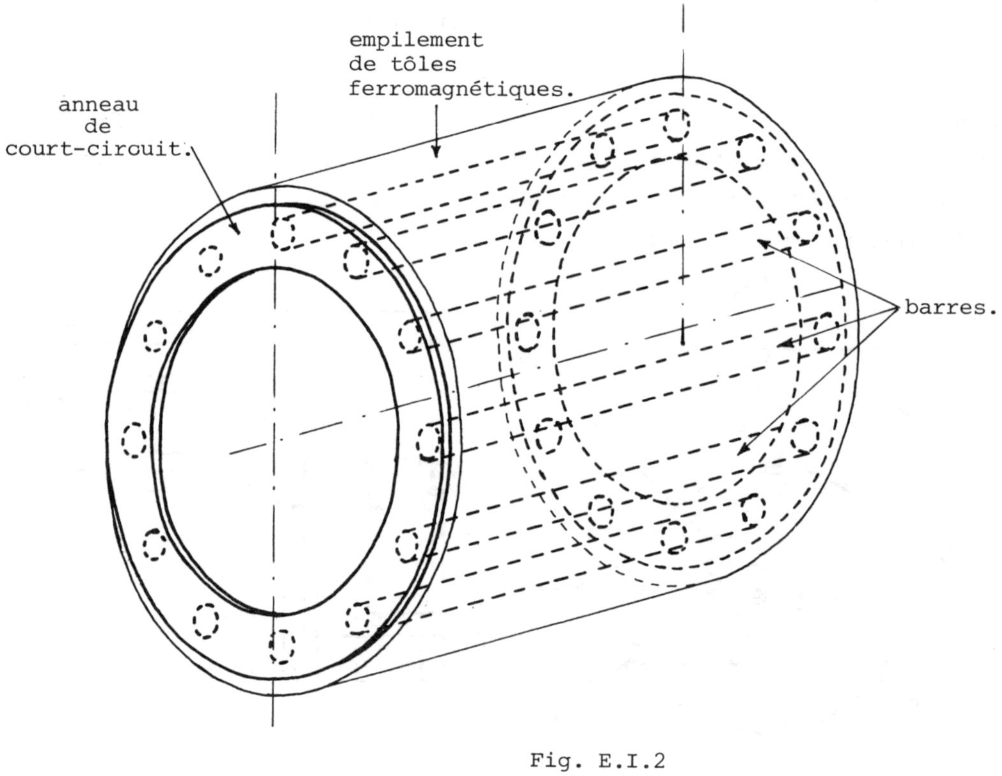

Fig. E.I.2

La figure E.I.3 représente la schématisation symbolique d'une machine à induction triphasée à rotor bobiné, connectée sur un réseau triphasé et munie d'un rhéostat de démarrage.

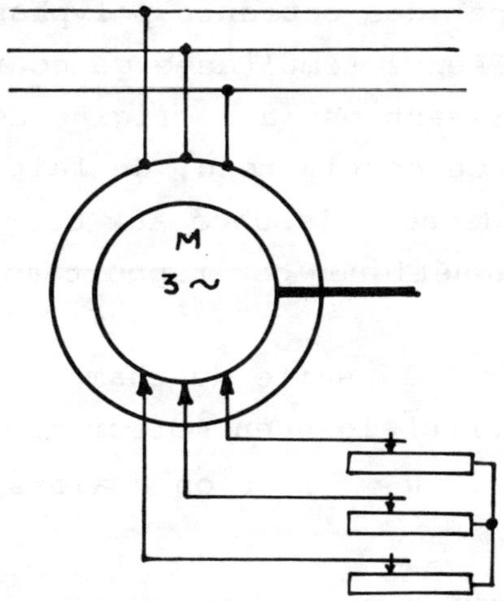

Fig. E.I.3

E.I.2. PRINCIPE DU FONCTIONNEMENT

Si on alimente les enroulements primaires (statoriques) par un système de tensions polyphasé adéquat de pulsation ω , ils créent (théorème de Ferraris, § A.I.4) p paires de pôles d'un champ magnétique glissant de pulsation de rotation :

$$\Omega_s = \frac{\omega}{p} \tag{E.I.1}$$

(on a supposé l'alimentation des enroulements telle que le champ glisse dans le sens positif). Cette pulsation est dite "pulsation de synchronisme".

Supposons le rotor en train de tourner avec la pulsation Ω. Ses enroulements polyphasés $2p$ polaires (on montrera que les barres de la cage d'écureuil se comportent aussi comme un bobinage polyphasé de même nombre de paires de pôles que le stator) voient défiler les p paires de pôles d'un champ magnétique glissant de pulsation relative de rotation :

$$\Omega_r = \Omega_s - \Omega \tag{E.I.2}$$

Ces enroulements voient donc apparaître à leurs bornes un système de f.e.m. polyphasées de pulsation :

$$\omega_2 = p\Omega_r = p(\Omega_s - \Omega) \tag{E.I.3}$$

et de valeur efficace

$$E_2 = K_2 N_2 f_2 \Phi \tag{E.I.4}$$

où $f_2 = \frac{\omega_2}{2\pi}$ est la fréquence des f.e.m. induites, K_2 le coefficient de Kapp des enroulements secondaires, N_2 le nombre de brins d'un de ces enroulements et Φ le flux d'un pôle du champ magnétique glissant.

Si ces enroulements sont fermés sur des impédances ou court-circuités, ils sont alors parcourus par des courants polyphasés. On sait (voir chapitre A.III) que la présence simultanée de courants polyphasés et d'un champ magnétique glissant est à l'origine de l'existence d'un couple électromagnétique. Ce couple tend, du fait de la loi de Lenz, à réduire la cause qui a donné naissance aux courants, c.à.d. la rotation relative du champ magnétique par rapport au rotor. Pour cela, il doit :

- entraîner le rotor à la suite du champ glissant si $\Omega < \Omega_s$, et la machine fonctionne alors en moteur asynchrone ;
- freiner le rotor si $\Omega > \Omega_s$, et on a alors une génératrice asynchrone.

Remarque 1 : Le couple qui apparaît dans la machine à induction est nul lorsque le rotor tourne à la vitesse de synchronisme car $\omega_{2s} = p(\Omega_s - \Omega_s) = 0$ d'où : $f_2 = 0$, $E_2 = 0$, $I_2 = 0$.

Il n'y a donc de couple non nul (moteur ou résistant) qu'hors du synchronisme ; d'où le nom de "*machine asynchrone*" donné à cette machine.

Remarque 2 : On peut s'étonner de voir apparaître un couple électromagnétique dans un dispositif où nous n'avons mis en évidence, pour l'instant, qu'un seul champ magnétique glissant. Nous avons vu au chapitre A.III, et c'est un théorème général, que l'existence d'un tel couple nécessite deux champs magnétiques glissant au synchronisme. Les machines tournantes étudiées jusqu'ici (machines à courant continu, machines synchrones, moteur à effet Hall, etc.) possédaient deux tels champs, créés par deux sources différentes : pôles réels dus à l'inducteur et pôles fictifs dus à l'induit.

On va voir que la machine asynchrone est bien conforme à cette règle. Le second champ magnétique glissant est créé, du fait du théorème de Ferraris, par les courants rotoriques.

E.I.3. ETAT MAGNETIQUE DE LA MACHINE ASYNCHRONE

Les p systèmes polyphasés de bobines rotoriques, parcourus par des courants polyphasés (de même nombre de phases) de pulsation ω_2, créent un second système de p paires de pôles glissants, de pulsation de rotation, par rapport au rotor : $\Omega_2 = \dfrac{\omega_2}{p}$ *(E.I.5)*

(le signe de Ω_2 est dû au choix implicite de l'ordre des phases primaires et secondaires, ordre associé au sens de glissement du champ principal).

D'où la pulsation de rotation de ce second champ glissant par rapport au stator :

$$\Omega'_2 = \Omega_2 + \Omega = \frac{p}{p}(\Omega_s - \Omega) + \Omega = \Omega_s \qquad (E.I.6)$$

Les deux systèmes de pôles glissants (tous deux fictifs), statoriques et rotoriques, tournent donc au synchronisme. On est bien ramené au cas général et on peut prévoir un transfert d'énergie entre stator et rotor.

Ces deux champs se composent pour former un *champ magnétique glissant résultant*, tournant à la pulsation de synchronisme Ω_s et responsable des propriétés de la machine. En particulier, si on note Φ le flux d'un pôle de ce champ résultant, les f.e.m. induites dans les enroulements primaires et secondaires ont pour expressions :

$$E_1 = K_1 N_1 f_1 \Phi \qquad (E.I.7)$$

$$E_2 = K_2 N_2 f_2 \Phi \qquad (E.I.4)$$

On voit que la machine a un comportement voisin de celui d'un transformateur de tension, à la différence près (importante) que les tensions primaires et secondaires sont de fréquences différentes dans le cas général (on montre aisément que l'on n'a $f_1 = f_2$ qu'à l'arrêt ; alors la machine se comporte comme un transformateur : voir régulateur d'induction). Si on accepte l'hypothèse de Kapp d'une chute de tension aux bornes de l'impédance de fuites d'un enroulement négligeable devant la tension d'alimentation de cet enroulement, on peut écrire :

$$V_1 \neq E_1 = K_1 N_1 f_1 \Phi \qquad (E.I.8)$$

ce qui implique qu'à tension d'alimentation et fréquence constantes, le flux d'un pôle du champ glissant résultant est constant, et par conséquent indépendant de la charge (il n'y a pas, sous la forme observée dans les autres machines tournantes, de réaction magnétique de l'induit). Couplée sur un réseau polyphasé (et c'est le seul mode de fonctionnement possible), la machine à induction est une *machine à "flux forcé"*.

Remarque : On nomme machine à induction ce type de machine, parce qu'une seule source d'alimentation crée un champ glissant primaire (Ferraris) qui *induit* (Lenz) des courants secondaires qui créent (Ferraris) le second champ glissant. Les autres machines tournantes nécessitent deux sources : inducteur et induit.

E.II. ETUDE ÉLECTRO-MÉCANIQUE

E.II.1. SCHEMA EQUIVALENT ELECTRIQUE

Soient :

V_1 la tension d'alimentation d'un enroulement primaire,
$\omega = 2\pi f$ la pulsation des tensions d'alimentation,
Ω la pulsation de rotation du rotor,
K_1 et K_2 les coefficients de Kapp d'un enroulement primaire ou secondaire,
N_1 et N_2 les nombres de brins conducteurs de ces enroulements,
r_1 et r_2 leurs résistances,
ℓ_1 et ℓ_2 leurs coefficients d'auto-magnétique de fuite.

On sait que les enroulements statoriques triphasés, alimentés en triphasé équilibré, donnent naissance à un champ glissant à la pulsation de synchronisme $\Omega_s = \frac{\omega}{p}$; on caractérisera la rotation de la machine par l'écart relatif de vitesse entre celle du rotor et le synchronisme (c.à.d. celle du champ glissant). On note g (ou parfois s) le "*glissement du rotor*" par rapport au champ magnétique glissant :

$$g = \frac{\Omega_s - \Omega}{\Omega_s} \qquad (E.II.1)$$

La pulsation des courants rotoriques, exprimée par la formule *(E.I.3.)*, peut encore s'écrire :

$$\omega_2 = p(\Omega_s - \Omega) = p\, g\, \Omega_s = g\, \omega \qquad (E.II.2)$$

D'où :

$$f_2 = \frac{1}{2\pi}\omega_2 = g\, f \qquad (E.II.3)$$

Les expressions des f.e.m. induites au primaire et au secondaire (par enroulement) s'écrivent aussi (à partir des formules E.I.4 et E.I.7) :

$$E_1 = K_1\, N_1\, f\, \Phi \qquad (E.II.4)$$

$$E_2 = K_2\, N_2\, g\, f\, \Phi \qquad (E.II.5)$$

On en déduit :

$$\frac{E_2}{E_1} = \frac{K_2\, N_2\, g}{K_1\, N_1} = g\, m \qquad (E.II.6)$$

où : $$m = \frac{K_2\ N_2}{K_1\ N_1} \qquad (E.II.7)$$

est l'équivalent d'un rapport de transformation (c'est d'ailleurs le rapport de transformation de la machine asynchrone à l'arrêt, secondaire ouvert).

En résumé, les grandeurs électriques relatives au primaire et au secondaire peuvent s'écrire (toujours relativement à un enroulement) :

	Primaire	Secondaire
f.e.m.	$E_1 = K_1\ N_1\ f\ \Phi$	$E_2 = K_2\ N_2\ g\ f\ \Phi = g\ m\ E_1$
pulsation	ω	$\omega_2 = g\omega$
fréquence	f	$f_2 = g\ f$
intensité	I_1	I_2
impédance de fuites	$\underline{z}_1 = r_1 + j\ell_1\ \omega$	$\underline{z}_2 = r_2 + j\ell_2\ g\omega$

On peut remplacer, pour l'étude des intensités, le rotor réel par un rotor identique mais arrêté, parcouru par des courants de même intensité efficace mais de pulsation ω. Ce rotor aurait le même effet magnétisant que le rotor réel, puisque la f.m.m. ne dépend que du module de I_2 et tourne avec la pulsation Ω_s dans les deux cas.

La relation d'Hopkinson, appliquée au primaire et au secondaire équivalent (uniquement au point de vue magnétisant), s'écrit :

$$\frac{K_1}{4,44}\frac{N_1}{}\underline{I}_1 + \frac{K_2\ N_2}{4,44}\underline{I}_2 = \mathcal{R}\ \underline{\Phi} \qquad (E.II.7)$$

car chaque enroulement primaire se comporte comme $n_1 = \frac{K_1\ N_1}{4,44}$ spires et chaque enroulement secondaire comme $n_2 = \frac{K_2\ N_2}{4,44}$ spires.

Puisque la machine fonctionne à flux forcé, la grandeur $\underline{\Phi}$ est constante (en module et phase, puisqu'elle n'est liée qu'à la tension d'alimentation $\underline{V}_1$, en première approximation). En particulier, si on considère le fonctionnement en circuit ouvert, le primaire appelle un courant d'intensité $\underline{I}_{10}$ et on peut écrire :

$$\mathcal{R}\ \underline{\Phi} = n_1\ \underline{I}_{10} \qquad (E.II.8)$$

On peut donc écrire :

$$n_1\ \underline{I}_1 + n_2\ \underline{I}_2 = n_1\ \underline{I}_{10}$$

ou : $$\underline{I}_1 + m\ \underline{I}_2 = \underline{I}_{10} \qquad (E.II.9)$$

Remarque 1 : On trouve la même relation aux intensités que dans un transformateur, ce qui était prévisible puisque ce sont deux machines à flux forcé ;

Remarque 2 : On est bien en droit de faire figurer $\underline{I}_1$ et $\underline{I}_2$ dans une même relation *(E.II.9)* puisque, compte tenu de l'opération fictive effectuée (substitution de rotors), les grandeurs étudiées ont même fréquence.

Remarque 3 : Si la machine asynchrone présente des pertes mécaniques négligeables devant ses pertes ferromagnétiques, on peut admettre qu'elle appelle un courant d'intensité $\underline{I}_{10}$ lors d'un fonctionnement à vide (désaccouplée).

Remarque 4 : Dans les conventions de signes choisies pour exprimer la relation d'Hopkinson (des courants primaire et secondaire de même signe créent des flux de même sens) et en utilisant la convention des récepteurs au primaire et celle des générateurs au secondaire, les f.e.m. induites satisfont à la relation (voir transformateur monophasé) :

$$\underline{E}_2 = - m \underline{E}_1$$

On va chercher un schéma équivalent rendant compte de toutes les propriétés d'une "phase" de la machine asynchrone. Le primaire de la machine est analogue à celui d'un transformateur. On ramènera à ω la pulsation du secondaire en lui substituant un rotor immobile aux bornes duquel apparaîtrait une f.e.m. :

$$\underline{E}_2 = - g m \underline{E}_1 \qquad \text{(pour satisfaire à } \textit{E.II.6)}$$

et d'impédance (par enroulement) :

$$\underline{z}_2 = r_2 + j g\ell_2\omega$$

Dans un enroulement de ce secondaire circule un courant d'intensité :

$$\underline{I}_2 = - \frac{1}{m} (\underline{I}_1 - \underline{I}_{10}) \qquad (E.II.10)$$

D'où le schéma équivalent d'une phase de la machine asynchrone :

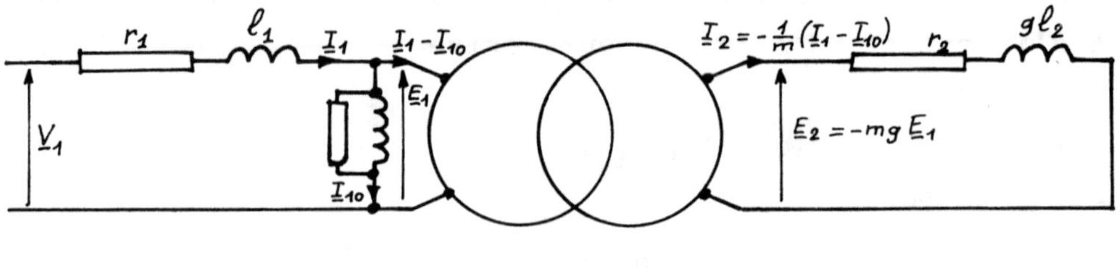

Fig. E.II.1

Le transformateur représenté sur la fig. E.II.1 n'est utilisé que pour des raisons d'analogie : on voit que la machine asynchrone a des rapports de transformation différents pour les courants (m) et pour les tensions (gm), cette propriété provenant du fait que c'est aussi un transformateur de fréquence.

II.2. COUPLE ELECTROMAGNETIQUE

La puissance électromagnétique ou puissance transmise au secondaire à travers l'entrefer est celle qui traverse le transformateur parfait du schéma équivalent ; elle s'écrit, pour une machine triphasée :

$$P_{ems} = 3\, E_2\, I_2 \cos\phi_2 \qquad (E.II.11)$$

si ϕ_2 est le déphasage de $\underline{I}_2$ sur $\underline{E}_2$. Cette puissance est apportée par un champ magnétique glissant (champ glissant résultant) de vitesse, par rapport au rotor (d'après E.I.2) :

$$\Omega_r = \Omega_s - \Omega = g\, \Omega_s \qquad (E.II.12)$$

D'où le couple électromagnétique moteur (puisqu'on compte positivement l'énergie passant du stator au rotor) exercé par ce champ glissant sur le rotor :

$$C_{em} = \frac{P_{ems}}{\Omega_r} = \frac{3\, E_2\, I_2 \cos\phi 2}{g\, \Omega_s} \qquad (E.II.13)$$

Si on néglige les effets de l'impédance de fuites primaire, on peut écrire :

$$E_2 = m\, g\, E_1 \neq m\, g\, V_1$$

et si on note Z_2 le module de $\underline{z}_2$: $Z_2 = \sqrt{r_2^2 + (\ell_2\, g\, \omega)^2}$ (E.II.14)

on a :

$$\underline{I}_2 = \frac{\underline{E}_2}{\underline{z}_2},$$

d'où :

$$I_2 = \frac{E_2}{Z_2} = \frac{m\, g\, V_1}{Z_2}$$

et :

$$\cos\phi_2 = \frac{r_2}{Z_2}$$

D'où :

$$C_{em} = \frac{3(m\ g\ V_1)^2}{g\ \Omega_s} \cdot \frac{r_2}{Z_2^2} = 3(m\ V_1)^2\ \frac{p}{\omega} \cdot \frac{g\ r_2}{r_2^2 + (\ell_2 g\omega)^2}$$

(E.II.15)

Remarque 1 : Toutes choses égales par ailleurs, le moment du couple électromagnétique d'une machine à induction est proportionnel au carré de la tension V_1.

Remarque 2 : On aurait pu calculer le moment du couple électromagnétique moteur à partir de la puissance transmise par le stator au champ magnétique glissant ; on aurait, bien entendu, trouvé la même expression, puisque le champ glissant résultant est en équilibre sous l'action du couple qu'il reçoit du stator et de celui qu'il exerce sur le rotor.

E.II.3. FONCTIONNEMENTS ET STABILITE DE LA MACHINE ASYNCHRONE

On peut construire la courbe représentant les variations du moment du couple électromagnétique en fonction du glissement, à tension et fréquence constantes.

On remarque que :

- aux faibles glissements (tels que $\ell_2 g\omega \ll r_2$), l'expression du moment peut se mettre sous la forme :

$$C_{em} = 3(m\ V_1)^2\ \frac{p}{\omega} \cdot \frac{g}{r_2}$$

et le moment du couple est proportionnel au glissement ;

- aux forts glissements, on a :

$$C_{em} = 3\ (m\ V_1)^2\ \frac{p}{\omega} \cdot \frac{r_2}{(\ell_2\omega)^2} \cdot \frac{1}{g}$$

et la courbe du moment du couple est asymptote à une hyperbole équilatère;

- l'expression du moment passe par un maximum que l'on cherche sur :

$$C_{em} = 3(mV_1)^2\ \frac{p}{\omega}\ \frac{r_2}{\dfrac{r_2^2}{g} + g(\ell_2\omega)^2} \qquad (E.II.16)$$

Le numérateur étant constant, cette expression prend sa valeur maximale (pour g positif, intervalle d'étude puisque l'origine est un centre de symétrie) lorsque le dénominateur est minimal, c.à.d. lorsque :

$$\frac{r_2^2}{g_0} = g_0 \ (\ell_2\omega)^2$$

D'où les coordonnées du maximum :

$$g_0 = \frac{r_2}{\ell_2\omega} \qquad C_{emM} = 3(mV_1)^2 \frac{p}{\omega} \cdot \frac{1}{2\ell_2\omega}$$

(E.II.17)

Remarque 1 : La valeur maximale du moment du couple électromagnétique est indépendante de la résistance des enroulements rotoriques.

Remarque 2 : Pour la valeur g_0 du glissement, les courbes limites associées aux fonctionnements aux faibles glissements et aux forts se coupent à l'ordonnée $2\,C_{emM}$.

On a construit sur la figure E.II.2 la courbe $C_{em} = f(g)$ à tension, fréquence et résistance des enroulements rotoriques constantes.

On a doublé l'échelle des glissements, utilisée comme échelle des abscisses, d'une graduation en pulsations de rotation, tenant compte du fait que :

$$\Omega = \Omega_s(1 - g) \qquad \textit{(E.II.18)}$$

L'analyse de cette courbe permet de mettre en évidence trois régions :

- l'hypersynchronisme ($\Omega > \Omega_s$) où la machine asynchrone présente un couple résistant et fonctionne donc en génératrice ; le fonctionnement n'est stable que pour $0 \geq g > -g_0$ c.à.d. $\Omega_s \leq \Omega < \Omega_s(1 + g_0)$;
- l'hyposynchronisme ($0 < \Omega < \Omega_s$) où la machine fonctionne en moteur, le fonctionnement n'étant stable que si $g_0 > g \geq 0$, soit

$$\Omega_s(1 - g_0) < \Omega \leq \Omega_s$$

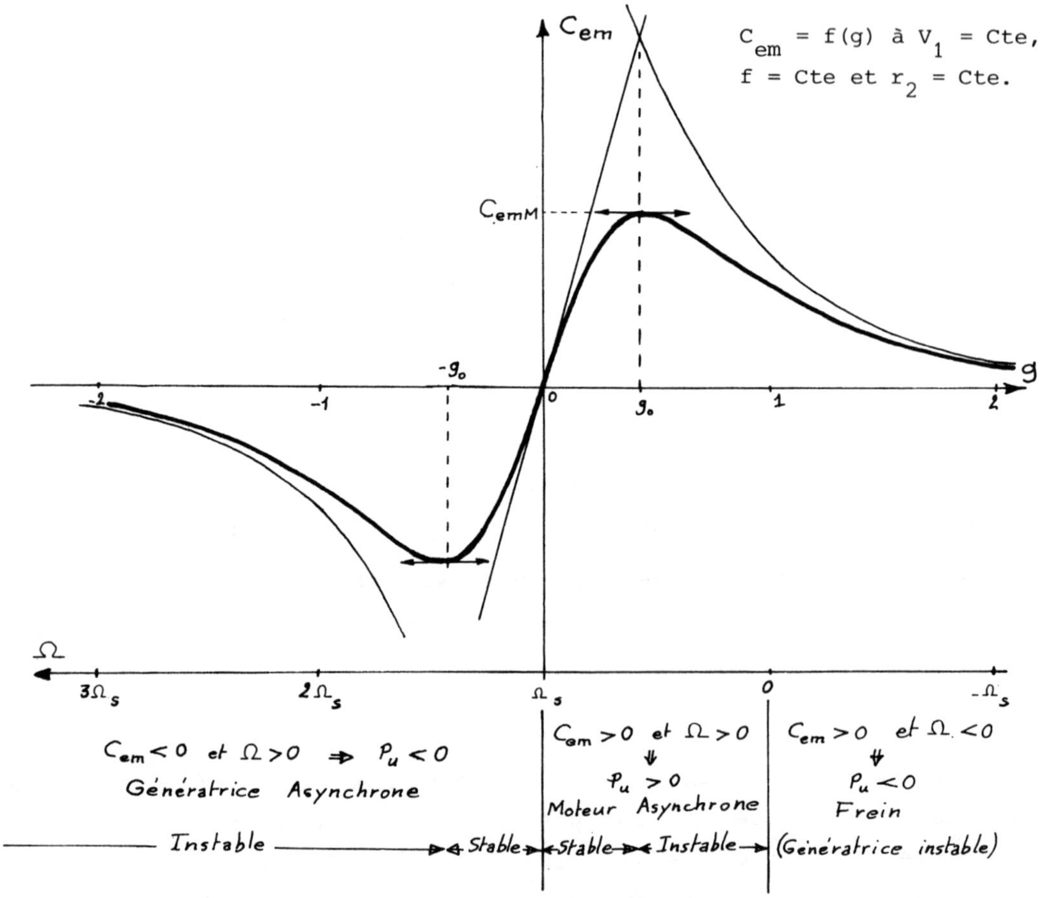

Cem
Cem = f(g) à V1 = Cte,
f = Cte et r2 = Cte.
CemM
-g0
-2
-1
0
g0
1
2
g
Ω
3Ωs
2Ωs
Ωs
0
-Ωs
Cem < 0 et Ω > 0 ⇒ Pu < 0
Génératrice Asynchrone
Cem > 0 et Ω > 0
Pu > 0
Moteur Asynchrone
Cem > 0 et Ω < 0
Pu < 0
Frein
Instable
Stable
Stable
Instable
(Génératrice instable)

Fig. E.II.2

- Les fonctionnements dans lesquels le rotor et le champ glissant tournent dans des sens opposés ($\Omega<0$) ; la machine présente alors un couple résistant, mais on verra plus loin que l'énergie qu'elle appelle sur l'arbre est inférieure à celle consommée par ses différentes pertes ; la machine ne restitue pas d'énergie au réseau et n'est donc pas une génératrice ; on a un fonctionnement en frein, utilisé en inversant l'ordre des phases de l'alimentation d'une machine asynchrone pour inverser le sens de rotation du champ magnétique glissant.

Remarque : On voit sur l'expression de g_0 *(E.II.17)* qu'il suffit d'augmenter r_2 pour augmenter g_0 et, par conséquent, accroître la valeur du moment du couple au démarrage (puisque la valeur maximale du couple est indépendante de r_2).

E.III. DIAGRAMME VECTORIEL DES INTENSITÉS

E.III.1. SCHEMA ELECTRIQUE EQUIVALENT SIMPLIFIE

Pour faciliter la recherche de l'allure du diagramme des intensités d'une machine asynchrone, c.à.d. du lieu de l'extrémité du vecteur $\underline{I}_1$ lorsque le glissement varie, à tension constante, on va faire les hypothèses simplificatrices suivantes :

- La chute de tension aux bornes de l'impédance de fuites d'un enroulement primaire est négligeable devant la tension d'alimentation ;

- La machine n'a pas de pertes ferromagnétiques et, en conséquence, l'intensité $\underline{I}_{10}$ du courant magnétisant est en quadrature arrière sur $\underline{V}_1$.

D'où le schéma électrique équivalent à une phase de cette machine simplifiée(fig. E.III.1). On peut ramener, comme dans le cas d'un transformateur, au primaire l'impédance secondaire $\underline{z}_2$, c.à.d. chercher l'impédance équivalente à un enroulement du transformateur du schéma E.III.1.

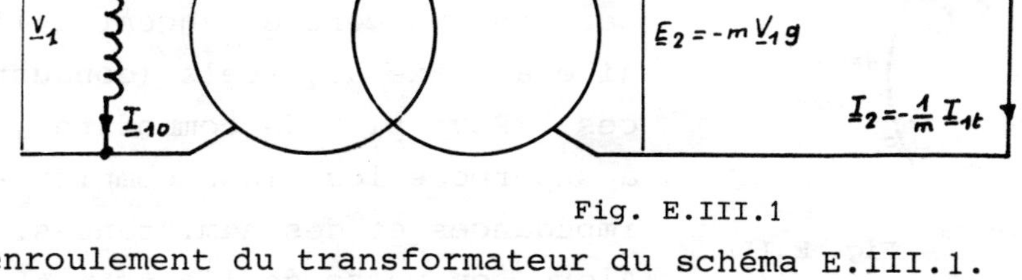

Fig. E.III.1

$$\underline{Z}_{1t} = \frac{\underline{V}_1}{\underline{I}_{1t}} = \frac{-\frac{1}{gm}\underline{E}_2}{-m\,\underline{I}_2} = \frac{1}{gm^2}\;\underline{z}_2 = \frac{r_2}{gm^2} + j\frac{\ell_2}{m^2}\omega = \frac{R}{g} + jL\omega$$

(E.III.1)

si on note $R = \frac{r_2}{m^2}$ et $L = \frac{\ell_2}{m^2}$ les résistance et coefficient d'auto-induction de fuites du secondaire ramenés au primaire de la machine à l'arrêt.

D'où le schéma équivalent simplifié (fig. E.III.2) final et les équations qu'il traduit :

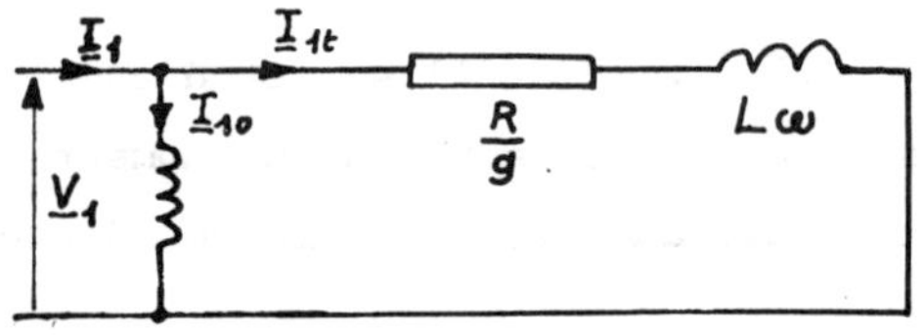

Fig. E.III.2

$$\underline{I}_1 = \underline{I}_{10} + \underline{I}_{1t} \qquad (E.III.2)$$

et :

$$\underline{I}_{1t} = \frac{\underline{V}_1}{\underline{Z}_{1t}} \qquad (E.III.3)$$

On voit que l'intensité $\underline{I}_1$ du courant appelé sur le réseau par la machine n'est fonction que du glissement, donc de la vitesse, à tension d'alimentation et fréquence constantes. On va chercher le lieu $\underline{I}_1 = f(g)$.

E.III.2. DIAGRAMME CIRCULAIRE SIMPLIFIE

On voit sur la formule (*E.III.1*) que le lieu de $\underline{Z}_{1t}$ dans le plan des impédances, lorsque g varie, est une droite parallèle à l'axe des résistances (c.à.d. à l'axe des réels). On a représenté ce lieu, sur la figure E.III.3, en précisant les valeurs de g associées aux aux différentes régions.

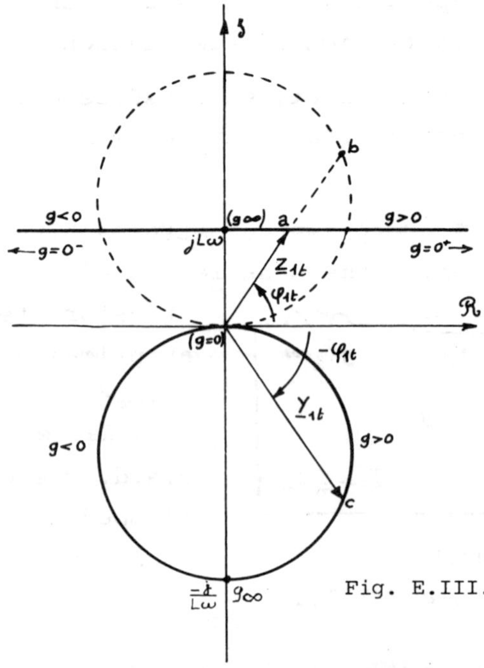

Fig. E.III.3

Le lieu de l'extrémité de

$$\underline{Y}_{1t} = \frac{1}{\underline{Z}_{1t}},$$

dans le plan complexe des admittances, est un cercle tangent à l'origine à l'axe des réels (conductances). Pour plus de commodité , on a superposé les plans complexes des impédances et des admittances. Alors, on passe de l'extrémité a de $\underline{Z}_{1t}$ au point b en effectuant une inversion. D'où :

$$Ob = \frac{1}{Z_{1t}} = Y_{1t}$$

On construit le lieu de b, inverse de la droite lieu de a : c'est un cercle. On passe à l'extrémité c de $\underline{Y}_{1t}$ en remarquant que :

$$\mathrm{Arg}(\underline{Y}_{1t}) = -\mathrm{Arg}(\underline{Z}_{1t}) = -\phi_{1t}$$

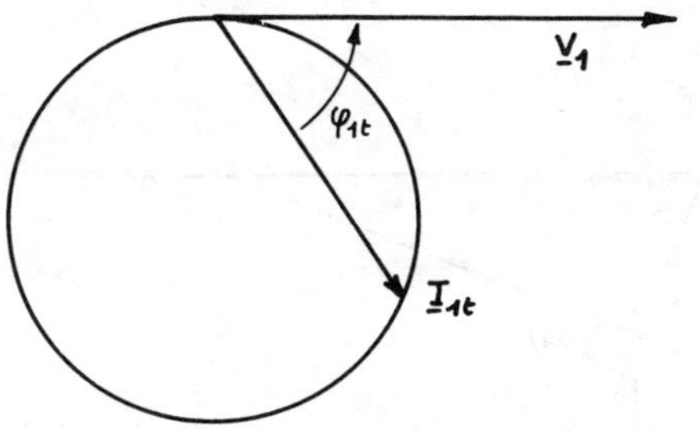

Fig. E.III.4

On construit c, symétrique de b par rapport à l'axe des conductances. Le lieu de c est donc un cercle.

On en déduit le lieu de $\underline{I}_{1t}$:

$$\underline{I}_{1t} = \underline{Y}_{1t}.\underline{V}_1$$

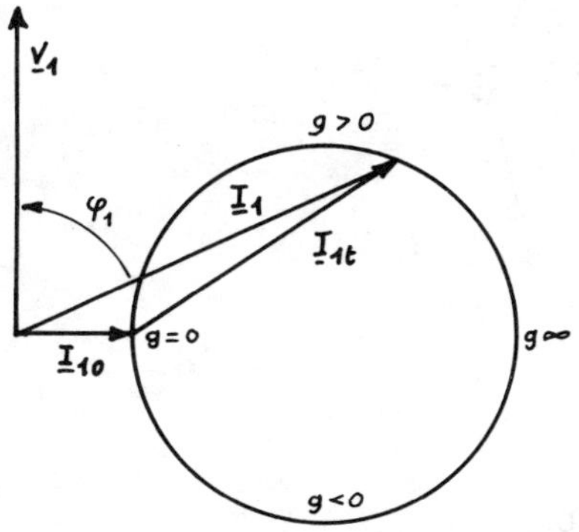

Fig. E.III.5

Si on choisit $\underline{V}_1$ comme origine des phases, on obtient le lieu représenté en E.III.4, dans le plan de Fresnel des intensités. On a l'habitude de situer $\underline{V}_1$ (représenté pour indiquer l'origine des phases) suivant l'axe des ordonnées. Alors, le lieu de

$$\underline{I}_1 = \underline{I}_{10} + \underline{I}_{1t}$$

est représenté en E.III.5. C'est bien sûr un cercle.

Remarque 1 : Le diamètre du cercle des admittances ayant pour valeur $\frac{1}{L\omega}$, le diagramme circulaire des intensités a pour diamètre : $\frac{V_1}{L\omega}$; on remarque qu'il est indépendant de la résistance d'un enroulement rotorique.

Remarque 2 : On retrouve les régions de fonctionnements déjà observées :

- pour $g > 0$, on voit que $0 < \phi_1 < \frac{\pi}{2}$, donc $P_a = 3V_1I_1\cos(\phi_1) > 0$, et on peut avoir un fonctionnement en moteur asynchrone ;
- pour $g < 0$, on a $\frac{\pi}{2} < \phi_1 < \pi$, $P_a < 0$, et la machine fonctionne en génératrice asynchrone.

E.III.3. PROPRIETES DU DIAGRAMME CIRCULAIRE

On a représenté, sur la fig. E.III.6, un diagramme circulaire des intensités, en précisant la position du point C correspondant au fonctionnement rotor bloqué et court-circuité. Ce diagramme, dont on

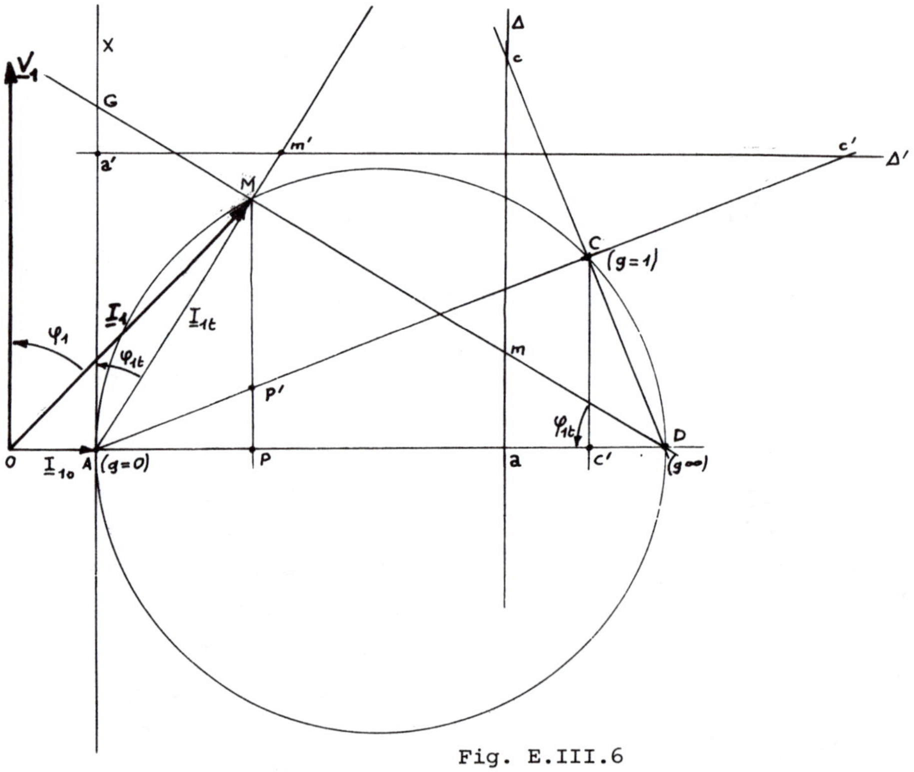

Fig. E.III.6

verra plus loin les essais que nécessite sa construction, est établi pour la tension nominale d'alimentation.

On va montrer que ce diagramme permet de calculer toutes les grandeurs associées à un fonctionnement quelconque de la machine : courants, déphasage, puissances, couples, glissement, vitesse, pertes, rendement.

Soit un fonctionnement en moteur asynchrone représenté par un point M du diagramme circulaire. Le diagramme permet de connaître :

a) *Les intensités des courants* ; en effet, on a immédiatement :

$$I_1 = (OM) \ , \ I_{1t} = (AM), \text{ d'où } I_2 = \frac{(AM)}{m}.$$

b) *Le déphasage et le facteur de puissance* ; on a le déphasage ϕ_1 par lecture angulaire directe ; d'où le facteur de puissance : $\cos\phi_1 = \dfrac{(PM)}{(OM)}$

c) *Les puissances active et réactive absorbées sur le réseau :*

$$I_{1a} = I_1 \cos\phi_1 = (PM)$$

et

$$I_{1r} = I_1 \sin\phi_1 = (OP)$$

D'où :

$$P = 3\ V_1\ I_{1a} = 3\ V_1\ (PM) \qquad (E.III.4)$$

$$Q = 3\ V_1\ I_{1r} = 3\ V_1\ (OP) \qquad (E.III.5)$$

d) *Le glissement et la vitesse de rotation ;* on voit, sur le schéma électrique équivalent simplifié (fig. E.III.2), que le déphasage ϕ_{1t} de $\underline{I}_{1t}$ sur $\underline{V}_1$ satisfait à la relation :

$$tg\phi_{1t} = g\,\frac{L\omega}{R}$$

Si on note m' l'intersection de AM et d'une droite Δ' parallèle à AD, on voit que :

$$(a'm') = (Aa').tg\phi_{1t} = (Aa').\frac{L\omega}{R}.g = K.g$$

La droite Δ' est donc graduable linéairement en glissements ; comme on ne connaît pas le coefficient K, il suffit de construire le point c' , intersection de AC et de Δ' , correspondant au glissement de valeur unité. D'où :

$$g = \frac{(a'm')}{(a'c')} \qquad (E.III.6)$$

De la même façon, comme on retrouve l'angle ϕ_{1t} en (DM,DA), on montrerait que toute droite Δ perpendiculaire au diamètre passant par D(g infini) est graduable linéairement en glissements, le glissement nul correspondant à a (intersection de Δ et de AD), le glissement unité à c (intersection de Δ et de DC). D'où :

$$g = \frac{(am)}{(ac)} \qquad (E.III.7)$$

e) *Les pertes par effet Joule au rotor ;* par définition, elles s'expriment :

$$P_{jr} = 3\ r_2\ I_2^2 = 3\ r_2\ I_{1t}^2.\frac{1}{m^2} = 3\ R\ I_{1t}^2 = 3\ R\ (AM)^2$$

Or on peut aussi écrire :

$$(AM)^2 = (AP).(AD) \qquad \text{où} \qquad (AD) = \frac{V_1}{L\omega}$$

On a aussi :

$$\frac{(AP)}{(PP')} = \frac{(AC')}{(C'C)}$$

Sachant par ailleurs que :

$$3\ V_1 (C'C) = P_{cc} = P_{jrcc} = 3\ R\ (AC)^2$$

on peut écrire :

$$P_{jr} = 3\ R\ (PP') \frac{(AC')}{R\ (AC)^2}\ V_1 . \frac{V_1}{L\omega} = \frac{3}{L\omega}\ \frac{(PP')}{(AC)}\ \frac{(AC)}{(AD)}\ V_1^2 = 3\ V_1 (PP')$$

$$P_{jr} = 3\ V_1\ (PP') \qquad (E.III.8)$$

Le schéma équivalent E.III.2 montre que la puissance électromagnétique, ou puissance transmise au rotor, égale dans le cas de figure à la puissance absorbée puisque le stator est supposé sans pertes, s'exprime par :

$$P_{tr} = P_{em} = 3\ \frac{R}{g}\ I_{1t}^2$$

D'où :

$$P_{jr} = g\ P_{em} = g\ P_{tr} \qquad (E.III.9)$$

Si on néglige les pertes mécaniques du rotor, sa puissance utile vaut :

$$P_{ur} = P_{em} - P_{jr} = P_{em}\ (1-g)$$

D'où le rendement du rotor :

$$\eta_r = \frac{P_{ur}}{P_{em}} = 1 - g \qquad (E.III.10)$$

Enfin, on voit que :

$$g = \frac{P_{jr}}{P_{em}} = \frac{3\ V_1 (PP')}{3\ V_1 (PM)} = \frac{(PP')}{(PM)} \qquad (E.III.11)$$

d'où une autre méthode pour mesurer le glissement ; elle est très imprécise car le segment (PP') est en général très petit, donc difficile à mesurer.

f) *La puissance mécanique ;* c'est ce qui reste de la puissance électromagnétique transmise au rotor, lorsqu'il a prélevé ses pertes par effet Joule et ses pertes ferromagnétiques ; comme on néglige généralement les pertes ferromagnétiques du rotor (aux faibles glissements qui sont ceux d'une utilisation courante), il vient :

$$P_m = P_{em} - P_{jr} = 3\ V_1 (P'M) \qquad (E.III.12)$$

g) *La puissance utile ;* c'est la puissance mécanique fournie à la charge, c.à.d la puissance mécanique diminuée des pertes mécaniques de la machine; dans notre cas, si on néglige les pertes mécaniques, on a :

$$P_u = P_m = 3\ V_1\ (P'M)$$

h) *Le rendement :*

$$\eta = \frac{P_u}{P} = \frac{(P'M)}{(PM)} \qquad (E.III.13)$$

i) *Le moment du couple électromagnétique ;* le stator fournit une puissance électromagnétique P_{em} à un champ d'induction glissant à la vitesse Ω_s ; il lui communique donc un couple électromagnétique de moment :

$$C_{em} = \frac{P_{em}}{\Omega_s} = \frac{3\ V_1}{\Omega_s}(PM) = \frac{3\ p\ V_1}{\omega}(PM) \qquad (E.III.14)$$

On sait que ce couple est égal à celui exercé par le champ glissant sur le rotor.

j) *Le moment du couple mécanique ;* le moteur développe une puissance mécanique P_m et tourne à la vitesse Ω ; d'où son couple mécanique :

$$C_{em} = \frac{P_m}{\Omega} = \frac{P_{em} - P_{jr}}{\Omega_s (1 - g)} = \frac{P_{em}(1 - g)}{\Omega_s\ (1 - g)} = \frac{P_{em}}{\Omega_s} = C_{em} = \frac{3\ p\ V_1}{\omega}(PM)$$

$$C_m = C_{em} = \frac{3\ V_1\ p}{\omega}\ (PM) \qquad (E.III.15)$$

Remarque : On constate que le moteur asynchrone transmet intégralement le couple électromagnétique sur l'arbre ; par contre, il ne transmet pas totalement la puissance puisque :

$$P_m = P_{em}\ (1 - g) < P_{em}$$

Le moteur asynchrone, qui transmet le couple mais modifie la puissance et la vitesse, est l'équivalent électromagnétique de l'embrayage qui patine en mécanique.

k) *Le moment du couple utile* ; il s'exprime :

$$C_u = \frac{P_u}{\Omega} = \frac{P_m - p_m}{\Omega_s (1 - g)} = \frac{P_{em}\ (1 - g) - p_m}{\Omega_s (1 - g)}$$

si on note p_m la valeur des pertes mécaniques.

Remarque 1 : Le diagramme utilisé étant un diagramme d'intensités, tous les "segments" qui interviennent dans les expressions établies ci-dessus sont en réalité des intensités et doivent être mesurés en fonction de l'échelle choisie pour la construction du cercle.

Remarque 2 : Le diagramme du cercle est construit pour une "phase" de la machine.

E.III.4. DIAGRAMMES CIRCULAIRES NORMALISES DE L'U.T.E.

Les machines réelles ont des diagrammes circulaires plus complexes que celui établi pour la machine asynchrone simplifiée envisagée dans les paragraphes précédents. Nous allons décrire les diagrammes normalisés s'appliquant à ces machines, ainsi que les essais nécessaires à leur construction.

E.III.4.a. Machines de moins de 15 kilowatts

- Un essai à vide, en moteur, sous tension nominale, permet de connaître $\underline{I}_{10}$ (c.à.d. I_{10} et ϕ_{10}). D'où le point A tel que $\underline{OA} = \underline{I}_{10}$,
- Les pertes mécaniques des machines de moins de 15 kW ne sont pas négligeables devant les pertes ferromagnétiques du stator ; on sépare donc ces pertes (voir l'étude énergétique de la machine asynchrone) et on construit le point A' tel que :

$$(A''A') = \frac{\text{pertes fer}}{3\ V_1} \quad \text{et} \quad (A'A) = \frac{\text{pertes mécan.}}{3\ V_1}$$

On peut aussi réaliser un essai au synchronisme sous tension nominale, le rotor étant entraîné à Ω_s par un moteur auxiliaire. On détermine alors $\underline{I}_{1s}$ (I_{1s} et ϕ_{1s}) et on construit $\underline{OA}' = \underline{I}_{1s}$;

- un essai en court-circuit (enroulements rotoriques court-circuités), rotor bloqué, sous tension réduite V_{cc} (telle que l'intensité du courant appelé soit voisine de l'intensité nominale), permet de mesurer $\underline{I}_{1cc}$ (I_{1cc} et ϕ_{1cc}) ; on admet qu'en court-circuit (et à l'arrêt) le circuit ferromagnétique ne se sature pas et que l'intensité du courant primaire est proportionnelle au flux, donc à la tension appliquée. Sous tension nominale V_1, l'intensité du courant de court-circuit appelé vaudrait donc :

$$I_{1ccn} = I_{1cc} \cdot \frac{V_1}{V_{cc}}$$

D'où le point C (g = 1) tel que $\underline{OC} = \underline{I}_{1ccn}$ (I_{1ccn}, ϕ_{1cc}).

- Le cercle cherché passe par les points A' et C ; on va chercher son centre sur la droite (D') faisant avec la droite (D), perpendiculaire à $\underline{V}_1$ issue de A', un angle γ tel que :

$$\operatorname{tg} \gamma \neq \sin \gamma = \frac{2\ r_1\ I_{1m}}{V_1}$$

où I_{1m} = (OA") est la composante réactive du courant à vide, autrement dit l'intensité du courant magnétisant de la machine sous tension nominale.

La médiatrice de A'C coupe (D') en ω, centre du cercle cherché.

- On cherche la droite des couples et des puissances électromagnétiques, droite A'D qui sépare les pertes Joule du stator de celles du rotor, en construisant le point C' qui divise C"C (C" est la projection de C sur (D)) de telle sorte que :

$$P_{jsccn} = 3\ V_1 (C"C') \qquad \text{et} \qquad P_{jrccn} = 3\ V_1 (C'C)\ ;$$

pour cela on cherche C' grâce à :

$$C"C' = \frac{3\ r_1\ I_{1ccn}^2}{3\ V_1} = \frac{r_1}{V_1}\ I_{1ccn}^2$$

La droite A'C' coupe le cercle en D (g infini). On trace la droite des puissances mécaniques (A'C) et la droite des puissances utiles (AC) ainsi qu'une échelle de glissements (Δ perpendiculaire à ωD ou Δ' parallèle à A'D).

D'où le diagramme circulaire cherché (pour un enroulement) et les grandeurs que l'on peut y lire :

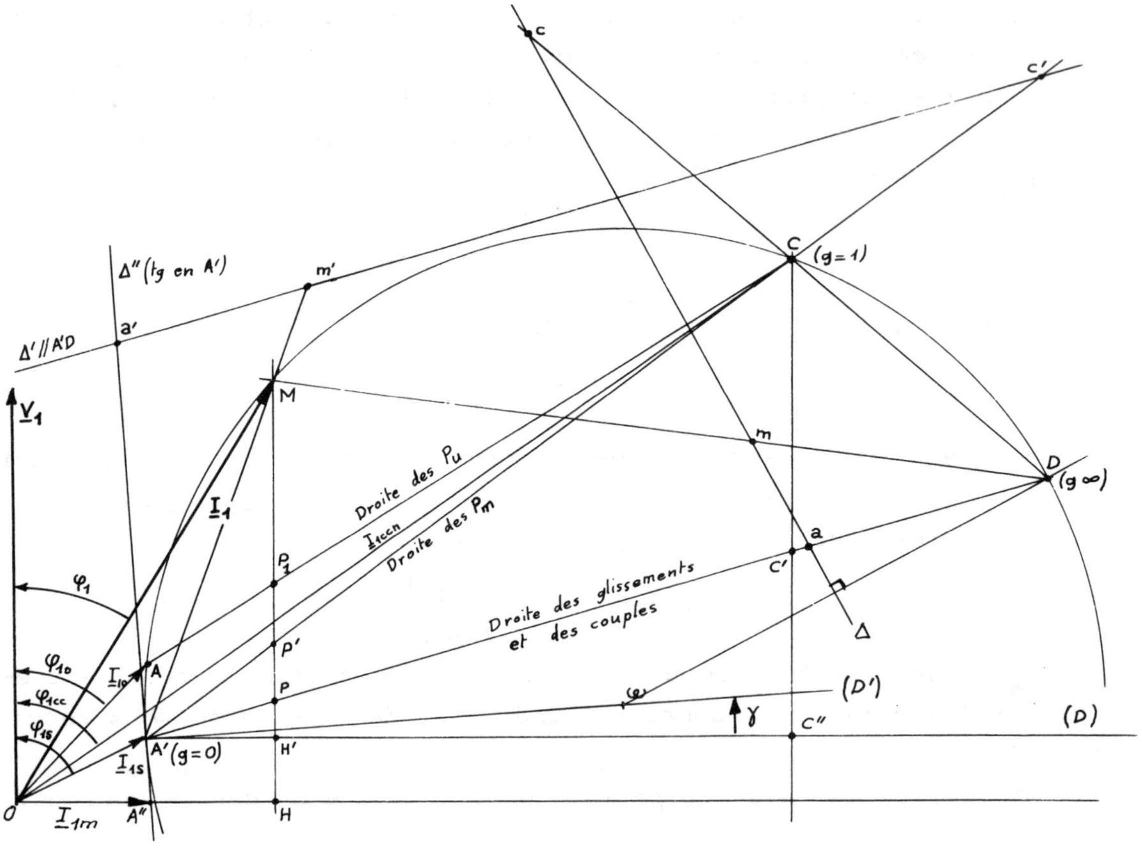

Fig. E.III.7

Intensité du courant primaire	$I_1 = (OM)$
Intensité du courant secondaire	$I_2 = \frac{1}{m}(A'M)$
Facteur de puissance primaire	$\cos\phi_1 = \frac{(HM)}{(OM)}$
Puissance absorbée	$P = 3\ V_1\ (HM)$
Puissance réactive absorbée	$Q = 3\ V_1\ (OH)$
Pertes ferromagnétiques	$P_{fer} = 3\ V_1\ (HH')$
Pertes Joule stator	$P_{js} = 3\ V_1\ (H'P)$
Pertes Joule rotor	$P_{jr} = 3\ V_1\ (PP')$
Pertes mécaniques	$P_m = 3\ V_1\ (P'P_1)$
Puissance utile	$P_u = 3\ V_1\ (P_1M)$
Puissance mécanique	$P_m = 3\ V_1\ (P'M)$
Puissance électromagnétique	$P_{em} = 3\ V_1 (PM)$
Moment du couple électromagnétique	$C_{em} = \frac{3\ V_1}{\Omega_s}\ (PM)$
Moment du couple mécanique	$C_m = C_{em}$
Moment du couple utile	$C_u = \frac{P_u}{\Omega} = \frac{P_u}{\Omega_s (1 - g)}$
Rendement	$\eta = \frac{(P_1M)}{(HM)}$
Glissement	$g = \frac{(am)}{(ac)} = \frac{(a'm')}{(a'c')}$

Un essai à circuit ouvert et à l'arrêt peut permettre de déterminer le rapport de transformation m (pour les machines à rotor bobiné).

E.III.4.b. Machines de plus de 15 kilowatts

Les grosses machines asynchrones ont des pertes mécaniques négligeables devant les pertes ferromagnétiques ; d'autre part, l'angle γ est tellement petit que l'on peut admettre que le centre du cercle se trouve sur la droite (D).

D'où le diagramme circulaire des intensités :

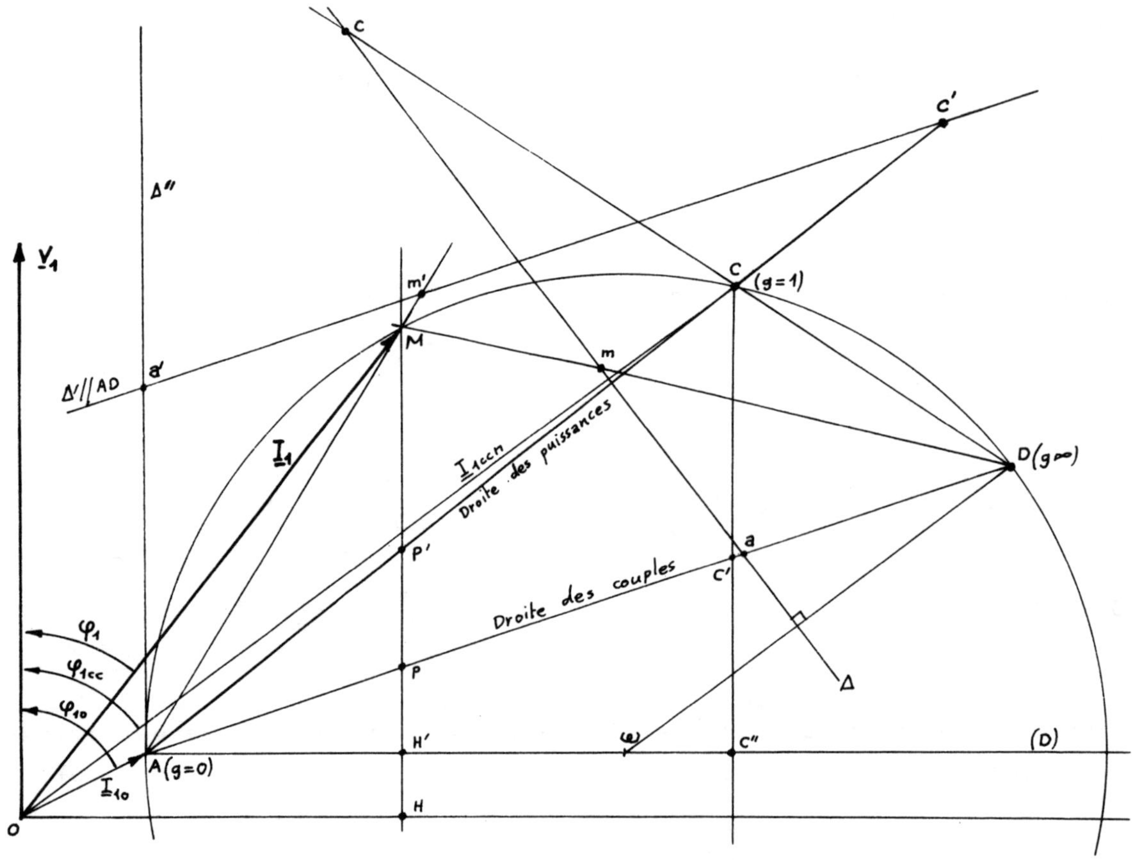

Fig. E.III.8

Intensité du courant primaire	$I_1 = (OM)$
Intensité du courant secondaire	$I_2 = \frac{1}{m}(AM)$
Facteur de puissance primaire	$\cos\phi_1 = \frac{(HM)}{(OM)}$
Puissances absorbées	$P = 3\ V_1\ (HM) \qquad Q = 3\ V_1\ (OH)$
Pertes ferromagnétiques	$P_{fer} = 3\ V_1\ (HH')$
Pertes Joule du stator	$P_{js} = 3\ V_1\ (H'P)$
Pertes Joule du rotor	$P_{jr} = 3\ V_1\ (PP')$
Puissance mécanique et utile	$P_m = P_u = 3\ V_1\ (P'M)$
Puissance électromagnétique	$P_{em} = 3\ V_1\ (PM)$
Moment du couple électromagnétique	$C_{em} = \frac{3\ V_1}{\Omega_s}\ (PM)$
Moment des couples mécanique et utile	$C_u = C_m = C_{em}$
Rendement	$\eta = \frac{(P'M)}{(HM)}$
Glissement	$g = \frac{(am)}{(ac)} = \frac{(a'm')}{(a'c')}$

Remarque 1 : Le diagramme circulaire des intensités d'une machine asynchrone (fig. E.III.9) permet d'analyser les différents fonctionnements de cette machine :

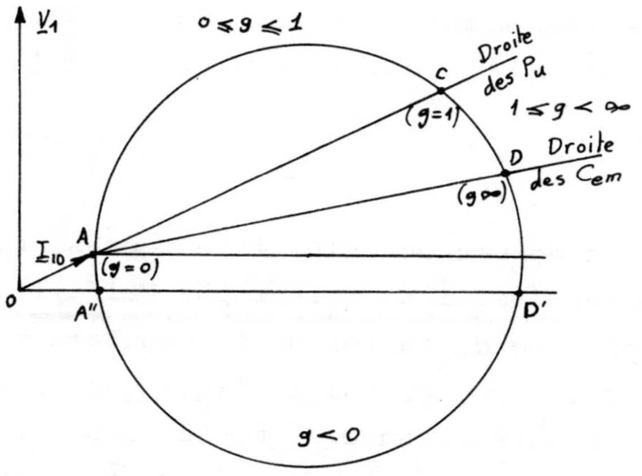

Fig. E.III.9

- pour $0 < g < 1$ (points situés entre A et C), la vitesse, le couple et la puissance utile sont positifs : on a un moteur asynchrone ;
- les points situés en dessous de la droite OD' (correspondant à des glissements négatifs) sont associés à des couples résistants et à des puissances actives fournies au réseau : on a alors une génératrice asynchrone ;
- les autres fonctionnements (et notamment ceux correspondant aux points situés entre C et D) voient la machine présenter un couple résistant, tout en continuant à absorber de la puissance active provenant du réseau : on ne peut utiliser ces fonctionnements que pour freiner la machine ; c'est le cas si l'on inverse le sens de rotation du champ glissant en permutant deux phases de l'alimentation ;

le glissement passe alors de la valeur g (voisine de zéro dans le cas général) à la valeur $2 - g$ correspondant à un fonctionnement en frein.

Remarque 2 : Le cercle du diagramme des intensités est indépendant des résistances des enroulements de la machine : peu importe donc si les essais à vide et en court-circuit ont été effectués à froid ou à chaud, le cercle construit sera le même. Par contre, la position du point C $(g = 1)$ sur ce cercle, position responsable de la droite des puissances et de l'échelle des glissements, est dépendante de la température de la machine puisque le segment $C''C$ représente les pertes par effet Joule en court-circuit ; ces pertes dépendent, bien évidemment, des résistances des enroulements, donc de leur température, puisqu'on sait que la résistance d'un conducteur est une fonction de la température θ de la forme :

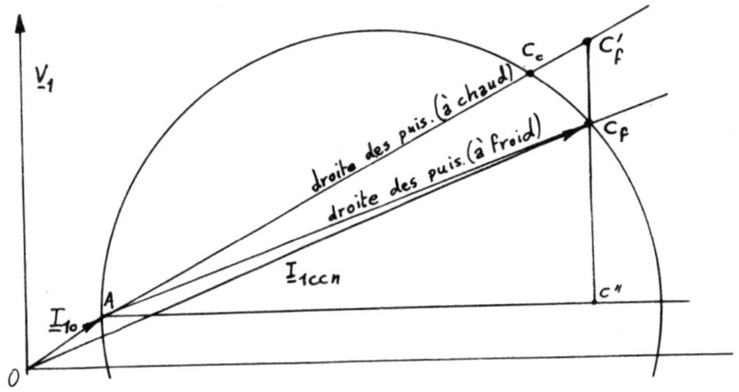

Fig. E.III.10

$$r(\theta) = r(\theta_o) . [1 + a(\theta - \theta_o)].$$

Si l'essai en court-circuit a été réalisé à froid (température θ_f) et a donné le point C_f, on calculera les pertes par effet Joule en court-circuit et à chaud en écrivant qu'elles sont proportionnelles aux résistances ; d'où $C''C'_f = [1 + a(\theta_c - \theta_f)]. C''C_f$, la nouvelle droite des puissances AC'_f et C_c.

ANNEXE : JUSTIFICATION DES DIAGRAMMES NORMALISES

Les machines asynchrones réelles ne peuvent plus être représentées par le schéma électrique équivalent établi au paragraphe E.III.1. Il faut aussi tenir compte de l'impédance de fuites de l'enroulement primaire, ce qui implique que la bobine magnétisante d'impédance $\underline{Z}_o$ (qui n'est pas purement inductive) n'est plus sous la tension d'alimentation $\underline{V}_1$ d'un enroulement. Nous allons donc raisonner à partir du schéma électrique équivalent proposé sur la figure E.III.11 en supposant, pour commencer,

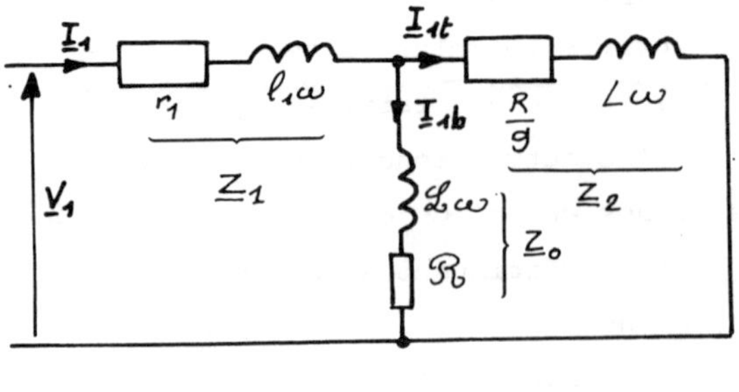

Fig. E.III.11

que l'impédance $\underline{Z}_0$ de la bobine magnétisante est indépendante de la tension qui lui est appliquée.

On voit que l'intensité $\underline{I}_{1b}$ du courant qui traverse $\underline{Z}_0$ n'est plus une grandeur constante ; on ne cherchera plus $\underline{I}_1$ sous la forme $\underline{I}_1 = \underline{I}_{1b} + \underline{I}_{1t}$.

Les lois de Kirschoff permettent d'écrire :

$$\underline{V}_1 = \underline{Z}_1.\underline{I}_1 + \underline{Z}_2.(\underline{I}_1 - \underline{I}_{1b}) = \underline{Z}_1.\underline{I}_1 + \underline{Z}_2.(\underline{I}_1 - \frac{\underline{V}_1 - \underline{Z}_1.\underline{I}_1}{\underline{Z}_0})$$

D'où :

$$\underline{I}_1 = \underline{V}_1.(1 + \frac{\underline{Z}_2}{\underline{Z}_0}).\frac{1}{\underline{Z}_1 + \underline{Z}_2 + \frac{\underline{Z}_1.\underline{Z}_2}{\underline{Z}_0}}$$

Une valeur particulière de $\underline{I}_1$ est obtenue lors du fonctionnement au synchronisme (g = 0) ; alors Z_2 prend une valeur infinie et :

$$\underline{I}_{1s} = \frac{\underline{V}_1}{\underline{Z}_1 + \underline{Z}_0}$$

Si on cherche l'expression du courant $\underline{I}_1 - \underline{I}_{1s} = \underline{I}'_{1t}$ (par analogie avec l'étude de la machine simplifiée), on trouve :

$$\underline{I}'_{1t} = \underline{I}_1 - \underline{I}_{1s} = \frac{\underline{V}_1.\underline{Z}_0}{\underline{Z}_1 + \underline{Z}_0}.\frac{1}{\underline{Z}_1 + \underline{Z}_2 + \frac{\underline{Z}_1 + \underline{Z}_2}{\underline{Z}_0}} = \underline{V}'_1.\frac{1}{\underline{Z}'_{1t}}$$

On est ramené à une équation de la même forme que celle établie (*E.III.3*) dans le cas d'une machine simplifiée, la tension $\underline{V}'_1$ étant bien constante (puisque $\underline{Z}_0 + \underline{Z}_1$ sont indépendantes du glissement g) et $\underline{Z}'_{1t}$ étant fonction du glissement (par l'intermédiaire de $\underline{Z}_2$).

En exprimant les impédances $\underline{Z}_0$, $\underline{Z}_1$ et $\underline{Z}_2$, et en tenant compte du fait que la bobine magnétisante est très inductive ($\underline{Z}_0 = \mathcal{R} + j\mathcal{L}\omega \# j\mathcal{L}\omega$), il vient :

$$\underline{Z}'_{1t} = r_1 + \frac{R}{g}(1 + \frac{\ell_1\omega}{\mathcal{L}\omega}) + r_1\frac{L\omega}{\mathcal{L}\omega} + j(\ell_1\omega + L\omega - r_1\frac{R}{g}.\frac{1}{\mathcal{L}\omega} + \frac{\ell_1 L\omega^2}{\mathcal{L}\omega})$$

L'impédance $\underline{Z}'_{1t}$ peut donc se mettre sous la forme :

$$\underline{Z}'_{1t} = r + jx$$

où r et x sont des fonctions linéaires de la variable $y = \frac{1}{g}$.

L'extrémité de $\underline{Z}'_{1t}$ décrit donc, dans le plan complexe des impédances, une droite de coefficient directeur (pente) :

$$tg\alpha = \frac{dx}{dr} = \frac{\frac{dx}{dy}}{\frac{dr}{dy}} = \frac{-r_1\frac{R}{\mathcal{L}\omega}}{R.(1+\frac{\ell_1\omega}{\mathcal{L}\omega})}$$

c'est-à-dire :

$$tg\alpha \# \frac{-r_1}{\mathcal{L}\omega}$$

car $\mathcal{L}\omega >> \ell_1\omega$.

On voit sur la figure E.III.12 que, puisque l'on passe du lieu de l'extrémité de $\underline{Z}'_{1t}$ à celui de l'extrémité de $\underline{Y}'_{1t}$ par une inversion suivie d'une symétrie par rapport à l'axe des réels, le cercle lieu de l'extrémité de $\underline{Y}'_{1t}$ n'a plus son centre sur l'axe des réactances ; on trouve le centre du cercle cherché sur une droite obtenue à partir de l'axe des réactances (imaginaires) par une rotation autour de l'origine d'amplitude

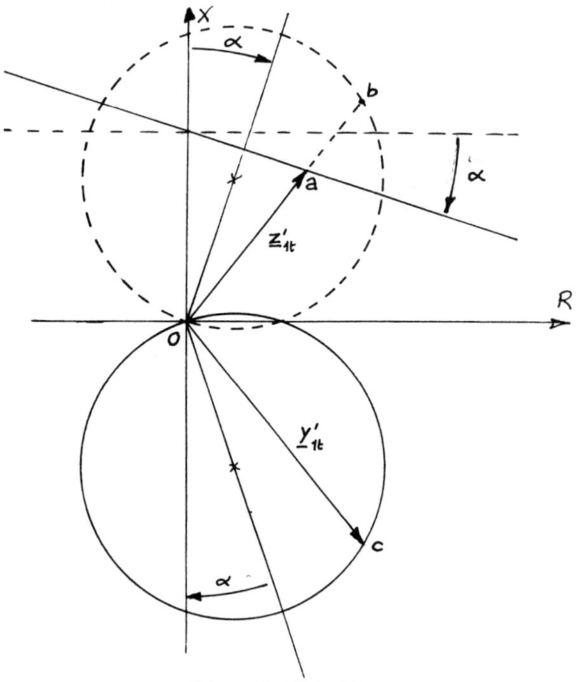

Fig. E.III.12

$\beta = -\alpha$, c.à.d. telle que :

$$tg\beta = \frac{r_1}{\mathcal{L}\omega}$$

D'où, après multiplication par $\underline{V}'_1$, l'allure (fig. E.III.13) du diagramme de l'intensité $\underline{I}'_{1t}$, construit à partir de $\underline{V}'_1$.

En conclusion, on note que le diagramme des intensités est toujours un cercle. Compte tenu des ordres de grandeurs des différentes impédances ($\mathcal{L}\omega >> R$, r_1, $\ell_1\omega$, $L\omega$), le diamètre de ce cercle a pour valeur, au premier ordre près :

$$D \# V'_1.\frac{1}{\ell_1\omega + L\omega}$$

car l'angle α est très petit. Ce diamètre est toujours indépendant des résistances des enroulements de la machine, puisque l'expression de $\underline{I}'_{1t}$ montre que $V'_1 \# V_1$. Mais le centre de ce cercle ne se trouve plus sur la droite (D"), perpendiculaire à la référence des phases à l'origine. Qui plus est, c'est $\underline{V}_1$ que nous prendrons comme origine des phases et $\underline{V}'_1$ n'est pas en phase avec $\underline{V}_1$.

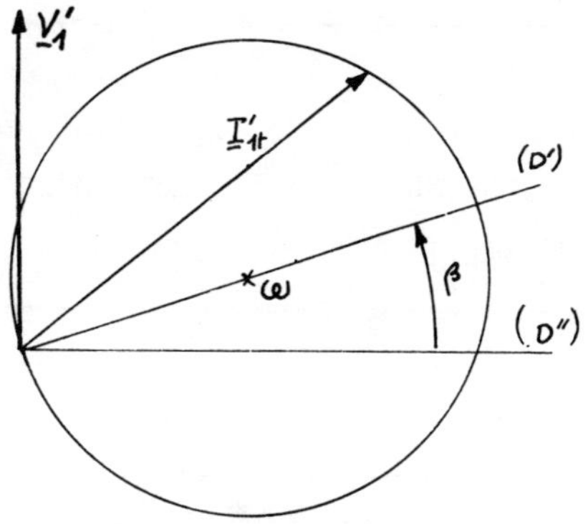

Fig. E.III.13

Pour déterminer la phase des $\underline{V}'_1$, nous reviendrons à sa définition :

$$\underline{V}'_1 = \frac{\underline{V}_1 \cdot \underline{Z}_0}{\underline{Z}_1 + \underline{Z}_0} = \frac{\underline{V}_1 \cdot j\mathscr{L}\omega}{r_1 + j(\ell_1\omega + \mathscr{L}\omega)}$$

$$= \frac{\underline{V}_1}{1 - j\frac{r_1}{\mathscr{L}\omega}}$$

D'où on tire que :

$$\text{Arg}(\underline{V}'_1) = \text{Arg}(\underline{V}_1) - \text{Arg}(1 - j\frac{r_1}{\mathscr{L}\omega}) = \text{Arg}(\underline{V}_1) + \beta$$

car β est tel que :

$$\text{tg}\beta = \frac{r_1}{\mathscr{L}\omega} .$$

D'où le positionnement du cercle cherché. On a représenté, sur la figure E.III.14, la situation de ce cercle à partir de $\underline{V}_1$. On vient de voir que $\underline{V}'_1$ est en avance de β sur $\underline{V}_1$; la droite (D") est donc obtenue, à partir de (D), par une rotation d'amplitude β. la droite (D'), sur laquelle nous chercherons le centre ω du cercle, est donc obtenue par une rotation d'angle $\gamma = 2\beta$. D'où, comme ces angles sont très petits :

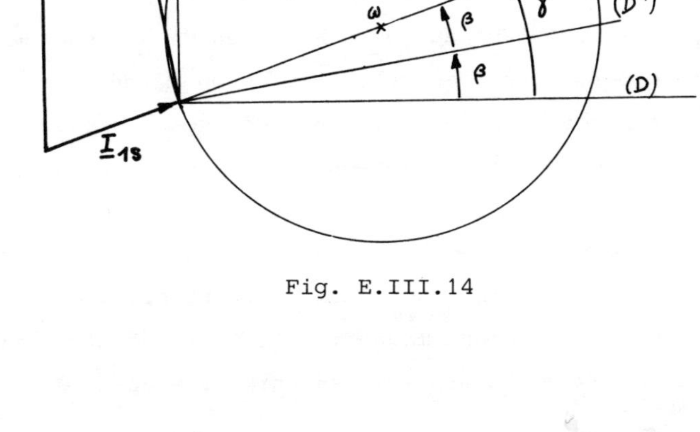

Fig. E.III.14

$$\sin\gamma \# \text{tg}\gamma = \text{tg}(2\beta) \# 2.\text{tg}\beta$$
$$= \frac{2.r_1}{\mathscr{L}\omega}$$

Remarque 1 : Comme on a supposé la bobine magnétisante très fortement inductive, on peut éviter de mesurer $\mathcal{L}\omega$ en remarquant que :

$$\frac{V_1}{\mathcal{L}\omega} \# I_{1m}$$

est l'intensité du courant magnétisant au synchronisme, c.à.d. l'intensité de la composante réactive du courant à vide (ou au synchronisme). D'où :

$$\sin\gamma \# \mathrm{tg}\gamma \# \frac{2.r_1.I_{1m}}{V_1}$$

Remarque 2 : On aurait trouvé les mêmes résultats, à l'ordre supérieur près, si on avait tenu compte de la résistance de la bobine magnétisante.

Remarque 3 : On note que le diagramme circulaire se construit à partir de l'extrémité de l'intensité $\underline{I}_{1s}$ du courant au synchronisme, puisque $\underline{I}_1 = \underline{I}_{1s} + \underline{I}'_{1t}$. On est donc amené, dans le cas des machines qui ne peuvent être considérées comme tournant au synchronisme lors de l'essai à vide, à construire l'extrémité de $\underline{I}_{1s}$, soit en séparant pertes mécaniques et ferromagnétiques, soit en réalisant un essai au synchronisme.

Remarque 4 : Dans certains cas, même pour les machines de faibles puissances, on pourra se ramener au diagramme des grosses machines, si les pertes mécaniques sont trop faibles et l'angle γ trop petit pour être construits avec précision.

Remarque 5 : On a vu que le diamètre du cercle a maintenant pour valeur :

$$D = \frac{V_1}{\ell_1\omega + L\omega}$$

où ℓ_1 et $L = \frac{\ell_2}{m^2}$ sont les coefficients d'auto-induction de fuites, ramenés au primaire, d'un enroulement statorique et d'un enroulement rotorique. C.à.d. que ce sont les coefficients d'auto-inductions associés aux flux de fuites de ces enroulements, flux circulant autour des barres de ces bobines, dans les encoches, sans participer, dans l'entrefer, au champ magnétique glissant résultant. Il n'est pas possible de déterminer ces coefficients ou les réactances associées par des mesures d'impédances des enroulements, en monophasé (donnant alors la réactance totale d'un enroulement) ou en triphasé (donnant la réactance cyclique d'un enroulement). Il convient, comme dans le cas du transformateur, de recourir à un essai en court-circuit, en supposant négligeable l'intensité du courant magnétisant. Il est évident qu' une telle vérification, dans le cas de la machine asynchrone, ne peut être qu'en bon accord avec le diagramme, puisque c'est précisément l'essai en court-circuit qui est responsable du diamètre du cercle, par construction.

Remarque 6 : Il serait plus délicat de justifier, à partir du schéma électrique équivalent de la figure E.III.11, les constructions des droites des puissances utiles (AC), des puissances mécaniques (A'C) et des couples (A'D) portées sur le diagramme de la figure E.III.7. En toute rigueur (ce qui n'est qu'une façon de parler puisque nous sommes toujours contraints à des approximations), les courbes séparant ces diverses puissances ne sont pas obligatoirement des droites. Mais il ne faut pas oublier que le diagramme du cercle est surtout utilisé au voisinage du point A, puisque les glissements prennent toujours des valeurs petites devant l'unité. Dans cette région du diagramme, les segments représentant les différentes pertes ont de si petites dimensions (par exemple devant le segment HM) qu'obtenir une plus grande précision théorique sur la connaissance de ces courbes serait sans grand intérêt.

Toutefois, si on accepte l'hypothèse que l'on ne change pas grand chose en transportant, dans le schéma équivalent E.III.11, la bobine magnétisante $\underline{Z}_0$ en amont de l'impédance de fuites primaires $\underline{Z}_1$ (hypothèse utilisée dans le cas du transformateur), on est ramené au schéma de la figure E.III.15. On montrerait aisément que ce schéma équivalent, analogue au schéma simpli-

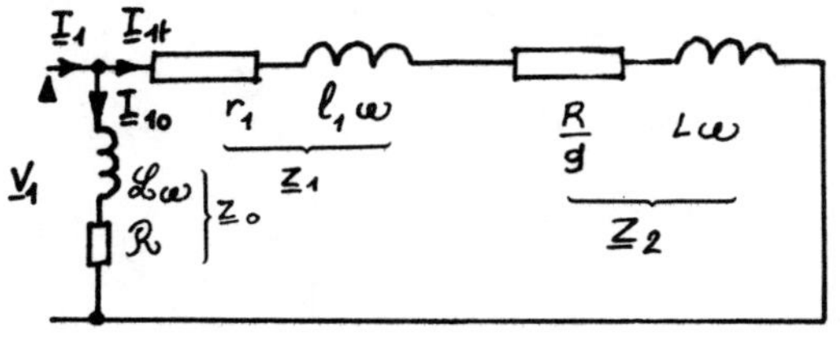

Fig. E.III.15

fié de la figure E.III.2, permet de justifier intégralement le diagramme circulaire de la figure E.III.8, y compris les droites des couples (AD) et des puissances (AC).

E.IV. CARACTÉRISTIQUES DU FONCTIONNEMENT D'UN MOTEUR ASYNCHRONE

On peut relever directement ou construire à partir du diagramme des intensités de nombreuses courbes caractérisant le fonctionnement d'un moteur asynchrone. On s'intéressera plus particulièrement, en général, aux relations énumérées ci-après.

E.IV.1. COURBE D'INTENSITE

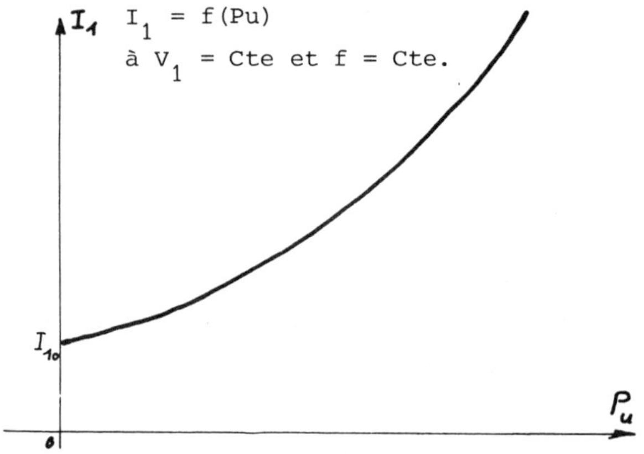

Fig. E.IV.1

Elle représente les variations du courant primaire appelé sur le réseau en fonction de la puissance utile développée sur l'arbre. On pourrait aussi représenter $I_1 = f(C_u)$. Bien entendu, cette courbe est construite pour les conditions nominales d'alimentation.

E.IV.2. COURBE DE VITESSE

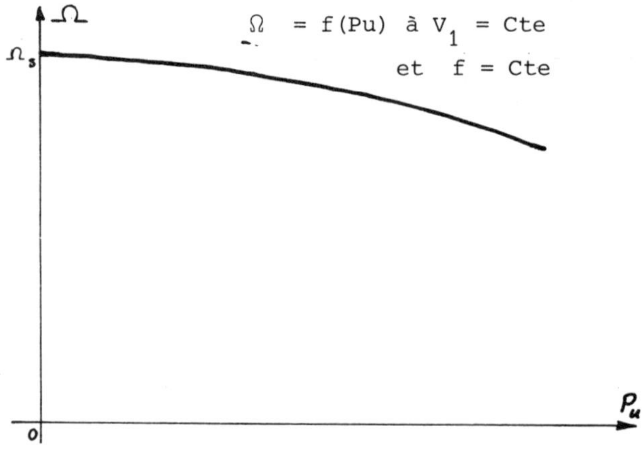

Fig. E.IV.2

Elle représente la relation :

$$\Omega = f(P_u)$$

à tension et fréquence d'alimentation constantes et nominales. On la déduit des variations, mesurées ou prédéterminées, du glissement. Elle montre que la plage de vitesse d'un moteur asynchrone est très étroite.

E.IV.3. CARACTERISTIQUE DE FACTEUR DE PUISSANCE

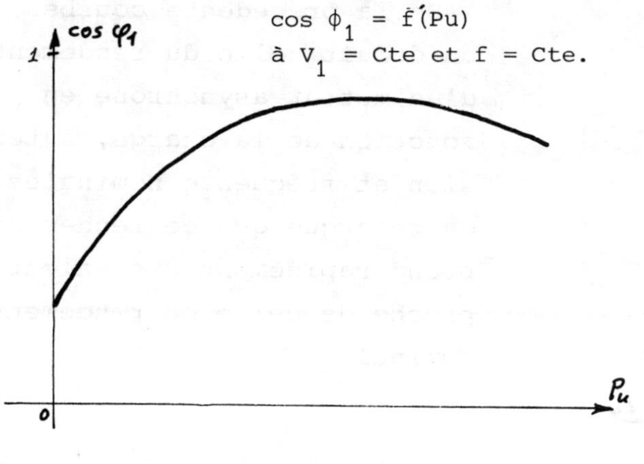

Fig. E.IV.3

Elle indique l'évolution du facteur de puissance d'un moteur asynchrone avec sa charge, à alimentation nominale. Il est à noter qu'un moteur à induction a toujours un facteur de puissance inductif.

E.IV.4. CARACTERISTIQUE DE COUPLE

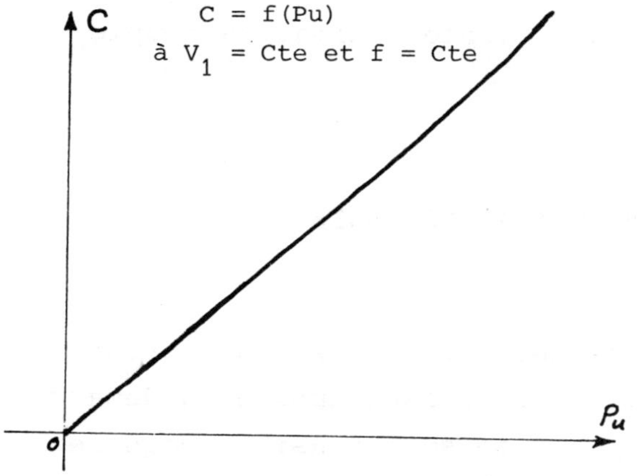

Fig. E.IV.4

C'est la courbe des variations du couple mécanique en fonction de la puissance utile, à tension et fréquence nominales constantes.

E.IV.5. COURBE DES PERTES

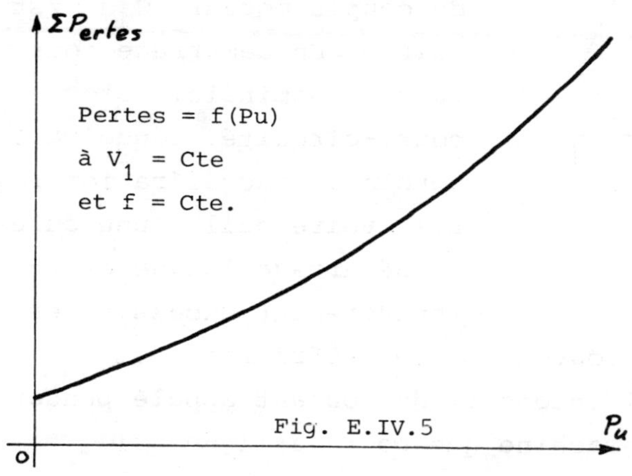

Fig. E.IV.5

Elle visualise les variations de la somme des pertes d'un moteur asynchrone avec sa charge, à tension et fréquence constantes.

E.IV.6. COURBE DU RENDEMENT

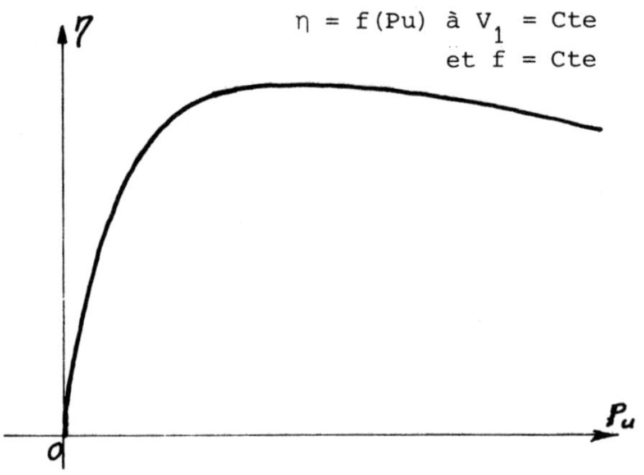

Fig. E.IV.6

De la précédente courbe on déduit celle du rendement d'un moteur asynchrone en fonction de la charge, à tension et fréquence nominales. On remarque que ce rendement prend rapidement une valeur proche de celle du rendement nominal.

E.IV.7. CAPACITE DE SURCHARGE

On caractérise aussi le fonctionnement d'un moteur asynchrone par sa capacité de surcharge, rapport de son couple maximal au couple nominal : $k_c = \dfrac{C_{Max}}{C_n}$.

E.V. DÉMARRAGE DES MOTEURS ASYNCHRONES

E.V.1. PROBLEMES POSES PAR LE DEMARRAGE

On voit, sur le diagramme circulaire des intensités d'un moteur asynchrone (fig. E.V.I) que l'intensité du courant appelé au démarrage sous tension nominale,

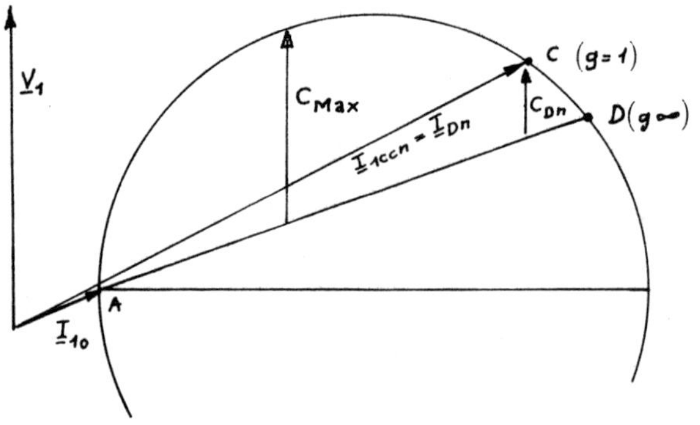

Fig. E.V.1

$I_{Dn} = I_{1ccn}$, est très importante, alors que le moment du couple moteur C_{Dn} est faible. Un démarrage sous tension nominale, rotor court-circuité, conduirait donc à une accélération faible, voire nulle, une durée de démarrage longue et un échauffement excessif des enroulements, conduisant le plus souvent à une détérioration.

Il est souhaitable de réduire l'intensité du courant appelé pendant le démarrage, aussi bien pour la machine que pour la ligne qui l'alimente. Il convient aussi d'augmenter le moment du couple moteur, pour réduire la durée du régime transitoire que constitue le démarrage. Toutefois, on veillera à ne pas choisir un couple de démarrage trop important, qui risquerait de compromettre la stabilité du fonctionnement de la machine et de détériorer les accouplements disposés sur l'arbre du moteur.

Si l'on note C_D et I_D le moment du couple moteur et l'intensité du courant de ligne au démarrage, on a donc intérêt à avoir :

- le rapport C_D/C_{Max} le plus grand possible (mais inférieur à l'unité) ;
- le rapport I_D/I_n le plus petit possible.

On caractérisera un procédé de démarrage par le couple spécifique au démarrage :

$$C_s = \frac{C_D/C_{Max}}{I_D/I_n} \qquad (E.V.1)$$

Un procédé de démarrage sera d'autant meilleur que la valeur du couple spécifique qui lui est associé sera plus grande. On remarque que la grandeur C_s n'est pas un véritable couple ; c'est un nombre, c.à.d. une grandeur sans dimension.

On va distinguer deux types de démarrages :

- ceux qui, pour réduire l'intensité du courant I_D, consistent à réduire la tension appliquée au moteur ;
- ceux qui, pour augmenter le moment du couple C_D, conduiront à modifier l'impédance des enroulements rotoriques.

E.V.2. DEMARRAGES STATORIQUES

Puisque le diamètre du cercle du diagramme des intensités est proportionnel à la tension d'alimentation (voir chapitre E.III), il suffit, pour réduire l'intensité du courant de démarrage, de diminuer la tension d'alimentation du moteur. D'où les différents procédés.

E.V.2.a. Impédances montées en série avec le stator

On pourrait songer à monter des résistances en série avec le primaire du moteur asynchrone pendant le démarrage. Mais, outre les pertes et l'échauffement auxquels cela conduirait, des résistances ne conduiraient pas à une chute de tension importante, compte-tenu du déphasage important du courant de démarrage sur la tension. On préfère disposer des bobines inductrices en série avec les enroulements statoriques. D'où le montage et le diagramme vectoriel de la figure E.V.2.

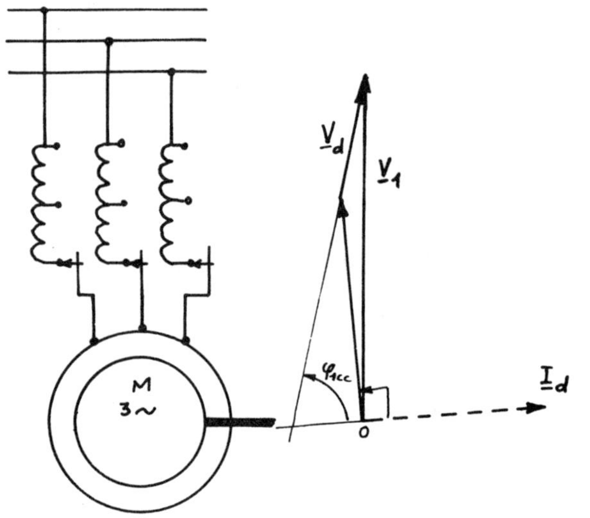

Fig. E.V.2

Si les bobines permettent de diviser par k la tension appliquée au démarrage, et en supposant que les régimes sinusoïdaux s'établissent instantanément, on a :

$$V_D = \frac{V_1}{k}\ ,\quad I_D = \frac{I_{Dn}}{k},\quad C_D = \frac{C_{Dn}}{k^2}$$

car on sait que le moment du couple moteur est proportionnel au carré de la tension d'alimentation, toutes choses égales par ailleurs.

D'où le couple spécifique de ce procédé, si on note C_{sn} la valeur de cette grandeur associée à un démarrage sous tension nominale (impossible en général) :

$$C_s = \frac{C_{sn}}{k}$$

E.V.2.b. Démarrage au moyen d'un autotransformateur

On peut obtenir la même réduction de tension à l'aide d'un autotransformateur. Le comportement du moteur n'est pas modifié, mais celui de la ligne change. En effet, si :

$$V_D = \frac{V_L}{k}\ ,\ \text{il vient bien}\quad I_D = \frac{I_{Dn}}{k}\quad \text{mais}\quad I_{LD} = \frac{I_D}{k} = \frac{I_{Dn}}{k^2}$$

D'où, comme $C_D = \dfrac{C_{Dn}}{k^2}$, $C_s = C_{sn}$.

On démarre avec le même couple spécifique que sous la tension nominale, mais on a réduit dans un rapport k l'intensité du courant traversant le moteur et dans un rapport k^2 celle du courant appelé sur la ligne.

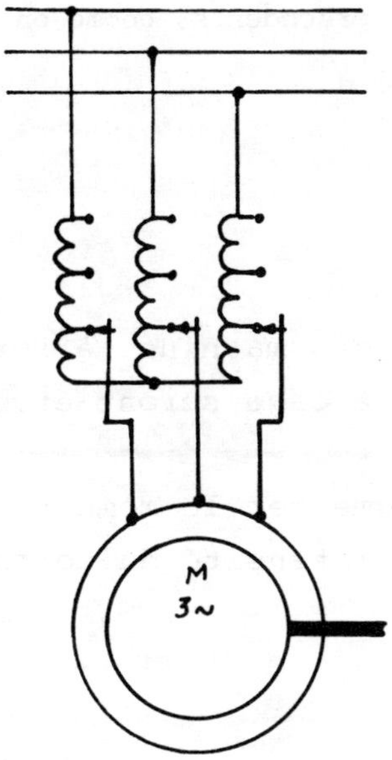

Fig. E.V.3

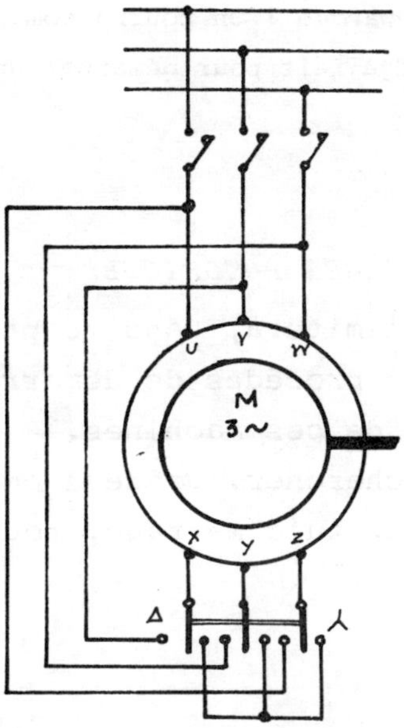

Fig. E.V.4

E.V.2.c. Démarrage étoile-triangle

Les procédés précédents nécessitent des matériels annexes encombrants et coûteux, même si on réduit leurs performances en tenant compte de leur durée réduite d'utilisation. C'est pourquoi on est amené à utiliser le fait qu'en connectant en étoile sur le même réseau un récepteur initialement prévu pour un montage en triangle, on divise par $\sqrt{3}$ la tension aux bornes de chaque phase de ce récepteur. D'où le branchement de la figure E.V.4.

Alors :

$$V_{\curlywedge} = \frac{V_{\Delta}}{\sqrt{3}}, \quad I_{D\curlywedge} = \frac{I_{D\Delta}}{\sqrt{3}}, \quad I_{LD\curlywedge} = I_{D\curlywedge}, \quad I_{LD\Delta} = \sqrt{3}.I_{D\Delta}$$

D'où :

$$I_{LD\curlywedge} = \frac{I_{LD\Delta}}{3}, \quad C_{D\curlywedge} = \frac{C_{D\Delta}}{3} \quad \text{et} \quad C_{s\curlywedge} = C_{s\Delta} = C_{sn}.$$

On remarque, en conclusion, que tous les démarrages statoriques conduisent à une réduction du moment du couple moteur. Ces procédés ne seront donc utilisables que dans le cas de mise en marche à vide d'une machine de faible inertie. Les machines devant démarrer en charge, ou les grosses machines qu'un démarrage trop lent conduirait à un échauffement excessif, devront être lancées par d'autres procédés.

Remarque : On pourra combiner divers procédés précédents, comme on l'avait déjà fait pour démarrer un moteur synchrone.

E.V.3. DEMARRAGES ROTORIQUES

On se limitera, dans ce paragraphe, au cas des machines à rotor bobiné. Les procédés de démarrage des machines à cage seront étudiés à la suite de ces machines.

On va chercher, grâce à ces procédés, à augmenter le moment du couple moteur au démarrage, tout en réduisant l'intensité du courant appelé.

E.V.3.a. Principe

On a vu, lors de l'étude du moment du couple moteur de la machine asynchrone (chapitre E.II), que ce moment passe par sa valeur maximale :

$$C_{emM} = 3(mV_1)^2 \frac{p}{\omega} \cdot \frac{1}{2\ell_2\omega}$$

lorsque le glissement vaut :

$$g_0 = \frac{r_2}{\ell_2\omega} .$$

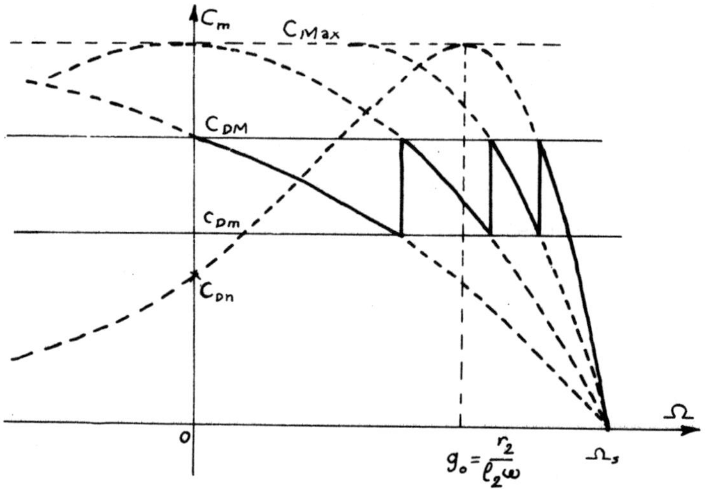

Fig. E.V.5

Il suffit d'augmenter la résistance d'un enroulement rotorique pour déplacer le maximum de la courbe du couple vers les vitesses plus faibles.

Si on choisit de maintenir la valeur du moment du couple entre les valeurs extrêmes C_{DM} et C_{Dm} , il faut modifier la valeur de la résistance d'un enroulement rotorique pour que le couple évolue avec la vitesse comme l'indique la courbe de la figure E.V.5. Le diagramme circulaire et la droite des couples étant indépendants de r_2 (à tension d'alimentation constante), à chacune des valeurs extrêmes du moment correspond une valeur de l'intensité du courant appelé (I_{DM} pour C_{DM}, I_{Dm} pour C_{Dm}) et un point du cercle (fig. E.V.6).

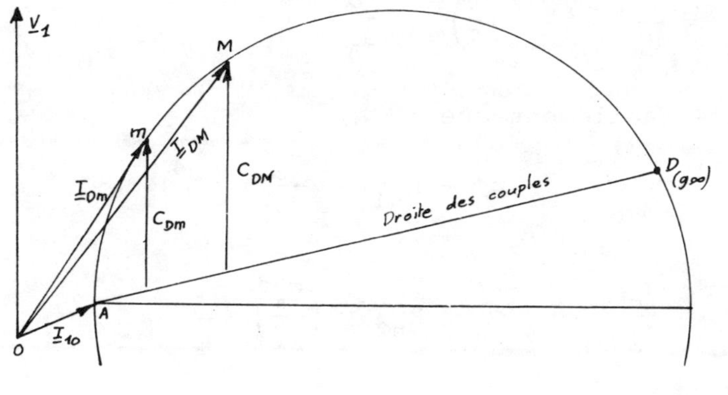

Fig. E.V.6

E.V.3.b. Equations

Les expressions du moment du couple moteur et de l'intensité du courant primaire montrent qu'à tension constante ces grandeurs ne sont fonction que de la variable r_2/g. Si on note $R = r_2 + R_h$ la résistance totale d'un enroulement rotorique muni d'un rhéostat, on peut donc affirmer que tous les fonctionnements correspondant à une même valeur du rapport $\frac{R}{g}$ sont représentés par un même point du cercle ; ce sont des fonctionnements à même couple moteur et à même intensité du courant primaire.

Si on note $(\frac{R}{g})_M$ et $(\frac{R}{g})_m$ les valeurs de ces rapports associées aux points M et m, R_{h1}, R_{h2}, R_{h3}, etc... les valeurs successives du rhéostat rotorique et $g_1, g_2, g_3, \ldots$ les valeurs du glissement correspondant aux changements de résistances, on voit facilement que ces grandeurs doivent satisfaire aux relations :

$$\frac{r_2 + R_{h1}}{1} = \frac{r_2 + R_{h2}}{g_1} = \frac{r_2 + R_{h3}}{g_2} = \ldots = (\frac{R}{g})_M \qquad (E.V.2)$$

$$\frac{r_2 + R_{h1}}{g_1} = \frac{r_2 + R_{h2}}{g_2} = \frac{r_2 + R_{h3}}{g_3} = \ldots = (\frac{R}{g})_m \qquad (E.V.3)$$

On peut caractériser les points M et m par les valeurs des glissements (g_M et g_m) qui leur sont associées lorsque le rotor est court-circuité ($R = r_2$). Alors :

$$\left(\frac{R}{g}\right)_M = \frac{r_2}{g_M} \quad \text{et} \quad \left(\frac{R}{g}\right)_m = \frac{r_2}{g_m}$$

et on montre facilement que :

$$r_2 + R_{h1} = \frac{r_2}{g_M}$$

$$g_1 = \frac{g_m}{g_M} \qquad r_2 + R_{h2} = \left(\frac{g_m}{g_M}\right) \cdot \frac{r_2}{g_M}$$

$$g_2 = \left(\frac{g_m}{g_M}\right)^2 \qquad r_2 + R_{h3} = \left(\frac{g_m}{g_M}\right)^2 \cdot \frac{r_2}{g_M}$$

$$g_k = \left(\frac{g_m}{g_M}\right)^k \qquad r_2 + R_{h(k+1)} = \left(\frac{g_m}{g_M}\right)^k \cdot \frac{r_2}{g_M}$$

Les résistances totales d'une "phase" secondaire forment une progression géométrique de raison g_m/g_M . Le rhéostat est totalement court-circuité si $r_2 + R_{h(k+1)} \leq r_2$. Si le rhéostat possède k sections (c.à.d. k + 1 plots), on a donc :

$$\left(\frac{g_m}{g_M}\right)^k \leq g_M \text{, d'où :} \qquad k \leq \frac{\log g_m}{\log\left(\frac{g_m}{g_M}\right)} \qquad (E.V.4)$$

E.V.3.c. Calcul d'un rhéostat de démarrage à plots

Etant données les valeurs extrêmes du moment du couple au démarrage (C_{DM} et C_{Dm}), ou celles du courant primaire (I_{DM} et I_{Dm}), on déduit, grâce au diagramme du cercle construit pour la valeur nominale de la tension et à rotor en court-circuit, les valeurs de g_M et de g_m. On calcule le nombre de sections du rhéostat grâce à la formule (*E.V.4*). Comme le calcul précédent a peu de chance de tomber juste, on choisit le

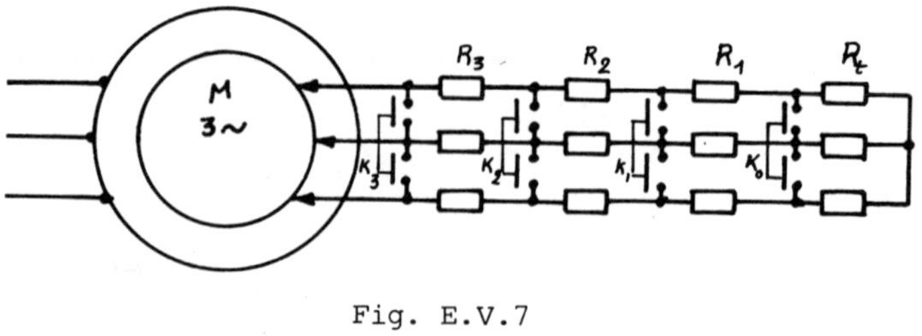

Fig. E.V.7

nombre entier immédiatement supérieur à celui obtenu et on en déduit la nouvelle valeur de g_m, toujours par la formule (*E.V.4*). Ceci permet de réduire au minimum la durée de démarrage, à nombre donné de plots.

Connaissant les grandeurs g_M et g_m, on traduit les équations (*E.V.2*) et (*E.V.3*) dans le plan (R , g). D'où la figure E.V.8. Chacune de ces équations correspond à une droite passant par l'origine des coordonnées. On connait par ailleurs un point de chaque droite :

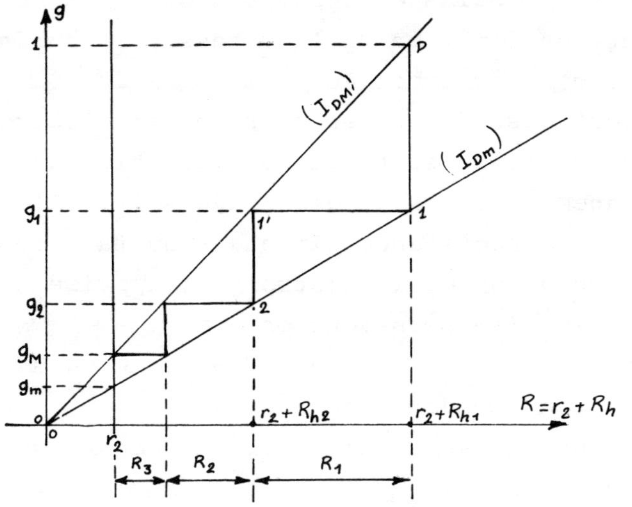

Fig. E.V.8

- (r_2, g_M) pour la droite associée à I_{DM} et C_{DM},
- (r_2, g_m) pour celle associée à I_{Dm} et C_{Dm}.

Au démarrage, on a $g = 1$ et on veut $I_D = I_{DM}$; d'où le point D $(r_2 + R_{h1}, 1)$.

On reste sur ce plot jusqu'à ce que l'intensité prenne la valeur I_{Dm} ; cela se produit au point $1(r_2 + R_{h1}, g_1)$. Alors on change la résistance de façon à obtenir à nouveau $I_1 = I_{DM}$; cette modification, rapide, s'effectue à vitesse constante ; d'où le point 1' $(r_2 + R_{h2}, g_1)$.

La construction se poursuit jusqu'à la valeur r_2 de la résistance R. On voit que l'échelle des abscisses permet de connaître les valeurs successives des sections du rhéostat de démarrage.

Le rhéostat a l'allure indiquée sur la figure E.V.7. Au démarrage, le contacteur K_0 est fermé. On ferme K_1 lorsque le glissement prend la valeur g_1, K_2 pour la valeur g_2, etc . Le talon du rhéostat, composé des résistances R_t, est destiné, additionné à la résistance totale du rhéostat, à limiter l'intensité du courant appelé lors du freinage par inversion du sens de rotation du champ glissant.

E.V.3.d. Démarrage par variation continue du rhéostat

On peut asservir un rhéostat de démarrage pour maintenir le moment du couple à sa valeur maximale pendant tout le démarrage. On peut aussi obtenir ce résultat en utilisant comme rhéostat des bains électrolytiques et en modifiant, en fonction de la vitesse, la surface d'électrodes immergée.

On peut aussi calculer un rhéostat électrolytique de telle sorte que sa variation de résistance au cours du démarrage soit celle désirée, la résistance diminuant du fait de la condensation de l'électrolyte vaporisé lors de la mise sous tension.

Le montage de la figure E.V.9 permet aussi d'avoir une impédance décroissant au cours du démarrage.

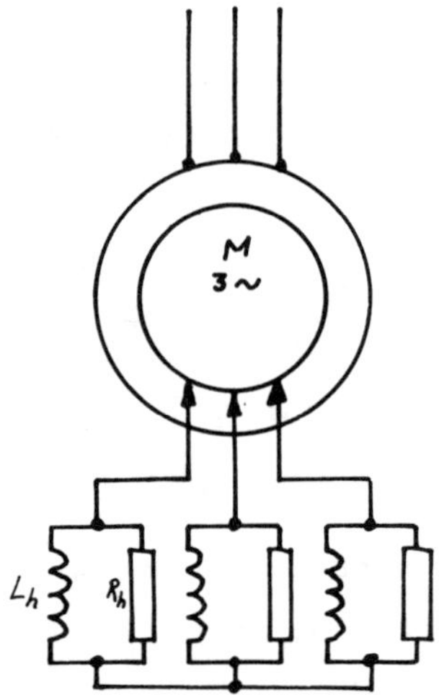

Fig. E.V.9

E.V.4. TEMPS DE DEMARRAGE

Si on note J le moment d'inertie des parties tournantes, on sait que la pulsation de rotation Ω satisfait à l'équation :

$$J.\frac{d\Omega}{dt} = C_m - C_r = C_{em} - C_r$$

si C_r est le moment du couple résistant. D'où la durée du démarrage :

$$T = J.\int_0^{\Omega_f} \frac{d\Omega}{C_{em} - C_r} \qquad (E.V.5)$$

On peut résoudre graphiquement cette intégrale à partir de la courbe $C_{em} = f(\Omega)$ fournie par la figure E.V.5. On en déduit, connaissant $C_r = f(\Omega)$, les courbes :

$$C_{em} - C_r = f(\Omega) \qquad \text{et} \qquad \frac{1}{C_{em} - C_r} = f(\Omega).$$

L'intégrale cherchée est obtenue en mesurant la surface définie par cette courbe et les droites $\Omega = 0$, $\Omega = \Omega_f$, ainsi que l'axe des abscisses.

E.V.5. FREINAGE, ARRET ET DEBRANCHEMENT D'UN MOTEUR ASYNCHRONE

Pour freiner rapidement un moteur asynchrone en marche, on a vu que l'inversion du sens de rotation du champ magnétique glissant permettait à la machine de présenter un couple de frein. Mais le diagramme circulaire montre que ce couple est réduit, tandis que le courant appelé par le primaire a une intensité considérable (plus importante que celle du courant de démarrage). On réduit l'intensité en augmentant le couple, en agissant sur la résistance des phases secondaires. Si le moteur présente un glissement g avant l'inversion du sens de rotation, il présentera un glissement $2 - g$ par rapport au nouveau champ glissant. Dés lors, si l'on désire un couple C_f , associé à un point f du cercle caractérisé par $\left(\frac{R}{g}\right)_f = r_2/g_f$, il suffit d'avoir un rhéostat tel que :

$$\frac{r_2 + R_h}{2 - g} = \frac{r_2}{g_f}$$

Dans le cas d'une machine asynchrone entraînée par sa charge (treuil) et que l'on veut freiner, on peut utiliser le procédé ci-dessus ou attendre que la machine arrive à l'hypersynchronisme et fonctionne en génératrice asynchrone (d'où récupération) ; mais il ne faut pas oublier que la courbe du couple passe par des valeurs extrêmes (maximale en moteur, minimale en génératrice). Si, même momentanément, le couple de la charge venait à excéder ces valeurs, l'ensemble s'emballerait sans possibilité de freinage. On préfère alors utiliser la machine en alternateur, en alimentant le rotor en continu et en chargeant le stator par des rhéostats ; toute possibilité d'emballement est alors écartée, puisque la charge augmente avec la vitesse.

Le débranchement d'une machine asynchrone connectée sur un réseau peut poser quelques problèmes, du fait de l'énergie électromagnétique présente. Il convient de débrancher le primaire, alors que le rotor est toujours court-circuité, si l'on veut éviter des surtensions et des arcs de rupture.

ANNEXE : DEMARRAGE D'UN SECONDAIRE MONOPHASE : PHENOMENE DE GOERGES

On ne construit pas de moteur asynchrone à secondaire monophasé. Mais, on est amené à démarrer des machines ayant ce comportement. C'est le cas du moteur synchrone démarré en asynchrone : l'enroulement inducteur, fermé sur une résistance, se comporte comme un enroulement secondaire monophasé.

On observe parfois, dans de telles conditions, le phénomène de Goerges : au lieu de tendre vers la vitesse de synchronisme, la vitesse du rotor se stabilise au voisinage de la moitié de la vitesse du champ glissant.

Cette particularité est due aux deux champs glissants créés par l'enroulement rotorique (théorème de Leblanc) ; parcouru par un courant de pulsation $g\omega$, cet enroulement crée des champs magnétiques glissants de pulsation, par rapport au stator :

$$\Omega_1 = \frac{g\omega}{p} + \Omega = g\Omega_s + \Omega_s(1-g) = \Omega_s$$

et $$\Omega_2 = -\frac{g\omega}{p} + \Omega = -g\Omega_s + \Omega_s(1-g) = \Omega_s(1-2g)$$

Ce second champ glissant exerce, sur la machine, un couple moteur lorsque Ω_2 est négatif, c.à.d. lorsque $g > 0,5$ $(\Omega < \frac{\Omega_s}{2})$; il exerce un couple résistant lorsque Ω_2 est positif, soit $g < 0,5$ $(\Omega > \frac{\Omega_s}{2})$.

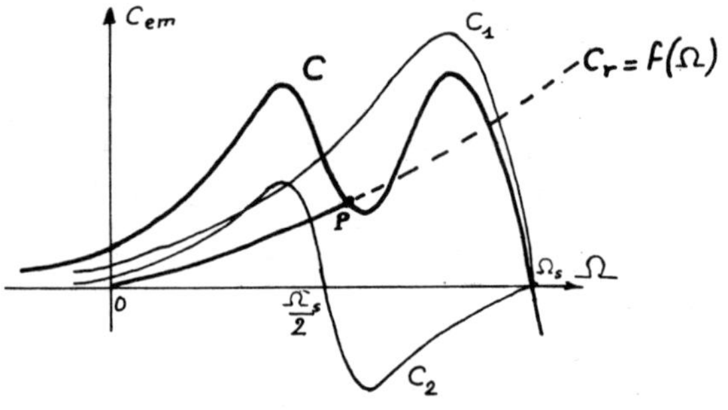

Fig. E.V.10

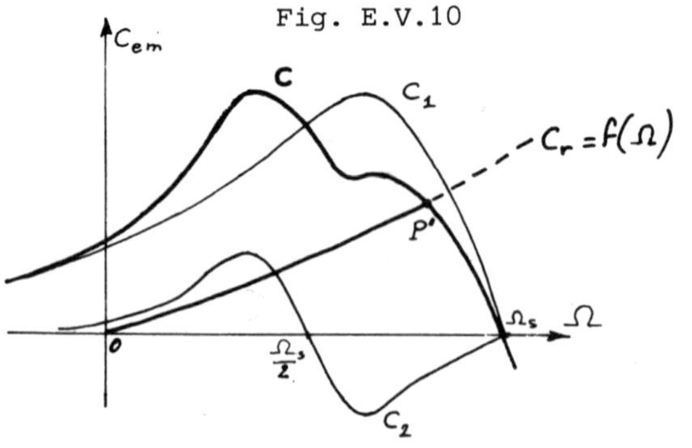

Fig. E.V.11

La machine peut être considérée comme la superposition de deux moteurs asynchrones :

- le premier, dont le champ glisse à la pulsation Ω_s, développe un couple de moment $C_1 = f(\Omega)$;
- le second, dont le champ glisse à $\Omega_s/2$, développe $C_2 = f(\Omega)$.

D'où le moment du couple résultant :

$$C = C_1 + C_2$$

La figure E.V.10 donne l'allure de la courbe $C = f(\Omega)$. On voit que, si le champ inverse est intense et le moment du couple résistant important, le démarrage amène à un point de fonctionnement (représenté par le point P sur le diagramme) caractérisé par une pulsation de rotation voisine de $\Omega_s/2$.

On augmente la résistance de l'enroulement secondaire (cf § C.I.3) pour réduire le flux du champ glissant inverse et déplacer le maximum de C_1 vers les valeurs plus faibles de la vitesse. D'où alors un démarrage permettant de parvenir au voisinage de la vitesse de synchronisme Ω_s (voir fig. E.V.11).

E.VI. MOTEUR ASYNCHRONE À ROTOR EN COURT-CIRCUIT

On a vu, au chapitre E.I, qu'il existe des machines à induction dont les rotors portent des barres conductrices court-circuitées à leurs extrémités par des anneaux de faible résistance. Ce type de secondaire, dit en cage d'écureuil, est représenté sur la figure E.I.2.

E.VI.1. ETUDE ELECTRIQUE

Schématisons une cage en la représentant comme sur la figure E.VI.1. Soient $\underline{I}_k$, l'intensité du courant dans la barre "numéro k", et $\underline{J}_k$, l'intensité du courant dans l'anneau de court-circuit, entre les barres k et (k+1). Soit, de plus, un champ magnétique glissant, possédant p paires de pôles et tournant avec la pulsation de rotation $\Omega_s = \frac{\omega}{p}$, si ω est la pulsation des tensions primaires.

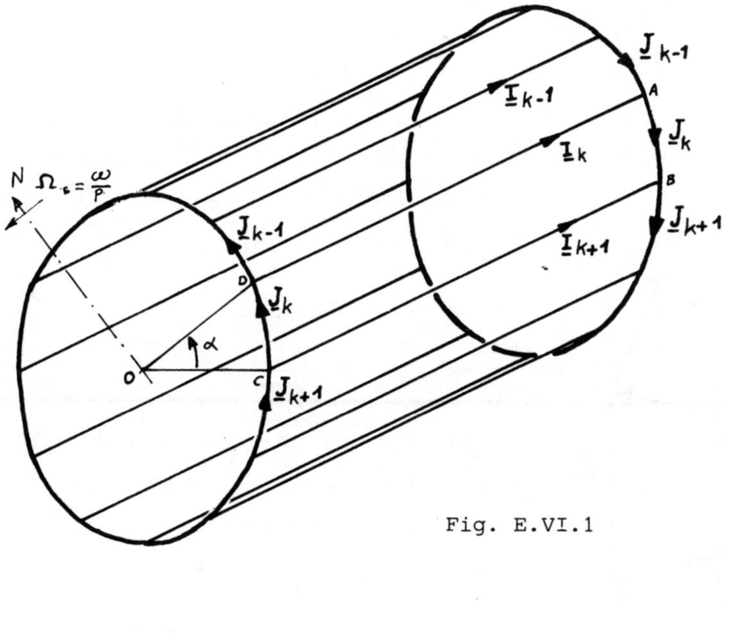

Fig. E.VI.1

E.VI.1.a. Intensité des courants rotoriques

Si le rotor tourne avec la pulsation $\Omega = \Omega_s(1-g)$, on sait que le champ magnétique glisse avec la pulsation $g\Omega_s$ par rapport au rotor.

On a vu (chapitre A.II.) que des conducteurs, qui voient glisser p paires de pôles d'un champ glissant de pulsation de rotation $\Omega_r = g\Omega_s$, sont le siège de f.e.m. induites de pulsation :

$$\omega_2 = p\Omega_r = p\,g\Omega_s = g\omega \qquad (E.VI.1)$$

On a supposé que le champ magnétique a une répartition sinusoïdale dans l'espace pour éviter la présence de f.e.m. harmoniques supplémentaires.

Les barres de la cage sont donc parcourues par des courants sinusoïdaux de même pulsation ω_2. Le déphasage entre les intensités traversant deux barres successives est égal au déphasage entre les f.e.m. induites dans ces barres. On a vu, toujours au chapitre A.II, qu'un système glissant de 2p pôles alternés induit dans deux conducteurs parallèles et distants mécaniquement d'un angle α des f.e.m. déphasées de :

$$\phi = p\alpha \qquad (E.VI.2)$$

Par raison de symétrie, on peut aussi affirmer que les intensités des courants circulant dans deux portions successives d'un anneau de court-circuit sont aussi déphasées de ϕ.

La loi des noeuds implique, par ailleurs, que les différentes intensités sont liées par des relations de la forme (noeud A) :

$$\underline{I}_k + \underline{J}_{k-1} = \underline{J}_k \qquad (E.VI.3)$$

D'où la représentation de ces intensités dans le plan de Fresnel (de pulsation $g\omega$), indiquée sur la figure E.VI.2. On y a traduit les différentes relations aux noeuds ainsi que :

$$\underline{I}_k = \underline{I}_{k+1}.e^{-j\phi} \qquad (E.VI.4)$$

et

$$\underline{J}_k = \underline{J}_{k+1}.e^{-j\phi} \qquad (E.VI.5)$$

provenant de la rotation du champ magnétique .

On remarque que :

$$I_k = 2.J_k.\sin(\frac{\phi}{2})$$

D'où la relation liant les intensités efficaces des courants dans les barres et dans les anneaux de court-circuit :

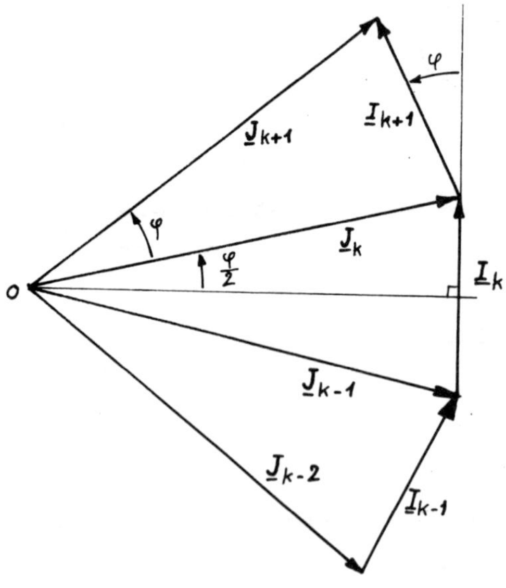

Fig. E.VI.2

$$I = 2.J.\sin(\frac{p\alpha}{2}) \qquad (E.VI.6)$$

E.VI.1.b. Impédance équivalente à une barre

Considérons la maille ABCD, formée par les barres k et k+1 et les portions d'anneaux qui les relient. Si on note R_b et L_b la résistance et le coefficient d'auto-induction du flux de fuite d'une barre, R_a et L_a les grandeurs de mêmes natures relatives à une portion d'anneau de court-circuit, les impédances de fuites de ces éléments de circuit s'écrivent :

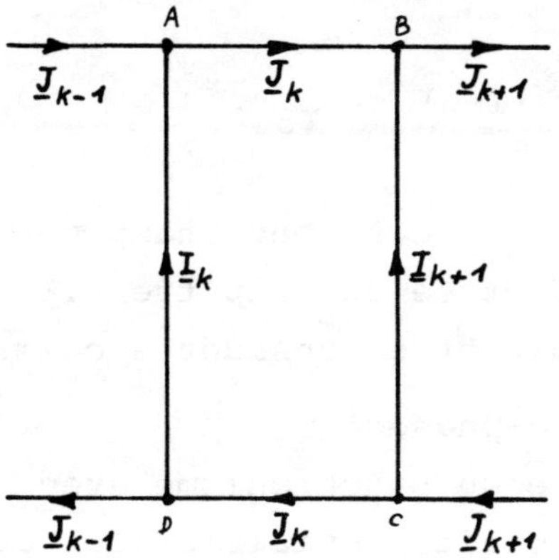

Fig. E.VI.3

$$\underline{Z}_a = R_a + jL_a\omega_2$$

et

$$\underline{Z}_b = R_b + jL_b\omega_2$$

Si on note $\underline{E}_k$ la f.e.m. induite dans la barre de rang k, la loi des mailles appliquée à ABCD s'écrit (dans la convention de signes des générateurs, que l'on utilise au secondaire) :

$$\underline{E}_k - \underline{E}_{k+1} = \underline{Z}_b.\underline{I}_k + \underline{Z}_a.\underline{J}_k - \underline{Z}_b.\underline{I}_{k+1} + \underline{Z}_a.\underline{J}_k \qquad (E.VI.7)$$

On sait que :

$$\underline{E}_k = \underline{E}_{k+1}.e^{-j\phi} \quad ; \quad \underline{I}_k = \underline{I}_{k+1}.e^{-j\phi}$$

La figure E.VI.2 permet aussi d'écrire que :

$$\underline{I}_k = 2.\underline{J}_k.e^{j(\frac{\pi}{2} - \frac{\phi}{2})}.\sin(\frac{\phi}{2})$$

L'équation *(E.VI.7)* s'écrit donc :

$$\underline{E}_k(1 - e^{j\phi}) = \underline{Z}_b.\underline{I}_k(1 - e^{j\phi}) + \frac{\underline{Z}_a.\underline{I}_k}{\sin(\frac{\phi}{2}).e^{j(\frac{\pi}{2} - \frac{\phi}{2})}}$$

Cette équation peut encore se mettre sous la forme :

$$\underline{E}_k = \underline{Z}_b.\underline{I}_k + \frac{\underline{Z}_a.\underline{I}_k}{2.\sin^2(\frac{\phi}{2})} = (\underline{Z}_b + \frac{\underline{Z}_a}{2.\sin^2(\frac{\phi}{2})}).\underline{I}_k = \underline{Z}.\underline{I}_k \qquad (E.VI.8)$$

Chaque barre de la cage rotorique se comporte donc comme un circuit fermé d'impédance $\underline{Z}$, dite impédance équivalente à une barre.

E.VI.2. ETUDE ELECTROMAGNETIQUE

Les N_b barres de la cage d'écureuil, décalées angulairement de $\alpha = \frac{2\pi}{N_b}$ et parcourues par des courants sinusoïdaux déphasés de $\phi = p\alpha$ et de pulsation $\omega_2 = g\omega$, créent un champ magnétique possédant p paires de pôles et glissant avec la pulsation de rotation $\frac{\omega_2}{p} = \frac{g\omega}{p} = g\Omega_s$; ce champ magnétique glisse donc, par rapport au stator, avec la pulsation :

$$\Omega_2 = g\Omega_s + \Omega = g\Omega_s + \Omega_s(1-g) = \Omega_s .$$

La démonstration rigoureuse de l'existence de ce second champ magnétique glissant serait analogue à celle effectuée au chapitre A.I pour des enroulements triphasés ; la cage doit être considérée comme $\frac{N_b}{p} = q$ bobines parcourues par des courants q-phasés.

On a vu que ce second champ glissant tourne au synchronisme avec celui créé par le stator (triphasé), ce qui était prévisible (loi de Lenz) et qui implique qu'il y a transfert possible d'énergie entre champ glissant résultant et rotor. En effet, on voit que la barre k reçoit la puissance :

$$P_k = E_k.I_k.\cos(\phi_k)$$

si ϕ_k est le déphasage de $\underline{I}_k$ sur $\underline{E}_k$, c.à.d. l'argument de $\underline{Z}$. Les trois grandeurs E_k, I_k et ϕ_k étant indépendantes du numéro de la barre considérée, la puissance reçue par la cage vaut :

$$P_2 = N_b.E_k.I_k.\cos(\phi_k)$$

Si on note :

$$\underline{Z} = r + j\ell\omega g$$

et

$$Z = \sqrt{r^2 + g^2(\ell\omega)^2}$$

on peut écrire :

$$I_k = \frac{E_k}{Z} \qquad \text{et} \qquad \cos(\phi_k) = \frac{r}{Z}$$

D'où :

$$P_2 = N_b.E_k^2.\frac{r}{Z^2}$$

On sait (v. chap. A.II) que la valeur efficace de la f.e.m. induite dans un brin conducteur de longueur L distant de R de l'axe, par un champ d'induction de valeur maximale B_M glissant avec la pulsation $\Omega_r = g\Omega_s$, s'écrit :

$$E_k = \frac{1}{\sqrt{2}}.L.R.B_M.g.\Omega_s$$

Si on néglige la chute de tension aux bornes de l'impédance de fuites d'un enroulement primaire, le champ maximal est lié à la tension d'alimentation (la machine asynchrone est une machine à flux forcé) par :

$$V_1 = \frac{1}{\sqrt{2}}.K_1.N_1.L.R.B_M.\Omega_s$$

On en déduit que :

$$E_k = \frac{g}{K_1.N_1}.V_1$$

D'où :

$$P_2 = \frac{N_b}{(K_1N_1)^2}.V_1^2.\frac{g^2.r}{Z^2}$$

Cette puissance est apportée par un champ magnétique glissant de pulsation de rotation $\Omega_r = g\Omega_s = \frac{g\omega}{p}$; d'où la valeur du moment du couple électromagnétique exercé par le champ glissant sur le rotor :

$$C_{em} = \frac{P_2}{\Omega_r} = \frac{N_b}{\Omega_s.(K_1N_1)^2}.V_1^2.\frac{g.r}{r^2 + g^2(\ell\omega)^2} \qquad (E.VI.9)$$

On retrouve une expression du moment du couple électromagnétique analogue à celle établie dans le cas de la machine à rotor bobiné. En particulier, on remarque que la valeur maximale de ce moment ne dépend, à tension d'alimentation constante, que du coefficient d'auto-induction :

$$\ell = L_b + \frac{L_a}{2.\sin^2(\frac{\phi}{2})}$$

alors que le glissement correspondant au passage du couple par sa valeur maximale ne dépend que de la résistance équivalente :

$$r = R_b + \frac{R_a}{2.\sin^2(\frac{\phi}{2})}$$

Cette dernière remarque, comme dans le cas des machines à rotor bobiné, est à l'origine des modes de démarrage qui permettent de réduire l'intensité du courant appelé tout en augmentant la valeur du moment du couple moteur.

E.VI.3. DIAGRAMME CIRCULAIRE DES INTENSITES

On a déjà mis en évidence un certain nombre d'analogies entre les machines à rotor bobiné et les machines à cage :
- la cage crée un champ glissant de même nombre de paires de pôles et de même vitesse que le champ glissant du stator ;
- le moment du couple électromagnétique est une fonction de la même forme.

On pourrait continuer en établissant, à partir de la formule (*E.VI.8*), un schéma équivalent à un enroulement primaire. On en déduirait un diagramme circulaire des intensités primaires analogue à celui déjà étudié au chapitre E.III. Il importe seulement de savoir qu'il se construit de la même façon et permet de déterminer les mêmes grandeurs (au courant secondaire près, puisqu'il n'est pas question d'effectuer un essai à circuit ouvert pour déterminer le rapport de transformation à l'arrêt).

E.VI.4. DEMARRAGE D'UN MOTEUR ASYNCHRONE A CAGE

On peut, bien sûr, utiliser les démarrages statoriques déjà étudiés (§ E.V.2), mais on a vu que ces procédés ne s'appliquent qu'à des petites machines ou à des démarrages à vide.

Comme le moteur asynchrone à cage présente d'énormes avantages (construction facile et robuste, entretien réduit, absence de collecteur, de bagues et de balais, pas d'excitation, etc.), on a essayé d'améliorer les conditions du démarrage, en agissant sur la résistance du secondaire, comme on le fait à l'aide du rhéostat de démarrage pour les machines à rotor bobiné.

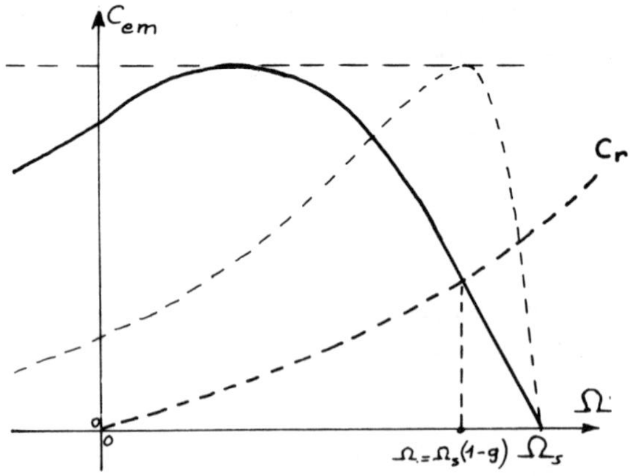

Fig. E.VI.4

On pourrait songer à augmenter la résistance de la cage, pour obtenir une courbe du couple en fonction de la vitesse comme celle représentée sur la figure E.VI.4.

On réussirait à augmenter le moment du couple au démarrage, à réduire l'intensité du courant de démarrage, mais le régime permanent correspondrait à un glissement important, donc à un rendement faible et à un échauffement du rotor excessif. On limite ce type de solution aux machines de faible puissance (inférieure à 1 ou 2 kW).

E.VI.4.a. Moteur à double cage (de Boucherot)

On peut résoudre le problème posé par le démarrage des moteurs asynchrones à rotor en court-circuit en disposant deux cages concentriques au rotor. La cage extérieure, dont les barres sont situées dans la partie supérieure des encoches, est de forte résistance ; pendant le démarrage, les courants qui prennent naissance dans cette cage interdisent au flux du champ glissant statorique de pénétrer dans la masse du rotor (effet d'écran électromagnétique dû à la loi de Lenz) ; la cage intérieure, si proche de la précédente que les lignes d'induction de cette dernière l'entourent, ne voit que le champ résultant, très faible du fait de la loi de Lenz (transformateur en court-circuit) : les courants qui circulent dans la cage interne sont donc faibles et le moteur démarre essentiellement sur sa cage externe, de forte résistance.

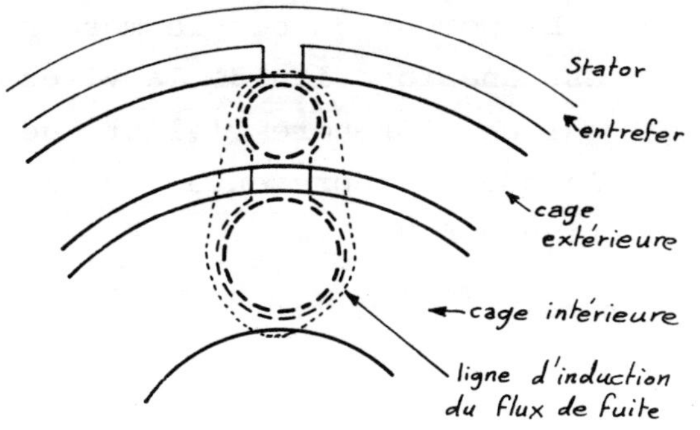

Fig. E.VI.5

Les courants induits dans les barres de la cage extérieure voient leur intensité diminuer lorsque la vitesse de rotation du rotor augmente ; l'effet d'écran s'atténue et la cage intérieure voit le champ glissant résultant. Les barres de cette cage ont des résistances très faibles et on peut admettre que les courants qui les parcourent l'emportent sur ceux qui sont induits dans celles de la cage extérieure : aux faibles glissements, le moteur asynchrone fonctionne essentiellement grâce à sa cage interne, de faible résistance.

On est parvenu à réaliser un démarrage à couple important, sans perdre les avantages d'un moteur à rotor en court-circuit et d'un fonctionnement nominal à faible glissement. Mais les conditions de démarrage de la machine sont fixées dès sa construction.

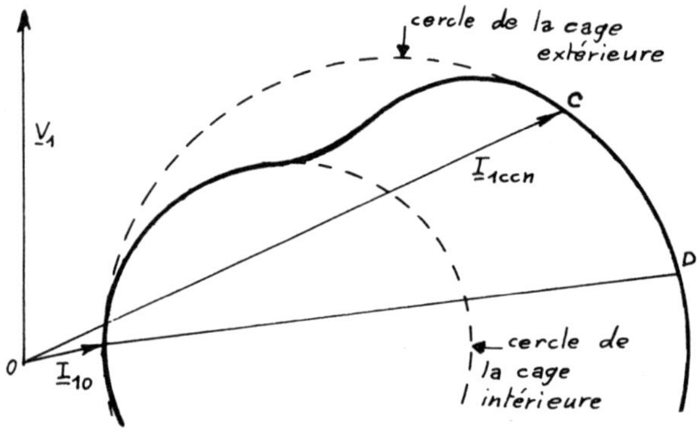

Fig. E.VI.6

Le diagramme des intensités d'une telle machine est une courbe du quatrième degré qui s'appuie, aux forts glissements, sur le cercle associé à la cage extérieure, et, aux faibles glissements, sur celui qui correspond à la cage intérieure (voir fig. E.VI.6).

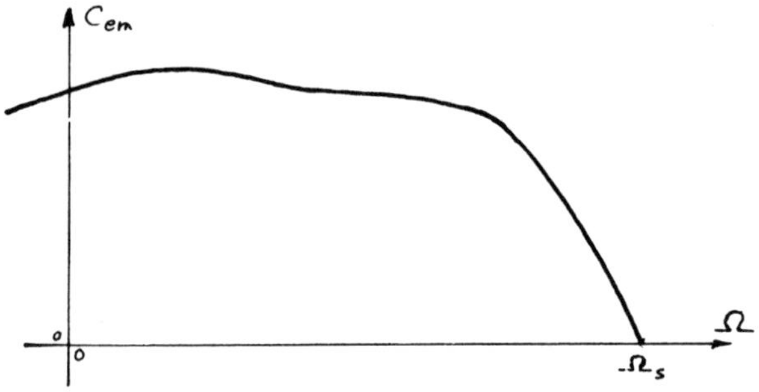

Fig. E.VI.7

Le moment du couple moteur est une fonction de la vitesse qui peut prendre l'allure de la courbe représentée sur la figure E.VI.7.

Remarque 1 : la cage intérieure est éloignée du stator ; la réactance de fuite de ses barres est donc importante, d'où un diagramme circulaire de faible diamètre. D'où aussi un facteur de puissance faible lors du fonctionnement nominal.

Remarque 2 : Les essais à vide et en court-circuit (à l'arrêt) permettent de construire le cercle associé à la cage extérieure ; il n'est pas possible de déterminer celui de la cage interne. Toute prédétermination obtenue à partir du seul cercle construit est entachée d'une imprécision importante.

E.VI.4.b. Moteurs à encoches profondes

Rien ne contraint les deux cages précédentes à être distinctes et éloignées. On parvient au même résultat en réalisant une cage dont les barres sont profondément enfoncées dans le rotor (on donne quelques profils utilisés sur la fig. E.VI.8).

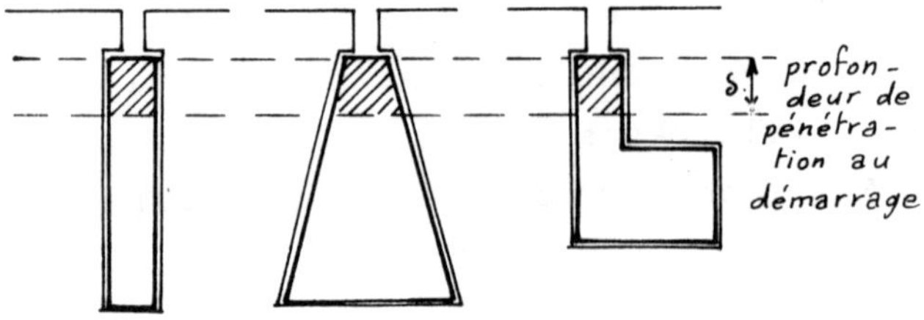

Fig. E.VI.8

L'effet de peau limite la pénétration d'un champ alternatif dans un matériau conducteur (effet d'écran électromagnétique dû aux courants de Foucault induits) ; la profondeur de pénétration décroît lorsque la fréquence du champ augmente, suivant la relation :

$$\delta = \sqrt{\frac{\rho}{\pi \mu f}}$$

où ρ est la résistivité du matériau, μ sa perméabilité magnétique et f la fréquence du champ alternatif.

A la mise sous tension, rotor arrêté, les barres de la cage sont soumises à un champ de fréquence égale à la fréquence des tensions primaires (la machine est équivalente à un transformateur en court-circuit) ; la profondeur de pénétration est alors faible (9 mm dans le cuivre, 11 mm dans l'aluminium, à 50 Hz), seule la partie superficielle des barres est le siège de courants induits et la cage présente une forte résistance. Lorsque la vitesse augmente, le glissement diminue, et la fréquence du champ magnétique vu par le secondaire, $f_2 = g.f$, varie de même ; la profondeur de pénétration augmente et la résistance de la cage diminue (exemple : pour $g = 5$ %, $f_2 = 2{,}5$ Hz et l'épaisseur de peau vaut 40 mm dans le cuivre, 50 mm dans l'aluminium).

Ce procédé a l'avantage de rapprocher la cage de l'entrefer, et donc de réduire la réactance de fuite secondaire ; on améliore ainsi le facteur de puissance de la machine.

Remarque : En toute rigueur, l'excitation magnétique s'amortit en pénétrant dans un matériau conducteur de résistivité ρ et de perméabilité μ, suivant une loi de la forme :

$$H(x) = H_0 . e^{-\frac{x}{\delta}}$$

où :

$$\delta = \sqrt{\frac{\rho}{\pi \mu f}}$$

(f est la fréquence du champ magnétique vu par le matériau), si x est la profondeur considérée et H_0 de l'excitation à la surface du matériau.

C'est pour simplifier le raisonnement que nous avons admis que tout se passe comme si une épaisseur δ de matériau était seule soumise au champ magnétique variable.

E.VII. GÉNÉRATRICE ASYNCHRONE TRIPHASÉE

E.VII.1. REVERSIBILITE DE LA MACHINE ASYNCHRONE

Le diagramme circulaire des intensités de la machine à induction (fig. E.VII.1) montre qu'il existe des fonctionnements à puissance active absorbée négative : il suffit pour cela que le déphasage ϕ de $\underline{I}_1$ sur $\underline{V}_1$ satisfasse à la condition :

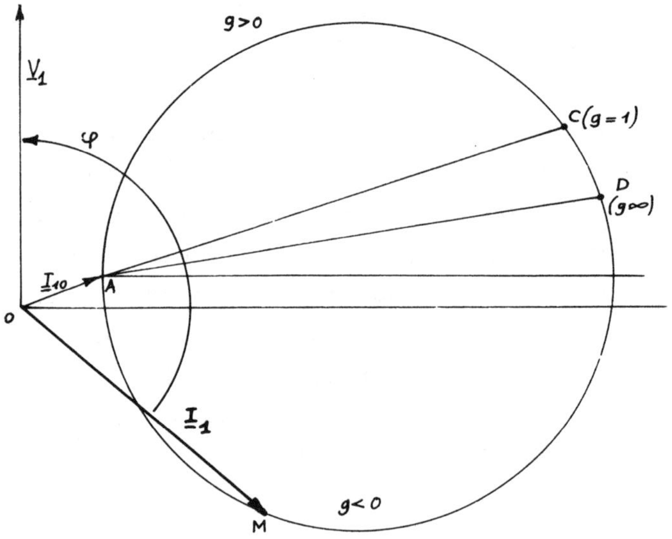

Fig. E.VII.1

$$\frac{\pi}{2} < \phi < \pi$$

La machine fournit alors de la puissance active au réseau sur lequel est connecté son primaire : c'est une génératrice. Ces fonctionnements correspondent à des glissements négatifs, c.à.d. à des vitesses de rotation supérieures à celle de synchronisme car :

$$\Omega = \Omega_s(1-g) > \Omega_s \qquad \text{si} \quad g < 0.$$

Entraînée au-delà du synchronisme (hypersynchronisme), une machine à induction connectée sur un réseau se comporte en génératrice, ce qui est en bon accord avec la loi de Lenz.

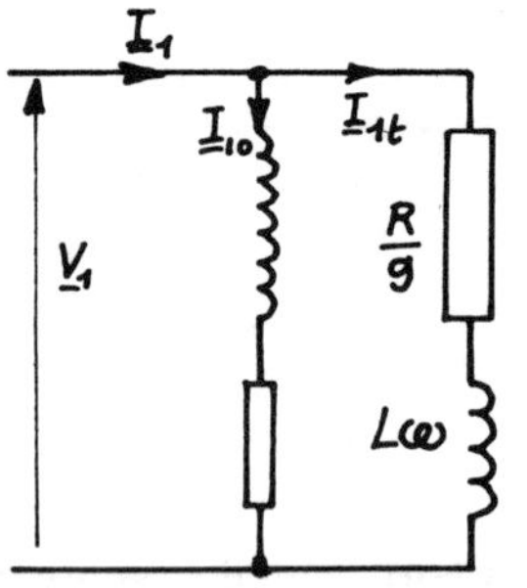

Fig. E.VII.2

On pouvait arriver au même résultat en considérant le schéma équivalent (fig. E.VII.2) d'un enroulement. La machine se comporte en génératrice si :

$$\frac{R}{g}.I_{1t}^2 + P_{10} < 0$$

soit :

$$g < -\frac{R.I_{1t}^2}{P_{10}}$$

E.VII.2. PROPRIETES DE LA GENERATRICE ASYNCHRONE

Les caractéristiques de la génératrice asynchrone se déduisent du schéma électrique équivalent ou du diagramme circulaire établis pour la machine à induction. Mais il ne faut pas oublier que ces éléments ont été déterminés dans la convention de signes des récepteurs (on utilise surtout ce type de machine en moteur).

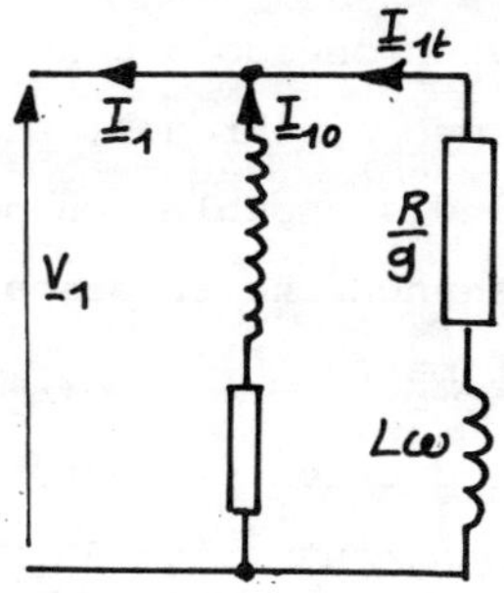

Fig. E.VII.3

Si on le désire, on peut transposer dans la convention de signes des générateurs le schéma équivalent et le diagramme établis au chapitre E.III.

Il suffit d'inverser la convention de signe des intensités, ou celle des tensions.

D'où le schéma équivalent (fig. E.VII.3) et le diagramme circulaire (fig. E.VII.4). Les grandeurs qui s'en déduisent s'écrivent :

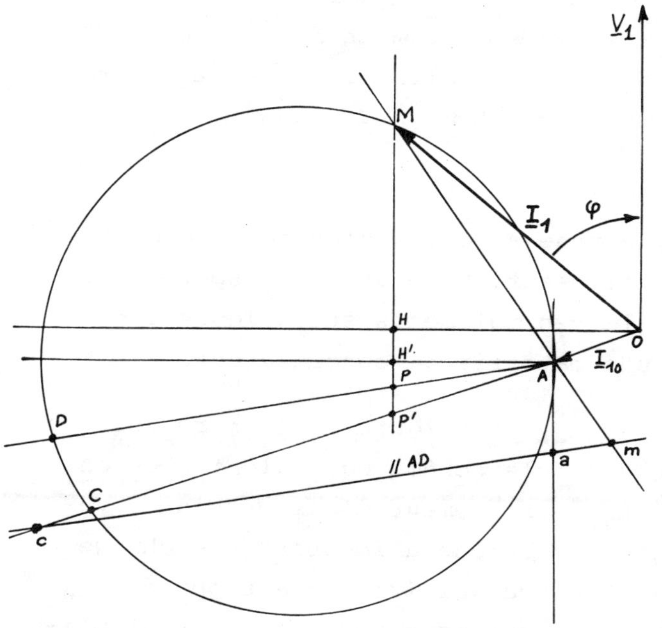

Fig. E.VII.4

$$P = P_u = 3.V_1.(HM)$$

$$P_{fer} = 3.V_1.(H'H)$$

$$P_{Js} = 3.V_1.(PH')$$

$$P_{Jr} = 3.V_1.(P'P)$$

$$P_{em} = 3.V_1.(PM)$$

$$P_m = P_a = 3.V_1.(P'M)$$

$$C_{em} = C_m = \frac{1}{\Omega_s}.P_{em}$$

$$Q = -3.V_1.(OH), \quad \eta = \frac{(HM)}{(P'M)}$$

$$I_1 = (OM)$$

$$\cos(\phi_1) = \frac{(HM)}{(OM)}, \quad g = -\frac{am}{ac}$$

Remarque 1 : Les éléments (R, L, I_{10}, ϕ_{10}, I_{1ccn}, ϕ_{1cc}) du schéma équivalent et du diagramme du cercle ne dépendent pas du fonctionnement de la machine.

On construit donc le diagramme circulaire à partir des mêmes essais (à vide, en court-circuit) déjà utilisés dans le cas du moteur asynchrone.

Remarque 2 : Le diagramme circulaire montre que la génératrice asynchrone ne fonctionne qu'avec un déphasage avant, ou capacitif. Cela signifie qu'elle ne peut jamais fournir de la puissance réactive au réseau ; elle en absorbe toujours (pour créer son champ magnétique glissant, car elle ne possède pas d'inducteur alimenté séparément). Une génératrice asynchrone doit donc être couplée sur un réseau où débitent aussi des génératrices synchrones, susceptibles de fournir la puissance réactive qui lui est indispensable. On peut améliorer le facteur de puissance d'une génératrice asynchrone en disposant une batterie de condensateurs en parallèle sur son primaire.

Remarque 3 : La mise en service d'une génératrice à induction ne peut s'effectuer comme dans le cas des machines synchrones (lancement grâce à la turbine d'entraînement, puis couplage sur le réseau), car il n'y a pas de f.e.m. induites aux bornes des enroulements statoriques en l'absence de connections avec le réseau. La machine doit donc être démarrée comme un moteur asynchrone, puis entraînée au-delà du synchronisme.

Remarque 4 : Les inconvénients cités ci-dessus limitent l'emploi de ce type de génératrices triphasées aux faibles puissances ; l'intérêt essentiel de ces machines est leur robustesse, associée à l'absence d'excitation et d'entretien. Disposées au "fil de l'eau", sur de petites rivières, les génératrices asynchrones fournissent un appoint d'énergie électrique.

E.VII.3. AUTO-AMORÇAGE ASYNCHRONE SUR CONDENSATEURS

On a vu qu'une génératrice asynchrone a besoin d'énergie réactive pour créer son champ magnétique glissant. On peut donc espérer amorcer une machine à induction dont les enroulements statoriques sont isolés du réseau, en connectant une batterie de condensateurs à ses bornes.

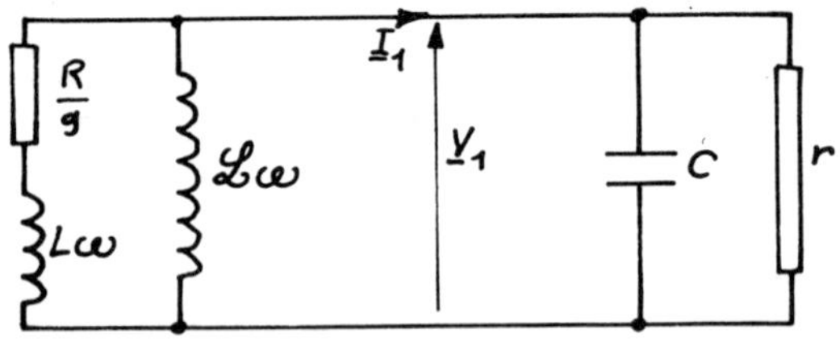

Fig. E.VII.5

La figure E.VII.5 représente le schéma équivalent à un enroulement d'une machine asynchrone alimentant une charge capacitive (on a supposé $\underline{I}_{10}$ purement réactif, pour simplifier). Ce schéma est équivalent à celui de la figure E.VII.6, si :

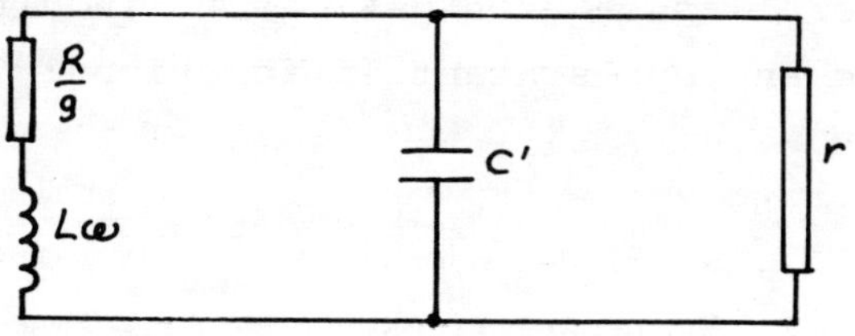

Fig. E.VII.6

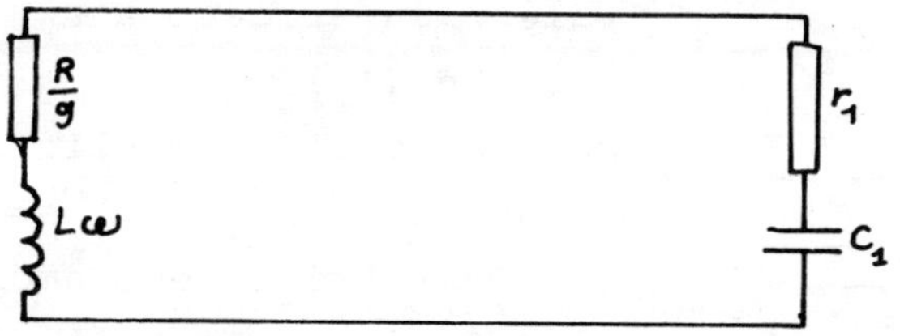

Fig. E.VII.7

$$C'\omega = C\omega - \frac{1}{\mathscr{L}\omega}$$

L'impédance $\underline{Z}$, constituée par la résistance r et le condensateur de capacité C' montés en parallèle, peut aussi se mettre sous la forme :

$$\underline{Z} = \frac{r}{1 + jrC'\omega}$$

D'où :

$$\underline{Z} = \frac{1}{1 + (rC'\omega)^2} . (r - jr^2C'\omega)$$

$$\underline{Z} = r_1 - \frac{j}{C_1\omega}$$

On peut donc établir un nouveau schéma électrique (fig. E.VII.7) équivalent aux précédents.

L'auto-amorçage a lieu si les puissances (active et réactive) fournies par le générateur sont égales aux puissances absorbées par le récepteur (théorème de Boucherot), ce qui implique :

- pour la puissance active :

$$\frac{R}{g} + r_1 = 0$$

$$\frac{R}{g} = - \frac{r}{1 + (rC'\omega)^2} \qquad (E.VII.1)$$

- pour la puissance réactive :

$$L\omega - \frac{1}{C_1\omega} = 0$$

ou :

$$L = \frac{r^2C'}{1 + (rC'\omega)^2} \qquad (E.VII.2)$$

La seconde relation peut encore s'écrire, en remplaçant C' par sa valeur exprimée en fonction de C et $\mathscr{L}$:

$$L = \frac{r^2\mathscr{L}(\mathscr{L}C\omega^2 - 1)}{(\mathscr{L}\omega)^2 + r^2(\mathscr{L}C\omega^2 - 1)^2} = f(\omega). \qquad (E.VII.3)$$

Cette équation permet de déterminer la pulsation des f.e.m. induites dans la machine. On peut la résoudre en représentant la fonction :

$$\frac{1}{C_1 \omega^2} = f(\omega)$$

Cette fonction est représentée par une courbe dont l'allure est indiquée sur la figure E.VII.8. Si cette fonction ne prend jamais de valeur supérieure à L (courbe (1)), il n'y a pas de solution réelle de l'équation (*E.VII.3*) et la génératrice ne s'amorce pas. Si la courbe a l'allure (2), il existe deux pulsations (ω_1 et ω_2) auxquelles la machine peut s'amorcer.

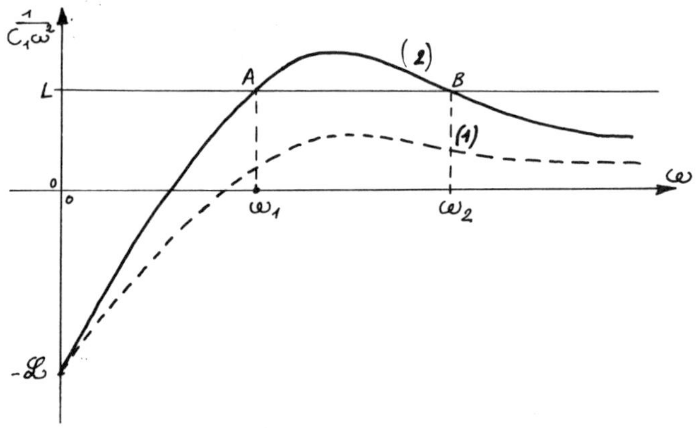

Fig. E.VII.8

L'équation (*E.VII.1*) s'écrit encore :

$$g = -\frac{R(1 + r^2C'^2\omega^2)}{r} = -\frac{R}{r}\left[1 + r^2\left(C\omega - \frac{1}{\mathcal{L}\omega}\right)^2\right] = -g(\omega)$$

La fonction :

$$|g| = g(\omega)$$

est représentée par une courbe comme celle construite sur la fig. E.VII.9. En reportant sur l'axe des abscisses les pulsations ω_1 et ω_2 obtenues plus haut, on détermine les valeurs des glissements associées à ces fonctionnements. On en déduit les vitesses de rotation de la machine.

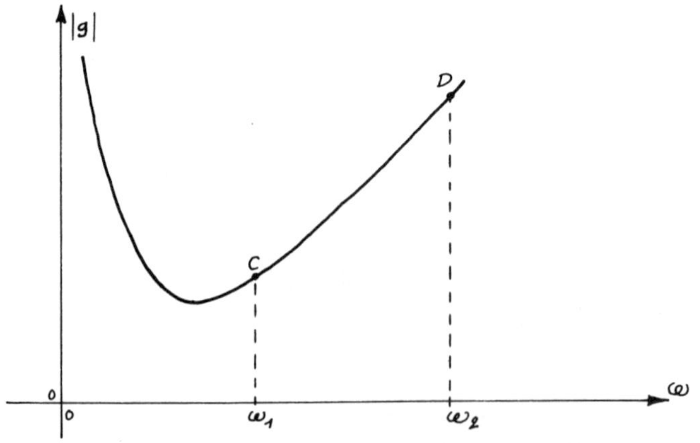

On montrerait qu'un seul des deux fonctionnements mis en évidence correspond à un régime stable ; c'est celui qui est caractérisé par la pulsation la plus faible (ω_1).

On pourrait chercher les conditions d'amorçage d'une machine asynchrone, en cherchant la relation qui lie les éléments du schéma équivalent si on désire que l'équation (*E.VII.3*) possède au moins une solution réelle. On trouverait :

$$r\sqrt{C} > \frac{\sqrt{L\mathscr{L}}}{\sqrt{\mathscr{L} + L} - \sqrt{L}} \qquad (E.VII.4)$$

Remarque : on a simplifié le problème en négligeant la saturation du circuit magnétique de la machine. Il faudrait en tenir compte pour déterminer la valeur de la tension qui apparaît entre ses bornes.

On retiendra surtout que c'est en agissant sur la vitesse d'entraînement et sur la capacité C des condensateurs (à charge r fixe) que l'on fixe la pulsation et la tension de la génératrice asynchrone. On retiendra aussi qu'il ne suffira pas d'isoler du réseau une machine à induction en rotation pour être en sécurité.

E.VIII. RENDEMENT DES MACHINES À INDUCTION

E.VIII.1. BILAN ENERGETIQUE

La norme NF C 51-112 décompose les pertes des machines asynchrones comme suit :

8.1. Pertes constantes

a) Pertes dans le fer et pertes supplémentaires à vide dans les autres parties mécaniques.

b) Pertes dues au **frottement** (paliers et balais s'ils ne sont pas relevés en fonctionnement), à l'exclusion des pertes dans un système de graissage séparé.

c) Pertes totales par ventilation dans la machine, y compris la puissance absorbée par les ventilateurs faisant partie intégrante de la machine et par les machines auxiliaires, s'il en existe, faisant partie intégrante de la machine.

8.2. Pertes en charge

a) Pertes par effet Joule dans les enroulements primaires.

b) Pertes par effet Joule dans les enroulements secondaires.

c) Pertes électriques dans les balais (s'il y a lieu).

8.3. Pertes supplémentaires en charge

a) Pertes supplémentaires en charge dans le fer et les autres parties métalliques autres que les conducteurs.

b) Pertes par courants de Foucault dans les conducteurs d'enroulements primaires ou secondaires, dues à la pulsation du flux dépendant du courant.

Il peut être utile de doubler cette première énumération des pertes d'une analyse relative à leur localisation :

∇ *Pertes statoriques :*

- puissance prélevée aux bornes du réseau pour alimenter des machines auxiliaires (ventilateurs, pompes à eau ou à huile) ;
- pertes par effet Joule dans les enroulements primaires ;
- pertes dans le fer dues à la rotation du champ d'induction glissant résultant. Ce champ magnétique ne dépend que de la tension du réseau d'alimentation, puisque la machine asynchrone est à flux forcé, si on néglige la chute de tension aux bornes des impédances de fuites. Ces pertes sont donc constantes ; elles sont dues aux courants de Foucault (dans le fer) et à l'hystérésis (essentiellement alternative) ; on admettra qu'elles varient comme le carré de la tension d'alimentation.
- pertes supplémentaires en charge : ce sont les pertes ferromagnétiques dues au flux de fuite (fonction de l'intensité du courant primaire) et les pertes par courants de Foucault dans les enroulements statoriques.

∇ *Pertes rotoriques :*

- pertes par hystérésis dans le fer du rotor, du fait du champ glissant résultant ; elles sont négligeables devant les autres pertes car la pulsation de rotation de ce champ, $\Omega_r = g\Omega_s$, est faible devant Ω_s ;
- pertes par effet Joule dans les enroulements secondaires ;
- pertes supplémentaires en charge : ce sont les pertes par hystérésis dues au flux de fuite et les pertes par courants de Foucault dans le fer et dans les enroulements secondaires ; les pertes par hystérésis sont négligeables, celles par

courants de Foucault sont de même nature que les pertes par effet Joule ;

- pertes électriques dans les balais (s'il y a lieu) ;
- pertes mécaniques : ce sont les pertes dues au frottement (paliers et balais) et à la ventilation (frottement visqueux du rotor et des ventilateurs mécaniques dans le fluide de refroidissement).

On en déduit l'allure des diagrammes énergétiques d'un moteur asynchrone (fig. E.VIII.1) et d'une génératrice asynchrone (fig. E.VIII.2).

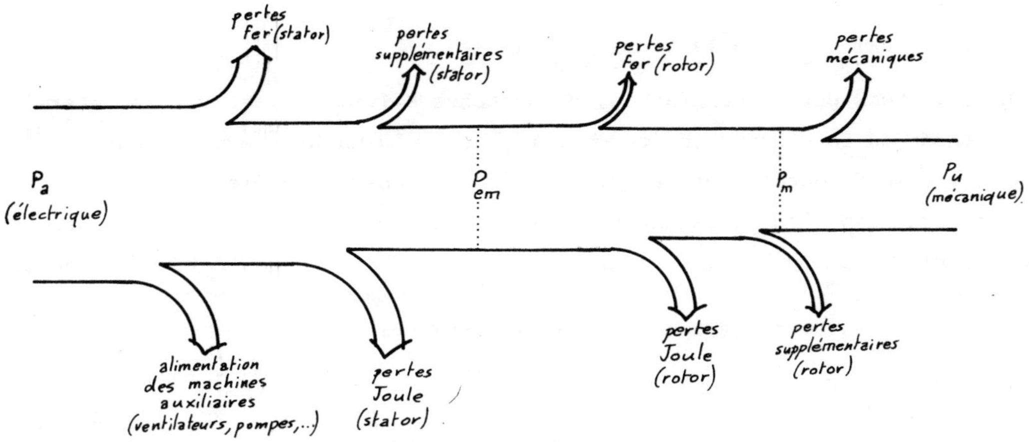

Fig. E.VIII.1

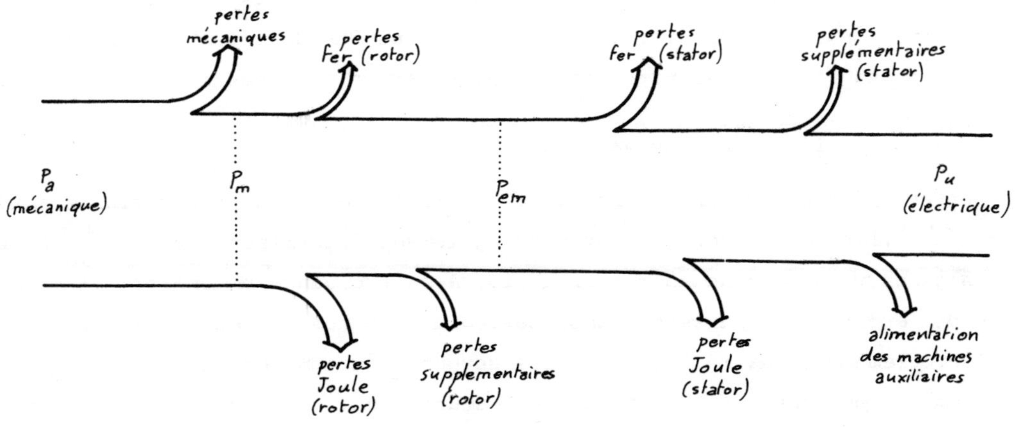

Fig. E.VIII.2

E.VIII.2. DETERMINATION DES PERTES

La mesure des différentes pertes de puissance de la machine asynchrone permet de calculer son rendement. On peut, surtout, utiliser ces grandeurs pour estimer les échauffements des différentes parties de la machine et juger l'efficacité des isolants thermiques et des procédés de refroidissement utilisés.

Pour mesurer ou calculer ces différentes grandeurs, la norme NF C 51-112 fixe les méthodes suivantes :

9.1.1. Pertes constantes

9.1.1.1. Essai à vide à la tension nominale

La somme des pertes constantes, paragraphes 8.1.a., b., et c., se détermine par la méthode du fonctionnement en moteur à vide. La machine est alimentée à sa tension et à sa fréquence nominales. La puissance absorbée, diminuée des pertes par effet Joule dans l'enroulement primaire, donne le total des pertes constantes. Les pertes par effet Joule dans l'enroulement secondaire peuvent être négligées.

9.1.1.2. Essais avec machine auxiliaire tarée

Les pertes constantes peuvent être déterminées séparément en entraînant la machine, séparée du réseau, à sa vitesse nominale, au moyen d'un moteur taré. Avec les balais en place, s'il y a lieu, la puissance absorbée sur l'arbre par la machine, qui se déduit de la puissance électrique absorbée par le moteur taré, donne le total des pertes, paragraphes 8.1.b. et 8.1.c. Les pertes définies au paragraphe 8.1.a. se déduisent des précédentes par différence, à partir de l'essai au § 9.1.1.1.

9.1.1.3. Essai à vide à tension variable

Les pertes définies au paragraphe 8.1.a. et la somme des pertes définies aux paragraphes 8.1.b. et 8.1.c. peuvent être également déterminées séparément en faisant fonctionner la machine en moteur à vide à sa fréquence nominale, mais à des tension différentes. La puissance absorbée, diminuée des pertes par effet Joule dans l'enroulement primaire, est reportée sur un diagramme en fonction du carré de la tension. On obtient ainsi, aux faibles saturations, une ligne droite qui peut être extrapolée jusqu'à une valeur nulle de la tension, de façon à donner la somme des pertes, paragraphes 8.1.b. et c.

Il ne faut pas oublier qu'à très faible tension les pertes reportées sur le diagramme peuvent être élevées en raison de l'augmentation des pertes dans l'enroulement secondaire lorsque le glissement devient important. Cette partie du diagramme doit donc être laissée de côté lors du tracé de la ligne droite.

Note.- Pour les moteurs à rotor bobiné, un essai à vide au synchronisme peut être effectué, comme pour une machine synchrone, en alimentant deux phases du rotor (ou trois) par une excitation en courant continu.

9.1.2. Pertes en charge

9.1.2.1. Essai en charge

Les pertes définies au paragraphe 8.2.a. sont calculées à partir des résistances des enroulements primaires, mesurées en courant continu et ramenées à la température de référence, et du courant correspondant à la charge à laquelle les pertes sont calculées.

Pour déterminer les pertes définies au paragraphe 8.2.b. lorsqu'un essai en charge est fait, les pertes dans l'enroulement secondaire sont prises égales au produit du glissement par la puissance totale transmise à l'enroulement secondaire, c.à.d. la puissance absorbée diminuée des pertes dans le fer, paragraphe 8.1.a., et des pertes par effet Joule dans l'enroulement primaire, paragraphe 8.2.a. Cette méthode donne directement la somme des pertes, paragraphes 8.2.b. et 8.2.c. pour les machines à bagues, et des pertes, paragraphe 8.2.b. pour les machines à cage. Elle est la seule applicable pour ce dernier type de machines, où la mesure directe des résistances et du courant de l'enroulement secondaire n'est pas possible. Lorsqu'il est fait usage de cette méthode, le glissement peut être mesuré par une méthode stroboscopique, ou en comptant les battements d'un millivoltmètre à aimant permanent connecté entre deux bagues (pour les moteurs à rotor bobiné), ou aux bornes d'une bobine auxiliaire (pour les moteurs à rotor en court-circuit), ou encore entre les extrémités de l'arbre.

9.1.2.2. Valeurs calculées

Pour les moteurs à rotor bobiné, les pertes définies au paragraphe 8.2.b. peuvent être calculées à partir des résistances, mesurées en courant continu et ramenées à la température de référence, et du courant secondaire déduit du diagramme du cercle ou d'un circuit équivalent compte tenu du rapport de transformation vrai de la machine.

Pour l'essai en charge, les pertes dans les balais, paragraphe 8.2.c., ne peuvent pas être mesurées directement. Elles sont alors prises égales au produit du courant passant dans les balais par une chute de tension déterminée. La chute de tension dans tous les balais d'une même phase est prise égale à 1,0 V pour les balais en carbone ou en graphite, et à 0,3 V pour les balais en carbone métallisé.

9.1.2.3. Essai en charge à tension réduite

Cette méthode est également applicable aux machines à rotor à cage.

Lorsqu'on réduit la tension en maintenant la vitesse de rotation à une valeur constante, les courants diminuent à peu près proportionnellement à la tension et la puissance à peu près proportionnellement au carré de la tension.

Lorsqu'on applique une charge à un moteur à induction à la tension réduite U_r, on mesure la puissance absorbée P_{1r}, le courant primaire principal I_{1r} et le glissement s, ainsi que le courant à vide I_{0r} à la même tension réduite U_r, et le courant à vide I_0 à la tension nominale U_n.

Le vecteur du courant I_1 de la charge à la tension nominale s'obtient par construction d'un diagramme vectoriel (figure ci-contre) de la façon suivante :

au vecteur du courant I_{1r}, multiplié par le rapport U_n/U_r, on ajoute le vecteur :

$$\Delta I_0 = I_0 \sin\phi_0 - I_{0r}\left(\frac{U_n}{U_r}\right)\sin\phi_{0r}$$

Le vecteur résultant représente le courant qui s'établit à la tension nominale U_n pour la puissance absorbée suivante :

$$P_1 = P_{1r}\left(\frac{U_n}{U_r}\right)^2$$

A l'aide des valeurs I_1 et P_1 ainsi déterminées et du glissement s, mesuré à tension réduite, on peut alors calculer les pertes dépendant du courant, comme indiqué au paragraphe 9.1.2.1.

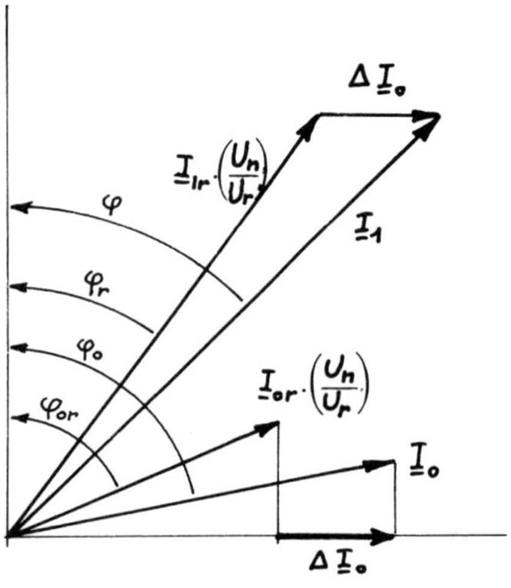

Fig. E.VIII.3

9.1.3. Pertes supplémentaires en charge

Sauf spécification contraire, on admet que les pertes définies aux paragraphes 8.3.a. et 8.3.b. varient comme le carré du courant primaire et que leur valeur totale à pleine charge est égale à 0,5% de la puissance nominale absorbée, pour les moteurs, et 0,5% de la puissance nominale utile, pour les génératrices.

E.VIII.3. DETERMINATION DU RENDEMENT

Par définition, le calcul du rendement suppose la mesure des puissances utile et absorbée, au cours d'un essai direct, et s'exprime :

$$\eta = \frac{P_u}{P_a}$$

Toutefois, en l'absence d'essai direct, on peut calculer le rendement approché, associé à un fonctionnement donné, à partir des différentes pertes de la machine dans ce fonctionnement, calculées ou mesurées au cours d'essais à faibles puissances (essais à vide, en court-circuit, sous tension réduite,...). Le rendement s'exprime alors :

$$\eta = \frac{P_u}{P_u + \text{pertes}} \qquad \text{ou} \qquad \eta = \frac{P_a - \text{pertes}}{P_a}$$

Dans le cas d'un moteur asynchrone, on a aussi :

$$P_u = C_u \Omega$$

et :

$$P_a = C_u \Omega + P_{méca} + P_{Js} + P_{Jr} + P_{fer} + P_{sup}$$

On remarque que :

$$C_u \Omega + P_{méca} = C_{em} \Omega$$

et :

$$P_{Jr} + P_{sup} = g.P_{em} = g.C_{em} \Omega_s$$

D'où :

$$C_u \Omega + P_{méca} + P_{Jr} + P_{sup} = C_{em}.\Omega + g.C_{em}.\Omega_s = C_{em}.\Omega_s$$

En général, le moment du couple des pertes mécaniques est négligeable devant celui du couple utile et :

$$C_u = C_{em} = C$$

Alors :

$$\eta = \frac{C.\Omega}{C.\Omega_s + P_{Js} + P_{fer}} = \frac{C.\Omega}{C.\Omega_s + P_{Js} + P_{10}}$$

Remarque : On peut aussi déterminer le rendement d'une machine asynchrone à partir de son diagramme circulaire (si elle en possède un). Mais ce diagramme ne donne les différentes pertes qu'avec une imprécision importante.

Les essais qui permettent une mesure directe du rendement sont définis par la norme NF C 51-112.

9.2.1. *Essai au frein*

La machine tournant dans les conditions nominales de vitesse, tension et courant, le rendement est pris égal au rapport de la puissance utile à la puissance absorbée.

L'essai doit être effectué à une température aussi voisine que possible de celle atteinte en fonctionnement à la fin du temps spécifié dans le service nominal. Il n'est pas effectué de correction tenant compte de la variation de résistance des enroulements avec la température.

9.2.2. *Essai avec machine auxiliaire tarée*

(même texte qu'au paragraphe précédent).

9.2.3. *Essai en opposition*

Les machines tournant dans des conditions nominales qui sont pratiquement les mêmes, les pertes sont considérées comme également réparties et le rendement se calcule à partir de la moitié des pertes totales et de la puissance électrique absorbée. La machine entraînée fonctionne en génératrice asynchrone si on dispose d'une source de puissance réactive magnétisante et si l'on connecte à ses bornes une charge appropriée.

L'essai doit être effectué ... (même texte qu'au paragraphe 9.2.1).

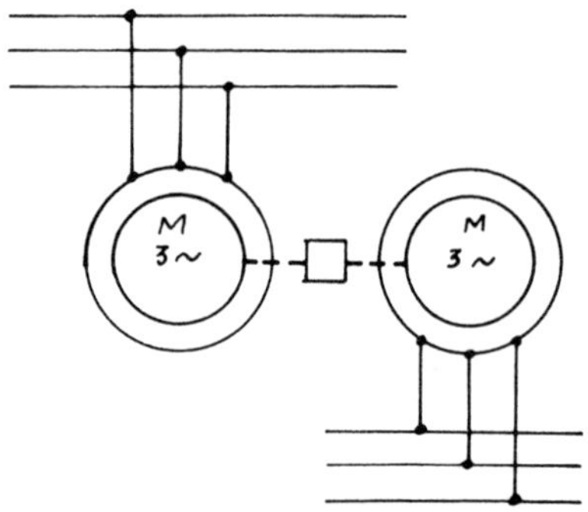

Fig. E.VIII.4

9.2.4. *Essai en opposition avec marche en parallèle sur un réseau*

Les machines identiques, tournant dans des conditions nominales qui sont pratiquement les mêmes, les pertes couvertes par le réseau sont considérées comme également réparties et le rendement est calculé à partir de la moitié des pertes totales et de la puissance électrique absorbée par l'une des machines.

L'essai doit être effectué ... (même texte qu'au paragraphe 9.2.1).

Note.- S'il y a lieu d'utiliser une boîte d'engrenages, comme c'est le cas pour les moteurs à induction, il faut déduire les pertes dans celle-ci de la puissance électrique absorbée avant de déterminer les pertes de la machine électrique.

Lorsque deux machines à induction sont couplées électriquement, elles doivent être accouplées mécaniquement à l'aide d'un dispositif de réglage de la vitesse, tel qu'une boîte d'engrenages, de façon à assurer la transmission correcte de la puissance. La valeur de la puissance transmise dépend de la différence de vitesse. Le réseau électrique couvrant les pertes des deux machines devra fournir de la puissance réactive magnétisante aux deux machines.

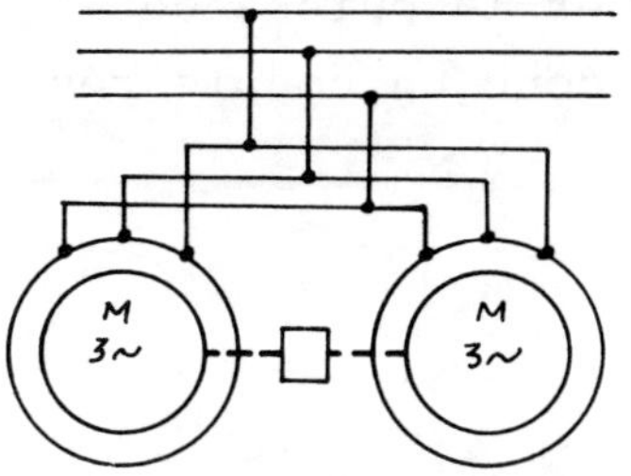

Fig. E.VIII.5

Remarque : Les textes de la norme NF C 51-112 font référence à une "température de référence". Cette température a été définie dans le chapitre B.V.

E.VIII.4. SEPARATION DES PERTES FERROMAGNETIQUES

Afin de déterminer l'influence de la nature du matériau et de l'épaisseur des tôles, il peut être utile de séparer les pertes par hystérésis, P_H , des pertes dues aux courants de Foucault, P_F . On ne considère, bien entendu, que les pertes ferromagnétiques du stator.

On sait que les pertes dues à l'hystérésis sont proportionnelles à la fréquence du champ magnétique, donc à la pulsation de rotation du champ glissant :

$$P_H = A.\Omega_c = A'.f_c$$

(f_c et Ω_c sont les fréquences et pulsation de rotation du champ).

Les pertes par courants de Foucault sont fonction du carré de la fréquence :

$$P_F = B.\Omega_c^2 = B'.f_c^2$$

D'où :

$$P_{fer} = P_H + P_F = A.\Omega_c + B.\Omega_c^2 = A'.f_c + B'.f_c^2$$

E.VIII.4.a. Méthode de Fourmarier

Le champ magnétique glissant doit développer la puissance P_{fer} pour tourner à la pulsation Ω_c. Il présente donc un couple résistant de moment :

$$C_{fer} = A + B.\Omega_c$$

Il suffit de mesurer le moment de ce couple à la valeur nominale du champ et au voisinage des valeurs nulles de Ω_c pour déterminer les constantes A et B. Pour réaliser de faibles vitesses de glissement, on alimentera la machine à induction par son secondaire (ce qui limite cette méthode aux moteurs à bagues) et on l'entraînera en sens opposé à celui du champ glissant du rotor.

La pulsation de rotation du champ d'induction, par rapport au stator, vaudra alors :

$$\Omega_c = \Omega_m - \Omega_s$$

(si Ω_m est la pulsation de rotation du moteur entraînant le rotor); on vérifie que, lorsque $\Omega_m = \Omega_s$, le stator n'est le siège d'aucune f.e.m. induite.

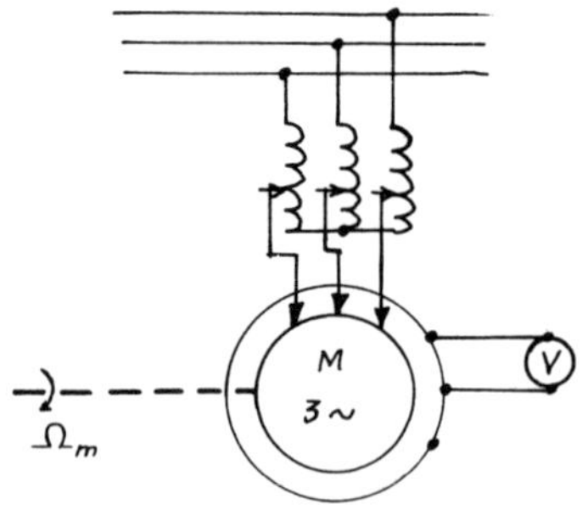

Fig. E.VIII.6

Pour réaliser le même champ magnétique que lors du fonctionnement sous tension nominale, il suffit d'alimenter les enroulements secondaires sous la tension $V_2 = m.V_1$ (m est le rapport de transformation du moteur à l'arrêt, à circuit ouvert).

Le moteur d'entraînement doit donc développer un couple égal à la somme du couple des pertes mécaniques, C_{pm}, et du couple des pertes dans le fer, C_{fer}. Soit C_m le couple du moteur :

$$C_m = C_{pm} + C_{fer} = C_{pm} + A + B.\Omega_c$$

La figure E.VIII.7 montre l'allure de la courbe représentant C_m en fonction de $\Omega_m = \Omega_s + \Omega_c$; il ne faut pas oublier que le couple C_{fer} est un couple de pertes, c.à.d. qui s'oppose toujours à la rotation du champ glissant : ce couple est donc résistant quand Ω_c est positif, moteur lorsque Ω_c est négatif. Le relevé expérimental de la courbe $C_m = f(\Omega_m)$ au voisinage de Ω_s permet donc de déterminer les grandeurs C_{pm}, A et B ; on en déduit les grandeurs cherchées :

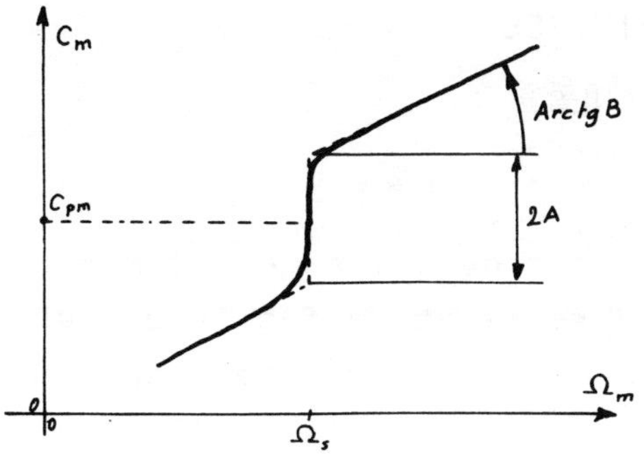

Fig. E.VIII.7

$$P_H = A.\Omega_s \quad \text{et} \quad P_F = B.\Omega_s^2.$$

On peut aussi construire la courbe de la puissance utile du moteur d'entraînement :

$$P_{um} \neq C_m.\Omega_s$$

D'où la figure E.VIII.8. On peut alors mesurer directement $P_{méca}$ et P_H.

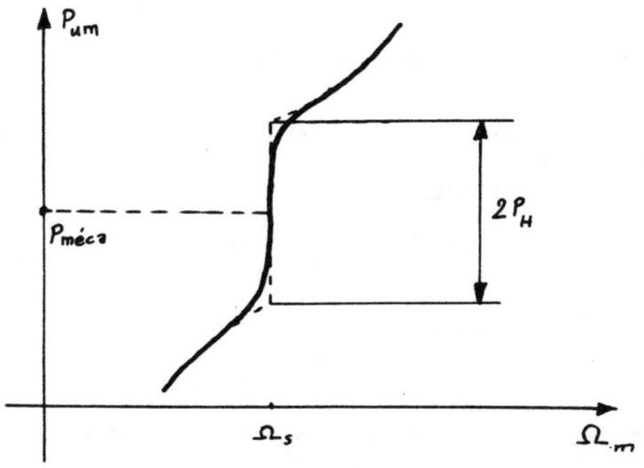

Fig. E.VIII.8

E.VIII.4.b. Méthode de Mordey

Applicable aux moteurs à cage, cette méthode consiste en la mesure des pertes ferromagnétiques totales à deux fréquences différentes (et à même flux). Il suffit alors de résoudre le système d'équations :

$$P_{fer.1} = A'.f_1 + B'.f_1^2$$

$$P_{fer.2} = A'.f_2 + B'.f_2^2$$

On en tire A' et B', dont on déduit les différentes pertes cherchées.

E.IX. RÉGLAGE DE LA VITESSE DES MOTEURS ASYNCHRONES

E.IX.1. PROBLEME

La robustesse de la machine à induction (pas de collecteur limitant la vitesse et les tensions appliquées), sa réalisation facile et peu onéreuse, son entretien réduit, en font un moteur susceptible de remplacer les moteurs à courant continu si le réglage et la régulation de sa vitesse étaient des problèmes résolus de manière satisfaisante.

On a vu qu'en fonctionnement normal, tension et fréquence nominales et secondaire en court-circuit, un moteur à induction voit sa vitesse de rotation n'être fonction que de la charge entraînée. De plus, la plage des vitesses ainsi obtenues est très étroite ; la valeur nominale du glissement est faible, ce qui assure un rendement nominal acceptable.

L'expression de la pulsation de rotation du moteur asynchrone :

$$\Omega = \Omega_s(1-g) = \frac{\omega}{p}(1-g) = \frac{2\pi f}{p}(1-g) \qquad (E.IX.1)$$

montre que nous pouvons modifier la vitesse de rotation :

- soit par action sur le nombre de paires de pôles, p ;
- soit par action sur la fréquence de la source d'alimentation, f ;
- soit par action sur le glissement de la machine, g ;

E.IX.2. ACTION SUR LE NOMBRE DE PAIRES DE POLES

E.IX.2.a. Machines à bobinage primaire unique

Le principe de ces machines est indiqué sur la figure E.IX.1. On voit que deux bobines successives peuvent créer 4 pôles (cas a),

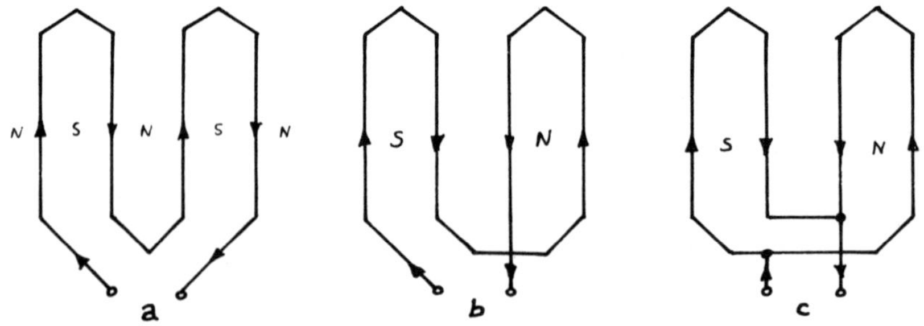

Fig. E.IX.1

si elles sont montées en série, ou 2 pôles, si on inverse le sens du branchement de l'une d'elles (cas b) ou si on les connecte en parallèle (cas c). On peut donc ainsi obtenir, à partir d'un seul bobinage primaire, plusieurs polarités différentes, le rapport des nombres de paires de pôles étant une puissance de 2. On limitera ce rapport aux premières puissances de 2 (2 et 4 essentiellement) si on désire que le champ magnétique glissant conserve une répartition spatiale à peu près sinusoïdale.

On choisira les modes de connection du primaire, correspondant à la petite vitesse et à la grande vitesse, de sorte que la machine, en charge normale, fonctionne dans les deux cas au voisinage de son régime nominal. On remarque, pour cela, que le rapport des couples électromagnétiques nominaux, associés aux deux vitesses réalisées, est égal au rapport des valeurs maximales des champs ; on obtient ce résultat en partant de l'expression :

$$C_{em} = \frac{P_{em}}{\Omega_s} = \frac{3\ V_1\ I_{1t} \cos(\psi'_1)}{\Omega_s}$$

et en remarquant que $V_1 = E_1 = 4{,}44\ K_1 N_1 LRf\ \frac{B_M}{p}$ et $\Omega_s = \frac{2\pi f}{p}$. On en déduit que le moment du couple électromagnétique varie comme B_M.

$$\frac{C_{emG}}{C_{emP}} = \frac{B_{MG}}{B_{MP}}$$

(si on repère par G et P les grandeurs associées à la grande et à la petite vitesse). On a vu que la tension aux bornes d'une bobine varie comme B_M/p. D'où :

$$\frac{C_{emG}}{C_{emP}} = \frac{B_{MG}}{B_{MP}} = \frac{p_G V_G}{p_P V_P} = \frac{V_G}{2V_P}$$

(dans le cas d'un moteur à deux vitesses : Ω_p et $\Omega_G = 2\Omega_p$; d'où : $p_p = 2\ p_G$).

La figure E.IX.2 et le tableau qui lui est associé montrent quelques modes de commutation possibles, ainsi que leurs propriétés.

Fig. E.IX.2	Petite vitesse connexion	Grande vitesse connexion	$\frac{V_G}{V_P}$	$\frac{C_{emG}}{C_{emP}}$
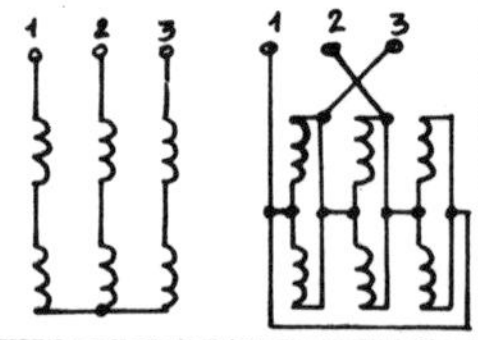	Série-Etoile	Parallèle-Triangle	$2\sqrt{3}$	$\sqrt{3} = 1,732$
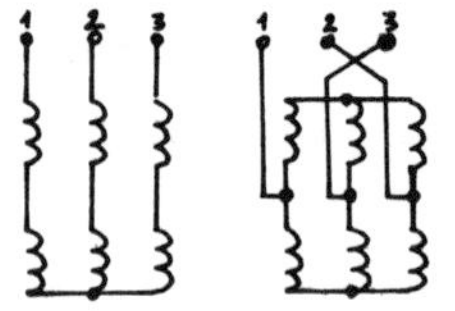	Série-Etoile	Parallèle-Etoile	2	1
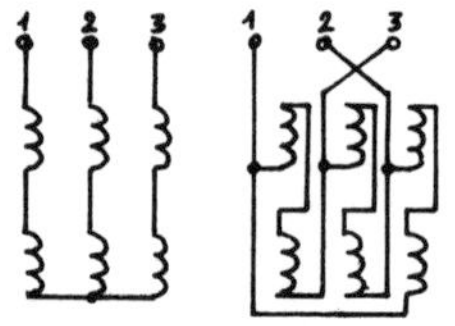	Série-Etoile	Série inversé-Triangle	$\sqrt{3}$	$\frac{\sqrt{3}}{2} = 0,866$
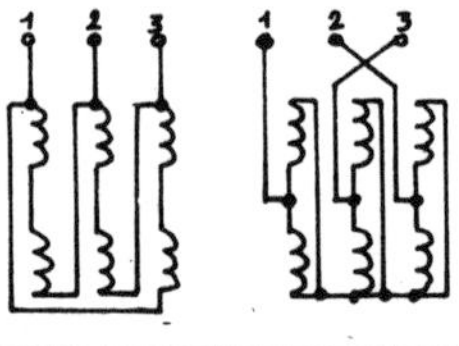	Série-Triangle	Parallèle-Etoile	$\frac{2}{\sqrt{3}}$	$\frac{1}{\sqrt{3}} = 0,58$
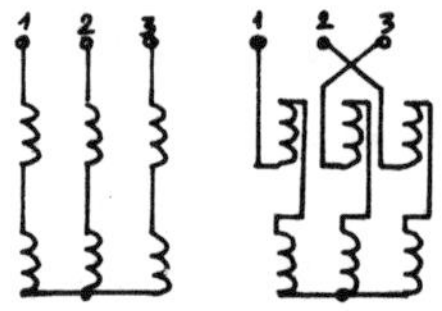	Série-Etoile	Série inversé-Etoile	1	0,5

Le premier montage convient à un moteur dont la charge voit le moment de son couple augmenter avec la vitesse (ventilateur). Les dispositifs 2 et 3 correspondant à une charge à couple constant (treuil, engins de levage). Enfin, les deux derniers modes de connexion peuvent convenir à un moteur travaillant à puissance constante.

Remarque : La permutation des connexions, lors du changement de vitesse, doit s'accompagner de la permutation de deux phases, si on veut conserver le même sens de rotation.

E.IX.2.b. Machines à plusieurs bobinages primaires

Si le rapport des vitesses à réaliser est trop important ou n'est pas une puissance de 2, on peut disposer, dans les encoches du stator, deux bobinages primaires de polarités différentes. Il suffit d'avoir un nombre d'encoches multiple des deux nombres de pôles désirés. On pourrait envisager d'obtenir ainsi plus de deux vitesses, mais les encoches doivent alors être très profondes, ce qui augmente la pénétration du flux dans le stator et les fuites de flux.

On calcule ces machines comme autant de moteurs asynchrones que de bobinages statoriques. Bien entendu, comme dans le cas des machines à un seul bobinage primaire, le secondaire doit subir la même modification (changement de polarité) que celle imposée au primaire. On peut se dispenser d'agir sur le rotor si celui-ci porte une cage court-circuitée : on a vu qu'un tel secondaire se comporte spontanément comme un bobinage de même nombre de paires de pôles que le champ magnétique glissant créé par le primaire.

E.IX.2.c. Moteurs asynchrones en cascade

Si on alimente en cascade, comme indiqué sur la figure E.IX.3, deux moteurs asynchrones accouplés mécaniquement et de nombres de paires de pôles p_1 et p_2 , on voit que la pulsation de rotation de l'arbre doit satisfaire à :

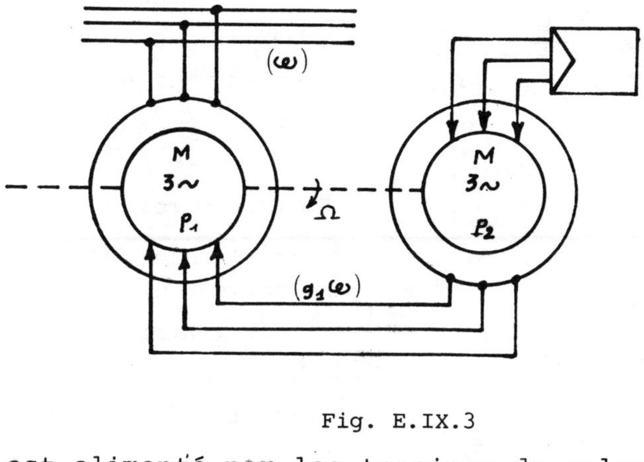

Fig. E.IX.3

$$\Omega = (1-g_1)\Omega_{s1} = (1-g_2)\Omega_{s2}$$

où $\Omega_{s1} = \dfrac{\omega}{p_1}$

et :

$$\Omega_{s2} = \frac{g_1\omega}{p_2}$$

(car le primaire du moteur numéro 2 est alimenté par les tensions de pulsation $g_1\omega$, issues du rotor de la machine numéro 1).

D'où :

$$\Omega = (1-g_1)\frac{\omega}{p_1} = (1-g_2)\frac{g_2\omega}{p_2} = \frac{(1-g_1)\omega + (1-g_2)g_1\omega}{p_1 + p_2}$$

Soit :

$$\Omega = (1-g_1 g_2)\frac{\omega}{p_1 + p_2}$$

L'ensemble est donc équivalent à un moteur asynchrone de nombre de paires de pôles $(p_1 + p_2)$ et de glissement $g_1 g_2$. On peut donc réaliser trois vitesses grâce à ce dispositif : $\frac{\omega}{p_1}$, $\frac{\omega}{p_2}$ et $\frac{\omega}{p_1 + p_2}$.

En conclusion, la modification du nombre des pôles ne permet qu'un nombre restreint de vitesses discrètes et non un réglage continu sur une plage étendue de vitesses. C'est toutefois suffisant dans un certain nombre de cas : machines à laver, appareils de levage ; ces derniers nécessitent deux vitesses : une vitesse de "levage", rapide, et une vitesse "d'accostage", lente.

E.IX.3. ACTION SUR LA FREQUENCE DES TENSIONS D'ALIMENTATION

E.IX.3.a. Convertisseurs de fréquence électromécaniques

On peut alimenter un moteur asynchrone à partir d'un alternateur à vitesse variable (fig. E.IX.4) ou grâce aux tensions secondaires d'une autre machine à induction (fig. E.IX.5) ou d'une commutatrice (voir chap. G).

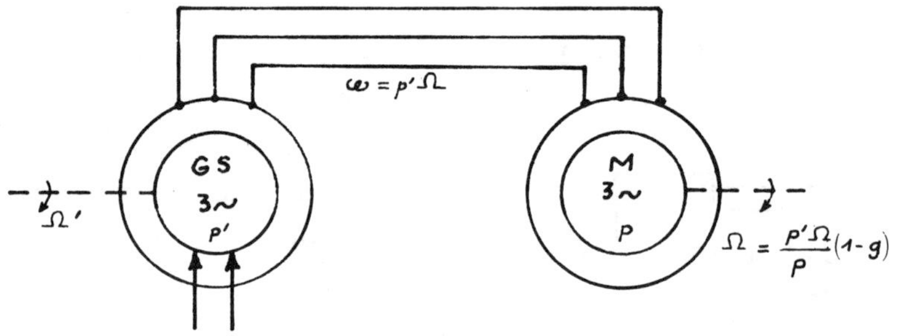

Fig. E.IX.4

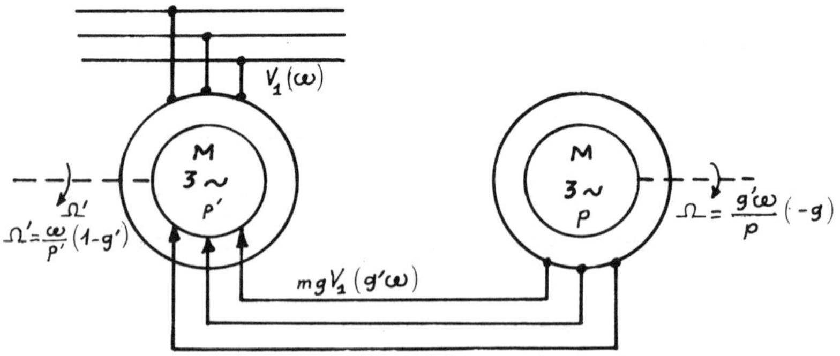

Fig. E.IX.5

Dans tous les cas il convient de régler la valeur efficace des tensions d'alimentation en fonction du moment du couple présenté par la charge.

Le problème du réglage ou de la régulation de la vitesse est reporté au niveau de la machine d'entraînement du convertisseur. Ces procédés n'ont comme avantages que leur robustesse et leur fiabilité. Leur poids, leur encombrement et leur prix limitent leur utilisation aux cas où il y a un grand nombre de moteurs asynchrones à réguler simultanément.

E.IX.3.b. Convertisseurs statiques

On peut alimenter un moteur asynchrone à l'aide d'un onduleur autonome, comme celui représenté sur la figure E.IX.6. La valeur efficace

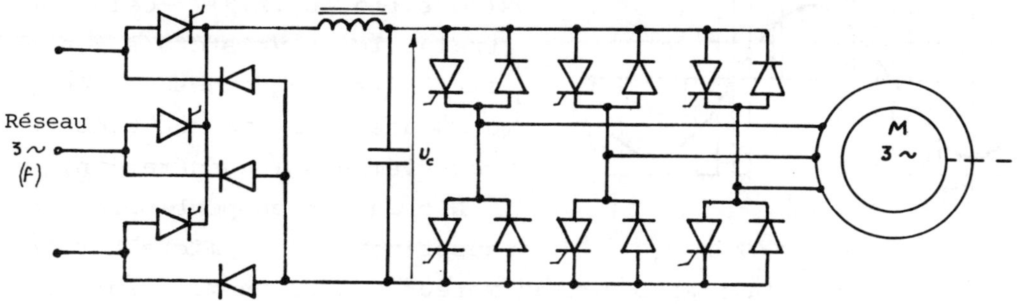

Fig. E.IX.6

des tensions d'alimentation est réglée grâce au pont redresseur commandé qui produit la tension continue intermédiaire U_C. La fréquence de ces tensions est celle du cycle des impulsions de commande des thyristors du pont onduleur. La séparation de ces deux fonctions simplifie la commande et les mesures de protection. Les thyristors de l'onduleur travaillent à des fréquences faibles (fréquence à produire), mais peuvent présenter des difficultés d'amorçage sous faible tension continue (aux vitesses lentes, le moteur doit être alimenté sous faible tension). De plus, le pont redresseur commandé présente un facteur de puissance faible et des taux d'harmoniques élevés (surtout aux vitesses lentes).

On peut réduire ces inconvénients en utilisant l'onduleur en pont de la figure E.IX.7.

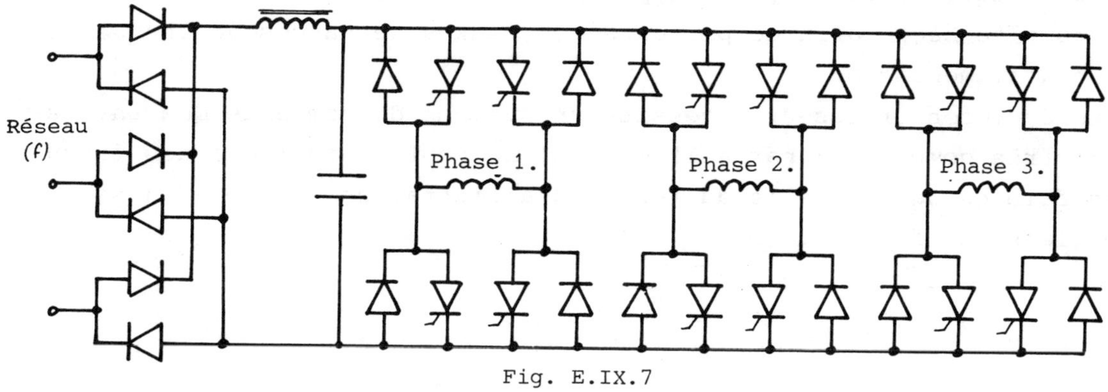

Fig. E.IX.7

La tension continue intermédiaire est alors constante ; la commutation des thyristors est améliorée. La commande des thyristors du pont décide de la fréquence des tensions produites (fréquence du cycle de commande) et de la valeur efficace de ces tensions (par l'intermédiaire des durées de conduction des différents redresseurs). On réalise des tensions à peu près sinusoïdales en modulant la durée des créneaux de tension au cours de la période (voir fig. E.IX.8) ; cela contraint les thyristors à travailler à des fréquences élevées, d'où des problèmes de blocage de ces éléments (régénération).

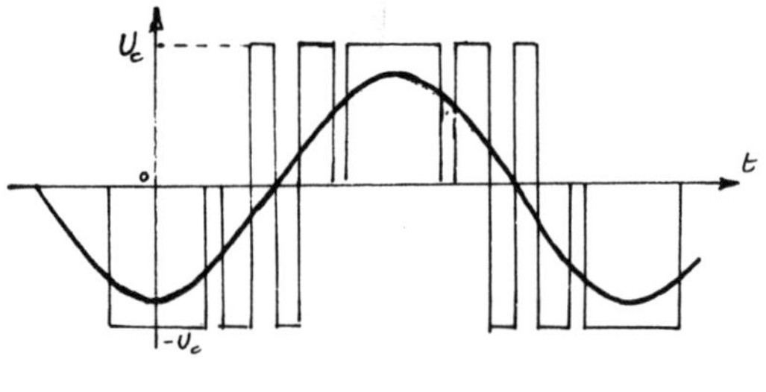

Fig. E.IX.8

L'onduleur en pont permet de supprimer les premiers harmoniques de la tension d'alimentation du moteur : d'où un meilleur rendement et atténuation des couples oscillants nuisibles.

On peut aussi alimenter un moteur asynchrone à partir d'un cycloconvertisseur (voir fig. E.IX.9). Chaque enroulement de la machine est alimenté par deux ponts de thyristors montés tête-bêche. On sait que la tension aux bornes d'un pont triphasé de thyristors est une fonction sinusoïdale du retard à l'amorçage des thyristors (à partir de l'instant d'amorçage naturel). En faisant varier linéairement ce retard, chaque pont produit une tension moyenne à peu près sinusoïdale. On monte deux ponts tête-bêche afin de produire les deux alternances de chaque tension d'alimentation.

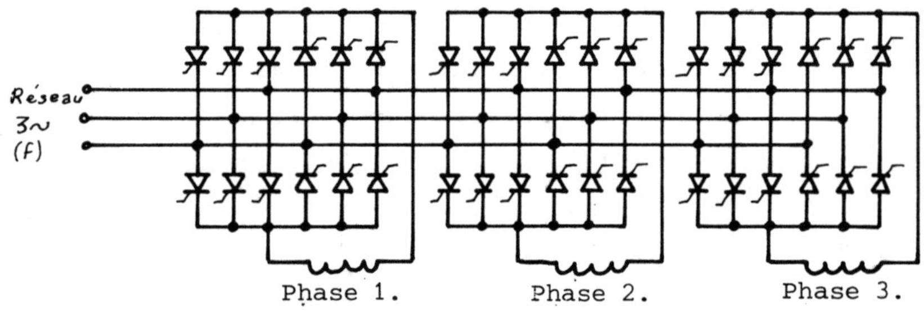

Fig. E.IX.9

Le cycloconvertisseur nécessite un système de commande des thyristors très complexe ; par ailleurs, il ne peut fournir que des fréquences faibles devant celle du réseau d'alimentation (on ne dépassera pas le tiers de f).

E.IX.4. ACTION SUR LE GLISSEMENT DU MOTEUR ASYNCHRONE

E.IX.4.a. Action sur la tension d'alimentation

Toutes choses égales par ailleurs, le moment du couple moteur d'une machine à induction est proportionnel au carré de la tension d'alimentation. On peut donc modifier la vitesse d'un groupe moteur asynchrone-charge en réglant la valeur de la tension primaire (fig. E.IX.10). Mais, outre que l'on ne peut sortir de l'intervalle (Ω_0, Ω_s), on restreint la stabilité du fonctionnement.

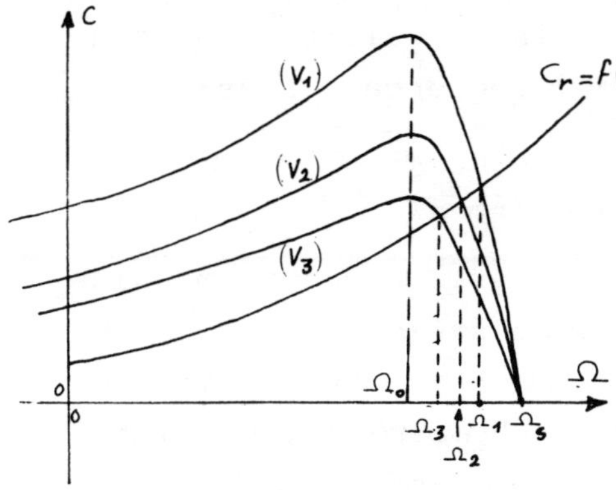

Fig. E.IX.10

E.IX.4.b. Rhéostat de glissement

On a déjà étudié l'influence de la résistance d'un enroulement secondaire sur la caractéristique mécanique $C = f(\Omega)$. On voit (fig. E.IX.11) que l'augmentation de la résistance d'un enroulement rotorique (à l'aide d'un rhéostat) permet de réduire la vitesse de rotation. La plage de vitesse ainsi balayée est d'autant plus grande que la charge est plus importante.

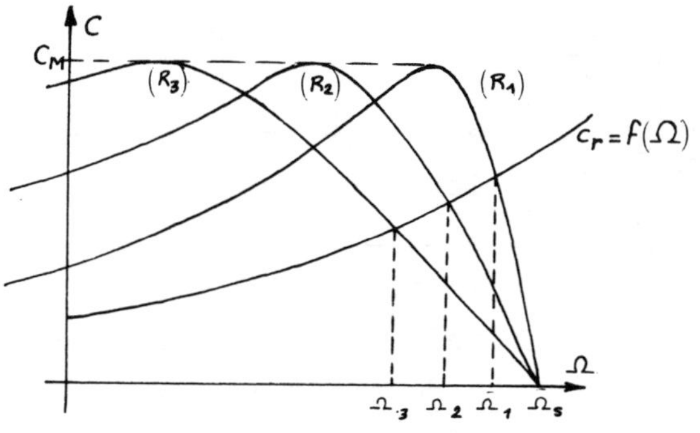

Fig. E.IX.11

On sait que le rendement du secondaire d'une machine à induction a pour valeur (en négligeant les pertes par hystérésis et les pertes mécaniques) :

$$\eta_r = 1 - g$$

En augmentant le glissement d'un moteur asynchrone, on réduit son rendement et on augmente la puissance dissipée par effet Joule (et éventuellement l'échauffement de la machine). Les procédés précédents ne sont donc pas applicables à des machines de fortes puissances.

On conservera toutefois le principe du rhéostat de glissement : la puissance électrique disponible au secondaire d'un moteur asynchrone est liée à la puissance électromagnétique, provenant du primaire, par :

$$P_2 = g.P_{em}$$

Mais, au lieu de dissiper cette puissance dans des résistances, on la restituera au réseau d'alimentation par l'intermédiaire d'un convertisseur (les tensions secondaires sont de fréquence g.f, si f est la fréquence primaire).

E.IX.4.c. Cascades de récupération

Dans la cascade asynchrone (fig. E.IX.12), c'est une autre machine à induction qui restitue au réseau la puissance prélevée au rotor de la première ; le glissement est réglé par l'intermédiaire du calage mécanique relatif des deux rotors.

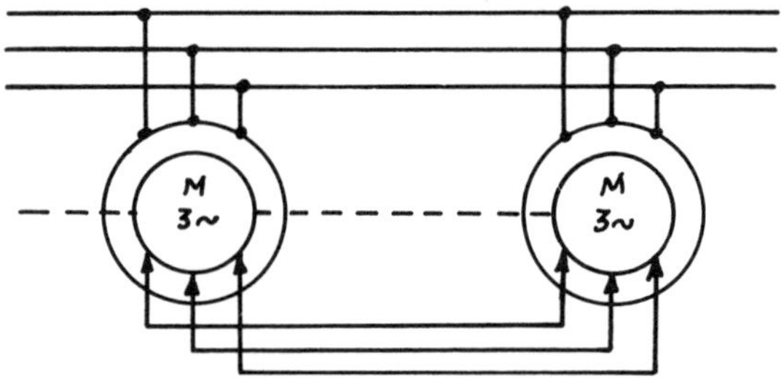

Fig. E.IX.12

On peut aussi utiliser des commutatrices pour récupérer la puissance rotorique, ou injecter de la puissance au rotor, réalisant ainsi des vitesses supérieures au synchronisme. C'est le cas du groupe Scherbius (fig. E.IX.13), où le calage des balais décide de la vitesse ; c'est aussi celui de la cascade de Kramer (fig. E.IX.14), où la tension appliquée à la commutatrice et le positionnement de ses balais permettent de commander la vitesse.

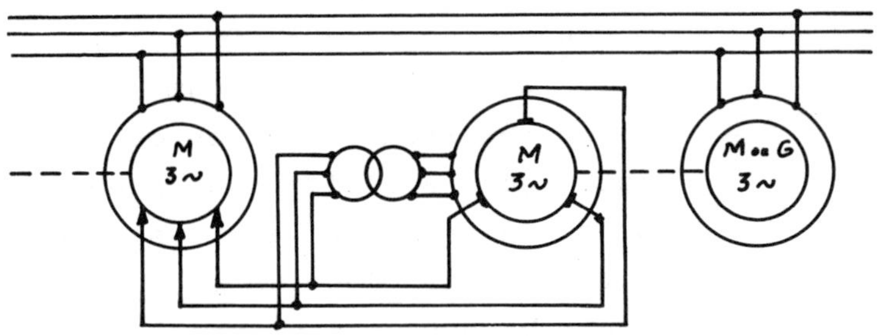

Fig. E.IX.13

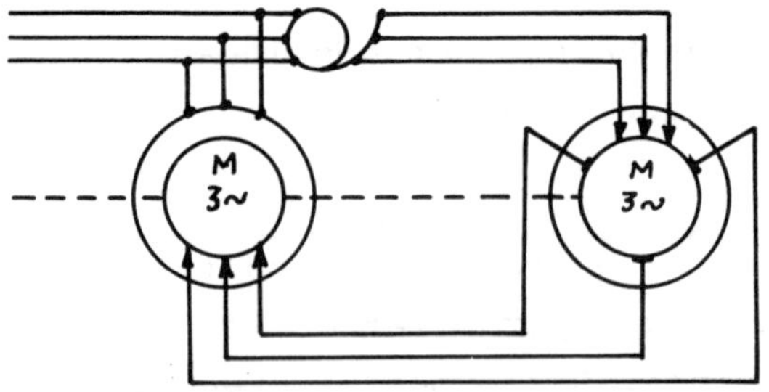

Fig. E.IX.14

La cascade hyposynchrone, ou thyrasyntrol (fig. E.IX.15), est munie d'un convertisseur statique, composé d'un pont redresseur débitant dans un onduleur synchronisé sur le réseau. C'est le retard à l'amorçage des thyristors (à partir de l'amorçage naturel) qui règle

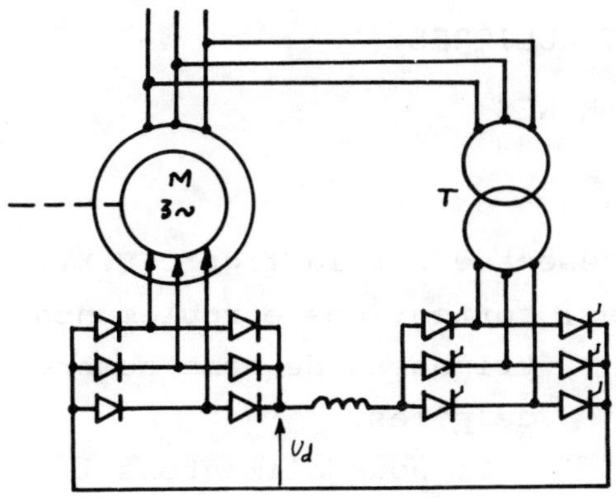

Fig. E.IX.15

le glissement ; la puissance récupérée dépend de la charge du moteur. Ce dispositif ne permet que des vitesses inférieures au synchronisme et présente un facteur de puissance faible.

On a représenté sur la figure E.IX.16, l'allure de la caractéristique mécanique de cette cascade pour plusieurs valeurs du retard à l'amorçage des thyristors :

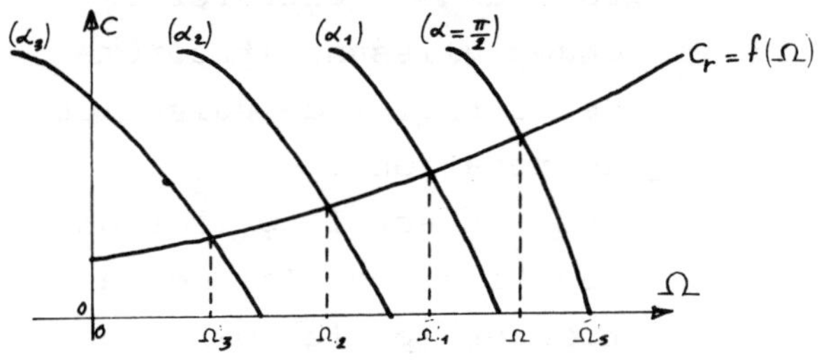

Fig. E.IX.16

$$\alpha_3 > \alpha_2 > \alpha_1 > \frac{\pi}{2}$$

On voit que ce dispositif permet le réglage de la vitesse du moteur, quelle que soit sa charge. On voit aussi que la stabilité de fonctionnement du moteur asynchrone n'est pas compromise. Enfin, le rendement d'un tel montage est très voisin du rendement nominal de la machine à induction.

Remarque : L'étendue de la plage de vitesse utilisable est fixée par le rapport de transformation m' du transformateur T. Si on limite à 150° le retard à l'amorçage extrême, et si m est le rapport de transformation du moteur asynchrone, la valeur maximale du glissement réalisable vaut :

$$g_{Max} = \frac{\sqrt{3}\ m'}{2\ m}$$

E.X. APPLICATIONS PARTICULIÈRES DES MACHINES ASYNCHRONES

X.I. REGULATEUR D'INDUCTION

Considérons la machine à induction représentée sur la figure E.X.1. Le stator et le rotor, tous deux immobiles, portent des enroulements triphasés de même nombre de pôles.

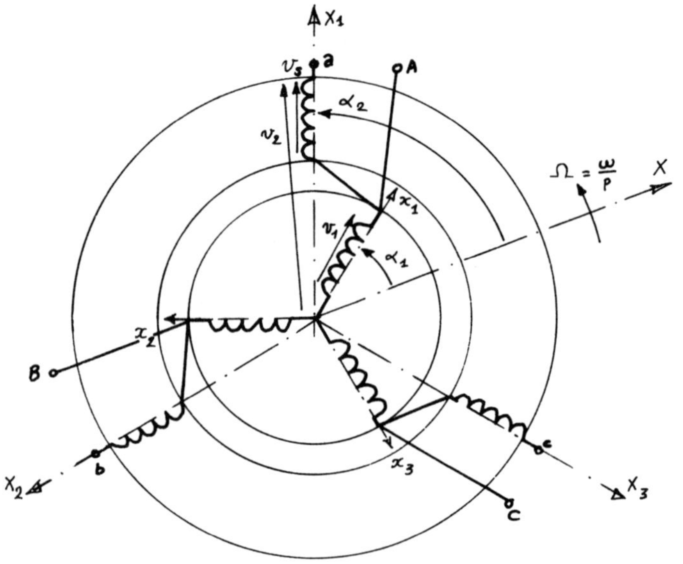

Fig. E.X.1

Si nous alimentons le primaire, ici rotorique, par un système triphasé de tensions appliqué aux bornes A, B et C, il apparaît dans l'entrefer un champ glissant (théorème de Ferraris) de pulsation de rotation : $\Omega = \frac{\omega}{p}$ (si ω est la pulsation des tensions d'alimentation et p le nombre de paires de pôles ; $p = 1$ dans le cas de la figure). Ce champ magnétique , tournant, induit dans les enroulements secondaires, statoriques dans notre cas, des forces électromotrices triphasées de même pulsation ω (car les enroulements primaires et secondaires ont même nombre de paires de pôles et voient le champ magnétique glisser avec la même pulsation de rotation).

Les tensions induites dans ces enroulements sont déphasées, sur les tensions primaires, du décalage électrique entre les enroulements primaires et secondaires :

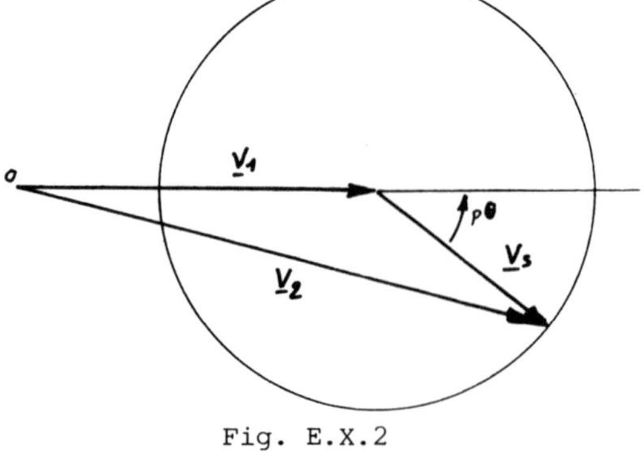

Fig. E.X.2

$$v_1 = V_1\sqrt{2}\,\cos(\omega t)$$

$$v_s = V_s\sqrt{2}\,\cos(\omega t-\delta)$$

où :

$$\delta = p(\alpha_2-\alpha_1) = p\theta$$

Si les enroulements rotoriques et statoriques sont connectés en série, comme il est indiqué sur la figure E.X.1, les tensions de sortie, obtenues aux bornes a, b et c, se déduisent des tensions précédentes par :

$$v_2 = v_1 + v_s$$

Le diagramme de Fresnel des tensions, figure E.X.2, montre que les tensions de sortie varient, en grandeur et phase, lorsque le décalage angulaire θ , des enroulements primaires et secondaires, change. Le module de $\underline{V}_2$ évolue entre $|V_1 - V_s|$ et $|V_1 + V_s|$.

Dans la cas particulier où le rapport de transformation de la machine à induction utilisée est égal à l'unité $(m = K_sN_s/K_rN_r = 1)$, le dispositif étudié, que l'on peut représenter comme sur la figure E.X.3, permet de réaliser, continûment, les tensions triphasées de valeur efficace comprise entre 0 et $2V_1$, par simple rotation du rotor.

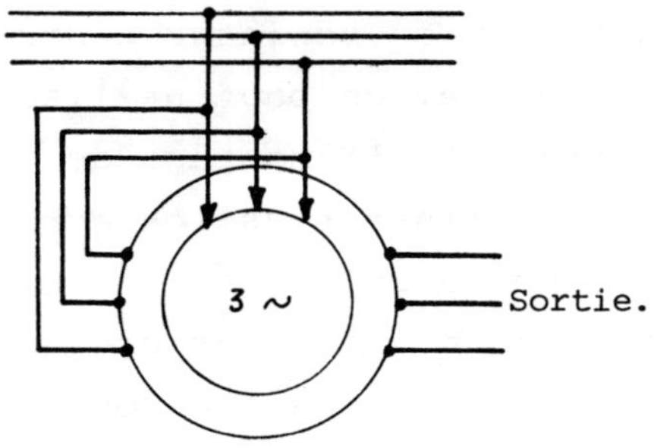

Fig. E.X.3

Remarque 1 : Une roue dentée, montée sur l'arbre, et une vis sans fin, d'axe perpendiculaire, permettent de faire tourner le rotor sans que la machine fonctionne en moteur asynchrone.

Remarque 2 : Rien ne contraint le primaire à être rotorique ; dans le cas contraire, il faut six bagues rotoriques.

Remarque 3 : Comme dans le cas de l'autotransformateur, une partie de l'énergie fournie à la charge traverse la machine par induction, le reste passant par conduction.

Remarque 4 : Il ne faudrait pas traduire le nom de "régulateur d'induction" en pensant que les tensions secondaires varient parce que le champ maximal dépend de la position du rotor. Cette machine est une machine à flux forcé et le champ maximal est constant (à tension d'alimentation constante). C'est la composition vectorielle de $\underline{V}_1$ et $\underline{V}_s$ (grandeurs de valeurs efficaces constantes, mais de phase relative variable) qui donne une tension de sortie $\underline{V}_2$ variable. Il serait plus correct de parler de "régulateur à induction".

E.X.2. MOTEUR ASYNCHRONE SYNCHRONISE

On peut souhaiter rassembler sur une seule machine les avantages du moteur asynchrone (couple de démarrage important pour un courant appelé d'intensité acceptable) et ceux du moteur synchrone (vitesse constante, rendement et facteur de puissance réglables). On a vu, au paragraphe C.I.3, que l'on peut démarrer en asynchrone certains moteurs synchrones. On peut aussi, dans le cas des moteurs asynchrones à rotor bobiné, alimenter en continu les enroulements rotoriques, à la fin du démarrage, afin de faire apparaître une roue polaire de même nombre de paires de pôles que le champ magnétique glissant forcé par le primaire. La machine s'accroche alors en moteur synchrone.

La figure E.X.4 indique quelques modes d'alimentation des enroulements secondaires permettant de les transformer en bobinage d'une roue polaire. Dans le cas d'un secondaire triphasé, on peut utiliser le montage de Danielsen, indiqué sur la schéma (a), le montage de Danielsen amélioré, schéma (b), qui permet d'utiliser tous les enroulements à leur intensité nominale (mais suppose qu'un de ces enroulements est bobiné en deux parties identiques), ou n'alimenter que deux enroulements connectés en série, schéma (c) ; le troisième enroulement,

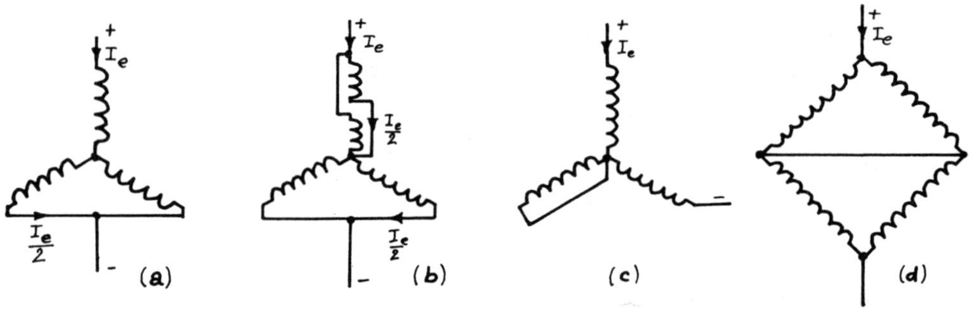

Fig. E.X.4

court-circuité, fait office d'amortisseur (comme la maille des deux enroulements connectés en parallèle dans le montage de Danielsen). La figure (d) représente le montage adopté dans le cas d'un secondaire diphasé.

La figure E.X.5 représente le dispositif connecté au secondaire et permettant le démarrage et l'accrochage du moteur asynchrone synchronisé (schéma de démarrage de Danielsen) :

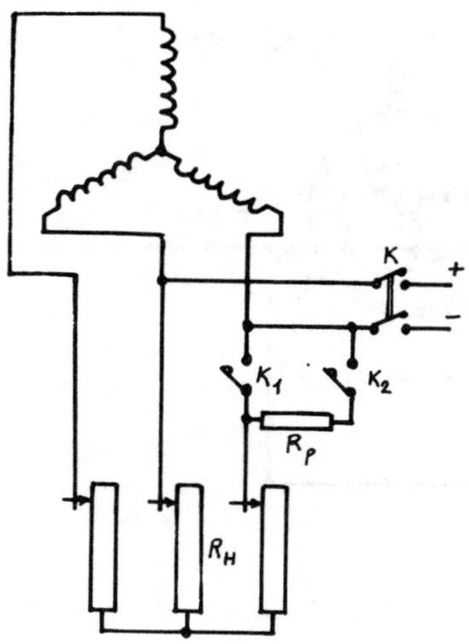

Fig. E.X.5

∇ *1er temps* : K ouvert, K_1 et K_2 fermés, le primaire est mis sous tension nominale et le moteur démarre grâce au rhéostat R_H ;

∇ *2ème temps* : A la fin du démarrage, le rhéostat se comporte comme un court-circuit ;

∇ *3ème temps* : On ouvre K_1 (K_2 reste fermé) ; la machine est toujours asynchrone et au voisinage du synchronisme ;

∇ *4ème temps* : On ferme K ; l'excitatrice alimente le rotor ; le moteur se synchronise ;

∇ *5ème temps* : On ouvre K_2.

Remarque : K_2 et R_p ne servent qu'à assurer la continuité des fonctionnements du moteur ; ils permettent d'éviter d'ouvrir le secondaire d'une machine à induction (ce qui l'éloignerait du synchronisme) ou de mettre l'excitatrice en court-circuit lors de la fermeture de K.

L'étude du moteur asynchrone synchronisé se ramène à celle d'un moteur asynchrone (démarrage) ou d'un moteur synchrone (après accrochage). Toutefois, une telle machine ne peut être un bon moteur synchrone : le nombre limité des conducteurs rotoriques (dû à la répartition de ces conducteurs dans des encoches et à la valeur maximale des tensions acceptables entre bagues pendant le démarrage) réduit la valeur maximale du flux magnétique que l'on peut faire glisser dans l'entrefer, ce qui restreint la puissance utile du moteur synchrone ainsi obtenu.

Les moteurs asynchrones ont un entrefer plus faible que les moteurs synchrones (car on recherche une réactance de fuites faible dans les machines à induction). D'où une instabilité importante en machine synchrone.

E.X.3. TRANSMISSION SYNCHRONE (SELSYNS, ARBRES ELECTRIQUES)

On nomme *selsyn* (ou arbre électrique, ou synchroniseur) un dispositif permettant d'assurer, sans liaison mécanique, le synchronisme

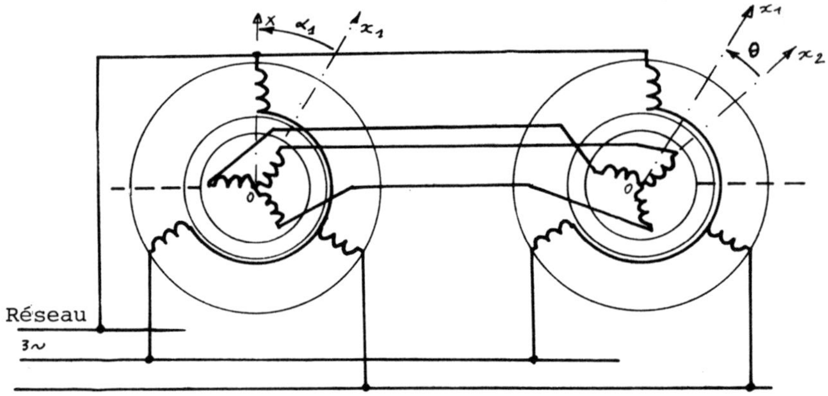

Fig. E.X.6

des mouvements de plusieurs arbres mécaniques. La figure E.X.6 indique le schéma de principe d'un montage assurant le synchronisme de deux arbres. Deux machines asynchrones à rotors bobinés sont alimentées en parallèle sur un même réseau. Lorsque les enroulements secondaires occupent des positions identiques, par rapport à des enroulements primaires homologues (couplés en parallèle), c.à.d. lorsque $\theta = 0$, les f.e.m. qui y sont induites sont égales et on peut les connecter en parallèle. Dès lors, le moindre déplacement de l'un des rotors conduira à des f.e.m. secondaires différentes, donc à la naissance de courants rotoriques ; d'après la loi de Lenz, ces courants tendent à réduire la cause de leur apparition, c.à.d. le décalage angulaire des rotors. On a réalisé un asservissement de position. Si l'un des rotors est entraîné dans un mouvement de rotation, l'autre tournera au synchronisme (si le moment du couple moteur de la machine est suffisant). Un rhéostat de glissement, monté en parallèle sur les enroulements secondaires, permettrait de faire varier simultanément les vitesses de deux machines asynchrones (fig. E.X.7).

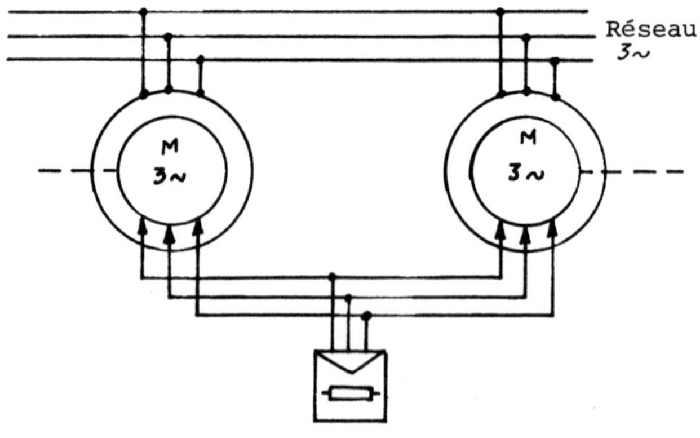

Fig. E.X.7

On peut utiliser ce principe pour entraîner au synchronisme

deux arbres mécaniques sans liaison (trains de roues d'un pont roulant). Dans le cas de l'arbre électrique de travail, figure E.X.8, les machines à induction répartissent entre les deux parties de la charge la puissance du moteur d'entraînement.

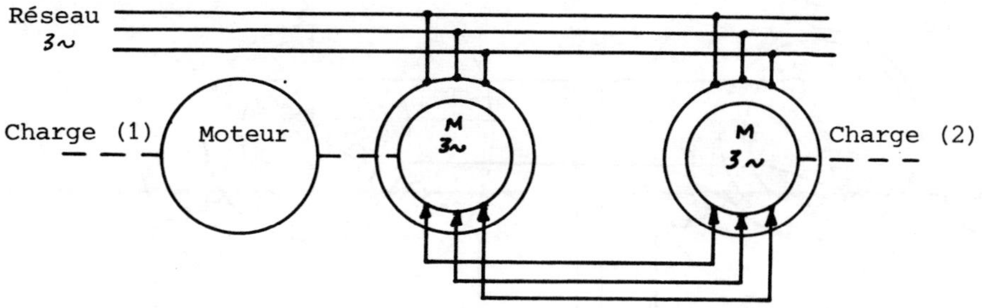

Fig. E.X.8

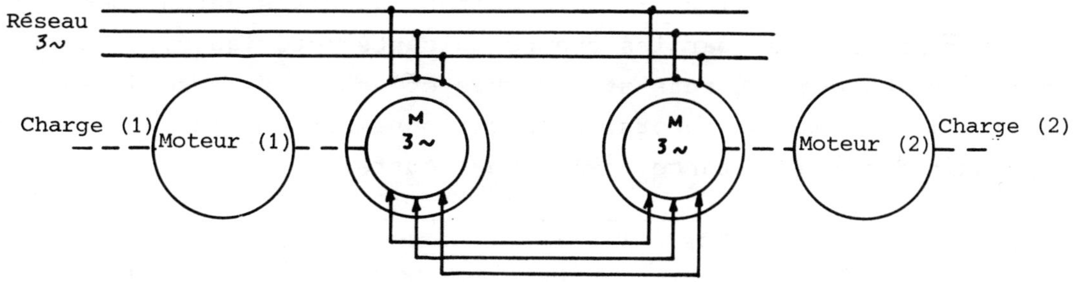

Fig. E.X.9

Dans l'arbre électrique de compensation, figure E.X.9, les machines asynchrones ne servent qu'à synchroniser les moteurs entraînant les deux arbres.

Les synchromachines utilisées dans les asservissements, de faibles puissances, sont en général, des machines à stator triphasé et rotor monophasé.

La figure E.X.10 indique le schéma d'une chaîne de téléindication. Les enroulements rotoriques sont alimentés en parallèle par un réseau

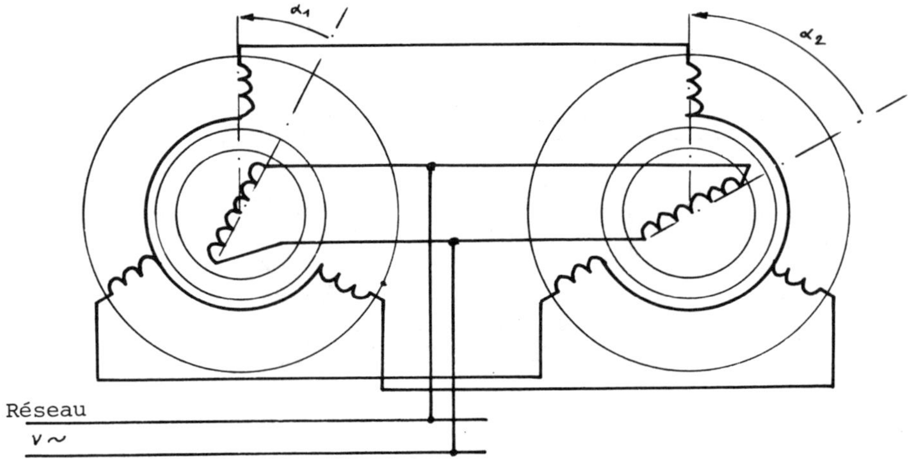

Fig. E.X.10

monophasé et les bornes homologues des stators sont connectées entre elles. Si $\alpha_1 \neq \alpha_2$, les f.e.m. induites, dans des enroulements statoriques homologues, par les champs pulsants rotoriques, sont différentes ; d'où des courants statoriques et des couples conduisant à l'alignement des deux rotors. Le positionnement de l'un des rotors reproduit donc, à distance, celui de l'autre.

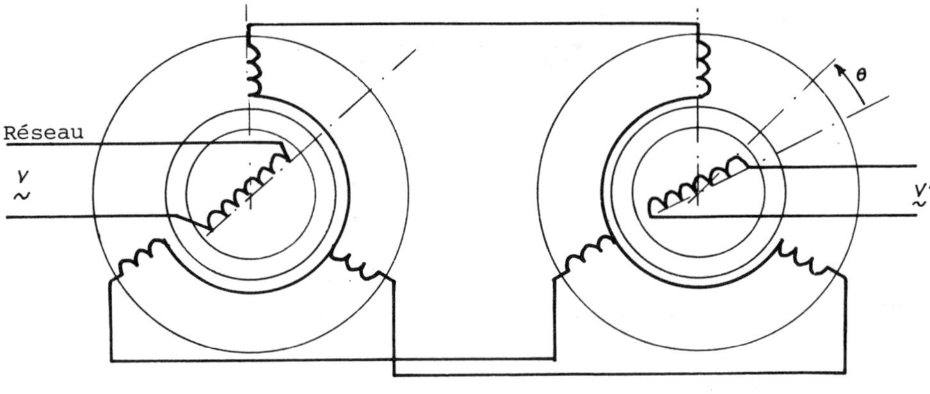

Fig. E.X.11

Dans la chaîne de synchrodétection, figure E.X.11, un seul des rotors est alimenté. On recueille, aux bornes de l'autre enroulement, une tension $V' = V.\cos(p\theta)$ qui informe sur la position relative des arbres des deux machines. En particulier, cette grandeur est nulle lorsque les deux arbres occupent des positions angulaires distantes d'un quart de tour ; on peut les asservir dans cette situation en utilisant la tension V' de sortie, amplifiée correctement, pour alimenter un moteur entraînant le second arbre, de telle sorte qu'il réduise l'écart angulaire responsable de V'.

E.X.4. MOTEUR LINEAIRE A INDUCTION

Cette machine, qui n'est plus une machine tournante, s'obtient en développant un moteur asynchrone de telle sorte que la surface de son primaire soit plane. La figure E.X.12 montre un tel moteur : les enroulements inducteurs (primaires) sont disposés dans les encoches

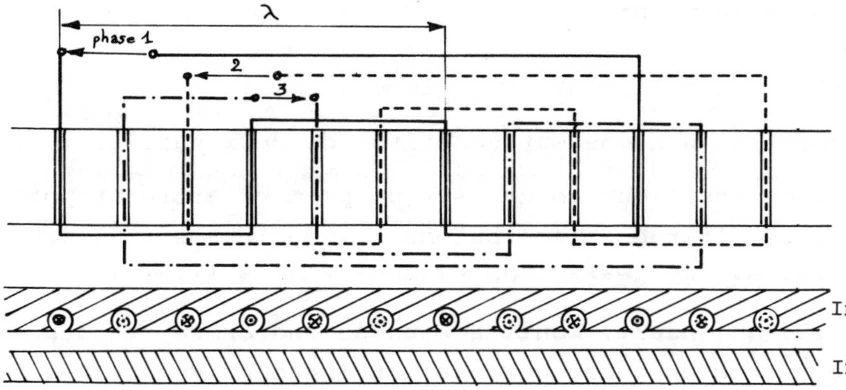

Fig. E.X.12

d'une carcasse parallèlépipédique, avec une période λ. Les trois enroulements primaires, décalés successivement de $\frac{\lambda}{3}$ et $\frac{2\lambda}{3}$, alimentés en triphasé, créent un champ magnétique glissant avec la vitesse linéaire :

$$v = \frac{\lambda}{T} = \lambda . f \qquad (E.X.1)$$

(si f est la fréquence des tensions d'alimentation). Si on soumet à ce champ glissant un induit, bobines court-circuitées ou masse métallique conductrice, des courants vont y prendre naissance (courants de Foucault) ; la résultante des forces de Laplace appliquées à l'induit tendra à réduire (loi de Lenz) la cause de l'existence de ces courants, c.à.d. le glissement relatif du champ magnétique par rapport à l'induit. L'induit est donc entraîné à la suite du champ glissant (ou l'inducteur en sens inverse).

Diverses technologies peuvent être envisagées : inducteur simple (cas de la figure) ou double (deux inducteurs symétriques par rapport au plan de l'induit), induit amagnétique (masse de cuivre ou d'aluminium), ou ferromagnétique, ou mixte (feuille conductrice appliquée sur une plaque d'acier, ou barres conductrices noyées dans de l'acier et court-circuitées).

Ce type de moteur est étudié en vue de la traction électrique. Un rail servirait alors d'induit. Le véhicule porterait l'inducteur et un générateur triphasé (onduleur).

La théorie complète du moteur linéaire à induction est assez complexe ; en particulier, elle diffère de celle du moteur asynchrone à rotor en court-circuit par les effets de bords de l'induit et la nécessité de tenir compte des phénomènes complexes qui apparaissent aux extrémités de la machine.

E.X.5. ACCOUPLEMENTS ASYNCHRONES

Un accouplement asynchrone est constitué de deux parties :

- un primaire, ou inducteur, monté sur un premier arbre et portant p paires de pôles alternés (l'enroulement inducteur est alimenté sous tension continue par un système de bagues et de balais) ;

- un secondaire, ou induit, monté sur un second arbre et identique au secondaire des moteurs asynchrones (bobinage polyphasé court-circuité ou cages).

La figure E.X.13 représente un tel dispositif. En l'absence d'excitation de l'inducteur, les deux arbres sont indépendants. Mais, si l'arbre 1 tourne et si l'inducteur est alimenté, le primaire crée un champ d'induction glissant qui entraîne l'induit et l'arbre 2 dans son sillage (même principe que celui du moteur à induction).

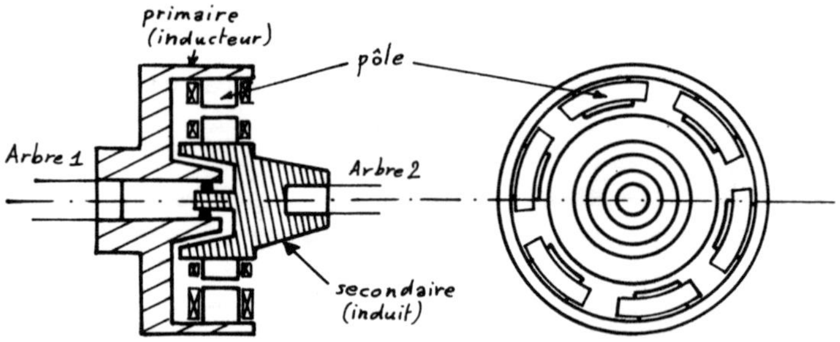

Fig. E.X.13

Comme dans le cas du moteur asynchrone, le moment du couple moteur (c.à.d. du couple transmis) dépend du flux du champ glissant, c.à.d. de l'intensité du courant d'excitation de l'inducteur.

Avantages d'un tel dispositif, inséré entre un moteur et sa charge :

- On peut lancer ou arrêter la charge, sans stopper le moteur primaire, par la simple manoeuvre de l'interrupteur d'excitation.

- C'est un embrayage qui ne subit aucune usure mécanique.

- L'entrefer important permet un certain non-alignement des axes des deux arbres.

- On peut fixer, grâce à l'intensité du courant inducteur, la valeur maximale du couple transmis ; d'où protection automatique dans le cas du blocage de l'appareil entraîné (cas d'une hélice de bateau navigant dans une mer glaciale).

- On peut régler la valeur du moment du couple transmis, à l'aide de l'intensité du courant primaire.

- On peut, à l'aide de deux moteurs et de deux accouplements asynchrones, inverser rapidement le sens de rotation de la charge (manoeuvres portuaires d'un bateau ou d'un remorqueur).

F. *Moteurs monophasés*

F.I. Moteurs asynchrones monophasés

F.I.1. PRINCIPE

Le théorème de Ferraris ne s'applique plus à un enroulement parcouru par un courant monophasé de pulsation ω. Le théorème de Leblanc indique qu'un tel enroulement, formé de p bobines décalées angulairement de $\frac{2\pi}{p}$, donne naissance à deux champs magnétiques glissants, de même amplitude maximale, de même pulsation de rotation $\frac{\omega}{p}$ et de sens de rotation opposés.

Si ce bobinage est disposé au stator d'une machine à induction de même secondaire que les moteurs triphasés (en général, le secondaire sera constitué d'une cage d'écureuil), le rotor est soumis à l'action de ces deux champs magnétiques glissants : s'il est immobile (par rapport au stator), la symétrie du problème implique qu'il est soumis à un couple de moment nul et ne peut démarrer ; s'il tourne à la pulsation de rotation Ω, il présente un glissement :

- par rapport au champ glissant de pulsation $\Omega_1 = \frac{\omega}{p}$:

$$g_1 = \frac{\Omega_1 - \Omega}{\Omega_1} \qquad (F.I.1)$$

- par rapport au champ glissant de pulsation $\Omega_2 = -\frac{\omega}{p} = -\Omega_1$:

$$g_2 = \frac{\Omega_2 - \Omega}{\Omega_2} = 2 - g_1 \qquad (F.I.2)$$

L'ensemble de la machine monophasée se comporte donc comme deux moteurs asynchrones triphasés, montés sur un même arbre, dont les primaires, connectés en série et en sens inverses, créeraient des champs magnétiques glissants de sens opposés.

Les figures F.I.1 et F.I.2 donnent deux représentations d'un tel dispositif.

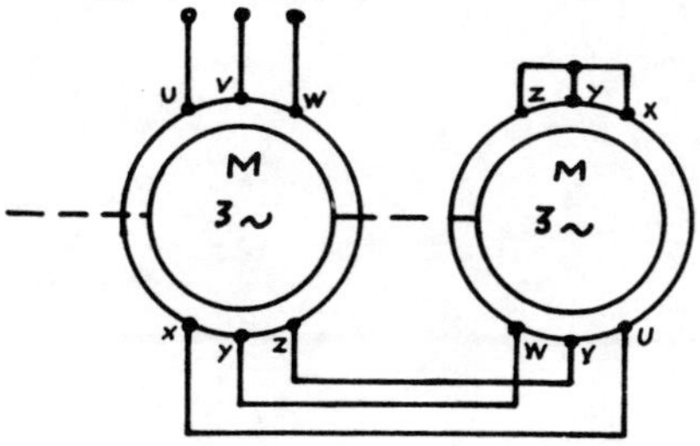

Fig. F.I.1

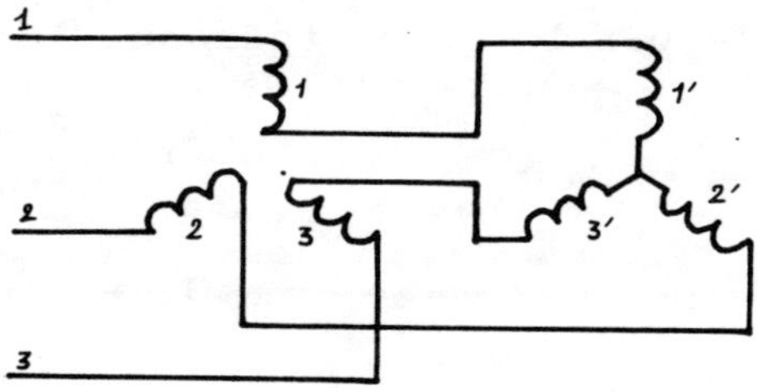

Fig. F.I.2

L'étude du moteur asynchrone triphasé a montré que le moment du couple électromagnétique décroit très vite lorsque la valeur absolue du glissement augmente. On peut donc prévoir que le moteur monophasé sera soumis à l'action du champ glissant dans le même sens que le rotor (le glissement correspondant est le plus faible).

En conclusion, le moteur asynchrone monophasé ne démarre pas seul mais, dès que son rotor tourne, suit le champ glissant de même sens de rotation.

F.I.2. MOMENT DU COUPLE ELECTROMAGNETIQUE

Le moment du couple électromagnétique du moteur monophasé est la somme algébrique des moments des couples des deux moteurs triphasés introduits dans le schéma équivalent (cf. § précédent). Les deux champs magnétiques ayant des sens de rotation opposés, les couples qu'ils créent sont antagonistes (loi de

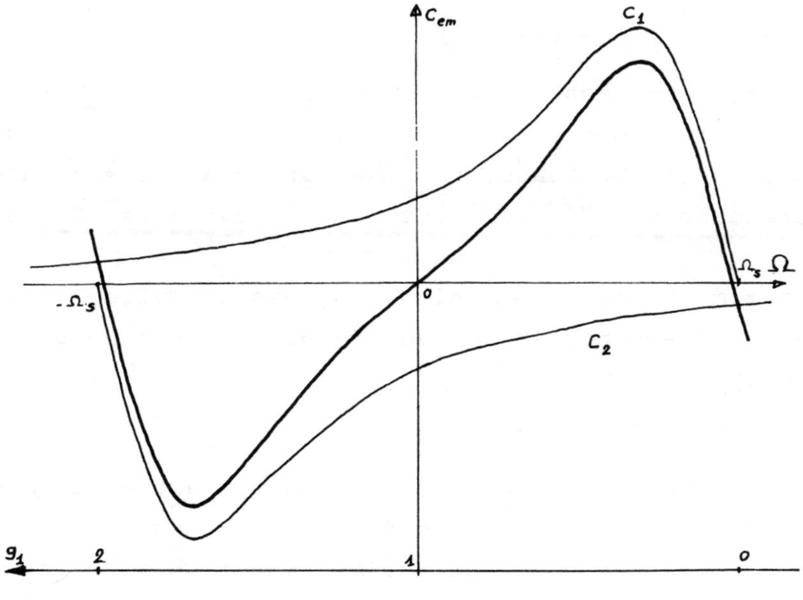

Fig. F.I.3

Lenz : chaque champ tend à entraîner le rotor dans son propre sens de rotation). On peut alors construire les moments des couples produits par les deux champs glissants :

$$C_1 = f(\Omega)$$

créé par le champ tournant à :

$$\Omega_1 = \frac{\omega}{p} = \Omega_s$$

et :

$$C_2 = f(\Omega)$$

dû au champ tournant à :

$$\Omega_2 = - \Omega_s$$

On remarque que, pour $\Omega = \Omega_s$, on a $g_1 = 0$, $g_2 = 2$;

pour : $\Omega = - \Omega_s$, on a : $g_1 = 2$, $g_2 = 0$.

D'où le moment du couple électromagnétique :

$$C_{em} = C_1 + C_2$$

La figure F.I.3 donne l'allure de $C_{em} = f(\Omega)$. C'est une courbe admettant l'origine comme centre de symétrie. On remarque, à nouveau, qu'il n'y a pas de couple de démarrage. On note aussi que le glissement sera plus important que pour la machine triphasée équivalente ; en conséquence, le rendement sera moindre.

F.I.3. AVANTAGES ET INCONVENIENTS DU MOTEUR MONOPHASE

Les principaux avantages résident dans sa facilité d'emploi (monophasé, donc convenant parfaitement aux matériels "domestiques") et sa simplicité de fabrication (le bobinage, réalisé sur gabarit, est monté sur des "pôles" statoriques ; le rotor, court-circuité, est fondu et moulé).

Aux inconvénients des machines à induction polyphasées (vitesse non réglable et fixée par la fréquence du réseau, faible facteur de puissance), il convient d'ajouter :

- La nécessité d'un dispositif de démarrage ;

- La sous-utilisation du fer de la machine (en ne disposant qu'un enroulement dans les encoches statoriques, on ne peut développer que 50 à 70 % de la puissance disponible dans une machine triphasée de mêmes dimensions) ;

- L'existence de pertes ferromagnétiques dues au champ glissant inverse ; ces pertes sont acceptables, du fait de la grande vitesse de ce champ inverse (par rapport au rotor) ; l'effet de peau (écran électromagnétique) limite la pénétration du flux de ce champ dans le fer du rotor et augmente la résistance de la cage. D'où une réduction des pertes ferromagnétiques (volume réduit de fer concerné) et des pertes par courants de Foucault (à flux constant, ces pertes sont inversement proportionnelles à la résistance) ;

- L'influence de la résistance secondaire sur la valeur maximale du moment du couple électromagnétique ; on montrerait aisément, à partir de la courbe de la figure F.I.3, qu'une augmentation de la résistance du secondaire (qui entraîne un décalage symétrique des extréma de C_1 et C_2, sans changer la valeur maximale de ces couples) conduit à une diminution du moment du couple maximal ; d'où un couple réduit pendant le démarrage, l'effet de peau augmentant la résistance de la cage.

Pour ces raisons, le moteur asynchrone monophasé sera utilisé aux faibles puissances (de quelques watts à quelques centaines de watts); le problème du rendement est alors moins important que la commodité de réalisation et d'emploi.

F.I.4. SCHEMA ELECTRIQUE EQUIVALENT

La présence des deux champs glissants conduit à établir un schéma électrique équivalent, comme celui représenté sur la figure F.I.4.

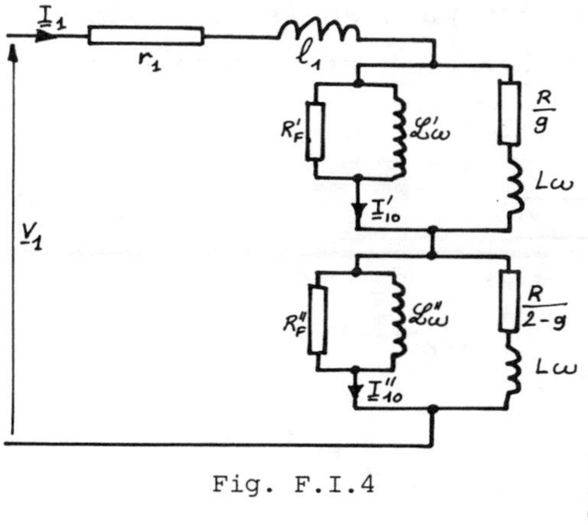

Fig. F.I.4

La f.e.m. induite dans l'enroulement primaire et la somme des f.e.m. induites par les deux champs glissants, c.à.d. la somme des f.e.m. qui apparaissent au primaire d'une machine triphasée de glissement g et à celui d'une machine triphasée de glissement 2 - g.

Si on peut admettre l'égalité des intensités des courants à vide $\underline{I}'_{10}$ et $\underline{I}''_{10}$ (ce qui n'est pas possible lorsque $g = 0$ ou $g = 2$), on peut, au second ordre près, représenter le moteur monophasé par le schéma électrique de la figure F.I.5.

On pourrait en déduire un diagramme circulaire des intensités. Mais, outre que ce diagramme est plus complexe que celui du moteur triphasé, son utilité est moins évidente : les machines asynchrones monophasées sont de faibles puissances et une étude expérimentale directe est donc toujours possible (ce qui n'est pas le cas pour les machines triphasées de fortes puissances, où l'emploi de méthodes de prédétermination se justifie).

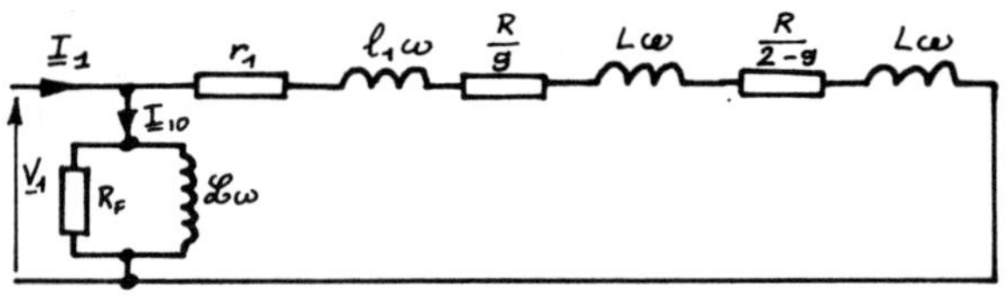

Fig. F.I.5

F.I.5. DEMARRAGE DES MOTEURS ASYNCHRONES MONOPHASES

On a vu que la symétrie des champs glissants interdit le démarrage "naturel" du moteur monophasé à induction. Pour contraindre cette machine à démarrer, il faut privilégier l'un des deux champs, ce qui lève la symétrie, permet l'apparition d'un couple non nul, et indique le sens de rotation choisi. Pour cela, on montera une seconde phase sur le stator, dite phase auxiliaire ; l'idéal serait d'alimenter les deux enroulements par des tensions diphasées, ce qui créerait un seul champ glissant (Ferraris). Faute de parvenir à ce résultat, on se contentera d'alimenter les deux phases par des courants très déphasés, ce qui amplifiera l'un des champs tournants.

Le procédé utilisant une résistance et une bobine (fig. F.I.6) permet de limiter l'intensité du courant de démarrage et convient aux plus gros moteurs (éventuellement pour des puissances de quelques kilowatts) ; en régime permanent, on élimine R et L pour améliorer le couple et le facteur de puissance.

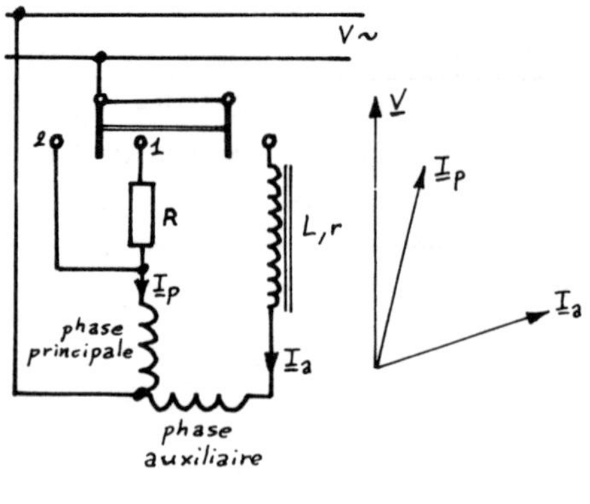

Fig. F.I.6

Les méthodes décrites sur les figures F.I.7 et F.I.8 sont utilisées aux puissances moyennes (quelques dizaines à quelques centaines de

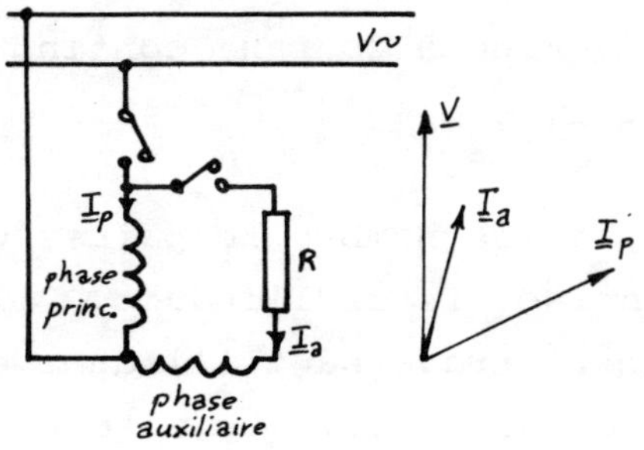

Fig. F.I.7

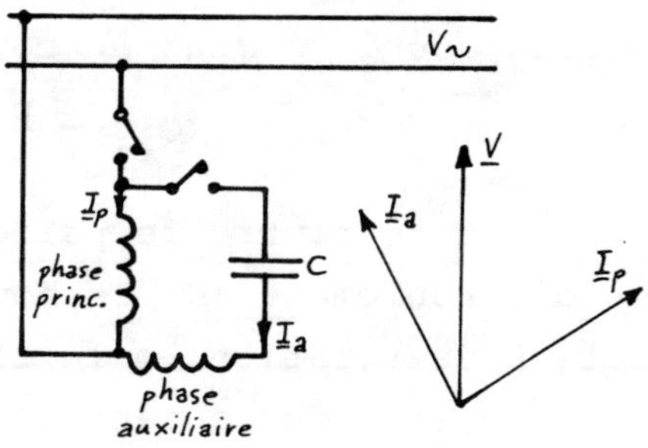

Fig. F.I.8

watts : compresseurs, ventilateurs, réfrigérateurs,...) et lorsqu'on désire un couple au démarrage relativement élevé. On élimine la phase auxiliaire, en régime permanent, pour améliorer le rendement (cas de R) ou parce que le condensateur chimique utilisé n'est pas capable de supporter ce régime permanent.

Enfin, aux très faibles puissances (quelques watts à quelques dizaines de watts : moteurs de tourne-disques, de servomécanismes, petits ventilateurs, etc...), on peut produire une dissymétrie des champs glissants en disposant des spires de Frager sur une portion de la carcasse portant l'enroulement primaire (voir fig. F.I.9). Une partie du flux pulsant est ainsi déphasée (par les courants de Foucault induits dans les spires) sur le flux principal, et on est ramené aux cas précédents.

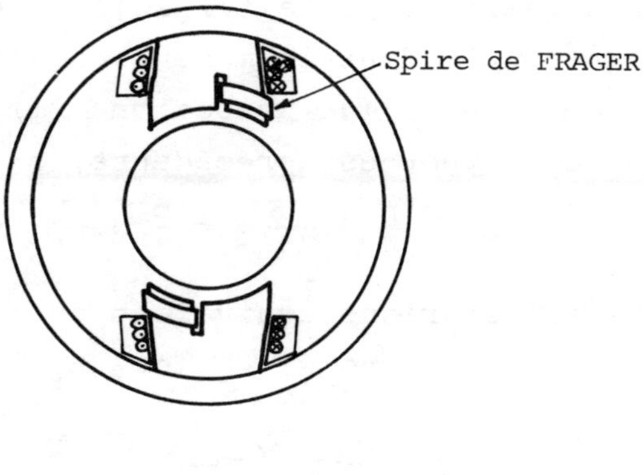

Fig. F.I.9

F.II. Moteurs monophasés à collecteur

F.II.1. MOTEUR SERIE MONOPHASE (MOTEUR UNIVERSEL)

On sait que le moment du couple d'une machine à courant continu vaut :

$$C_{em} = \frac{p}{a} \frac{N}{2\pi}.\Phi.I_a = \frac{1}{\Omega} E'.I_a$$

(où p est le nombre de paires de pôles, a le nombre de paires de voies d'enroulement, N le nombre de brins actifs de l'induit, Ω la pulsation de rotation, Φ le flux magnétique traversant l'induit et I_a l'intensité du courant d'induit). Si on alimentait en alternatif sinusoïdal un moteur dérivation, les courants d'induit et d'inducteur ne seraient pas en phase (l'inducteur est plus réactif que l'induit) ; les grandeurs Φ et I_a ne changeraient donc pas de sens simultanément et le moment du couple aurait un signe variable. Par contre, rien n'interdit d'alimenter en alternatif un moteur à excitation série (fig. F.II.1) : le flux, créé par I_a, change de sens en même temps que I_a et le moment du couple conserve un signe constant.

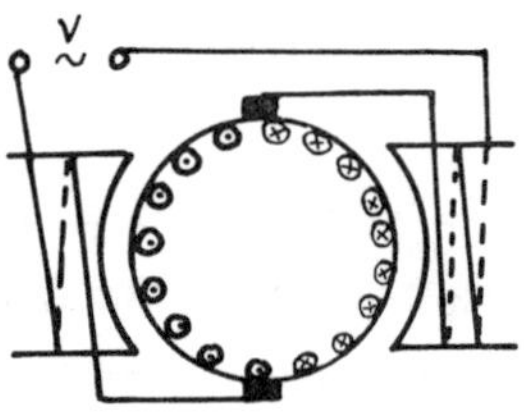

Fig. F.II.1

Si, pour simplifier, on suppose la machine non saturée, on peut écrire :

$$I_a = I_{am}\cos(\omega t) \quad \text{et} \quad \Phi = kI_a = kI_{am}\cos(\omega t)$$

D'où :

$$C_{em} = \frac{p}{a} \frac{N}{2\pi} \frac{k}{2} I_{am}^2 \, (1 + \cos(2\omega t)) \qquad (F.II.1)$$

Le moteur série, alimenté en alternatif sinusoïdal de pulsation ω, est le siège d'un couple dont le moment est la somme d'un terme constant et d'un terme pulsant (de pulsation 2ω).

Dans le cadre de l'hypothèse précédente, on peut aussi écrire :

$$E' = \frac{p}{a} N.\frac{\Omega}{2\pi}.\Phi = \frac{p}{a} N.\frac{\Omega}{2\pi}.kI_a = K.I_a \qquad (F.II.2)$$

Alors, le schéma électrique équivalent du moteur série, représenté sur la figure F.II.2 (on a noté L_a et L_s les coefficients d'auto-

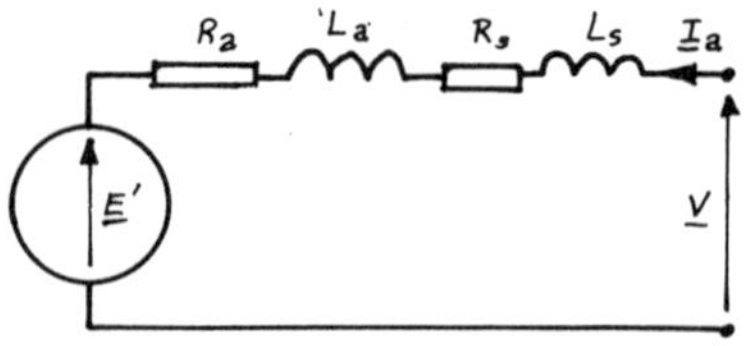

Fig. F.II.2

induction de l'induit et de l'inducteur), permet d'établir le diagramme des tensions de la figure F.II.3, dans le plan de Fresnel.

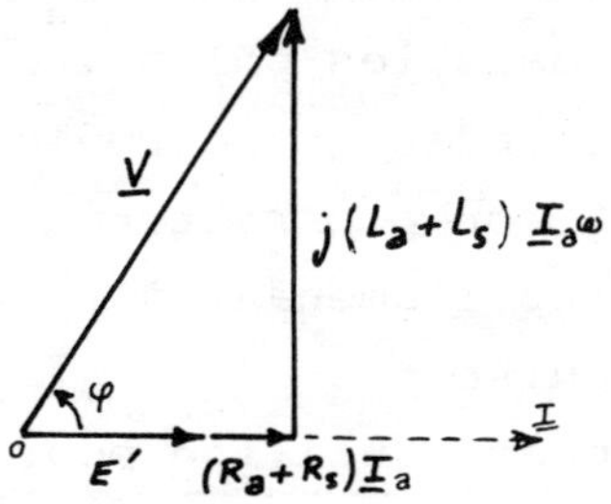

Fig. F.II.3

On voit que tout se passe comme si le moteur était alimenté en continu sous la tension :

$$(K + R_a + R_s)I_a = E' + (R_a + R_s)I_a = V\cos(\phi)$$

La réactance $(L_a + L_s)\omega = L\omega$, d'un moteur à courant continu, étant très importante (aux fréquences industrielles), un fonctionnement sous tension alternative conduirait à un mauvais facteur de puissance, une vitesse réduite (E' faible, donc K faible) et un rendement médiocre.

Pour améliorer le facteur de puissance, en remarquant que :

$$\mathrm{tg}\phi = \frac{(L_a + L_s)\omega}{K + R_a + R_s} \qquad (F.II.3)$$

on voit qu'il faut réduire la réactance totale $(L_a + L_s)\omega$ et travailler aux grandes vitesses (pour avoir des valeurs importantes de K).

On sait que les coefficients d'auto-induction s'expriment :

$$L_a = \frac{N_a^2}{\mathcal{R}_a} \qquad \text{et} \qquad L_s = \frac{n_s^2}{\mathcal{R}_s} \qquad (F.II.4)$$

(où N_a et n_s sont les nombres de spires équivalentes à l'induit et à l'inducteur, $\mathcal{R}_a$ et $\mathcal{R}_s$ les réluctances des circuits empruntés par les flux de l'induit et de l'inducteur). La réluctance $\mathcal{R}_s$ est beaucoup plus faible que $\mathcal{R}_a$ (le flux de l'induit circule dans beaucoup d'air), ce qui entraîne que :

$$L \neq L_s = n_s^2/\mathcal{R}_s$$

On réduira la réactance totale en réduisant le nombre de spires inductrices n_s , ce qui aura pour effet de diminuer le flux inducteur et d'augmenter la vitesse de rotation. Mais, pour maintenir le moment du couple à une valeur acceptable, on augmentera le nombre de brins actifs de l'induit ; pour éviter que L_a prenne de l'importance, on aménagera des encoches dans les pôles inducteurs (pour augmenter $\mathcal{R}_a$) ou on disposera dans ces pôles un enroulement compensateur, alimenté par le courant d'induit (on pourrait tout aussi bien le court-circuiter, la loi de Lenz l'amenant à réduire le flux de l'induit, puisque c'est un flux pulsant).

Le moteur série monophasé, utilisé pour avoir des couples importants ou des grandes vitesses (perceuses, traction électrique, etc...), diffère du moteur série à courant continu par son inducteur pauvre en spires et son induit surchargé de conducteurs (moteur "tout en induit"). La figure F.II.4 indique l'allure des caractéristiques mécaniques :

$$C = f(n') \quad \text{à} \quad V = Cte$$

d'un tel moteur, pour plusieurs valeurs de la tension d'alimentation, ainsi que la forme de la courbe $C = f(I)$.

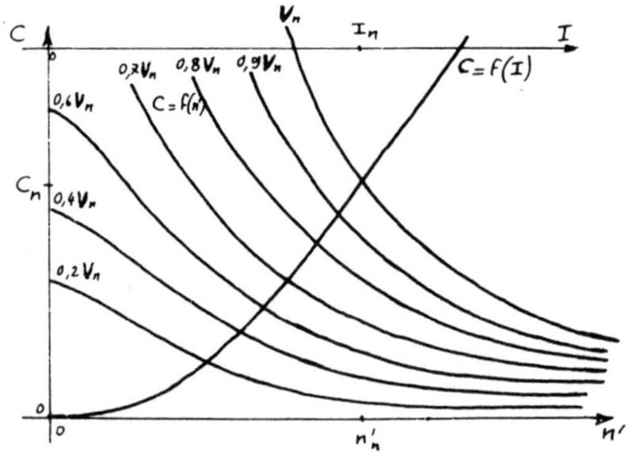

Fig. F.II.4

Le réglage de la vitesse de rotation d'une telle machine s'effectue en modifiant la valeur de la tension d'alimentation. On peut, pour cela, alimenter le moteur à partir d'un transformateur délivrant plusieurs tensions de sortie (fig. F.II.5) ou régler la valeur de la tension alternative grâce à un montage à thyristors ou à triacs. Toutefois, les caractéristiques mécaniques montrent qu'aux faibles vitesses (c.à.d. pour des tensions d'alimentation réduites), la stabilité du fonctionnement du moteur monophasé série risque d'être précaire.

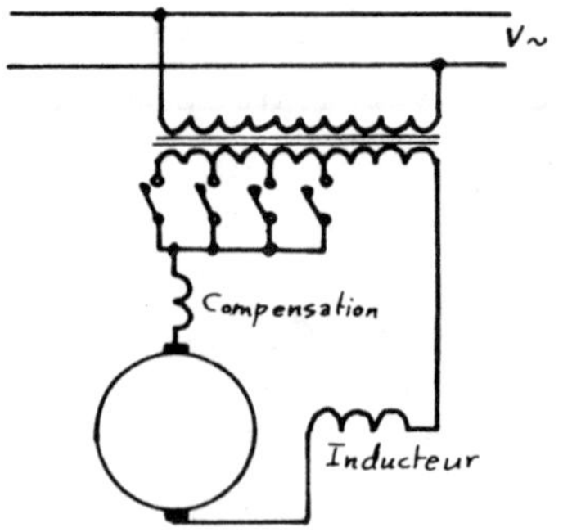

F.II.2. MOTEUR A REPULSION

La figure F.II.6 indique le schéma théorique de principe d'un moteur à répulsion (type Thomson). L'inducteur de la machine est alimenté par une tension alternative ; l'induit porte deux lignes (pour une machine bipolaire) de balais diamétralement opposées. Les balais de ces deux lignes sont reliés par un court-circuit. On voit que l'induit se comporte comme une bobine d'axe Ox_2, faisant un angle β avec l'axe Ox_1 de la bobine inductrice. A l'arrêt, l'induit se comporte comme un secondaire de transformateur ; il apparaît, entre les lignes de balais, une f.e.m. secondaire, maximale lorsque β est nul (les bobines ont alors même axe et le coefficient de mutuelle induction est maximal), nulle lorsque $\beta = \frac{\pi}{2}$ (les bobines sont orthogonales).

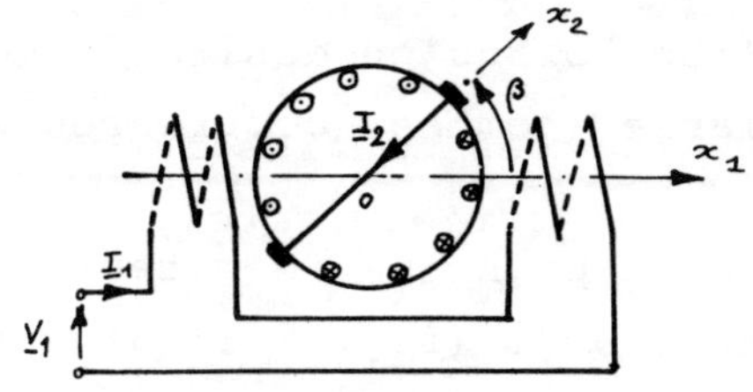

Fig. F.II.6

L'intensité du courant secondaire est donc maximale lorsque $\beta = 0$; il en est de même de I_1, mais la symétrie de la machine par rapport à l'axe des pôles implique que le moment du couple est alors nul (analogie avec le moteur asynchrone monophasé). Lorsqu'on déplace l'axe des lignes de balais, on rompt la symétrie et il apparaît un couple résultant non nul. La figure F.II.7 donne l'allure du moment du couple et de l'intensité du courant appelé, au démarrage, en fonction du décalage angulaire β des lignes de balais. On voit que le sens de rotation du moteur dépend du sens du décalage de l'axe des lignes de balais. On montrerait qu'à intensité constante du courant, le moment du couple prend sa valeur maximale lorsque $\beta = \frac{\pi}{4}$.

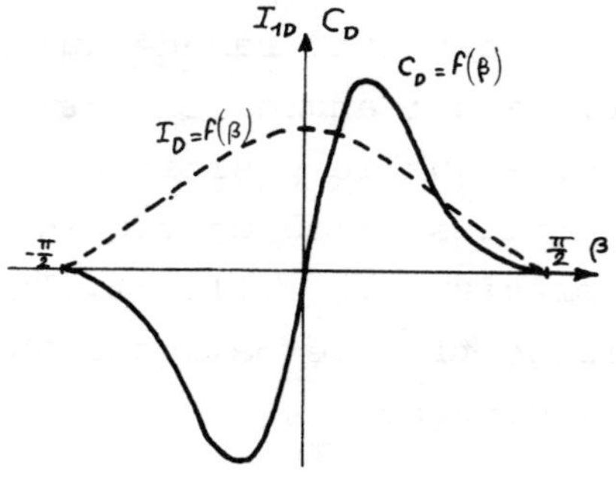

Fig. F.II.7

Le réglage de la vitesse (c.à.d. le réglage du moment du couple) s'effectue au moyen du positionnement de l'axe des lignes de balais.

Remarque : Le champ résultant dans la machine, dû à l'action conjuguée des bobines d'induit et d'inducteur, n'est pas un champ pulsant ; l'induit amplifie l'un des champs glissants créés par l'inducteur (Leblanc) et c'est ce champ glissant qui entraîne l'induit dans son sillage, vers la vitesse de synchronisme $\Omega_s = \frac{\omega}{p}$.

Le retard ϕ de $\underline{I}_1$ sur $\underline{V}$ est tel que :

$$tg\phi = \frac{\Omega s}{\Omega} tg\beta \qquad (F.II.5)$$

Le facteur de puissance est donc d'autant meilleur que le décalage β est plus faible et la vitesse de rotation plus grande.

Le moteur monophasé à répulsion est utilisé lorsqu'on désire un couple élevé au démarrage ou une vitesse réglable (pompes, compresseurs, ventilateurs).

On peut imaginer d'autres mises en oeuvre du principe du moteur monophasé à répulsion. Par exemple, le moteur Déri (fig. F.II.8) permet une plus grande souplesse dans le réglage de la vitesse.

Le moteur Déri porte deux couples de lignes de balais, connectés comme l'indique la figure F.II.8. L'un de ces couples, fixe, est aligné suivant l'axe Ox_1 des pôles inducteurs ; l'autre est mobile.

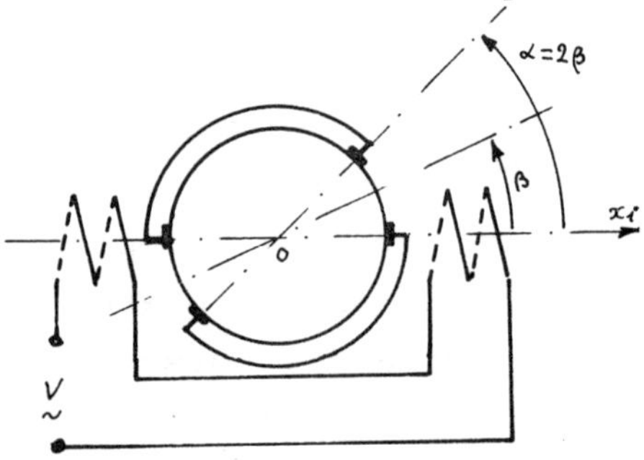

Fig. F.II.8

L'ensemble se comporte comme un seul couple de lignes de balais, disposé suivant un axe défini par : $\beta = \frac{\alpha}{2}$ (si α est l'angle des axes des deux couples de lignes de balais). On est donc ramené au moteur précédent, mais l'angle β varie deux fois moins vite que le positionnement des balais mobiles, d'où un réglage de vitesse plus précis. Par ailleurs, la présence d'une ligne fixe de balais dans l'axe des pôles améliore la commutation de la machine.

F.II.3. MOTEURS LATOUR

La figure F.II.9 donne le schéma de principe du moteur Latour série. Au démarrage, l'intensité du courant secondaire I_2 ne produit pas de couple ; la machine fonctionne en moteur série monophasé ; en marche normale, les courants d'induit I_1, transversal, et I_2, longitudinal, combinent leurs forces magnéto-motrices pour créer un champ glissant d'induit principal ; l'induit se comporte comme une bobine dont l'axe serait incliné sur celui des pôles et on est ramené au moteur à répulsion.

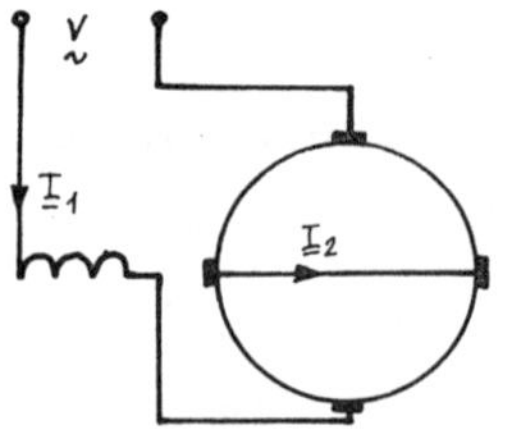

Fig. F.II.9

Le moteur Latour série combine donc les avantages du moteur série monophasé (fort couple au démarrage, pour un courant appelé acceptable) et du moteur à répulsion (bon facteur de puissance). Ces caractéristiques sont voisines de celles du moteur à répulsion.

Si l'on désire conserver une vitesse pratiquement constante, quel que soit le couple résistant de la charge, on peut réaliser un moteur Latour dérivation (voir fig. F.II.10). Ce moteur n'a pas de couple au démarrage et doit être démarré en série. Mais, en dérivation, sa vitesse ne dépend plus beaucoup de la tension d'alimentation.

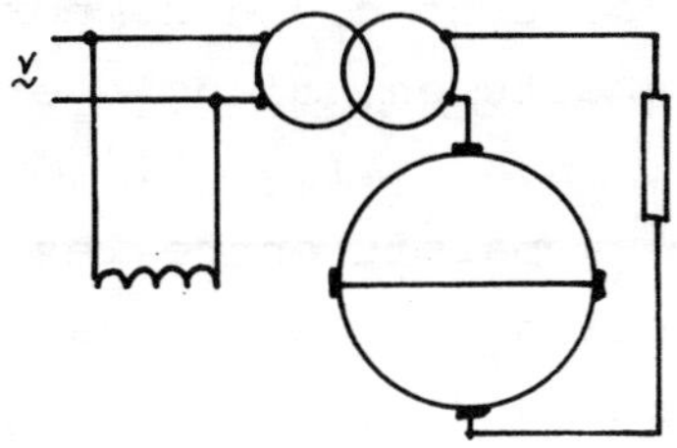

Fig. F.II.10

Les moteurs Latour, réalisés pour des puissances allant jusqu'à quelques dizaines de kilowatts, sont utilisés lorsqu'on recherche un couple de démarrage important (engins de levage, monte-charge, ponts roulants, etc.). On a cherché à les utiliser, aussi, pour la traction, aux puissances moyennes.

G. *Machines polyphasées à collecteur*

G.1. Principe

La figure G.1 donne un schéma de principe de la constitution d'une machine triphasée à collecteur. Une telle machine comprend :

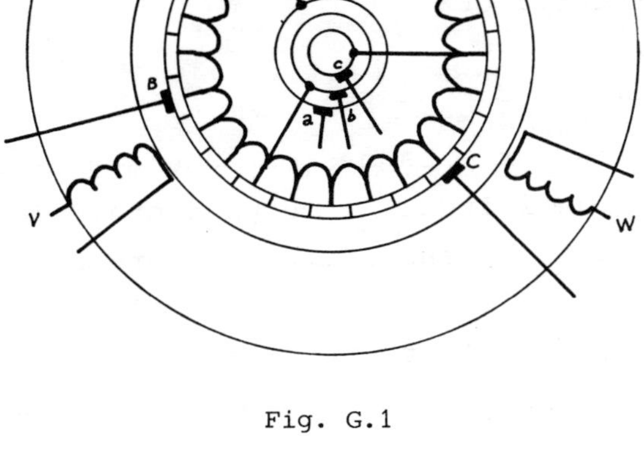

Fig. G.1

- un inducteur statorique de machine à induction (bobinage triphasé d'entrée U,V et W);
- un induit de machine à courant continu, connecté à un collecteur sur lequel frottent trois lignes de balais (dans le cas d'une machine triphasée bipolaire); par ailleurs, trois lames de ce collecteur (pour une machine triphasée) sont connectées à des bagues sur lesquelles frottent trois autres balais (a, b et c ; pour la commodité de la représentation, on a supposé que ces bagues ont

des diamètres différents). Bien entendu, les enroulements d'induit et d'inducteur sont de même nombre de pôles.

Alimenté par un système de tensions triphasé, de valeur efficace V et de pulsation ω , le bobinage statorique crée un champ glissant forcé de pulsation de rotation $\Omega_s = \frac{\omega}{p}$ (théorème de Ferraris).

Le bobinage rotorique, vu entre les balais a, b et c, se comporte comme un secondaire de machine asynchrone, connecté en triangle et entraîné à la pulsation de rotation du rotor : $\Omega = \Omega_s(1 - g)$. On a vu (étude du moteur asynchrone triphasé) qu'il apparaît entre les bagues un système de tensions triphasé, de pulsation $g\omega$ et de valeur efficace m.g.V. (si m est le rapport de transformation du transformateur équivalent, à l'arrêt).

Vu des balais A, B et C qui frottent sur le collecteur, ce même bobinage secondaire se comporte comme un système d'enroulements, connectés en triangle, de même topographie que les enroulements précédents mais d'axes fixes (les balais A et B constituent les extrémités de l'un de ces enroulements). Il apparaît donc, entre ces balais, un système de tensions triphasé, de même valeur efficace (m.g.V) mais de pulsation ω (ces bobines, fixes, jouent le rôle d'un secondaire de transformateur).

Comme dans le cas du moteur asynchrone triphasé, les courants qui pourraient traverser le secondaire (du fait des f.e.m. qui y sont induites) créeront un champ glissant au synchronisme du champ inducteur ; il y aura donc un transfert possible d'énergie entre le primaire et les secondaires.

G.2. APPLICATIONS : CONVERTISSEURS ÉLECTROMAGNÉTIQUES

G.2.a. Changeur de fréquence

On a vu que les f.e.m. recueillies entre bagues ont une fréquence fonction de la vitesse de rotation de l'induit ; on peut créer le champ glissant en alimentant le stator (transformateur tournant) ou les balais frottant sur le collecteur (il n'y a plus d'isolement électrique entre entrée et sortie, mais la valeur efficace de la tension de sortie est indépendante de la fréquence).

G.2.b. Changeur de phase

Si on maintient l'induit immobile et si le stator crée un champ magnétique glissant, on recueillera aux bornes des jeux de balais A, B et C d'une part, a, b et c d'autre part, deux systèmes de tensions triphasés, de même amplitude, de même fréquence, mais dont on pourra régler continûment le déphasage relatif grâce au positionnement du rotor ou du jeu de balais A, B et C.

G.2.c. Transformateur du nombre de phases

C'est ce que l'on obtient si les deux enroulements que l'on compose à partir des conducteurs d'induit n'ont pas même nombre de phases.

G.3. MOTEUR TRIPHASÉ SÉRIE À COLLECTEUR

La figure G.2 donne l'allure du branchement d'un tel moteur : l'inducteur (statorique) est connecté en série avec l'induit (balais frottant sur le collecteur), par l'intermédiaire d'un transformateur d'adaptation. Comme dans le cas des machines à induction classiques, le glissement est lié à la puissance dissipée par le rotor ; on obtiendra les faibles vitesses (forts glissements) lorsque le rotor débitera dans le transformateur, les fortes vitesses (glissements négatifs) lorsque le rotor recevra de l'énergie en provenance du transformateur ; le sens du transfert d'énergie, donc la vitesse, dépend du déphasage des tensions d'induit par rapport aux tensions secondaires du transformateur, c.à.d. du positionnement des lignes de balais.

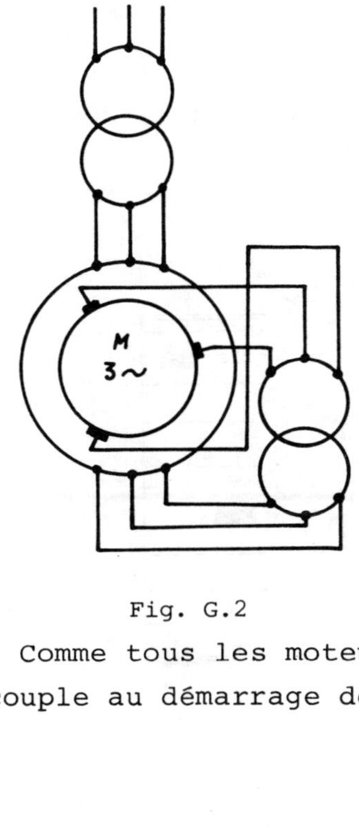

Fig. G.2

Comme tous les moteurs à excitation série, ce moteur présente un couple au démarrage de moment élevé.

G.4. Moteur triphasé shunt à collecteur

La figure G.3 montre le branchement de cette machine. L'inducteur étant alimenté par le réseau, le flux est forcé par la tension d'alimentation, de valeur efficace V, et il apparaît, entre les balais, des f.e.m. de valeur efficace m.g.V. Si l'induit est connecté au réseau par un transformateur à rapport variable, on devra avoir m'.V = m.g.V (si m' est le rapport de ce transformateur T). Le glissement g est donc fonction du rapport de transformation m'. On peut régler le facteur de puissance de la machine en déphasant les tensions d'induit, par rapport aux tensions primaires ; on peut y parvenir en modifiant le calage des lignes de balais ou en interposant un changeur de phase entre la ligne et le transformateur T.

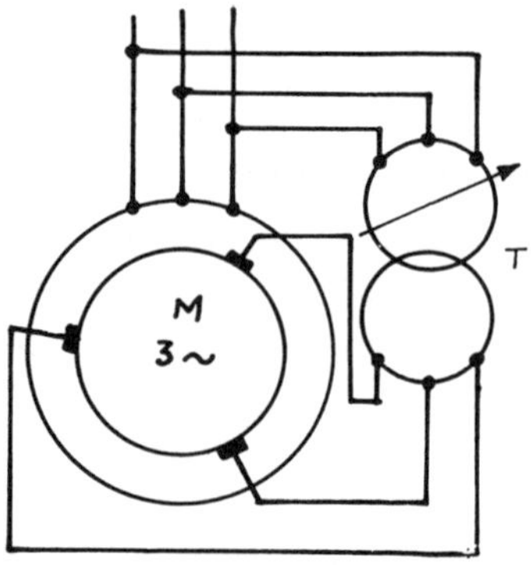

Fig. G.3

G.5. Moteur Schrage-Richter

C'est un moteur triphasé dérivation à double jeu de balais, dont un schéma de principe est indiqué sur la figure G.4.

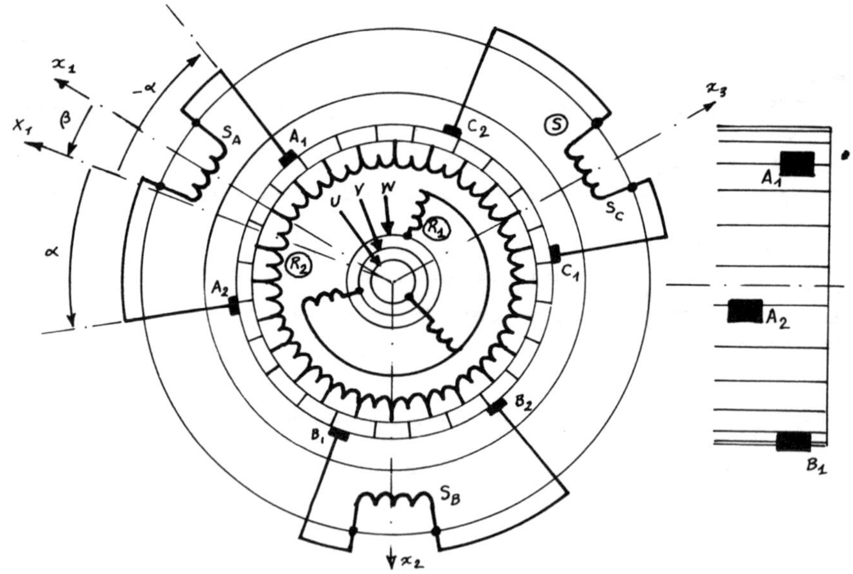

Fig. G.4

On alimente (bornes U, V et W) l'enroulement rotorique R_1 par l'intermédiaire de bagues et de balais. Le collecteur, connecté à l'enroulement d'induit R_2 , porte deux jeux triphasés de balais ; les couronnes portant les balais A_1, B_1 et C_1 , d'une part, et A_2, B_2 et C_2, d'autre part, peuvent être décalées, en sens inverses ,d'un angle α variable, autour de leur position de repos ; cette position de repos, repérée par l'angle β que fait OX_1 avec la normale Ox_1 à l'axe de l'enroulement statorique S_A , est aussi réglable. Les tensions triphasées recueillies aux bornes des deux jeux de balais servent à alimenter le bobinage statorique S.

Lorsque $\alpha = 0$, les tensions d'alimentation du stator sont nulles et la machine fonctionne comme un moteur asynchrone (alimenté par le rotor).

Lorsque les deux couronnes porte-balais sont décalées d'un angle non nul 2α, de la puissance est échangée entre stator (S) et rotor (R_2); comme dans le cas des moteurs asynchrones, la quantité et le signe de ce transfert de puissance décident du glissement de la machine, c.à.d. de sa vitesse. La figure G.5 donne une allure des caractéristiques mécaniques C = f(n'), pour plusieurs valeurs du décalage 2α.

Par action sur l'angle β , c.à.d. en déplaçant l'ensemble des balais, on modifie le déphasage relatif des tensions rotoriques et statoriques ; ce déphasage est responsable du facteur de puissance de la machine ; son réglage permet d'améliorer le facteur de puissance (mais il n'est pas totalement sans effet sur la vitesse).

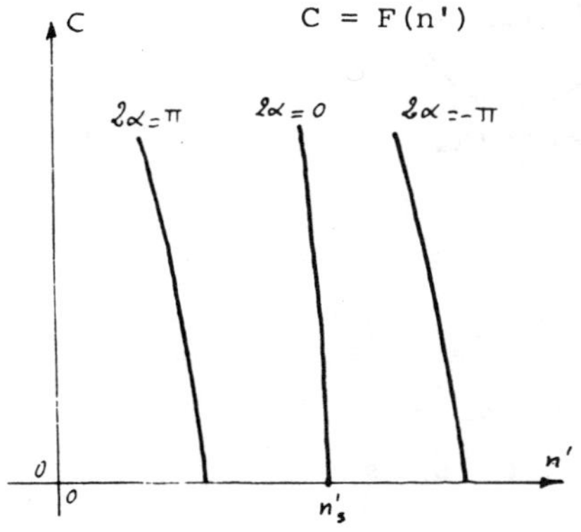

Fig. G.5

Remarque : La vue latérale du collecteur, disposée sur la figure G.4, montre que les deux jeux de balais (A_1, B_1, C_1 et A_2, B_2, C_2) ne sont pas situés dans un même plan diamétral, ceci pour permettre à l'angle α de changer de signe.

H. *Symboles graphiques normalisés*

H.1. Machines synchrones

H.I.a. Alternateur synchrone (GS), ou moteur synchrone (MS) monophasé

H.I.b. Alternateur synchrone (GS), ou moteur synchrone (MS) triphasé

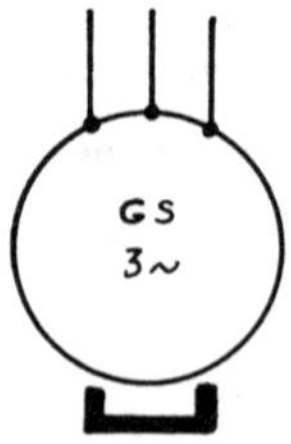

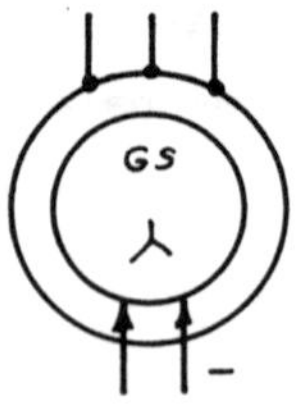

∇ à aimant permanent

∇ à induit monté en étoile, neutre non sorti

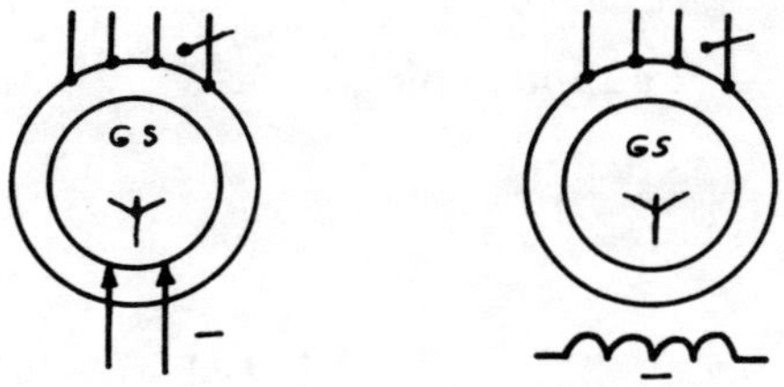

∇ à induit monté en étoile et neutre sorti

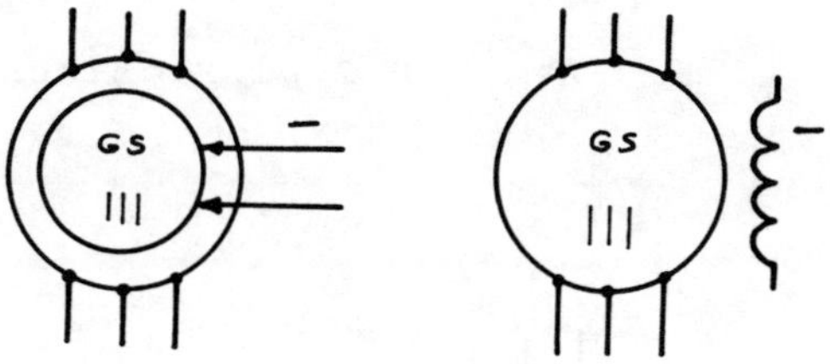

∇ à six bornes sorties

H.2. Machines à induction

H.2.a. Machines asynchrones monophasées

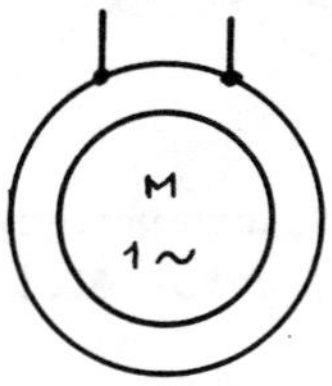

∇ à rotor en court-circuit

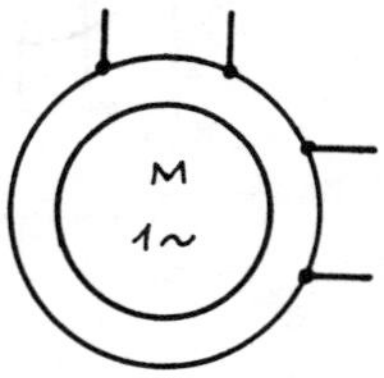

∇ à rotor en court-circuit et phase auxiliaire

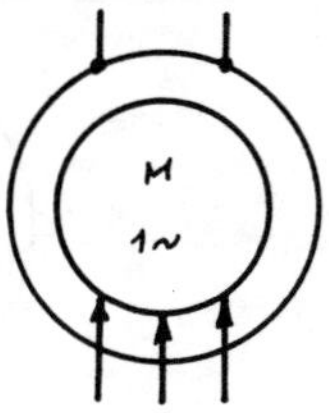

∇ à rotor bobiné

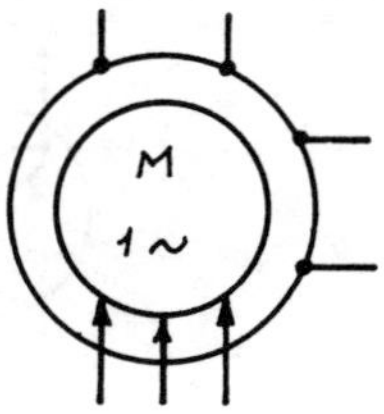

∇ à rotor bobiné et phase auxiliaire

H.2.b. Machines asynchrones triphasées

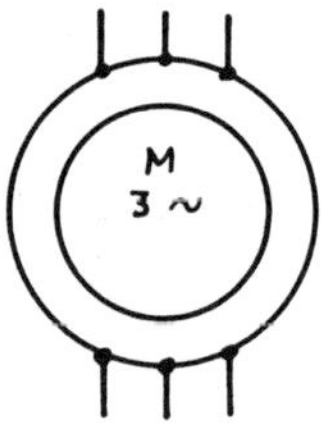

∇ à rotor en court-circuit et six bornes sorties

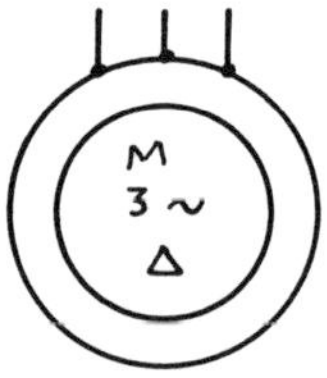

∇ à rotor en court-circuit et stator monté en triangle

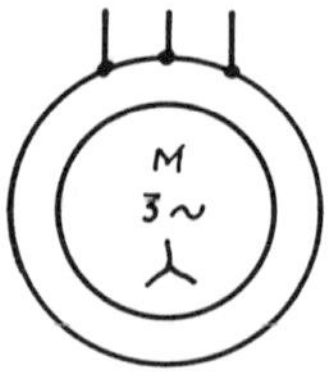

∇ à rotor en court-circuit et stator monté en étoile

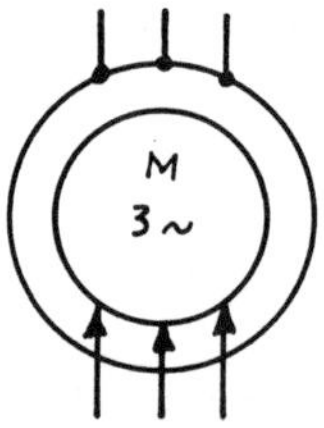

∇ à rotor bobiné

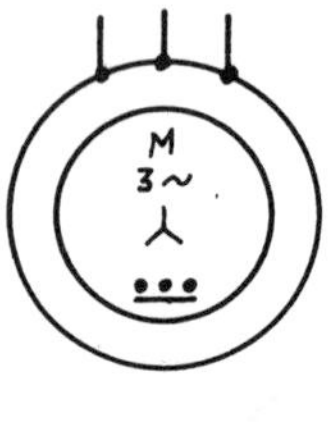

∇ à démarreur automatique dans le rotor (stator étoile).

H.2.c. Régulateurs à induction

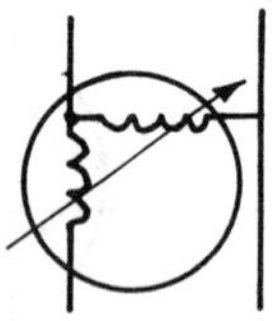

∇ monophasé

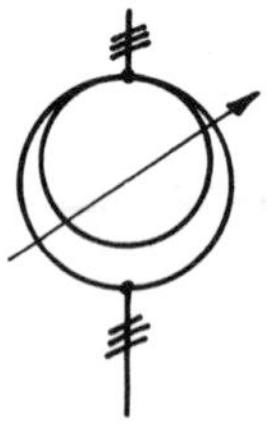

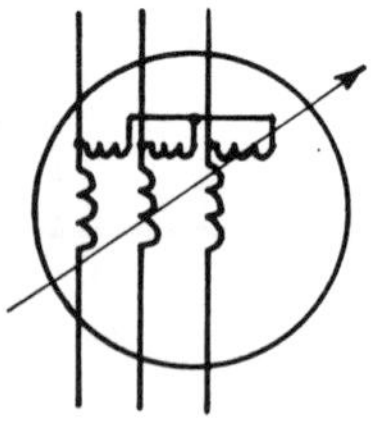

∇ triphasé

H.3. MACHINES À COURANT ALTERNATIF, À COLLECTEUR

H.3.a. Moteurs monophasés à collecteur

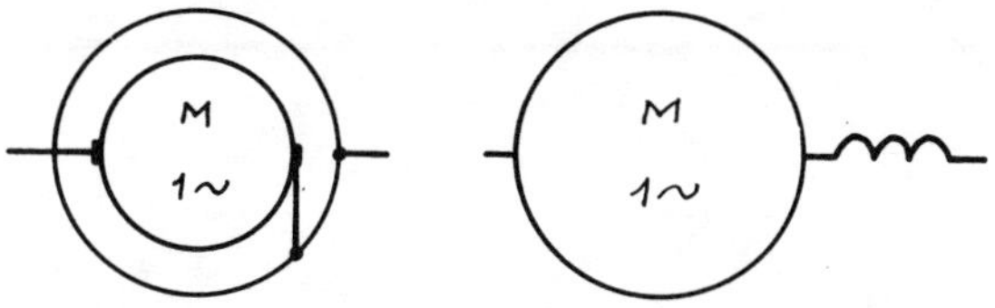

▽ Moteur à collecteur, monophasé, série

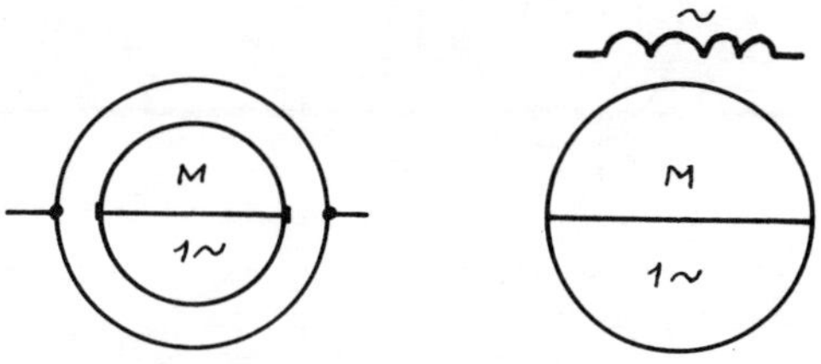

▽ Moteur à collecteur, monophasé à répulsion

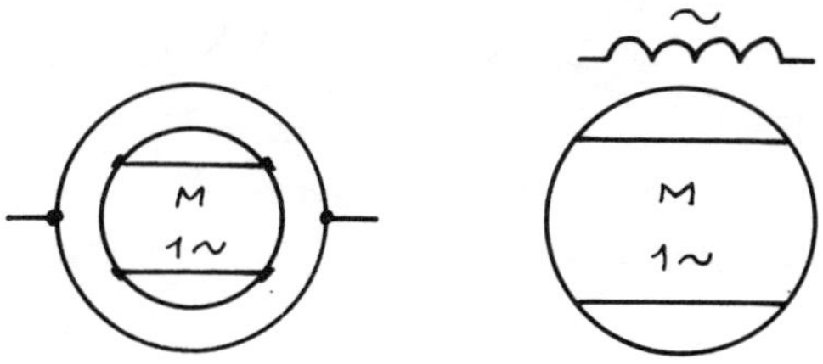

▽ Moteur à collecteur, monophasé, type Déri

H.3.b. Moteurs triphasés à collecteur

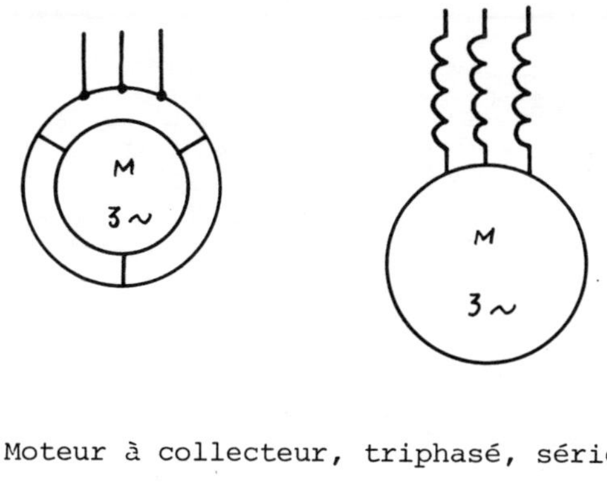

▽ Moteur à collecteur, triphasé, série

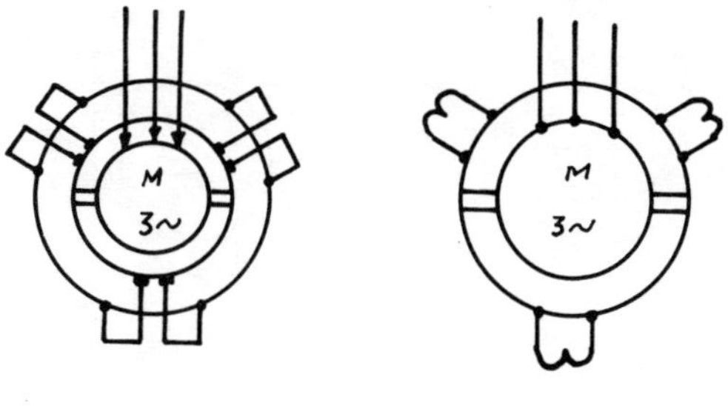

▽ Moteur à collecteur, triphasé, shunt, à alimentation par le rotor, à double rangée de balais (moteur Schrage)

PROBLÈMES CORRIGÉS

¶ 1. *Alternateur triphasé - Bobinage - Harmoniques.*

Un alternateur triphasé hexapolaire possède 72 encoches, toutes occupées par trois brins conducteurs. Les encoches sont inclinées d'un pas d'encoches. L'entrefer peut être assimilé à une portion de cylindre de diamètre $D=64$ cm et de longueur $L=85$ cm.

1. Chaque enroulement de la machine doit fournir une f.e.m. de valeur efficace 1 800 V et de fréquence 50 Hz. Calculer le flux d'un pôle de la roue polaire et la valeur maximale du champ magnétique dans l'entrefer si ce champ est radial et réparti sinusoïdalement à la périphérie du rotor.

2. La roue polaire ne produit pas un champ de vecteurs à répartition sinusoïdale dans l'espace. On pourra admettre qu'en plus du champ sinusoïdal calculé à la question précédente, et d'amplitude maximale B_{M1}, le rotor produit deux champs harmoniques, de rangs 3 et 5 et d'amplitudes B_{M3} et B_{M5} telles que

$$BM_3 = \frac{1}{4} B_{M1} \quad , \quad B_{M5} = \frac{1}{7} B_{M1}$$

Calculer la fréquence et la valeur efficace des forces électromotrices induites par ces champs supplémentaires et la valeur efficace de la f.e.m. totale.

□ Dans tous les cas (questions 1 et 2) on trouvera le flux d'un pôle ou la f.e.m. induite au moyen de la formule de BOUCHEROT (traduction de la loi de Lenz au niveau d'un enroulement soumis à un champ glissant réparti sinusoïdalement dans l'espace) :

$$E = \frac{\pi}{\sqrt{2}}.N.f.K_b.\phi_M$$

et on sait que, toujours dans le cas d'un champ radial de répartition spatiale sinusoïdale, le flux ϕ_M d'un pôle est lié à la valeur maximale B_M du champ par :

$$\phi_M = \frac{2LR}{p}.B_M$$

(où L est la longueur de l'entrefer, R son rayon, p le nombre de paires de pôles).

On rappelle que le coefficient de bobinage K_b s'exprime :

$$K_b = K_d.K_i.K_r$$

où :

K_d est le coefficient de distribution : $K_d = \dfrac{\sin \frac{Zp\varepsilon}{2}}{Z.\sin \frac{p\varepsilon}{2}}$

(ε est la distance angulaire entre deux encoches successives, Z est le nombre d'encoches successives utilisées par un enroulement sous un pôle)

K_i est le coefficient d'inclinaison des encoches : $K_i = \dfrac{\sin \frac{p\gamma}{2}}{\frac{p\gamma}{2}}$

(γ est l'angle d'inclinaison d'une encoche)

K_r est le coefficient de raccourcissement : $K_r = |\cos \frac{p\beta}{2}|$

(β est l'écart entre l'ouverture angulaire d'une spire des enroulements et le pas angulaire des pôles)

On va calculer dans un tableau les coefficients de bobinage associés aux trois champs harmoniques :

- le champ fondamental hexapolaire : $p_1 = 3$
- le champ harmonique de rang 3, à $3 \times 6 = 18$ pôles : $p_3 = 9$
- le champ harmonique de rang 5, à $5 \times 6 = 30$ pôles : $p_5 = 15$
- les valeurs des éléments $Z, \varepsilon, \gamma, \beta$ se déduisent ainsi des données :

$N_e = 72$ encoches inclinées d'un pas d'encoches et toutes utilisées.

$$Z = \frac{\text{Nombre d'encoches occupées}}{\text{Nombre de phases} \times \text{Nombre de pôles}} = \frac{72}{3 \times 6} = 4$$

$$\varepsilon = \frac{2\pi}{N_e} = 0{,}0872 \text{ rad}$$

$\gamma = \varepsilon$ car les encoches sont inclinées d'un pas d'encoches

$$\beta = \frac{2\pi}{2p} - 12.\varepsilon = \frac{\pi}{p} - \frac{\pi}{3}$$

car deux conducteurs d'une spire sont situés à $3.Z = 12$ pas d'encoches l'un de l'autre, tandis que deux pôles successifs sont distants de $\frac{\pi}{p}$.

D'où le tableau de calculs :

p	3	9	15
ε (rad)	$\frac{\pi}{36}$	$\frac{\pi}{36}$	$\frac{\pi}{36}$
Z	4	4	4
$K_d = \dfrac{\sin \frac{Zp\varepsilon}{2}}{Z.\sin \frac{p\varepsilon}{2}}$	0,95766	0,65328	0,20533
γ (rad)	$\frac{\pi}{36}$	$\frac{\pi}{36}$	$\frac{\pi}{36}$
$K_i = \dfrac{\sin \frac{p\gamma}{2}}{\frac{p\gamma}{2}}$	0,99715	0,97450	0,93012
β (rad)	$\frac{\pi}{3} - \frac{\pi}{3} = 0$	$\frac{\pi}{9} - \frac{\pi}{3}$	$\frac{\pi}{15} - \frac{\pi}{3}$
$K_r = \|\cos \frac{p\beta}{2}\|$	1	1	1
$K_b = K_d.K_i.K_r$	0,95493	0,63662	0,19099

Pour appliquer la formule de BOUCHEROT il faut de plus connaître le nombre de conducteurs montés en série dans un enroulement, soit, sachant que toutes les encoches contiennent trois conducteurs et qu'il y a trois enroulements :

$$N = \frac{3.N_e}{3} = 72 \text{ conducteurs}$$

1. Pour obtenir une force électromotrice fondamentale de 1 800 V à 50 Hz il faut un flux par pôle ϕ_{M1} , dans le cas d'une répartition sinusoïdale du champ magnétique :

$$\phi_{M1} = \frac{E_1}{2,22.N.f.K_{b1}} = \frac{1\ 800}{2,22.72.50.0,955} = 0,236 \text{ Wb}$$

D'où la valeur maximale du champ magnétique :

$$B_{M1} = \frac{p_1.\phi_{M1}}{2.L.R.} = \frac{3 \times 0,236}{2.0,85.0,32} = 1,3 \text{ T}$$

Il faut aussi que l'alternateur tourne avec la pulsation :

$$\Omega = \frac{\omega}{p_1} = \frac{2\pi f}{p_1} = \frac{100\pi}{3} = 104,7 \text{ rad/s}$$

2. Le champ harmonique de rang 3, à p_3 = 9 paires de pôles, provoque des f.e.m. sinusoïdales de pulsation :

$$\omega_3 = p_3.\ \Omega = \frac{p_3}{p_1}.\ \omega = 3\ \omega \qquad \text{, d'où : } f_3 = \frac{\omega_3}{2\pi} = 3.f = 150 \text{ Hz}$$

Le flux d'un pôle de ce champ vaut :

$$\phi_{M3} = \frac{2LR}{p_3}.B_{M3} = \frac{2LR}{3p_1}.\frac{B_{M1}}{4} = \frac{1}{12}.\frac{2LR}{p_1}.B_{M1} = \frac{1}{12}.\phi_{M1}$$

D'où la valeur efficace de la f.e.m. induite à 150 Hz :

$$E_3 = \frac{\pi}{\sqrt{2}}.N.f_3.K_{b3}.\phi_{M3} = 2,22.72.150.0,6366.\frac{0,2357}{12} = 300 \text{ V}$$

Soit :

$$\frac{E_3}{E_1} = \frac{300}{1\ 800} = \frac{1}{6} = 16,7\ \%$$

De façon analogue, le champ harmonique de rang 5 induit des f.e.m. de fréquence :

$$f_5 = \frac{p_5}{p_1}.\ f = 5.f = 250 \text{ Hz.}$$

Le flux d'un pôle s'exprime :

$$\phi_{M5} = \frac{2LR}{p_5}.B_{M5} = \frac{1}{35}.\phi_{M1}$$

D'où :

$$E_5 = \frac{\pi}{\sqrt{2}}.N.f_5.K_{b5}.\phi_{M5} = 2,22.72.250.0,191.\frac{0,236}{35} = 51,4 \text{ V}$$

et :

$$\frac{E_5}{E_1} = \frac{51,4}{1\ 800} = 2,86\ \%\ .$$

Enfin, on sait que le carré de la valeur efficace d'une série harmonique est la somme des carrés des valeurs efficaces des composantes :

$$E^2 = E_1^2 + E_2^2 + E_3^2$$

D'où :

$$E = \sqrt{(1\ 800)^2 + (300)^2 + (51,4)^2} = 1\ 825,6 \text{ V} \approx 1\ 830 \text{ V}$$

¶ 2. *Alternateur en régime triphasé équilibré - Modèles.*

Un alternateur triphasé, enroulements d'induit couplés en étoile (trois bornes accessibles), produit des forces électromotrices supposées parfaitement sinusoïdales et de fréquence $f = 50$ Hz. Son rotor est tétrapolaire.

On a effectué les essais suivants :

- Relevé de la Caractéristique Interne : U_o, tension composée efficace à vide, en fonction de l'intensité I_e du courant d'excitation, à la vitesse nominale de rotation.

I_e (A)	0	0,23	0,46	0,80	1,1	1,46	1,90	2,30	2,70	3,2
U_o (V)	0	79,7	147	225	277	320	355	374	390	402

- Essai en court-circuit permanent équilibré, à la vitesse nominale de rotation :

$$I_{ecc} = 0{,}48 \text{ A} \qquad I_{cc} = 20 \text{ A}$$

- Essai sur charge équilibrée purement inductive ($\cos\varphi = 0$ AR), à la vitesse nominale de rotation :

$$I_{ed} = 2{,}5 \text{ A} \ , \ I_d = 20 \text{ A} \ , \ U_d = 346 \text{ V}$$

- Mesure de la résistance à chaud entre deux bornes :

$$R_c = 1{,}2 \ \Omega$$

- Essai à réaction d'induit tournante ; on alimente le stator par un système triphasé équilibré basse tension (50 Hz) et on entraîne le rotor, démagnétisé, au voisinage de la vitesse de synchronisme (et dans le même sens que le champ glissant) : l'observation oscillographique de l'intensité d'un courant statorique montre que sa valeur maximale évolue entre deux valeurs extrêmes I_{min} et I_{Max} telles que $I_{Max}/I_{min} = 2$.

- Essais à vide, en moteur synchrone, sous tension réglable de fréquence nominale, à excitation telle, pour chaque valeur de la tension d'alimentation U, que l'intensité des courants d'induit soit minimale. Après déduction des pertes par effet Joule de l'induit, la puissance P absorbée par le moteur varie en fonction de I_e comme :

I_e (A)	0	0,46	1,10	1,90	2,7	3,20
P (W)	175	204	277	335	375	387

- Mesure de la tension de la source séparée d'alimentation de la roue polaire :

$$U_e = 24 \text{ V} .$$

1. On envisage d'utiliser cet alternateur pour alimenter sous la tension

composée $U = 346$ V (tension simple $V = 200$ V) une charge absorbant des courants équilibrés d'intensité nominale $I = 25$ A et de facteur de puissance supérieur à 0,6. Prévoir, pour les deux fonctionnements extrêmes :

a : $U = 346$ V , $f = 50$ Hz , $I = 25$ A , $\cos\varphi = 0,6$ inductif
b : $U = 346$ V , $f = 50$ Hz , $I = 25$ A , $\cos\varphi = 0,6$ capacitif

l'intensité I_e du courant d'excitation :

1.1. Par la méthode de POTIER ;
1.2. au moyen des méthodes de la réactance synchrone ;
1.3. grâce au modèle de BLONDEL (double réaction).

2. Pour les trois fonctionnements définis ainsi :

$U = 346$ V , $f = 50$ Hz , $I = 25$ A , $\cos\varphi = 0,6$ AR, $\cos\varphi = 1$, $\cos\varphi = 0,6$ AV

déterminer :

- l'intensité I_e du courant d'excitation ;
- les pertes d'excitation ;
- les pertes par effet Joule dans l'induit ;
- les pertes mécaniques et ferromagnétiques ;
- la puissance absorbée par l'alternateur ;
- le rendement de l'alternateur.

□ Calculs préliminaires.

Les méthodes de prédétermination que nous allons mettre en oeuvre s'appliquent à un enroulement de l'alternateur (en régime triphasé équilibré). Il convient donc de ramener à un enroulement (ou aussi à une phase, puisque le stator est couplé en étoile) les résultats des essais, en tenant compte de $V = \frac{U}{\sqrt{3}}$ et $J = I$ (V, tension simple ou par enroulement ; J, intensité du courant dans un enroulement). D'où :

- Caractéristique Interne à 50 Hz :

I_e (A)	0	0,23	0,46	0,80	1,1	1,46	1,90	2,30	2,70	3,2
$E_o = \frac{U_o}{\sqrt{3}}$ (V)	0	46	84,9	130	160	185	205	216	225	232

- Essai en court-circuit : $I_{ecc} = 0,48$ A, $J_{cc} = I_{cc} = 20$ A
- Essai en déwatté inductif : $I_{ed} = 2,5$ A, $J_d = I_d = 20$ A, $V_d = \frac{U_d}{\sqrt{3}} = 200$ V
- Résistance à chaud d'un enroulement : $R = \frac{R_c}{2} = 0,6\ \Omega$
- Essai à réaction d'induit tournante :

$$\frac{J_{Max}}{J_{min}} = \frac{I_{Max}}{I_{min}} = 2$$

1.1. Méthode de POTIER.

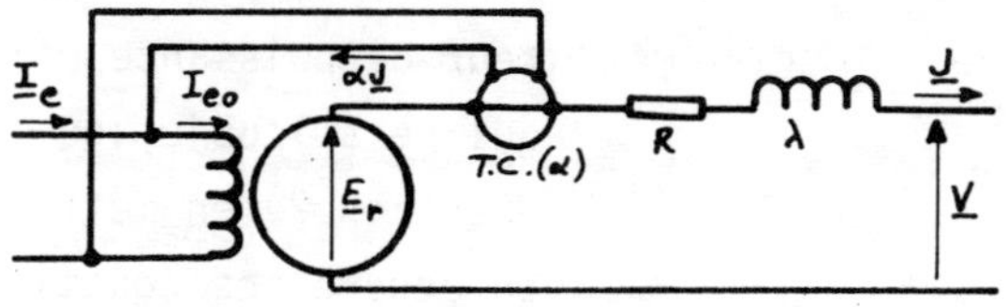

Fig. 2.1.

On sait qu'en fonctionnement équilibré chaque enroulement de l'alternateur se comporte, suivant le modèle de POTIER, comme le schéma électrique de la figure 2.1, ce qui signifie que les grandeurs électriques doivent satisfaire au système de relations :

$$\begin{cases} \underline{V} = \underline{E}_r - R.\underline{J} - j\lambda\omega\underline{J} \\ \underline{I}_{eo} = \underline{I}_e + \alpha\underline{J} \\ (I_{eo},\ E_r) \in \text{C.I.} \\ \underline{I}_{eo} \text{ est en quadrature avance par rapport à } \underline{E}_r \ . \end{cases}$$

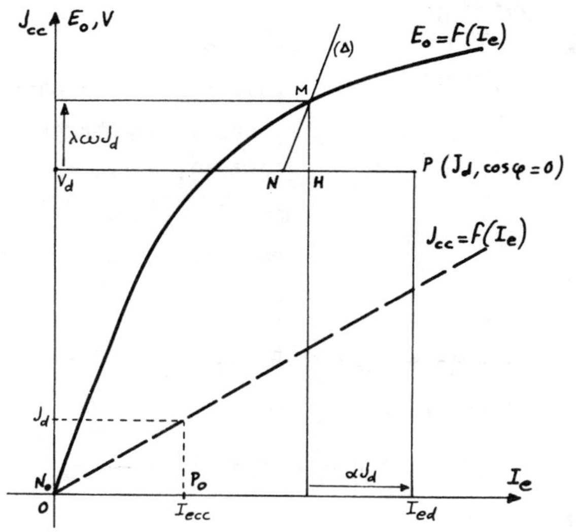

Fig. 2.2

On sait aussi que les éléments α (coefficient d'équivalence) et $\lambda\omega$ (réactance de fuite), se déduisent ainsi des données (figure 2.2) :

- On construit la Caractéristique Interne (C.I.) : $V = E_o = f(I_e)$ à la vitesse nominale ;

- On construit dans le même plan le point P associée à l'essai en déwatté (I_{ed} = 2,5 A ; V_d = 200 V) ;

- on recherche le point P_o en court-circuit (V = 0) correspondant au même courant d'induit $J_{cc} = J_d$ = 20 A : P_o (I_{ecc} = 0,48 A, V = 0) ;

- on mesure N_oP_o (0,48 A) et on construit le point N tel que $NP = N_oP_o$: N (I_e = 2,02 A ; V = 200 V) ;

- par N on trace la droite Δ parallèle à la partie non saturée de la C.I. (pente $\frac{46}{0,23}$ = 200 V/A). Elle coupe la C.I. au point M tel que :

$$HM = \lambda\omega J_d \quad , \quad HP = \alpha J_d$$

La construction à l'échelle donne : HP = 0,42 A, HM = 10,4 V.

Comme $J_d = I_d$ = 20 A on en déduit :

$$\alpha = \frac{HP}{J_d} = 0{,}021 \ ; \ \lambda\omega = \frac{HM}{J_d} = 0{,}52\ \Omega \ .$$

On détermine maintenant les valeurs de I_e associées aux fonctionnements a

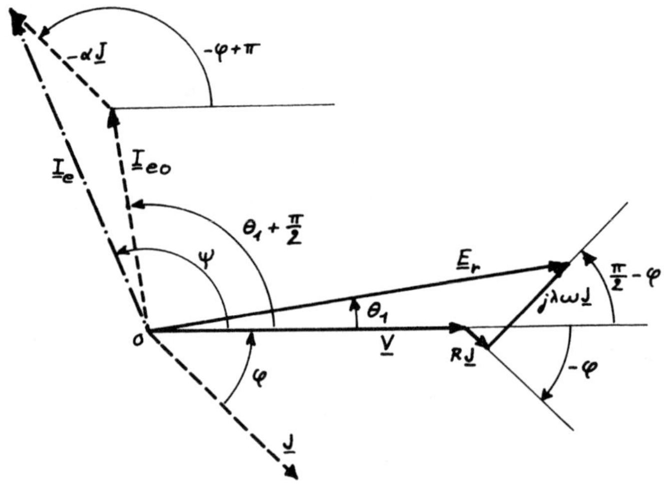

Fig. 2.3

et b (on y ajoute le fonctionnement à facteur de puissance unité qui sera l'objet de la question 2) en mettant en oeuvre les équations:

$\underline{E}_r = \underline{V} + R\underline{J} + j\lambda\omega\underline{J}$

et

$\underline{I}_e = \underline{I}_{eo} - \alpha\underline{J}$

(voir figure 2.3 dans le cas d'une charge inductive), soit, en prenant le vecteur $\underline{V}$ comme référence de phase :

$$\underline{E}_r = [V,0] + [RJ,-\varphi] + [\lambda\omega J,-\varphi+\frac{\pi}{2}] = [E_r,\theta_1]$$

$$\underline{I}_e = [I_{eo},\theta_1+\frac{\pi}{2}] + [\alpha J,-\varphi+\pi] = [I_e,\psi]$$

où I_{eo} est l'abcisse du point de la C.I. qui a pour ordonnée E_r .

Présentons les résultats dans un tableau :

V	(V)	200	200	200
$J=I$	(A)	25	25	25
$\cos\varphi$		0,6 inductif (AR)	1	0,6 capacitif (AV)
φ	(rad)	0,927	0	-0,927
RJ	(V)	15	15	15
$\lambda\omega J$	(V)	13	13	13
E_r	(V)	219,4	215,4	199,6
θ_1	(rad)	$-19,14.10^{-3}$	$60,4.10^{-3}$	$99,4.10^{-3}$
I_{eo}	(A)	2,47	2,28	1,76
αJ	(A)	0,525	0,525	0,525
I_e	(A)	2,90	2,37	1,42
ψ	(rad)	1,66	1,85	1,92

1.2. Méthode de la réactance synchrone.

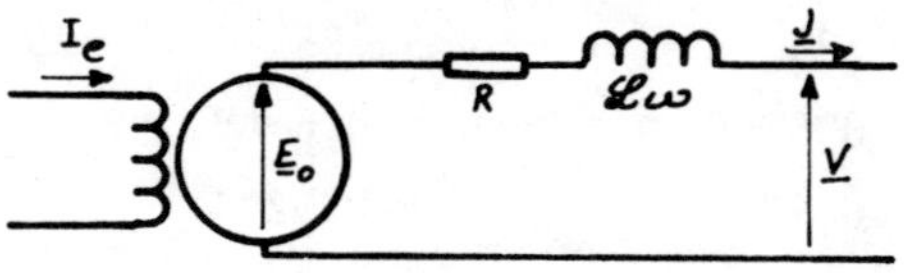

Fig. 2.4

Elle propose, en régime équilibré de fonctionnement, un modèle, pour chaque enroulement, indiqué sur la figure 2.4, c'est-à-dire une équation :

$$\underline{V} = \underline{E}_o - R\underline{J} - j\mathscr{L}\omega\underline{J}$$

I_e étant lié à E_o par la Caractéristique Interne (C.I.).

Comme la machine étudiée ici fonctionne manifestement en régime saturé, la mise en oeuvre de cette méthode, établie pour des régimes non saturés (linéaires) implique des aménagements.

1.2.1. Si on ignore sciemment la saturation du fer de la machine, sa C.I. est une droite passant par l'origine et le point : $I_e = 0{,}23$ A, $V = E_o = 46$ V, donc de pente 200V/A.

Pour un courant d'excitation d'intensité $I_e = 0{,}48$ A la machine présente donc, par enroulement :

- à vide une f.e.m. : $E_o = 200 \times 0{,}48 = 96$ V
- en court-circuit un courant d'intensité : $J_{cc} = 20$ A (donnée).

D'où l'impédance interne du générateur de Thévenin équivalent :

$$Z = \frac{E_o}{J_{cc}} = \frac{96}{20} = 4{,}8\ \Omega$$

et sa réactance :

$$\mathscr{L}\omega = \sqrt{Z^2 - R^2} = 4{,}76\ \Omega \approx 4{,}8\ \Omega$$

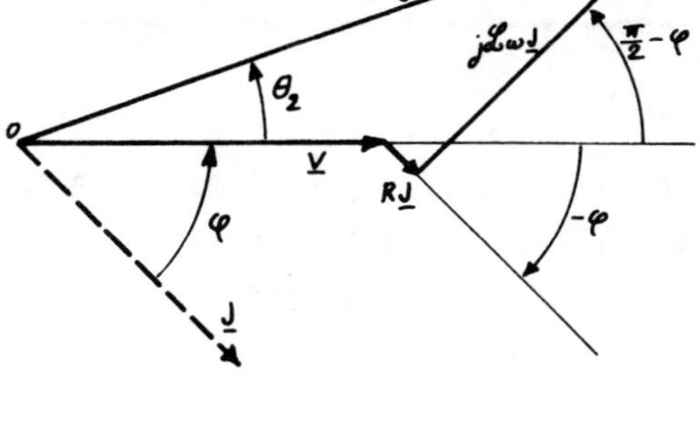

Fig. 2.5

On détermine les valeurs cherchées de l'intensité I_e en utilisant la relation

$\underline{E}_o = \underline{V} + R\underline{J} + j\mathscr{L}\omega\underline{J}$ (figure 2.5)

ou encore, en prenant $\underline{V}$ comme origine des phases du plan complexe:

$$\underline{E}_o = [V,0] + [RJ,-\varphi] + [\mathscr{L}\omega J, -\varphi+\tfrac{\pi}{2}] = [E_o, \theta_2]$$

I_e se déduit de E_o au moyen de la C.I. linéaire choisie pour déterminer la réactance synchrone $\mathscr{L}\omega$; cette C.I. a une pente de 200 V/A, d'où $I_e = \frac{E_o}{200}$.

Tableau de résultats :

V	(V)	200	200
$J=I$	(A)	25	25
$\cos\varphi$		0,6 AR	0,6 AV
φ	(rad)	0,927	-0,927
RJ	(V)	15	15
$\mathscr{L}\omega J$	(V)	120	120
E_o	(V)	310,8	140,8
θ_2	(rad)	0,194	0,639
$I_e = \frac{E_o}{200}$	(A)	1,55	0,704

1.2.2. Si on cherche à linéariser le fonctionnement de la machine au voisinage d'une valeur particulière I_{es} de l'intensité du courant d'excitation, c'est-à-dire si on suppose que la C.I. linéaire de la machine est une droite passant par l'origine et un point $[I_{es}, E_{os}]$ de la caractéristique interne réelle, la réactance synchrone s'établit en notant que, pour $J_e = 0,48$ A, chaque enroulement présente :

- à vide une f.e.m. $E_o = 0,48 \cdot \frac{E_{os}}{I_{es}}$
- en court-circuit un courant d'intensité $J_{cc} = I_{cc} = 20$ A. D'où son impédance interne :

$$Z = \frac{E_o}{J_{cc}} = 0,024 \cdot \frac{E_{os}}{I_{es}}$$

et la réactance synchrone :

$$\mathscr{L}\omega = \sqrt{Z^2 - R^2} \quad (\text{où } R = 0,6\ \Omega)$$

De même que précédemment, connaissant V, J, φ on déterminera E_o (en prenant $\underline{V}$ comme référence) par :

$$\underline{E}_o = \underline{V} + R\underline{J} + j\mathscr{L}\omega\underline{J} = [V,0] + [RJ,-\varphi] + [\mathscr{L}\omega J, -\varphi + \frac{\pi}{2}] = [E_o, \theta_2]$$

et I_e se déduira de E_o et de la C.I. linéarisée :

$$I_e = I_{es} \cdot \frac{E_o}{E_{os}}$$

On choisira I_{es} en fonction de la solution présumée du problème. Compte-tenu des résultats obtenus par la méthode de POTIER il semble justifié de rechercher I_e au voisinage de 3A pour un facteur de puissance inductif de 0,6, au voisinage de 1,5 A pour $\cos\varphi = 0,6$ capacitif. D'où le tableau de calculs :

V	(V)	200	200
J	(A)	25	25
$\cos\varphi$		0,6 AR	0,6 AV
φ	(rad)	0,927	-0,927
I_{es}	(A)	3	1,5
E_{os}	(V)	228,5	187,5
$\mathcal{L}\omega$	(Ω)	1,73	2,94
RJ	(V)	15	15
$\mathcal{L}\omega J$	(V)	43,2	73,5
E_o	(V)	244	160
θ_2	(rad)	0,057	0,357
I_e	(A)	3,20	1,28

1.2.3. On peut enfin accepter la non-linéarité de la Caractéristique Interne, ce qui implique que la réactance synchrone $\mathcal{L}\omega$ est une fonction de I_e puisque :

$$\mathcal{L}\omega = \sqrt{\left(\frac{E_o(I_e)}{J_{cc}(I_e)}\right)^2 - R^2}$$

et que $\dfrac{E_o(I_e)}{J_{cc}(I_e)}$ n'est pas constante.

On peut alors résoudre le problème proposé de façon itérative :

- on se donne une valeur I_{e1} de I_e au voisinage, si possible, de la solution cherchée (on prendra $I_{e1} = 3$ A pour $\cos\varphi = 0,6$ AR, $I_{e1} = 1,5$ A pour $\cos\varphi = 0,6$ AV) ;
- la C.I. donne la valeur E_{o1} de E_o associée à I_{e1} ;
- on en déduit la réactance synchrone : $\mathcal{L}\omega = \sqrt{\left(0,024\,\dfrac{E_{o1}}{I_{e1}}\right)^2 - 0,36}$
- on calcule :

$$E_o = [V,0] + [RJ,-\varphi] + [\mathcal{L}\omega J, \tfrac{\pi}{2} - \varphi] = [E_o,\theta_2]$$

- on en déduit I_{e2} grâce à la Caractéristique Interne, et on recommence le calcul en donnant à I_{e1} la valeur de I_{e2} trouvée, jusqu'à ce que $I_{e2} = I_{e1}$. D'où le tableau :

V (V)	200						200			
J (A)	25						25			
$\cos\varphi$	0,6 AR						0,6 AV			
φ (rad)	0,927						-0,927			
I_{e1} (A)	3	4	3,46	3,7	3,6	3,65	1,5	1,11	1,04	1,02
E_{o1} (V)	228,5	244	236	240	238	238,5	187,5	160	154,3	153
$\mathscr{L}\omega(\Omega)$	1,73	1,33	1,52	1,436	1,47	1,45	2,94	3,41	3,51	3,54
RJ (V)	15	15	15	15	15	15	15	15	15	15
$\mathscr{L}\omega J$ (V)	43,2	33,4	38,1	35,9	36,7	36,2	73,5	85,3	87,7	88,7
E_o (V)	244	236	239,7	237,9	238,5	238,2	160,3	154,3	153	152,7
θ_2 (rad)	0,057	0,034	0,045	0,040	0,042	0,042	0,357	0,421	0,435	0,441
I_{e2} (A)	≈ 4	3,46	3,7	3,6	3,65	3,62	1,11	1,04	1,02	1,02
I_e (A)	≈ 3,63						≈ 1,02			

1.3. Méthode de BLONDEL (double réaction).

On sait que le rapport $\frac{I_{Max}}{I_{min}}$ établi lors de l'essai à réaction tournante représente aussi $\frac{\mathscr{L}\omega}{\lambda\omega+\tau}$. Dans cet essai, sans excitation et à faibles courants d'induit, la machine n'est pas saturée et on a calculé la valeur de la réactance synchrone dans ces conditions (solution 1.2.1) : $\mathscr{L}\omega = 4{,}8\ \Omega$.

On a par ailleurs établi (1.1) que $\lambda\omega = 0{,}52\ \Omega$.

D'où la réactance transversale τ :

$$\tau = \frac{I_{min}}{I_{Max}} \cdot \mathscr{L}\omega - \lambda\omega = \frac{4{,}8}{2} - 0{,}52 = 1{,}88\ \Omega \approx 1{,}9\ \Omega$$

Le modèle de BLONDEL propose les relations suivantes :

$$\underline{E}_\ell = \underline{V} + R\underline{J} + j\lambda\omega\underline{J} + j\tau.\underline{J}_a$$

$$\underline{I}_e = \underline{I}_{eo\ell} - \alpha\underline{J}_r$$

où $\underline{J}_a$ et $\underline{J}_r$ sont les composantes de $\underline{J}$ en phase et en quadrature par rapport à $\underline{E}_\ell$.

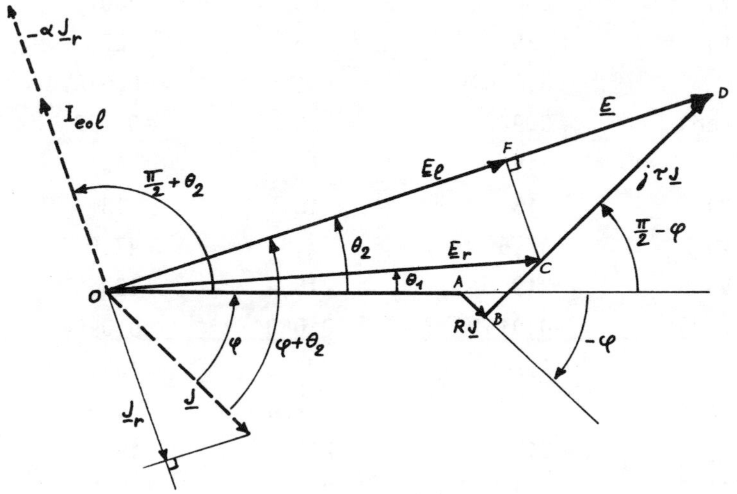

Fig. 2.6

$(I_{eo\ell}, E_\ell) \in$ C.I.

$\underline{I}_{eo\ell}$ est en quadrature avance par rapport à $\underline{E}_\ell$.

Ce calcul peut s'effectuer ainsi (en prenant $\underline{V}$ comme origine) :

- on détermine $\underline{OC} = \underline{E}_r$

$$\underline{OC} = [V,0] + [RJ,-\varphi] + [\lambda\omega J, \frac{\pi}{2} - \varphi] = [E_r, \theta_1]$$

- on détermine $\underline{OD} = \underline{E}_r + j\tau\underline{J} = [E_r,\theta_1] + [\tau J, \frac{\pi}{2} - \varphi] = [E,\theta_2]$

- la f.e.m. longitudinale $\underline{E}_\ell$ est la projection de $\underline{OC}$ sur $\underline{OD}$:

$$\underline{E}_\ell = [E_r \cos(\theta_2 - \theta_1), \theta_2]$$

- on calcule $\underline{J}_r$ par $J_r = J. |\sin(\varphi + \theta_2)|$

  si $\varphi + \theta_2 > 0$ $\underline{J}_r$ est en quadrature arrière par rapport à $\underline{E}_\ell$

  si $\varphi + \theta_2 < 0$ $\underline{J}_r$ est en quadrature avant par rapport à $\underline{E}_\ell$;

- on recherche sur la C.I. la valeur $I_{eo\ell}$ de I_e associée à E_ℓ

- on calcule I_e :

$$I_e = I_{eo\ell} + \alpha J_r \quad \text{si} \quad \varphi + \theta_2 > 0$$

$$I_e = I_{eo\ell} - \alpha J_r \quad \text{si} \quad \varphi + \theta_2 < 0$$

D'où le tableau des calculs (en déterminant aussi la valeur de I_e associée au fonctionnement à $\cos\varphi = 1$, utile pour la question suivante) :

V	(V)	200	200	200
J	(A)	25	25	25
$\cos\varphi$		0,6 AR	1	0,6 AV
φ	(rad)	0,927	0	-0,927
RJ	(V)	15	15	15
$\lambda\omega J$	(V)	13	13	13
τJ	(V)	47,5	47,5	47,5
E_r	(V)	219	215,4	199,6
θ_1	(rad)	-0,0191	0,0604	0,0994
E	(V)	258,5	223,3	167,7
θ_2	(rad)	0,094	0,274	0,292
E_ℓ	(V)	218	210	196
$I_{eo\ell}$	(A)	2,4	2,07	1,68
J_r	(A)	21,3	6,77	14,8
αJ_r	(A)	0,447	0,142	0,311
$\varphi+\theta_2$	(rad)	1,02>0	0,274>0	-0,635<0
I_e	(A)	2,85	2,21	1,37

On peut rassembler dans un tableau les résultats obtenus :

V	(V)	200	200
$J=I$	(A)	25	25
$\cos\varphi$		0,6 inductif	0,6 capacitif
I_e (POTIER)	(A)	2,90 (+ 1,8 %)	1,42 (+ 3,6 %)
I_e (R.S. 1)	(A)	1,55 (- 46 %)	0,70 (- 49 %)
I_e (R.S. 2)	(A)	3,20 (+ 12 %)	1,28 (- 6,6 %)
I_e (R.S. 3)	(A)	3,63 (+ 27 %)	1,02 (- 25 %)
I_e (BLONDEL)	(A)	2,85	1,37

On a indiqué entre parenthèses le pourcentage d'écart par rapport aux résultats obtenus grâce à la méthode de BLONDEL ; cette dernière a été prise comme référence car elle est "théoriquement la mieux adaptée" à une machine à pôles saillants (I_{Max}/I_{min} est différent de l'unité) fonctionnant en régime saturé. Notons toutefois que méthode "théoriquement la mieux adaptée" ne signifie pas nécessairement méthode la plus précise : le grand nombre de grandeurs caractéristiques à évaluer expérimentalement (C.I., R, $\lambda\omega$, τ, α) et la complexité des constructions (ou des calculs) de mise en oeuvre peuvent amener cette méthode, "la mieux adaptée", à fournir des résultats plus éloignés de la "réalité" que ceux obtenus par un modèle moins bien adapté mais de mise en application plus simple.

2. La résolution de la question précédente a fourni les valeurs de l'intensité du courant d'excitation, I_e , associées aux fonctionnements de l'alternateur ainsi définis :

$$U = 346\ V\ ,\ f = 50\ Hz\ ,\ I = 25\ A\ ,\ \cos\varphi = 0{,}6\ AR\ (I_e = 2{,}85\ A),$$
$$\cos\varphi = 1\ (I_e = 2{,}21\ A)\ ,\ \cos\varphi = 0{,}6\ AV\ (I_e = 1{,}37\ A)\ .$$

Pour chacun de ces fonctionnements on va déterminer comme suit les pertes, le moment du couple résistant et le rendement :

- connaissant la tension U_e de la source séparée d'excitation on calcule la valeur des pertes d'excitation :

$$p_{exc} = U_e . I_e$$

- connaissant la résistance à chaud, R, d'un enroulement on détermine les pertes par effet Joule de l'induit :

$$p_J = 3\ RJ^2 = 3\ RI^2 \text{ (car I=J en étoile)}$$

- les pertes mécaniques et ferromagnétiques dépendent de la vitesse de rotation et du flux magnétique établi dans la machine; à vide, à la même vitesse, sans réaction d'induit (à courants d'induit d'intensité minimale) on aurait le même flux qu'en charge en alimentant l'inducteur par un courant d'intensité I_{eo} telle que (I_{eo}, E_r) soit un point de la Caractéristique Interne. Pour chaque fonctionnement on connaît E_r, d'où I_{eo}, et, par l'essai en moteur à vide, à courants d'induit d'intensité minimale, la valeur de

$$p_{méca} + p_{fer}\ ;$$

- la puissance utile de l'alternateur vaut, en régime triphasé équilibré :

$$P_u = \sqrt{3}.U.I.\cos\varphi = 3\ VI.\cos\varphi = 3\ VJ.\cos\varphi$$

- la puissance absorbée vaut (théorème de BOUCHEROT) :

$$P_a = P_u + p_{exc} + p_J + p_{méca} + p_{fer}$$

- la puissance absorbée mécaniquement ($p_{exc.}$ est fournie par une source B.T. indépendante) vaut :

$$P_{am} = P_u + p_J + p_{méca} + p_{fer}$$

- le moment du couple résistant de l'alternateur vaut donc :

$$C_r = \frac{P_{am}}{\Omega} \quad \text{ou} \quad \Omega = \frac{\omega}{p} = \frac{2\pi f}{p} = \frac{100\pi}{2} = 50\ \pi \text{ rad/s}$$

- le rendement de l'alternateur vaut (par définition) :

$$\eta = \frac{P_u}{P_a} = \frac{3\ VI\ \cos\varphi}{3\ VI\ \cos\varphi + U_e I_e + 3\ RJ^2 + p_{méca} + p_{fer}(I_{eo})}$$

Numériquement, on peut établir le tableau suivant, sachant que $U_e = 24$ V, $R = 0{,}6\ \Omega$

V	(V)	200	200	200
$J=I$	(A)	25	25	25
$\cos\varphi$		0,6 AR	1	0,6 AV
I_e(BLONDEL)	(A)	2,85	2,21	1,37
$p_{exc} = U_e.I_e$	(W)	68,4	53	33
$p_J = 3\ RI^2$	(W)	1 125	1 125	1 125
I_{eo}(POTIER)	(A)	2,47	2,28	1,76
$p_{meca}+p_{fer}=f(I_{eo})$	(W)	365	355	328
$P_u=3\ VI\cos\varphi$	(W)	9 000	15 000	9 000
P_a	(W)	10 558	16 533	10 486
P_{am}	(W)	10490	16 480	10 453
C_r	(N.m)	66,8	105	66,5
η	(%)	85,2	90,7	85,8

¶ 3. *Alternateur triphasé - Fonctionnement sur le réseau.*

La plaque signalétique d'un alternateur triphasé tétrapolaire à entrefer constant porte les indications suivantes :

$$S_n = 55 \text{ kVA} \quad , \quad V_n = 380 \text{ V} \quad , \quad I_{eMax} = 18 \text{ A} \quad , \quad n'_n = 1\,500 \text{ tr/min}$$

où V_n est la tension nominale par enroulement.

Les enroulements statoriques sont couplés en étoile et on a relevé la Caractéristique Interne suivante, à la vitesse nominale :

I_e (A)	0	2,5	5	7,5	10	11,5	13,5	15	19
E_o (V)	0	150	270	344	390	410	434	450	490

où E_o est la f.e.m. aux bornes d'un enroulement.

Un essai en déwatté inductif a permis de relever le point suivant :

$$V_d = 330 \text{ V} \quad , \quad I_d = 60 \text{ A} \quad , \quad I_{ed} = 13 \text{ A}$$

On admet que la Caractéristique de Court-circuit est une droite passant par l'origine et par le point : $I_{ecc} = 6$ A , $I_{cc} = 80$ A.

La résistance à chaud d'un enroulement vaut : $R = 0{,}1\ \Omega$.

1. Méthode de POTIER.

1.1. Déterminer les éléments du modèle de POTIER d'un enroulement de cette machine en fonctionnement équilibré.

1.2. Utiliser ces résultats pour déterminer l'intensité du courant d'excitation permettant de débiter 70 A sous V_n à facteur de puissance 0,8 (AV et AR) et à fréquence nominale .

2. Méthode de la Réactance Synchrone (BEHN-ESCHENBURG).

2.1. Déterminer la réactance synchrone correspondant à $I_e = 15$ A.

2.2. Prédéterminer, avec la valeur de $\mathcal{L}\omega$ ainsi calculée, les intensités des courants d'excitation correspondant aux conditions de fonctionnement définies à la question 1.2.

3. Fonctionnement de l'alternateur couplé sur le réseau.

On conserve la valeur de la réactance synchrone calculée en 2.1. et on néglige les chutes de tensions dues à la résistance de l'induit.

3.1. La machine, fonctionnant en alternateur couplé sur le réseau, fournit une puissance active de 30 kW sous sa tension nominale. On règle l'intensité I_e du courant inducteur pour que l'alternateur débite des courants d'intensité nominale dans une charge apparente capacitive. Calculer la puissance réactive fournie au réseau. Quelle est la valeur de l'angle électrique qui sépare deux pôles de même nom de la roue polaire et du champ glissant dans l'entrefer ?

3.2. L'alternateur fournit toujours 30 kW au réseau. Calculer la valeur de I_e qui permet d'avoir $\cos\varphi = 1$. Calculer la valeur du couple synchronisant qui apparaît lorsque le rotor est accidentellement décalé de $\Delta\theta$ par rapport à sa position d'équilibre dynamique.

3.3. Le moment d'inertie total des parties tournantes vaut $J = 2.10^2$ kg.m^2. Quelle est la période des oscillations mécaniques qui pourraient se produire (dans les conditions de fonctionnement décrites en 3.2) si l'amortissement était négligeable ?

3.4. Couplée sur le même réseau, la machine fonctionne en moteur et développe un couple utile de moment C_u = 144 Nm avec un rendement de 95 %. L'intensité du courant d'excitation est réglée à 12 A. Trouver la valeur de l'intensité des courants en ligne.

3.5. Peut-on fournir au réseau une puissance réactive de 40 kVAR, le couple résistant étant maintenu ? Quelle devrait être, dans ces conditions, la valeur de l'intensité I_e du courant inducteur ?

□ 1. Méthode de POTIER.

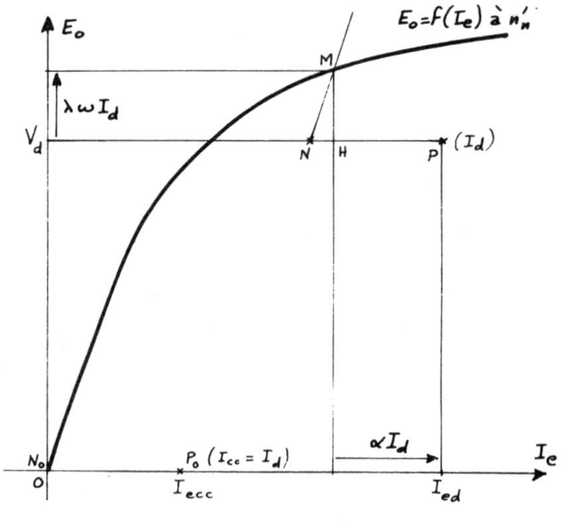

Fig. 3.1.

1.1. On construit la Caractéristique Interne (C.I.) $E_o = f(I_e)$ d'un enroulement à la vitesse de rotation nominale (figure 3.1).

On porte dans le même plan le point P associé au fonctionnement sur charge purement inductive :

I_{ed} = 13 A , V_d = 330 V, I_d = 60 A.

La Caractéristique en Court-circuit étant une droite passant par (0,0) et (6,80) on aura

$I_{cc} = I_d$ = 60 A pour

$$I_{ecc} = 6 \times \frac{60}{80} = 4{,}5 \text{ A}$$

D'où le point P_o en court-circuit et à même intensité que P :

$$I_{ecc} = 4{,}5 \text{ A}\ ,\quad V_{cc} = 0\ .$$

On trace NP = N_oP_o et, par N, la droite parallèle à la partie non-saturée de la C.I. (pente $\frac{150}{2,5}$ = 60 V/A) ; cette droite couple la C.I. en M et la projection H de M sur NP est telle que : HP = αI_d, HM = $\lambda\omega\, I_d$.

On mesure (à l'échelle) : HP = 3,7 A , HM = 46 V pour I_d = 60 A.

D'où : $\alpha = 61,7.10^{-3} \simeq 0,062$; $\lambda\omega = 0,80\ \Omega$.

1.2. Dans la convention des générateurs pour un enroulement la mise en oeuvre de la méthode de POTIER consiste à utiliser le système de relations :

$$\begin{cases} \underline{E}_r = \underline{V} + R\underline{J} + j\lambda\omega\underline{J} \quad \text{et} \quad \underline{I}_e = \underline{I}_{eo} - \alpha\underline{J} \\ (I_{eo}, E_r) \in \text{C.I. et } \underline{I}_{eo} \text{ en avance de } \frac{\pi}{2} \text{ sur } \underline{E}_r . \end{cases}$$

D'où, en prenant $\underline{V}$ comme origine des phases (cf. figure 2.3) :

$$\begin{cases} \underline{E}_r = [V,0] + [RJ,-\varphi] + [\lambda\omega J, \frac{\pi}{2} - \varphi] = [E_r,\theta_1] \\ \underline{I}_e = [I_{eo},\theta_1 + \frac{\pi}{2}] + [\alpha J,\pi-\varphi] = [I_e,\psi] \quad \text{avec} \quad (I_{eo},E_r) \in \text{C.I.} \end{cases}$$

On veut que l'alternateur débite I = 70 A sous V_n = 380 V et à facteur de puissance égal à 0,8 (AV ou AR) ; comme l'induit est couplé en étoile l'intensité J du courant dans un enroulement est égale à celle, I, des courants en ligne ; d'où, sachant que R = 0,1 Ω , le tableau de calculs :

V	(V)	380	380
J=I	(A)	70	70
cos φ		0,8 AV (capacitif)	0,8 AR (inductif)
φ	(rad)	-0,643	0,643
RJ	(V)	7	7
λωJ	(V)	56	56
E_r	(V)	355	421
θ_1	(rad)	0,138	0,0965
I_{eo}	(A)	7,93	12,3
αJ	(A)	4,32	4,32
I_e	(A)	6,96	15,5
φ	(rad)	2,28	1,87

2. <u>Méthode de la Réactance Synchrone</u>.

2.1. Pour un courant d'excitation d'intensité I_e = 15 A

- la Caractéristique Interne indique E_o = 450 V
- la Caractéristique en Court-circuit donne $J_{cc} = I_{cc} = 15.\frac{80}{6} = 200$ A.

D'où l'impédance interne du dipôle équivalent à un enroulement

$$Z = \frac{E_o}{I_{cc}} = \frac{450}{200} = 2,25\ \Omega$$

Comme : $R = 0{,}1\ \Omega \ll 2{,}25\ \Omega = Z$ on peut admettre que

$$\mathcal{L}\omega = \sqrt{Z^2-R^2} \simeq Z = 2{,}25\ \Omega\ .$$

2.2. La méthode de la réactance synchrone consiste à appliquer les relations suivantes (si on prend $\underline{V}$ comme origine des phases, cf. figure 2.5) :

$$\underline{E}_o = \underline{V} + R\underline{J} + j\ \mathcal{L}\omega\underline{J} = [V,0] + [RJ,-\varphi] + [\ \mathcal{L}\,\omega J,\ \frac{\pi}{2}-\varphi] = [E_o,\theta_2]$$

(I_e,E_o) appartient à la C.I. linéaire de pente $\frac{450}{15} = 30$ V/A .

D'où le tableau de calculs :

V	(V)	380	380
$J=I$	(A)	70	70
$\cos\varphi$		0,8 AV	0,8 AR
φ	(rad)	-0,643	+0,643
RJ	(V)	7	7
$\mathcal{L}\omega J$	(V)	157,5	157,5
E_o	(V)	318,9	495,3
θ_2	(rad)	0,420	0,248
$I_e = \frac{E_o}{30}$	(A)	10,6	16,5

3. <u>Alternateur couplé sur le réseau triphasé.</u>

On conserve la valeur calculée en 2.1. de la réactance synchrone, $\mathcal{L}\omega = 2{,}25\ \Omega$, d'où une C.I. linéaire de pente $\frac{450}{15} = 30$ V/A , et on néglige la résistance d'un enroulement .

3.1. L'alternateur est couplé sur le réseau auquel il fournit $P = 30$ kW sous $V_n = 380$ V, soit $U_n = \sqrt{3}\ V_n = 660$ V (étoile).

On a réglé l'intensité du courant d'excitation I_e pour avoir :

$$I = I_n = \frac{S_n}{3V_n} = \frac{55\ 000}{3\ 380} = 48{,}2\ \text{A}$$

(car $S = 3VI$ en régime triphasé équilibré).

On a aussi réglé I_e pour que l'alternateur débite dans une charge (apparente capacitive); donc la puissance réactive Q fournie par l'alternateur est négative et vaut :

$$Q = -\sqrt{S^2-P^2} = -46{,}1\ \text{kVAR}$$

(car $S^2 = P^2 + Q^2$ en régime sinusoïdal).

En régime sinusoïdal triphasé équilibré on a aussi :

$$P = 3VI.\cos\varphi = S.\cos\varphi$$

D'où : $$\cos\varphi = \frac{P}{S} = \frac{30}{55} = 0{,}545$$

et : $\varphi = -\arccos(0{,}545) = -0{,}994$ rad (charge capacitive).

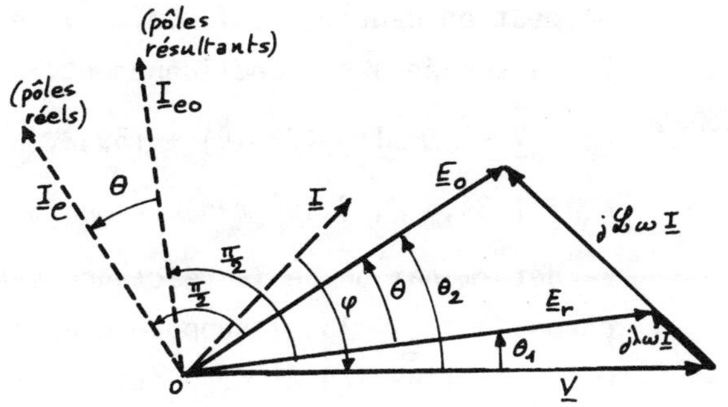

Fig. 3.2

On sait que les pôles du champ glissant résultant, responsables du flux résultant et donc de la f.e.m. résultante $\underline{E}_r$, sont en avance de $\frac{\pi}{2}$ par rapport à $\underline{E}_r$ (direction et sens de $\underline{I}_{eo}$, cf. figure 3.2). Les pôles réels, responsables du flux à vide et de la f.e.m. E_o , sont en avance de $\frac{\pi}{2}$ par rapport à $\underline{E}_o$ (comme $\underline{I}_e$).

L'angle électrique θ qui représente l'écart entre pôles réels et pôles résultants de même nom vaut donc $\theta = \theta_2 - \theta_i$, où θ_2 et θ_1 sont les phases respectives de $\underline{E}_o$ et $\underline{E}_r$ par rapport à $\underline{V}$ (voir figure 3.2).

Il convient donc de déterminer successivement $\underline{E}_r$ et $\underline{E}_o$, soit, si on néglige la chute de tension due à la résistance de l'enroulement (et en tenant compte du fait que I=J)

$$\underline{E}_r = \underline{V} + j\lambda\omega\underline{I} = [V,0] + [\lambda\omega I, \frac{\pi}{2} - \varphi] = [E_r, \theta_1]$$

et

$$\underline{E}_o = \underline{V} + j\mathscr{L}\omega\underline{I} = [V,0] + [\mathscr{L}\omega I, \frac{\pi}{2} - \varphi] = [E_o, \theta_2]$$

Résultats :

$V = 380$ V
$J = I = 48{,}2$ A (couplage étoile)
$\varphi = -0{,}994$ rad ($\cos\varphi = 0{,}545$ capacitif)
$\lambda\omega I = 38{,}6$ V ($\lambda\omega = 0{,}80\ \Omega$)
$\mathscr{L}\omega I = 108{,}5$ V ($\mathscr{L}\omega = 2{,}25\ \Omega$)
$E_r = 348{,}3$ V
$\theta_1 = 0{,}0605$ rad
$E_o = 295$ V
$\theta_2 = 0{,}202$ rad
$\theta = \theta_2 - \theta_1 = 0{,}141$ rad $= 8{,}1°$

3.2. L'alternateur fournit toujours $P = 30$ kW au réseau mais on souhaite que sa charge apparente présente un facteur de puissance égal à l'unité, c'est-à-dire que $\underline{I}$ soit en phase avec $\underline{V}$.

On a alors : $P = 3VI \cos\varphi = 3VI$

D'où :

$$I = J = \frac{P}{3V} = \frac{30\ 000}{3.380} = 26{,}3\ \text{A}.$$

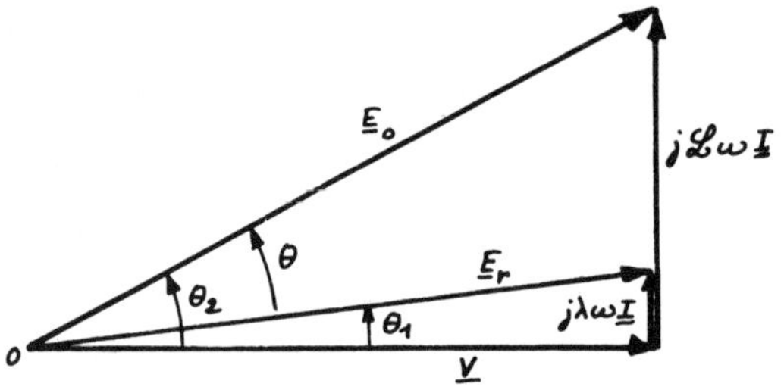

Fig. 3.3

On peut en déduire la f.e.m. à vide $\underline{E}_o$ associée à ce fonctionnement :

$$\underline{E}_o = \underline{V} + j\mathcal{L}\omega\underline{I} = [380,0] + [59{,}2, \tfrac{\pi}{2}]$$

$$\underline{E}_o = [384{,}6\ \text{V},\ 0{,}154\ \text{rad}].$$

La détermination de la réactance synchrone à $I_e = 15$ A suppose que la C.I. est linéaire et de pente 30 V/A ; d'où l'intensité du courant d'excitation :

$$I_e = \frac{E_o}{30} = 12{,}82\ \text{A} \approx 12{,}8\ \text{A}.$$

On peut par ailleurs déterminer la f.e.m. résultante $\underline{E}_r$:

$$\underline{E}_r = \underline{V} + j\lambda\omega\underline{I} = [380\ \text{V},0] + [21\ \text{V}, \tfrac{\pi}{2}] = [380{,}6\ \text{V},\ 0{,}055\ \text{rad}]$$

D'où le décalage angulaire θ entre pôles réels et pôles résultants de même nom : $\theta = \theta_2 - \theta_1 = 0{,}154 - 0{,}055 = 0{,}099$ rad $\approx 0{,}1$ rad.

On a montré que le coefficient de couple synchronisant s'exprime :

$$C_s = \frac{3\ V\ E_o}{\Omega.\mathcal{L}\omega}.\cos\theta \qquad \text{où} \qquad \Omega = \frac{2\pi n'}{60} = 50\ \pi\ \text{rad/s}.$$

D'où : $$C_s = \frac{3.380.384{,}6.0.995}{50\ \pi.2{,}25} = 1\ 234\ \text{Nm/rad}.$$

Si le rotor est accidentellement décalé de $\Delta\theta$ (rad) par rapport à sa position d'équilibre dynamique (on raisonne toujours en angles électriques), il est soumis à un couple de rappel synchronisant de moment :

$$\Delta C_s = -\ C_s.\Delta\theta = -\ 1\ 234.\Delta\theta$$

(le signe négatif indique qu'il s'agit bien d'un couple synchronisant : une augmentation de θ, c'est-à-dire de l'avance des pôles réels sur les pôles fictifs, doit se traduire par un couple moteur négatif appliqué aux pôles réels).

3.3. L'équation de la dynamique des solides en rotation

$$\Sigma C = J.\frac{d\Omega}{dt}$$

s'écrit alors, si on note $\alpha(t)$ l'angle mécanique définissant la position d'un pôle du rotor à la date t :

$$\Sigma C = J\,\frac{d^2\alpha}{dt^2}$$

où : $$\alpha = \Omega_o t + \alpha_o + \frac{\Delta\theta}{p}$$

D'où :
$$C_{mo} - C_{ro} + \Delta C_s = J \frac{d^2}{dt^2} \left(\frac{\Delta\theta}{p}\right)$$

où C_{mo} et C_{ro} sont les moments, au régime permanent équilibré, du couple moteur de la turbine et du couple résistant de l'alternateur. Comme à l'équilibre dynamique on doit avoir

$$\Delta\theta = C^{te} = 0 \text{ on a donc } C_{mo} = C_{ro}$$

et :
$$- C_s\, \Delta\theta = \Delta C_s = \frac{J}{p} \cdot \frac{d^2}{dt^2} (\Delta\theta)$$

Donc :
$$\frac{d^2(\Delta\theta)}{dt^2} = - \frac{p.C_s}{J} \cdot \Delta\theta$$

Dans le cas ainsi décrit où il n'y a pas d'amortissement sensible le régime provoqué par le décalage accidentel, solution de cette équation différentielle, est un régime d'oscillations sinusoïdales autour de la position d'équilibre dynamique. L'équation caractéristique :

$$r^2 = - \frac{pC_s}{J}$$

admet pour solutions :

$$r = \pm j \sqrt{\frac{pC_s}{J}} = \pm j\omega_o$$

D'où la période des oscillations : $T_o = \frac{2\pi}{\omega_o} = 2\pi \sqrt{\frac{J}{pC_s}}$

Numériquement : $T_o = 2\pi \sqrt{\frac{200}{2.1234}} = 1,79 \approx 1,8$ s .

3.4. La machine synchrone fonctionne maintenant en moteur alimenté par le même réseau 660 V, 50 Hz, et développe un couple de moment $C_u = 144$ Nm avec un rendement de 95 %.

On règle l'intensité du courant d'excitation à 12 A .

On va utiliser le diagramme bipolaire simplifié de BLONDEL. On sait qu'il consiste à admettre que la réactance synchrone est constante (ici $\mathcal{L}\omega = 2,25\ \Omega$) tout en conservant la C.I. réelle, non linéaire. Cette C.I. indique que, pour $I_e = 12$ A, la machine présente une f.e.m. à vide, par enroulement, de valeur efficace : $E_o = 417$ V

Par ailleurs, développant 144 Nm à 1 500 tr/min, le moteur fournit une puissance :

$$P_u = C_m . \Omega = C_m . \frac{2\pi n'}{60} = 144.\frac{3\ 000\pi}{60} = 22,62 \text{ kW.}$$

et, s'il présente un rendement de 95 %, il absorbe :

$$P_a = \frac{P_u}{\eta} = 23,8 \text{ kW}$$

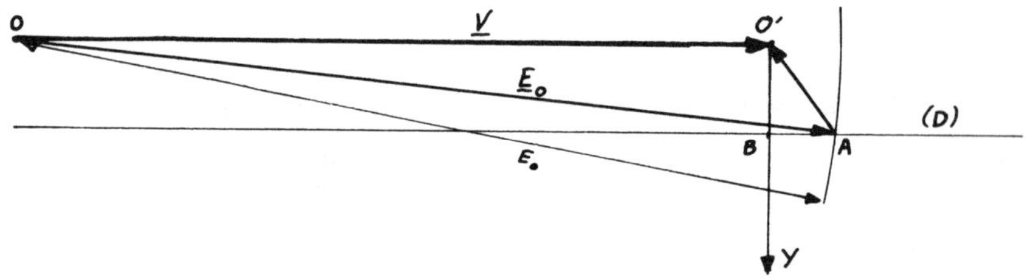

Fig. 3.4

On sait qu'alors l'extrémité de $\underline{E}_o$ est sur une droite (D) parallèle à $\underline{V}$ et située à la distance :

$$O'B = \frac{\mathcal{L}.\omega}{3V}.P_a$$

Numériquement : $$O'B = \frac{2,25}{3.380} \times 23,8.10^3 = 47 \text{ V}$$

Connaissant le lieu (D) de l'extrémité de $\underline{E}_o$ et sa norme (417 V) on construit l'extrémité A de $\underline{E}_o$ et on détermine $O'A = \mathcal{L}\omega I$:

$$O'A = \sqrt{(O'B)^2 + \left(V - \sqrt{E_o^2 - (O'B)^2}\right)^2} = 58,2 \text{ V}$$

D'où l'intensité des courants d'induit :

$$J = I = \frac{O'A}{\mathcal{L}\omega} = 25,9 \text{ A} \simeq 26 \text{ A}$$

3.5. Dans les mêmes conditions de couple et de rendement on a encore :

$$P_a = 23,8 \text{ kW} \qquad \text{et} \qquad O'B = \frac{\mathcal{L}\Omega}{3V}.P_a = 47 \text{ V}$$

Si on veut de plus que le moteur fournisse 40 kVAR au réseau, c'est-à-dire qu'il absorbe $Q_a = -40$ kVAR il faut que l'extrémité A de $\underline{E}_o$ soit située sur la droite (D') perpendiculaire à la direction de $\underline{V}$ au point C tel que

$$O'C = \frac{\mathcal{L}\omega}{3V}.Q_a = -78,95 \text{ V} \simeq -79 \text{ V}$$

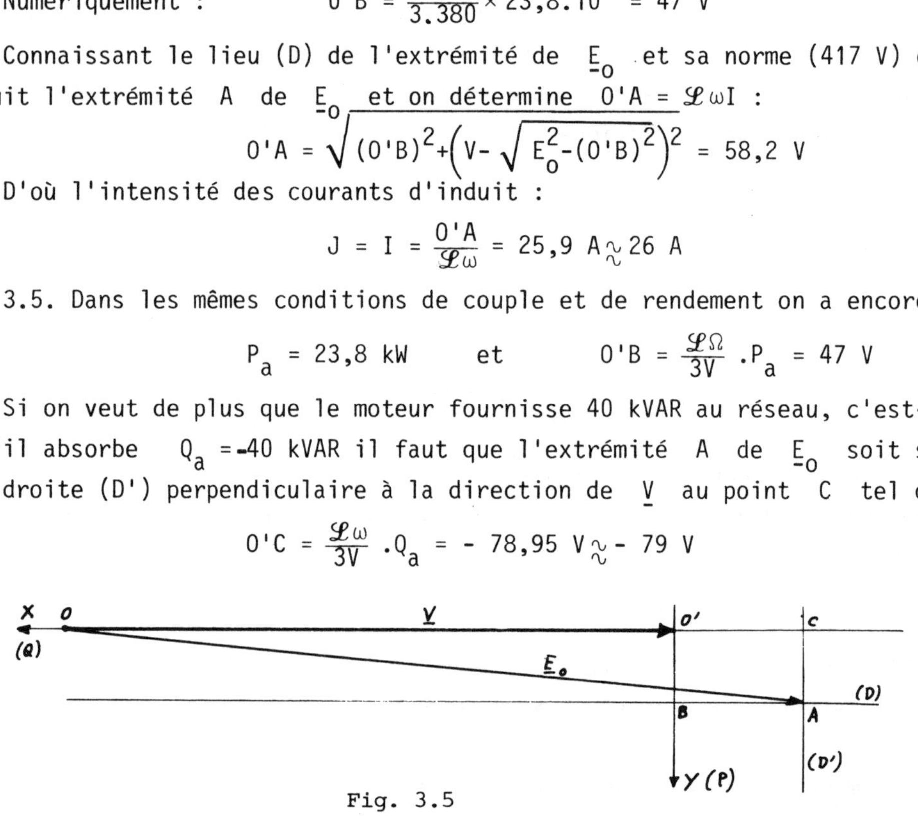

Fig. 3.5

(L'orientation positive de l'axe O'X paramétrable en valeurs de Q est telle que les points C situés entre O et O' correspondent à des puissances réactives absorbées positives, la machine étant alors sous-excitée, tandis que, lorsque la machine, surexcitée, fournit de la puissance réactive le point C se situe au-delà de O' dans le sens de V).

On en déduit :

- la valeur de $O'A = \mathcal{L}\omega I = \sqrt{(O'C)^2 + (O'B)^2} = 91,88 \text{ V} \simeq 92 \text{ V}$

D'où :

$$J = I = \frac{O'A}{\mathcal{L}\omega} = 40{,}8\ A$$

- la valeur de OA = $E_o = \sqrt{(O'O-O'C)^2 + (O'B)^2} = 461{,}35\ V \approx 460\ V$

La caractéristique interne indique la valeur de l'intensité du courant d'excitation nécessaire (par excès puisqu'on utilise la C.I. mesurée alors que l'on admet que la réactance synchrone est constante et calculée pour une valeur de I_e donnant une f.e.m. de 450 V, inférieure à E_o).

On lit sur la C.I. : $I_e = 16{,}1$ A.

¶ 4. *Moteur synchrone - Courbes de Mordey.*

Un moteur synchrone porte sur sa plaque :

$U_n = 5\,500$ V , $P_n = 210$ kW , $n'_n = 500$ tr/min , f = 50 Hz , rendement = 90 %.

Son induit est couplé en étoile et accessible par trois bornes.

On a effectué les essais suivants :

- Mesure de la résistance à chaud entre deux bornes :

$$R_c = 4\ \Omega$$

- Relevé de la Caractéristique Interne à la fréquence nominale :

I_e (A)	10	20	30	40	50	60	78
U_o (V)	2000	4000	5450	6250	6800	7100	7500

- Relevé de la Caractéristique en Court-circuit (en génératrice) :

I_e (A)	10	30
I_{cc} (A)	8,8	26,4

- Essai en génératrice sur charge purement inductive :
  f = 50 Hz , $U_d = U_n = 5\,500$ V , $I_d = 22$ A , $I_{ed} = 63{,}5$ A , $\cos\varphi = 0$

- Essai en moteur à vide sans excitation :

  f = 50 Hz , $U_o = U_n$, $I_o = 34{,}5$ A , $P_o = 28{,}5$ kW , $I_e = 0$ A

- Essai en moteur à vide à excitation réglée, pour que l'intensité des courants d'induit soit minimale :
  f = 50 Hz , $U_o = U_n$, $I_{om} = 0{,}6$ A , $I_{em} = 31$ A .

On se propose d'utiliser ce moteur, alimenté sous 5 500 V, 50 Hz, pour entraîner une charge présentant un couple résistant constant de moment 3 800 Nm. Dans le but de choisir les conditions optimales de fonctionnement on demande d'établir la courbe de MORDEY :

$$I = f(I_e) \quad \text{à} \quad f = 50 \text{ Hz} \quad , \quad C_u = 3\ 800 \text{ Nm} = C^{te}$$

en supposant le rendement constant et égal à 90 %. On cherchera plus particulièrement à décrire les fonctionnements où le moteur présente les facteurs de puissance suivants :

$$\cos\varphi = 0{,}6 \text{ AR} \quad , \quad 0{,}8 \text{ AR} \quad , \quad 1 \quad , \quad 0{,}8 \text{ AV}$$

On construira cette courbe en utilisant différents modèles :

1. Méthode de POTIER ;
2. Diagramme bipolaire simplifié de BLONDEL (en calculant la valeur de la réactance synchrone pour $I_e = 30$ A) ;
3. Méthode des forces magnéto-motrices.

□ On commence par ramener à un enroulement de la machine (ou, ce qui revient au même, à une phase de la ligne puisque l'induit est couplé en étoile) les résultats des essais préliminaires :

- Résistance d'un enroulement : $R = \frac{R_c}{2} = 2\ \Omega$
- Caractéristique Interne à n'_n :

I_e (A)	10	20	30	40	50	60	78
$E_o = U_o/\sqrt{3}$ (V)	1154	2310	3146	3608	3926	4100	4330

- Caractéristique en Court-circuit :

I_e (A)	10	30
$J_{cc} = I_{cc}$ (A)	8,8	26,4

- Essai en déwatté inductif :

$$V_d = 3\ 175 \text{ V} \qquad J_d = I_d = 22 \text{ A} \qquad I_{ed} = 63{,}5 \text{ A}$$

- Essai en moteur à vide sans excitation :

$$V_o = V_n = 3\ 175 \text{ V} \qquad J_o = I_o = 34{,}5 \text{ A} \qquad I_e = 0 \qquad P_o = 28{,}5 \text{ kW}$$

- Essai en moteur à vide, à courants d'induit d'intensité minimale :

$$V_o = V_n = 3\ 175 \text{ V} \qquad J_{om} = I_{om} = 0{,}6 \text{ A} \qquad I_{em} = 31 \text{ A}$$

Remarque : on n'a exprimé pour un enroulement que les grandeurs cinétiques (V et I=J) ; les grandeurs énergétiques (puissance P_o) sont toujours exprimées pour la totalité de la machine.

Les fonctionnement envisagés sont définis ainsi :

$U_n = 5\ 500$ V ; $V_n = \frac{U_n}{\sqrt{3}} = 3\ 175$ V ; $f = 50$ Hz ; $n'_n = 500$ tr/min

$C_u = 3\ 800$ Nm , soit $P_u = C_u\Omega = C_u.\frac{2\ n'}{60} = 3\ 800 \times \frac{500}{30} = 199$ kW

Si le rendement est constant et égal à 90 %, la puissance absorbée par le moteur lors de ces fonctionnements vaut :

$$P_a = \frac{P_u}{\eta} = 221 \text{ kW.}$$

En régime sinusoïdal triphasé équilibré la puissance active s'exprime :

$$P = \sqrt{3}\, UI \cos\varphi$$

D'où

$$I = \frac{P_a}{\sqrt{3}\, U.\cos\varphi} = \frac{221\ 000}{\sqrt{3}.5\ 500.\cos\varphi} = \frac{23,2}{\cos\varphi} \text{ A}$$

Pour chaque valeur du facteur de puissance $\cos\varphi$ on connaîtra donc :

$$V = 3\ 175 \text{ V}, \qquad I = \frac{23,2}{\cos\varphi} \text{ A} \quad , \varphi$$

et on pourra déterminer la valeur de l'intensité du courant d'excitation par une méthode de prédétermination.

1. Méthode de POTIER.

Connaissant la Caractéristique Interne d'un enroulement, le point en déwatté inductif P (I_{ed} = 63,5 A, V_d = 3 175 V, pour I_d = 22 A) et le point en court-circuit P_o (I_{ecc} = 25 A, V_{cc} = 0, pour $I_{cc} = I_d$ = 22 A) on peut déterminer (voir solutions des problèmes 2 et 3) les éléments du modèle de POTIER de cette machine :

$$\alpha = 0,90 \qquad \lambda\omega = 26,0\ \Omega$$

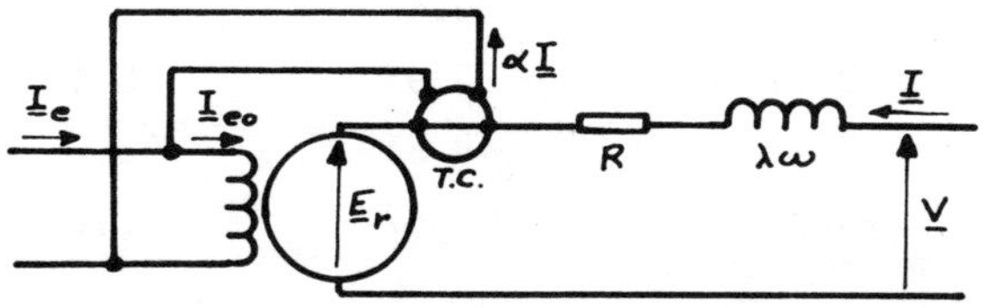

Fig. 4.1

On sait que le modèle de POTIER d'un enroulement d'une machine synchrone en fonctionnement triphasé équilibré (figure 4.1) est équivalent, dans la convention des récepteurs, au système suivant de relations :

$$\begin{cases} \underline{E}_r = \underline{V} - R\underline{I} - j\lambda\omega\underline{I} \\ \underline{I}_e = \underline{I}_{eo} + \alpha\underline{I} \\ (I_{eo}, E_r) \in \text{C.I.} \\ \underline{I}_{eo} \text{ est en avance de } \frac{\pi}{2} \text{ par rapport à } \underline{E}_r \end{cases}$$

On va mettre en oeuvre cette méthode pour les quatre valeurs fixées du facteur de puissance $\cos\varphi$. Vectoriellement, en prenant $\underline{V}$ comme référence, cela revient à exécuter :

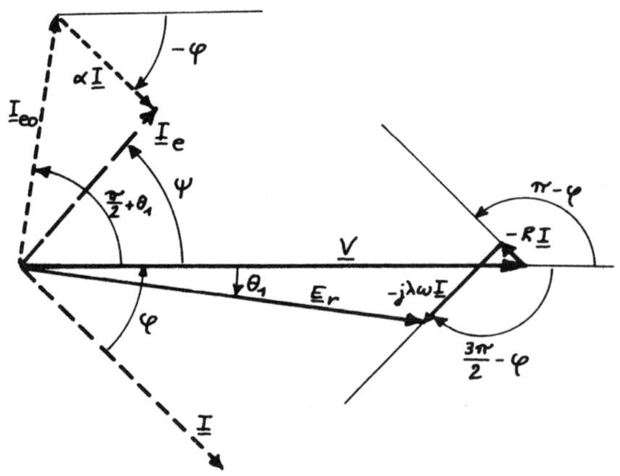

Fig. 4.2

- construire

$\underline{E}_r = [V,0] + [RI, \pi-\varphi] + [\lambda\omega I, \frac{3\pi}{2}-\varphi] = [E_r, \theta_1]$

- rechercher l'abscisse I_{eo} du point de la C.I. d'ordonnée E_r ;

- construire

$\underline{I}_e = [I_{eo}, \theta_1 + \frac{\pi}{2}] + [\alpha I, -\varphi] = [I_e, \psi]$

Les éléments du calcul et les résultats sont rassemblés dans le tableau ci-après :

V	(V)	3 175	3 175	3 175	3 175
cos φ		0,6 AR (induct.)	0,8 AR (induct.)	1	0,8 AV (capac.)
φ	(rad)	0,927	0,643	0	-0,643
$I = \frac{23,2}{\cos\varphi}$	(A)	38,67	29,0	23,2	29,0
RI	(V)	77,35	58,0	46,4	58,0
λωI	(V)	1 005	754	603,4	754
E_r	(V)	2 387	2 736	3 187	3 638
θ_1	(rad)	-0,228	-0,209	-0,190	-0,176
I_{eo}	(A)	20,9	24,5	30,8	40,5
αI	(A)	34,81	26,1	20,9	26,1
I_e	(A)	26,7	27,2	40,3	62,2
ψ	(rad)	-0,284	+0,309	0,847	1,10

2. <u>Diagramme bipolaire simplifié de BLONDEL</u>.

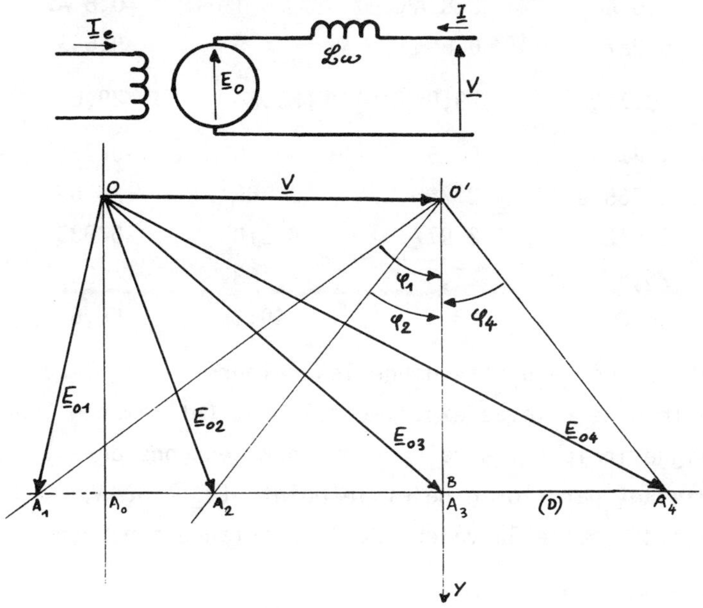

Fig. 4.3

On sait que le modèle de BLONDEL admet que chaque enroulement de la machine peut être assimilé, en régime de fonctionnement équilibré, à un dipôle tel que celui de la figure 4.3 ci-contre (la résistance de l'enroulement est négligée dans le modèle simplifié).

D'où le système de relations (dans la convention "récepteur") :

$$\begin{cases} \underline{V} = \underline{E}_0 + j\mathcal{L}\omega\underline{I} \\ (I_e, E_0) \in C.I. \end{cases}$$

La valeur de la réactance synchrone $\mathcal{L}\omega$ est calculée pour $I_e = 30$ A où $E_0 = 3\,146$ V , $I_{cc} = 26{,}4$ A.

D'où :

$$\mathcal{L}\omega = \frac{E_0}{I_{cc}} = \frac{3\,146}{26{,}4} = 119{,}2\ \Omega \approx 120\ \Omega$$

Les fonctionnements décrits par :

$$U = 5\,500 \text{ V} \quad , \quad f = 50 \text{ Hz} \quad , \quad P_a = 221 \text{ kW}$$

ont des f.e.m. à vide $\underline{E}_0$ sont les extrémités sont sur la droite (D), parallèle à $\underline{V}$ à la distance :

$$O'B = \frac{\mathcal{L}\omega}{3V} \cdot P_a = 2\,765 \text{ V}$$

On en déduit, pour chaque valeur de φ, donc pour chaque direction de $j\mathcal{L}\omega\underline{I}$, la valeur de $OA = E_0$ et donc celle de I_e (associée à E_0 par la Caractéristique Interne). On remarque que :

$$OA = \sqrt{(V-(O'B)\ \text{tg}\varphi)^2+(O'B)^2}$$

D'où le tableau :

V	(V)	3 175	3 175	3 175	3 175
$\cos\varphi$		0,6 AR	0,8 AR	1	0,8 AV
φ	(rad)	0,927	0,643	0	-0,643
$I = \frac{23,2}{\cos\varphi}$	(A)	38,7	29,0	23,2	29,0
$\mathrm{tg}\,\varphi$		1,33	0,75	0	-0,75
O'B	(V)	2 765	2 765	2 765	2 765
E_o	(V)	2 812	2 977	4 210	5 933
I_e	(A)	25,5	27,5	68	> 80
I_e lin.	(A)	26,8	28,4	40,1	56,6

La pénultième ligne du tableau de résultats donne les valeurs de I_e indiquées par la Caractéristique Interne relevée expérimentalement (et ramenée à un enroulement). La dernière ligne indique les valeurs obtenues en considérant que la C.I. est une droite passant par l'origine et le point (I_e = 30 A, E_o = 3 146 V) pour lequel on a déterminé la valeur de la réactance synchrone $\mathcal{L}\omega$.

Remarque : dans les hypothèses du diagramme simplifié de BLONDEL, le fonctionnement à $\cos\varphi = 0,6$ AR, associé à une f.e.m. à vide $\underline{E}_{o1}$ en retard de plus de $\frac{\pi}{2}$ par rapport à $\underline{V}$ (cf. figure 4.3), est un fonctionnement instable.

3. Méthode des Forces Magnéto-motrices.

C'est une méthode dérivée de celle de POTIER lorsqu'on néglige devant V les chutes de tensions dues à la résistance d'un enroulement et à sa réactance de fuite (ou lorsqu'on accepte l'imprécision que provoque la suppression des termes RI et $\lambda\omega I$). D'où les équations :

$$\underline{V} = \underline{E}_r$$

$$\underline{I}_{eo} = \underline{I}_e - \alpha\underline{I}$$

avec $(I_{eo}, E_r) \in$ C.I.

et $\underline{I}_{eo}$ en avance de $\frac{\pi}{2}$ par rapport à $\underline{E}_r = \underline{V}$

Il ne reste donc que l'équation aux intensités que l'on peut exprimer :

$$\frac{1}{\alpha}(\underline{I}_{eo} - \underline{I}_e) = -\underline{I}$$

ou : $\underline{I} = K\underline{I}_e - K\underline{I}_{eo}$ (si on note K le coefficient $\frac{1}{\alpha}$)

Lors de l'essai en moteur, à vide, sans excitation ($I_e = 0$) l'intensité $\underline{I}_o$ du courant absorbé par la machine est donc telle que :

$$\underline{I}_o = K.0 - K\underline{I}_{eo} = -K\underline{I}_{eo}$$

I_{eo} étant indépendante des conditions de charge (puisque liée par la C.I. à $E_r = V = C^{te}$) l'équation aux intensités devient donc :

$$\underline{I} = K.\underline{I}_e + \underline{I}_o$$

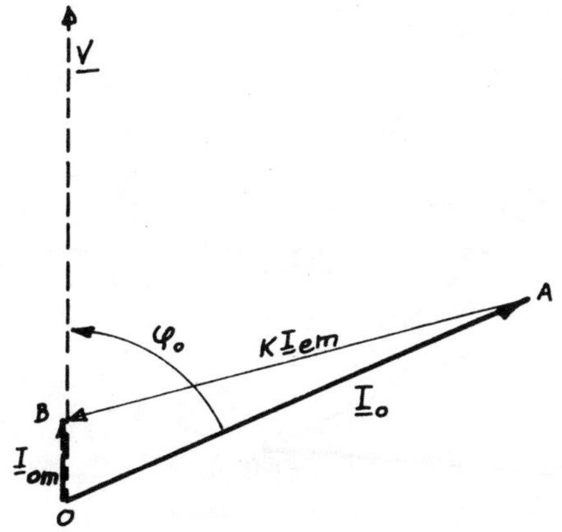

Fig. 4.4

La description de la machine, dans ce modèle, nécessite donc la réalisation de deux essais :

- un essai en moteur à vide, sans excitation, à tension et fréquence nominales (ou rapport U/f nominal), où on mesure I_o et P_o (puissance active absorbée). On peut donc construire $\underline{I}_o$, en retard de φ_o par rapport à $\underline{V}$:

$$\cos \varphi_o = \frac{P_o}{\sqrt{3}\, U_n I_o}$$

D'où $\underline{OA} = \underline{I}_o$ (cf. figure 4.4. ci-contre).

- un essai en moteur à vide, à U/f nominal, excitation réglée pour avoir le minimum d'intensité des courants d'induit. On mesure

$$I_{min} = I_{om} \text{ et } I_{em} .$$

On construit $\underline{I}_{om} = \underline{OB}$, que l'on sait être alors en phase avec $\underline{V}$.

La relation établie plus haut : $\underline{I} = \underline{I}_o + K.\underline{I}_e$ s'exprime alors :

$$\underline{I}_{om} = \underline{I}_o + K\underline{I}_{em}$$

D'où :

$$\underline{AB} = \underline{I}_{om} - \underline{I}_o = K.\underline{I}_{em}$$

On peut ainsi calculer la valeur de K .

$$K = \frac{AB}{I_{em}}$$

Dans le cas de la machine étudiée on a :

- essai à vide sans excitation :

$U = U_n = 5\,500$ V $\quad I_o = 34{,}5$ A $\quad P_o = 28{,}5$ kW $\quad f = 50$ Hz

D'où :

$$I_o = 34{,}5 \text{ A} \qquad \cos \varphi_o = \frac{P_o}{\sqrt{3} U I_o} = \frac{28\,500}{\sqrt{3}.5\,500.34{,}5} = 0{,}0867$$

$$\varphi_o = 1{,}484 \text{ rad.}$$

- essais à vide à intensité des courants d'induit minimale

$U = U_n = 5\,500$ V $\quad f = 50$ Hz $\quad I_{om} = 0{,}6$ A $\quad I_{em} = 31$ A

On en déduit :

$$AB = K.I_{em} = \sqrt{(I_o \sin \varphi_o)^2 + (I_o \cos \varphi_o - I_{om})^2} = 34{,}45 \text{ A}$$

D'où :

$$K = \frac{AB}{I_{em}} = \frac{34{,}45}{31} = 1{,}11$$

Remarque : On vérifie bien que $K = \frac{1}{\alpha}$ ($\alpha = 0{,}90$).

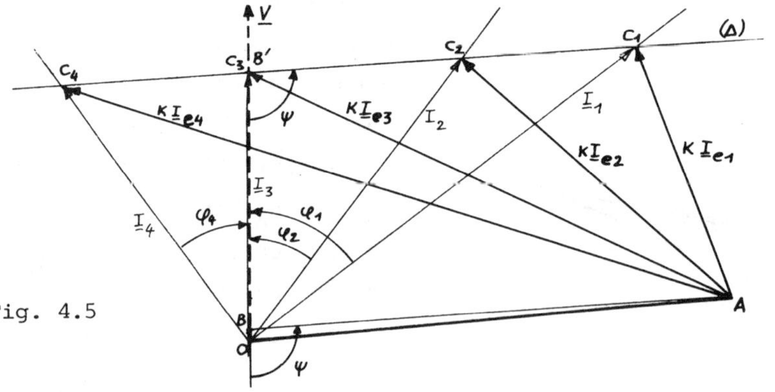

Fig. 4.5

La mise en oeuvre de cette méthode de prédétermination consiste à admettre que les fonctionnements du moteur à puissance utile P_u constante (ou à moment du couple utile constant puisqu'on est ici à fréquence constante), sous tension constante, sont associés à des intensités dont les représentations, dans le plan de Fresnel, ont leurs extrémités sur une droite (Δ) parallèle à AB et passant par le point B' tel que : $BB' = \frac{P_u}{\sqrt{3}U} = \frac{P_u}{3V}$

Dans notre cas : $P_u = 199$ kW $\qquad BB' = 20{,}9$ A

et donc $\qquad OB' = OB + BB' = 21{,}5$ A.

Pour chaque valeur fixée du facteur de puissance on peut donc construire $\underline{I}$ (en retard de φ par rapport à $\underline{V}$ et d'extrémité sur (Δ), cf. figure 4.5) : $\underline{OC}_1 = \underline{I}_1$ pour $\varphi_1 = \text{arc cos } 0{,}6$. On peut alors déterminer $AC_1 = KI_{e1}$ et en déduire :

$$I_{e1} = \frac{AC_1}{K}.$$

V	(V)	3 175	3 175	3 175	3 175
$\cos \varphi$		0,6 AR	0,8 AR	1	0,8 AV
φ	(rad)	0,927	0,643	0	-0,643
ψ	(rad)	1,64	1,64	1,64	1,64
I=OC	(A)	39,47	28,33	21,5	25,52
$AC=\lvert \underline{I}-\underline{I}_o \rvert$	(A)	20,88	26,25	39,03	52,65
$I_e = \frac{AC}{K}$	(A)	18,8	23,6	35,11	47,37

On note que I est un côté du triangle OB'C dont on connaît le côté OB' et deux angles (OC,OB') = φ et (B'O,B'C) = ψ (ψ s'obtient en analysant le triangle OBA).

L'intensité I est donc la solution positive de :

$$\left(1-\left(\frac{\sin\varphi}{\sin\psi}\right)^2\right).I^2 + 2\,(OB')\,\frac{\sin\varphi}{tg\ \psi}.I - (OB')^2 = 0$$

Connaissant I on détermine $AC = K.I_e$ par :

$$\underline{AC} = \underline{OC} - \underline{OA} = \underline{I} - \underline{I}_o = [I, -\varphi] - [I_o, -\varphi_o]$$

et on déduit $I_e = AC/K$.

On peut rassembler les résultats obtenus par les différentes méthodes :

$U = U_n = 5\ 500$ V , f = 50 Hz , n' = 500 tr/min , $C_u = 3\ 800$ Nm

		cos φ	0,6 AR	0,8 AR	1	0,8 AV
Modèle de POTIER	I_e	(A)	26,7	27,2	40,3	62,2
	I	(A)	38,7	29,0	23,2	29,0
Modèle bipolaire à C.I.réelle	I_e	(A)	25,5	27,5	68	>80
	I	(A)	38,7	29,0	23,2	29,0
Modèle bipolaire à C.I. linéarisée	I_e	(A)	26,8	28,4	40,1	56,6
	I	(A)	38,7	29,0	23,2	29,0
Modèle des F.M.M.	I_e	(A)	18,8	23,6	35,1	47,4
	I	(A)	39,5	28,3	21,5	25,5

D'où la courbe de MORDEY $I = f(I_e)$ à U_n, f_n et couple de moment constant $C_u = 3\ 800$ Nm.

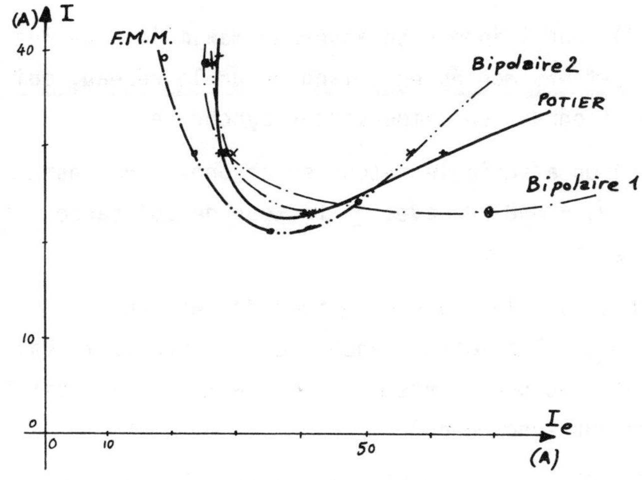

Fig. 4.6

¶ 5. *Moteur synchrone* (*B.T.S. Electrotechnique, Session 1984*).

On dispose d'un moteur synchrone à 8 pôles, alimenté par un réseau de caractéristiques constantes 3 800 V - 50 Hz.

La puissance nominale du moteur est P_n = 165 kW, et il peut supporter une intensité maximale I_{max} = 50 A.

Sauf dans la question 5, la résistance d'induit et les pertes magnétiques et mécaniques sont supposées négligeables.

La caractéristique à vide, relevée entre bornes, passe par les points suivants :

I_e (A)	0	0,5	0,9	1,15	1,5	2	3	4
E_v (V)	0	2 000	3 200	4 000	4 800	6 000	8 000	10 000

L'induit, monté en étoile, a une réactance synchrone par phase, supposée constante, égale à : X_{ph} = 65,8 Ω .

1°) Le moteur travaille dans ses conditions d'excitation optimale ($\cos\varphi = 1$). Il est traversé par un courant qui est égal à la moitié du courant maximal.

Déterminer la force électromotrice entre bornes E_v , l'excitation I_e , la puissance P , le couple T et le décalage polaire θ correspondant à ce fonctionnement.

2°) Déterminer par 6 points et tracer les courbes $I = f(I_e)$ et $\cos\varphi = f(I_e)$ correspondant à une puissance constante égale à la puissance nominale.

On précisera les points correspondant à des fonctionnement particuliers.

3°) Pour l'intensité absorbée maximale, quelles sont les capacités des condensateurs montés en triangle sur le réseau, qui peuvent remplacer le moteur fonctionnant en compensateur synchrone ?

4°) On associe le moteur synchrone à une installation absorbant une puissance P_1 = 600 kW avec un facteur de puissance $\cos\varphi_1$ = 0,6 AR, que l'on désire améliorer.

Quel sera le nouveau facteur de puissance $\cos\varphi_2$ de l'ensemble de l'installation plus moteur synchrone, ce dernier travaillant à sa puissance nominale et avec son intensité maximale ? Quelle doit être alors l'excitation du moteur synchrone ?

5°) On ne néglige plus maintenant les pertes et la résistance d'induit.

On donne : $p_{méca} = 1$ kW ; $p_{fer} = 2$ kW ; $R_a = 0{,}8\ \Omega$ (entre bornes).

L'excitation est fournie par une excitatrice en bout d'arbre de rendement $\eta_e = 80\ \%$ sous une tension $U_e = 600$ V.

Calculer le rendement du moteur synchrone dans les conditions de la question 4 .

□ 1°) Le moteur travaille à $\cos\varphi = 1$ et $I = \frac{I_{max}}{2} = 25$ A et est alimenté par un réseau :

$$f = 50 \text{ Hz} \quad , \quad U = 3\ 800 \text{ V} \quad \text{soit} \quad V = \frac{U}{\sqrt{3}} = 2\ 200 \text{ V}$$

On analyse le fonctionnement de la machine au moyen du modèle simplifié de BLONDEL : un enroulement de la machine (ou une phase vue par la ligne puisque l'induit est couplé en étoile) est représenté par le dipôle équivalent de la figure ci-contre. D'où, dans la convention "récepteur" les relations :

$$\begin{cases} \underline{V} = \underline{E}_o + j\ X_{ph}.\underline{I} \\ (I_e, E_o) \in \text{C.I.} \end{cases}$$

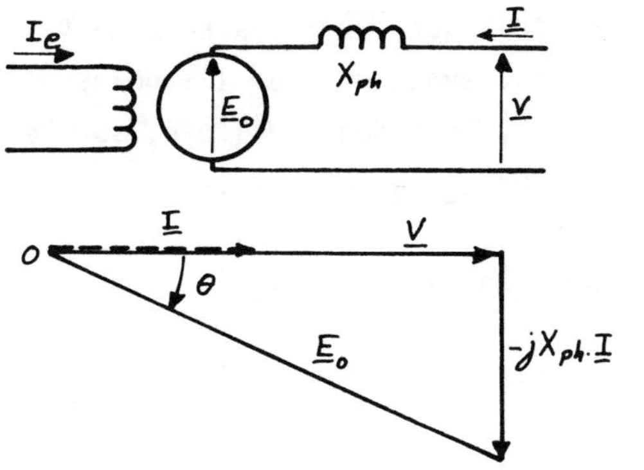

Fig. 5.1

Connaissant : $V = 2\ 200$ V, $I = 25$ A, $\varphi = 0$ et $X_{ph}.I = 65{,}8 \times 25 = 1\ 645$ V on peut construire : $\underline{E}_o = \underline{V} - j\ X_{ph}.\underline{I}$

On voit sur le diagramme vectoriel de la figure 5.1 que dans le cas envisagé ($\cos\varphi = 1$, $\varphi = 0$) on a :

$$E_o = E_{ph} = \sqrt{V^2 + (X_{ph}.I)^2} = 2\ 742 \text{ V}$$

D'où, entre bornes (f.e.m. composée) :

$$E_v = \sqrt{3}.E_{ph} = 4\ 750 \text{ V}$$

La Caractéristique Interne $E_v = f(I_e)$ donne alors

$$I_e = 1{,}47 \text{ A} \approx 1{,}5 \text{ A}$$

On peut déterminer la puissance électrique absorbée par le moteur, qui s'exprime, en régime sinusoïdal triphasé équilibré :

$$P_a = \sqrt{3}.U.I.\cos\varphi$$

Ici : $P_a = \sqrt{3}.3\ 800.25.1 = 164{,}5$ kW

Si on néglige les pertes de la machine (pertes mécaniques, pertes ferromagnétiques, pertes par effet Joule) la puissance utile vaut :

$$P_u = P_a = 164{,}5 \text{ kW}$$

On connait la fréquence du réseau d'alimentation (f = 50 Hz) et le nombre de paires de pôles de la machine (8 pôles, p = 4) ; d'où la pulsation de rotation du moteur :

$$\Omega = \frac{\omega}{p} = \frac{2\pi f}{p} = \frac{100\pi}{4} = 25\ \pi \text{ rad/s} = 78{,}5 \text{ rad/s}$$

et le moment du couple utile :

$$T = \frac{P_u}{\Omega} = \frac{164{,}5.10^3}{25\ \pi} = 2\ 095 \text{ Nm} \approx 2\ 100 \text{ Nm}$$

Par ailleurs, on sait que la tension par phase $\underline{V}$, voisine de la f.e.m. résultante $\underline{E}_r$ de la machine, est liée (causalité, loi de Lenz) aux pôles fictifs du champ glissant résultant comme la f.e.m. à vide $\underline{E}_o$ est liée aux pôles du rotor ; l'avance électrique θ des pôles réels sur les pôles résultants de même nom (avance négative dans le cas d'un moteur synchrone car les pôles réels sont entraînés dans le sillage des pôles fictifs) est donc indiquée, sur le diagramme vectoriel, par la phase de $\underline{E}_o$ par rapport à $\underline{E}_r = \underline{V}$.

D'où :

$$\theta = \text{artg} \frac{-X_{ph}.I}{V} = -\text{arctg} \frac{1\ 645}{2\ 200} = -0{,}642 \text{ rad} = -36{,}8°$$

L'écart angulaire mécanique vaut :

$$\theta_{\text{méca}} = \frac{\theta}{p} = -9{,}2° = -0{,}160 \text{ rad.}$$

2°) Le moteur fonctionne à puissance constante et nominale :

$$P_u = P_n = 165 \text{ kW}$$

Comme on a négligé ses pertes on connait aussi la puissance qu'il absorbe :

$$P_a = P_u = 165 \text{ kW}$$

Dans le diagramme bipolaire simplifié de BLONDEL les fonctionnements à $P_a = 165 \text{ kW} = C^{te}$ ont des vecteurs $\underline{E}_o$ dont les extrémités sont sur la droite (D) parallèle à $\underline{V}$ à la distance :

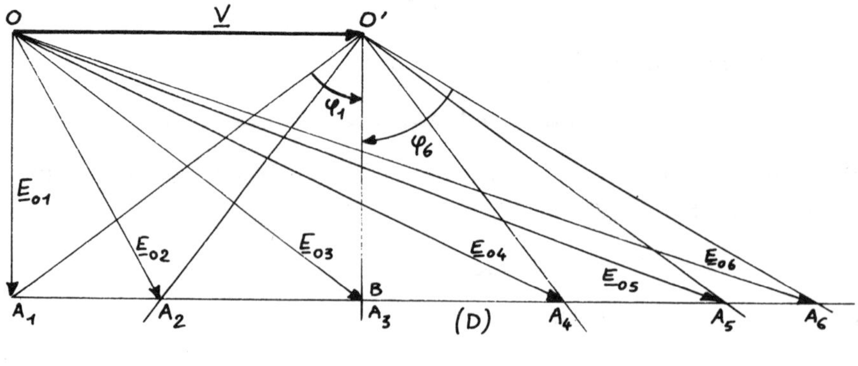

Fig. 5.2

$$O'B = \frac{X_{ph}}{\sqrt{3}U}.P_a$$

soit, si

$X_{ph} = 65{,}8\ \Omega$

$U = 3\ 800$ V

$P_a = 165$ kW

$O'B = 1\ 650$ V

On va chercher 6 points particuliers de cette droite (D):

- le point A_1 tel que $\underline{E}_{o1} = \underline{OA}_1$ est en quadrature arrière par rapport à $\underline{V}$ est associé à un fonctionnement intéressant car il est à la limite d'instabilité de la machine.

Il correspond à :

$$X_{ph}.I = O'A_1 = \sqrt{V^2 + (OA_1)^2} = \sqrt{V^2 + (O'B)^2} = 2\ 750 \text{ V}$$

D'où :

$$I_1 = \frac{O'A_1}{X_{ph}} = 41{,}8 \text{ A} < 50 \text{ A} = I_{max}$$

Ce fonctionnement est donc à prendre en compte (en théorie) ; il correspond à un facteur de puissance :

$$\cos\varphi_1 = \frac{O'B}{O'A_1} = \frac{1\ 650}{2\ 750} = 0{,}60 \text{ AR (car } \underline{I}_1 \text{ est en retard par}$$

rapport à $\underline{V}$).

- l'autre fonctionnement limite est associé au point A_6 correspondant, en fonctionnement capacitif du moteur, à la valeur maximale de l'intensité des courants d'induit :

$$I_6 = I_{max} : O'A_6 = X_{ph}\ I_{max} = 3\ 290 \text{ V}$$

et

$$\cos\varphi_6 = \frac{O'B}{O'A_6} = 0{,}50 \text{ AV}$$

Pour explorer la droite (D) de $\cos\varphi_1 = 0{,}6$ AR à $\cos\varphi_6 = 0{,}5$ AV on peut choisir les valeurs suivantes du facteur de puissance :

$\cos\varphi$ = 0,6 AR ; 0,8 AR ; 1 ; 0,8 AV ; 0,6 AV ; 0,5 AV .

D'où le tableau:

V	(V)	2 200	2 200	2 200	2 200	2 200	2 200
$\cos\varphi$		0,6 AR	0,8 AR	1	0,8 AV	0,6 AV	0,5 AV
φ	(rad)	0,927	0,643	0	-0,643	-0,927	-1,047
$I = \frac{P_n}{\sqrt{3}U_n\cos\varphi}$	(A)	41,8	31,3	25,1	31,3	41,8	50
$E_o = \sqrt{(V - X_{ph}I\sin\varphi)^2 + (O'B)^2}$	(V)	1 650	1 910	2 750	3 812	4 697	5 319
$E_v = \sqrt{3}.E_o$	(V)	2 860	3 310	4 760	6 600	8 140	9 210
I_e	(A)	0,80	0,93	1,47	2,30	3,05	3,60

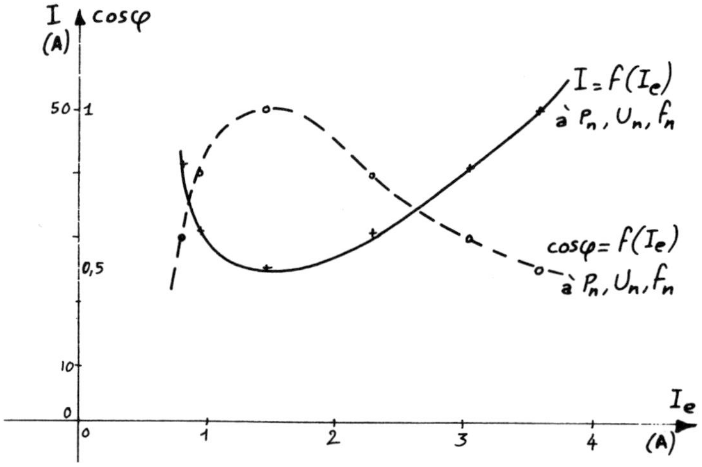

Fig. 5.3

On en déduit les courbes :

$$I = f(I_e)$$

et $\cos\varphi = f(I_e)$

à $U = 3\ 800$ V

$f = 50$ Hz

et $P_u = P_n = 165$ kW

3°) On utilise ce moteur synchrone en compensateur à vide, c'est-à-dire à $P_u = P_a = 0$ (si on néglige les pertes) et donc à $\cos\varphi = 0$ AV (la machine fournit de la puissance réactive au réseau d'alimentation).

Si l'induit est traversé par des courants d'intensité maximale le moteur fournit une puissance réactive :

$$Q_f = -\ Q_a = -\ (\sqrt{3}\ U\ I_{max}\ \sin\varphi)$$

avec : $U = U_n = 3\ 800$ V , $I = I_{max} = 50$ A

$\varphi = -\frac{\pi}{2}$ ($\cos\varphi = 0$ AV), soit $\sin\varphi = -1$

d'où :

$$Q_f = -(-\ \sqrt{3}.3\ 800.50.1) = 329 \text{ k VAR}$$

Trois condensateurs diposés en triangle sur le même réseau auront même effet si chacun fournit :

$$Q_c = \frac{Q_f}{3} = 109{,}7 \text{ kVAR} \quad \text{sous} \quad V_c = U = 3\ 800 \text{ V (triangle)}$$

D'où, comme $Q_c = V_c^2.C\omega$

$$C = \frac{Q_c}{V_c^2.\omega} = \frac{109{,}7.10^3}{(3\ 800)^2.100\pi} = 24{,}2\ \mu F$$

4°) On désire améliorer le facteur de puissance d'une installation absorbant $P_1 = 600$ kW à $\cos\varphi_1 = 0{,}6$ AR soit provoquant un déphasage

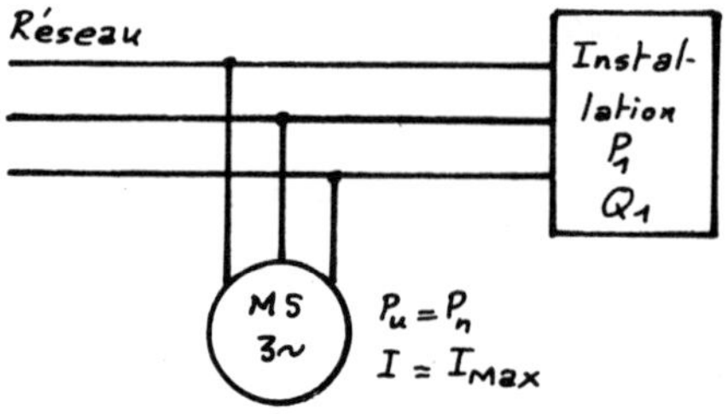

Fig. 5.4

$\varphi_1 = \arccos 0{,}6 = 0{,}927$ rad

$\sin\varphi_1 = 0{,}8$ $\quad$ $tg\ \varphi_1 = 1{,}33$

On en déduit la puissance réactive, absorbée (en régime sinusoïdal triphasé équilibré on sait que $tg\varphi = \frac{Q}{P}$) :

$$Q_1 = P_1.tg\ \varphi_1 = 800\ kVAR.$$

Pour améliorer le facteur de puissance on dispose en parallèle (figure 5.4) le moteur synchrone que l'on surexcite pour qu'il fournisse de la puissance réactive.

Si le moteur synchrone développe sa puissance utile nominale :

$$P_u = P_n = 165\ kW$$

et si I_e est réglée pour que $I = I_{max} = 50\ A$,
on a vu (solution de la question 2) que le moteur présente un facteur de puissance $\cos \varphi_M = 0{,}5$ AV.

D'où $\varphi_M = -\text{arc}\cos 0{,}5 = -1{,}047$ rad.

Le moteur absorbe donc en définitive :

$$P_{am} = P_u = 165\ kW \text{ (on a négligé ses pertes)}$$

$$Q_{am} = P_{am}\ tg\ \varphi_M = -\ 285\ kVAR$$

D'où , d'après le théorème de BOUCHEROT, les consommations de l'ensemble installation-moteur :

$$P_2 = P_1 + P_{am} = 600.10^3 + 165.10^3 = 765\ kW$$

$$Q_2 = Q_1 + Q_{am} = 800.10^3 - 285.10^3 = 515\ kVAR.$$

En régime sinusoïdal on sait que la puissance apparente s'exprime :

$$S_2 = \sqrt{P_2^2 + Q_2^2} = 922{,}2\ kVA$$

D'où, par définition du facteur de puissance :

$$\cos \varphi_2 = f_p = \frac{P_2}{S_2} = \frac{765}{922} = 0{,}8294 \approx 0{,}83$$

Par ailleurs, on a établi (solution de la question 2) que le fonctionnement du moteur synchrone décrit par :

$U = U_n = 3\ 800$ V , $f = 50$ Hz , $I = 50$ A , $P_u = 165$ kW , $\cos\varphi = 0{,}5$ AV

nécessite un courant d'excitation d'intensité : $I_e = 3{,}6$ A .

5°) Finalement, le fonctionnement du moteur synchrone, dans la question précédente, est décrit par :

$U = U_n = 3\ 800$ V , $f = 50$ Hz , $I = 50$ A , $P_u = 165$ kW , $I_e = 3{,}6$ A .

On en déduit :

- la puissance utile de l'excitatrice délivrant $U_e = 600$ V

$$P_{ue} = U_e\, I_e = 600 \times 3{,}6 = 2\ 160\ \text{W}\ ;$$

- la puissance absorbée par l'excitatrice, de rendement $\eta_e = 80\ \%$, c'est-à-dire les pertes d'excitation du moteur synchrone :

$$P_{ae} = p_{excit} = \frac{P_{ue}}{\eta_e} = \frac{2\ 160}{0{,}8} = 2\ 700\ \text{W} = 2{,}7\ \text{kW}\ ;$$

- les pertes par effet Joule dans l'induit, de résistance par enroulement $R_{ph} = \frac{R_a}{2} = 0{,}4\ \Omega$:

$$P_{Ja} = 3\ R_{ph}.I^2 = 3.0{,}4.(50)^2 = 3\ \text{kW}$$

D'où la somme des pertes de la machine :

$$\Sigma\ \text{pertes} = p_{méc} + p_{fer} + p_{excit} + p_{Ja} = 8{,}7\ \text{kW}$$

La puissance absorbée par le moteur lorsqu'il fournit

$$P_u = P_n = 165\ \text{kW}$$

vaut donc :

$$P_a = P_u + \Sigma\ \text{pertes} = 173{,}7\ \text{kW}.$$

D'où le rendement :

$$\eta = \frac{P_u}{P_a} = \frac{165}{173{,}7} = 0{,}9499 \approx 95\ \%\ .$$

Il serait plus rigoureux d'estimer que ce fonctionnement est décrit par : $P_a = 165$ kW, $I = 50$ A, $\cos\varphi = 0{,}5$ AV, $U = 3\ 800$ V, $f = 50$ Hz, $I_e = 3{,}6$ A, dans la mesure où c'est la valeur de P_a, et non celle de P_u, qui a été utilisée pour déterminer le facteur de puissance et prévoir l'intensité I_e du courant d'excitation. Dans ces conditions, la puissance utile vaut :

$$P_u = P_a - \Sigma\ \text{pertes} = 156{,}3\ \text{kW}$$

et le rendement devient :

$$\eta = \frac{P_u}{P_a} = \frac{156{,}3}{165} = 0{,}9473 \approx 95\ \%.$$

¶ 6. *Machine synchrone autopilotée.*

(Agrégation de Sciences Physiques. Option Physique Appliquée. Session 1980)

Cette étude comporte quatre parties.

La partie I (échanges d'énergie entre deux réseaux triphasés) et la partie II (moteur synchrone) sont complètement indépendantes.

La partie III (étude élémentaire d'une machine synchrone autopilotée) et la partie IV (commutation) constituent une synthèse des deux premières, mais en sont dans une certaine mesure numériquement indépendantes.

I. ECHANGES D'ENERGIE ENTRE DEUX RESEAUX TRIPHASES.

Deux réseaux délivrant des tensions sinusoïdales, triphasées équilibrées de fréquences différentes, sont reliés entre eux par l'intermédiaire de deux ponts de Graetz à six thyristors comme l'indique la figure 1.

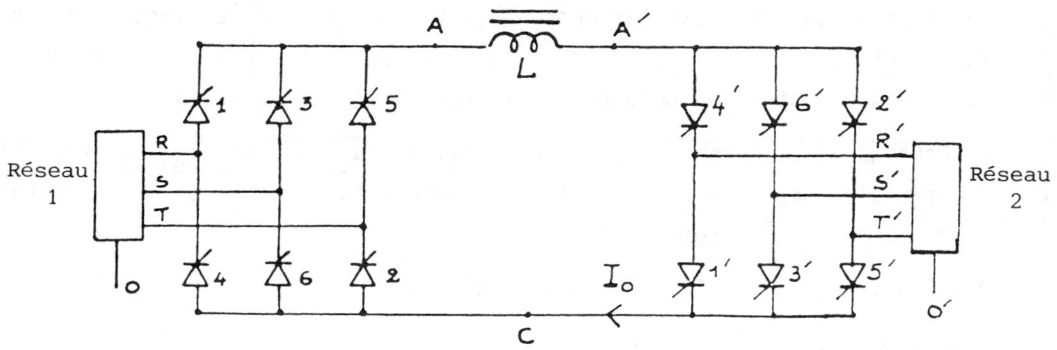

Fig. 1

On néglige les impédances internes des deux réseaux. On désigne par V_1 et V_2 les valeurs efficaces de leurs tensions simples, par f_1 et f_2 leurs fréquences.

α_1 et α_2 sont respectivement les angles de commande des ponts 1 et 2 (retards angulaires par rapport à la commutation naturelle, variant de 0 à 180°).

On supposera d'autre part que la bobine réalisant la liaison entre les deux ponts a une résistance négligeable et une réactance assez grande pour que l'on puisse négliger l'ondulation résiduelle du courant I_0.

1. Pour $\alpha_1 = 30°$ et une valeur donnée de I_0 ,

1.1. Tracer sur une même feuille, en fonction du temps, les formes d'onde :
- de la tension entre le point A et le neutre 0 du réseau ;
- de la tension entre le point C et le neutre 0 du réseau ;

- du courant dans le thyristor 1 ;
- du courant dans le fil de ligne R.

1.2. En déduire le déphasage entre la tension du fil R par rapport à 0, et le terme fondamental du courant dans ce même fil, ainsi que la valeur efficace de ce courant et de son terme fondamental en fonction de I_o.

2. Pour $\alpha_2 = 120°$ et I_o donné, répondre aux mêmes questions concernant le pont 2 et le réseau 2, le point de référence des tensions étant 0' (neutre du réseau 2, non relié).

3. Exprimer, en fonction de V_1 et α_1, la valeur moyenne U_o de la tension entre les points A et C, puis en fonction de V_2 et α_2, la valeur moyenne U'_o de la tension entre les points A' et C.

Puisqu'on néglige la résistance de la liaison A-A', U'_o égale U_o. En déduire la relation qui doit exister entre V_1, V_2, α_1 et α_2 et montrer que nécessairement un pont doit fonctionner en redresseur et l'autre en onduleur. Quelle conséquence peut-on en déduire sur la reversibilité du montage ?

4. Pour un fonctionnement déterminé (V_1, V_2, α_1, α_2 et I_o fixés), calculer l'expression des puissances actives et réactives P_1, P_2, Q_1, Q_2 absorbées ou fournies par les réseaux 1 et 2.

Application : $V_1 = 127$ volts, $\alpha_1 = 60°$, $\alpha_2 = 150°$ et $I_o = 20$ A.

Calculer V_2, P_1, P_2, Q_1 et Q_2.
On indiquera pour chacun des réseaux si les puissances sont fournies ou absorbées.
Justifier les termes d'onduleur non autonome (ou assisté, ou à commutation naturelle) parfois utilisé.

5. Pour $V_1 = 127$ volts et une valeur maximale de I_o égale à 30 A, calculer pour le pont 1 :
- les tensions directe et inverse maximales que doit supporter un thyristor ;
- les valeurs moyenne et efficace maximales du courant traversant un thyristor.

II. ETUDE D'UN MOTEUR SYNCHRONE.

Une machine synchrone triphasée, 4 pôles, 50 hertz à entrefer constant a les caractéristiques suivantes :
- puissance nominale : 10 kVA ;
- tension nominale entre phases : 220 volts ;
- réactance synchrone (supposée constante) : $X_d = 4{,}5$ ohms ;
- réactance transitoire : $X'_d = 1$ ohm ;

- réactance subtransitoire : $X''_d = 0,85$ ohm ;
- courant d'excitation correspondant à une tension à vide de 220 volts entre phases : $i = 4,6$ A.

Pour simplifier, on admettra dans la suite du problème que :
- le flux inducteur est proportionnel au courant d'excitation ;
- les pertes par effet Joule, les pertes mécaniques et les pertes dans le fer peuvent être négligées ;
- l'excitation est assurée par un réseau à courant continu indépendant.

On tracera le diagramme à réactance synchrone de la machine, en désignant par E la forme électromotrice par phase, par V la tension simple, par I le courant en ligne, par ψ le déphasage entre $\bar{I}$ et $\bar{E}$, par φ le déphasage entre $\bar{I}$ et $\bar{V}$, et par θ le déphasage entre $\bar{E}$ et $\bar{V}$.

A condition de préciser explicitement son choix, le candidat pourra utiliser indifféremment la convention récepteur ou la conventation générateur.

1. La machine est couplée à un réseau triphasé 50 hertz dont la tension entre fils de ligne est de 220 volts.

1.1. Exprimer en fonction de E, X_d, I, V et ψ les puissances active et réactive échangées entre la machine synchrone et le réseau.

Exprimer ces mêmes grandeurs en fonction de E, V, X_d et θ.

1.2. La machine fonctionne en moteur et délivre une puissance mécanique de 8,5 kW, caculer E et i pour avoir $\varphi = -30°$ (courant en avance en convention récepteur) et $\varphi = +30°$. En déduire, pour chaque cas, la puissance réactive Q, le couple mécanique Γ, les angles θ et ψ.

1.3. i conservant la valeur obtenue pour $\varphi = -30°$, montrer que la puissance mécanique que peut fournir le moteur est limitée à une valeur P_{max} que l'on précisera. Calculer dans ce cas limite Q, θ, ψ et φ. Que se passe-t-il si la charge correspond à une puissance mécanique supérieure à P_{max} ?

2. La machine est maintenant couplée à une source de tensions triphasées, de tension et fréquences réglables, telles que :

$$\frac{V}{f} = \frac{127}{50} = \text{constante}$$

tant que la fréquence est suffisante pour que les résistances soient effectivement négligeables devant les réactances.

2.1. Montrer que si i et I sont constante, le diagramme de fonctionnement de la machine a des propriétés remarquables lorsque la fréquence varie.

En déduire les grandeurs invariables dans ce type de fonctionnement.

Commenter les résultats lorsque la fréquence tend vers 0. Quelle conséquence peut-on déduire quant au démarrage de la machine ?

2.2. La machine entraîne une charge ayant une grande inertie mécanique, et on double brusquement la fréquence de la source.

Que se passe-t-il ? Justifier votre réponse.

III. ETUDE ELEMENTAIRE D'UNE MACHINE SYNCHRONE AUTOPILOTEE.

On considère à nouveau le montage de la figure 1, mais le réseau 2 est maintenant la machine synchrone considérée dans la partie II.

Afin d'assurer le synchronisme des impulsions de commande du pont 2 et de la tension d'alimentation de la machine, un capteur de position est fixé sur l'arbre de la machine et délivre des impulsions rigoureusement synchrones de la rotation de la machine.

L'information issue de ce capteur, une fois traitée, fournit les ordres d'aiguillage des impulsions vers les gâchettes des thyristors du pont 2 (fig. 2). De cette façon, la fréquence des courants alimentant la machine est asservie à la vitesse de rotation (conservant ainsi le synchronisme des champs tournants de l'inducteur et de l'induit), et leur phase à la position du capteur par rapport aux axes polaires de la machine.

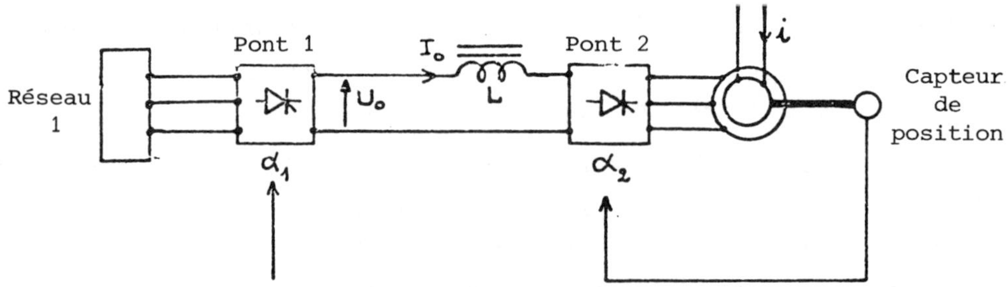

Fig. 2

On peut faire varier cette phase en modifiant la position angulaire du capteur ou plus simplement en décalant (par un circuit logique adéquat) les impulsions issues de ce capteur. On dit alors que la machine est autopilotée.

Nous admettrons, pour cette étude élémentaire, que les commutations des deux ponts sont instantanées, que les tensions aux bornes de la machine sont sinusoïdales et que l'on peut rendre compte du fonctionnement de celle-ci en ne considérant que le terme fondamental des courants de l'induit.

1. Montrer que cette constitution impose un déphasage ψ constant (mais réglable) entre le terme fondamental $\bar{I}$ du courant et la force électromotrice $\bar{E}$ intervenant dans le diagramme de la machine et qu'il existe une relation entre α_2 et φ (φ déphasage entre $\bar{I}$ et $\bar{V}$).

Exprimer la valeur moyenne U_o de la tension à l'entrée du pont 2 en fonction de E et ψ.

2. Posant $E = ki\Omega$, avec i courant d'excitation et Ω vitesse angulaire de rotation, établir les expressions de Ω et du couple Γ en fonction de ki, ψ, U_o et I_o.

Montrer que pour des valeurs données de i et ψ, Ω est proportionnel à U_o et que Γ est indépendant de Ω.

3. Pour $\psi = -60°$ (convention récepteur) et $i = 9$ A, tracer les réseaux de caractéristiques :

- $\Gamma(\Omega)$ pour $V_1 = 127$ volts, $\alpha_1 = 0$ et $I_o = 10$ A, 20 A et I_{on}. (I_{on} est la valeur de I_o correspondant à un courant dans les fils de phase dont la valeur efficace est égale au courant nominal de la machine) ;
- $\Omega(I_o)$ pour $\alpha_1 = 0°$, 30° et 60°.

4. L'ensemble machine -pont 2- capteur, vu des bornes de sortie du pont 1, constitue une machine à courant continu alimentée par la tension U_o.

A quel type de machine à courant continu correspond le montage étudié ? Justifier votre réponse.

Quel serait le nombre de balais et de lames au collecteur de la machine à courant continu équivalente ?

5.1. Etablir la relation (inégalité) qui doit nécessairement exister entre X_d, I, E et ψ afin de pouvoir assurer les commutations du pont 2.

5.2. En déduire que le courant d'excitation doit avoir une valeur minimum qu'on exprimera en fonction de Γ, ψ et des paramètres de la machine.

Remarque.- La fréquence d'alimentation de la machine étant liée à sa vitesse de rotation, la réaction synchrone X_d varie avec cette dernière.

5.3. Sachant que l'on désire que la machine puisse délivrer un couple de 50 N.m quelle que soit la vitesse calculer la valeur minimale de i pour $\psi = -60°$ (convention récepteur).

6. La machine peut-elle décrocher au sens de la question II.1.3 ?

7. Quelles opérations doit-on réaliser :

- pour inverser le couple (passage du fonctionnement moteur au fonctionnement générateur en conservant le même sens de rotation, par exemple) ?
- pour inverser le sens de rotation (en conservant le fonctionnement moteur par exemple) ?

IV. ETUDE DE LA COMMUATION ET DE SES CONSEQUENCES.

1. On considère l'onduleur de la figure 3, qui alimente un réseau triphasé formé de trois tensions sinusoïdales par l'intermédiaire de trois bobines de résistance négligeable et d'inductance L_c.

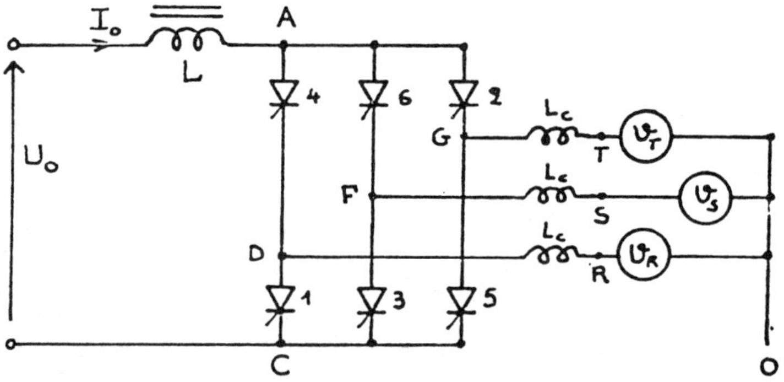

Fig. 3

On négligera l'ondulation du courant I_0 et de la tension U_0 ainsi que les impédances internes des sources de tension v_R, v_S et v_T dont la valeur efficace commune est V.

1.1. Pour $\alpha = 120°$ et en supposant que la durée τ des commutations soit telle qu'elle entraîne un angle d'empiétement $\omega\tau = 30°$, représenter en fonction du temps sur la même feuille :

- la tension entre le point A et le neutre O du réseau ;
- la tension entre le point C et le neutre O du réseau ;
- la tension entre le point D et le neutre O du réseau ;
- le courant dans le fil de phase R.

1.2. En déduire :

1.2.1. Que l'inductance L_c n'a d'influence que pendant les commutations ;

1.2.2. La relation entre U_0, la valeur efficace V de la tension simple, I_0, L_c et ω ;

1.2.3. La relation qui existe entre L_c, I_0, V, ω, α et $\delta = \omega\tau$;

1.2.4. Le temps t_r pendant lequel un thyristor est soumis à une tension inverse (on posera $\omega t_r = \beta$, β est appelé l'angle de garde) et la relation entre α, δ et β ;

1.2.5. L'évolution du courant I_0 lorsque :

- t_r devient inférieur à la durée minimale d'application de la tension inverse, t_q, des thyristors utilisés,
- L'impulsion que reçoit un thyristor est insuffisante pour provoquer son amorçage.

Pour pallier ces inconvénients, il est impératif de pouvoir limiter I_0, jusqu'au rétablissement des conditions normales.
Quel moyen peut être utilisé à cette fin ? (autre qu'un fusible).

2. On considère à nouveau la machine synchrone autopilotée du paragraphe III.

2.1. La figure 4 montre la tension enregistrée entre une phase et le neutre de la machine. Interpréter cet enregistrement.

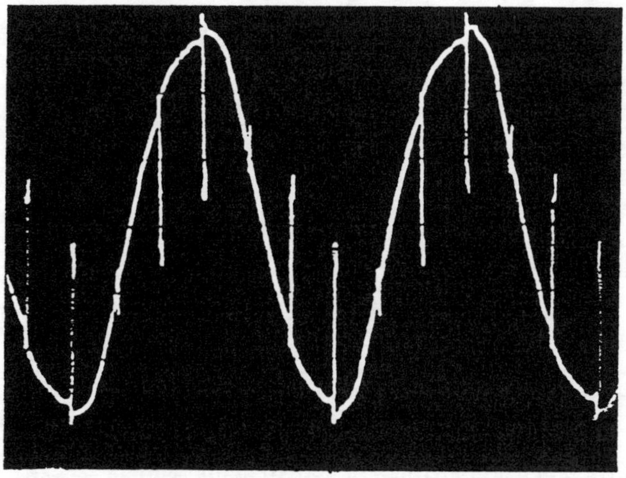

Fig. 4

2.2. Un essai en charge a permis d'effectuer les mesures suivantes :
$V = 108$ volts, $I_0 = 18$ A, $\alpha_2 = 120°$, $f = 50$ Hz et $\tau = 0{,}45$ ms.

Calculer la réactance de commutation $X_c = L_c\omega$ et l'inductance correspondante L_c.

2.3. Le transfert du courant de la phase R à la phase S par exemple, se faisant pendant le temps τ, évaluer approximativement la vitesse du champ tournant de l'induit pendant ce temps, en la comparant à la vitesse (constante) de ce même champ tournant pour une alimentation sinusoïdale.

On remarquera qu'entre les commutations, deux enroulements sont parcourus par le courant constant I_0, et que le champ qu'ils créent a une vitesse nulle.

Comparer X_c aux diverses réactances de la machine et interpréter cette comparaison.

- Pour le calcul de la durée des commutations et de la chute de tension que provoquent celles-ci, on considère les réactances $X_c = L_c\omega$, la relation existant entre U_o, I_o, V et α_2 étant celle établie au § IV.1.2.2. ;
- Les commutations n'affectent ni la relation entre l'amplitude du terme fondamental du courant dans les phases de la machine et I_o, ni la relation entre α_2 et le déphasage de ce terme fondamental par rapport à la tension aux bornes de la machine (relations établies au § I.2).
- On rend compte du fonctionnement de la machine (Γ,Ω,i, φ et θ) à l'aide du terme fondamental des courants, de la réactance X_d, et des tensions V et E supposées sinusoïdales.

3.1. On désire maintenant que lorsque $\alpha_1 = 0$, la vitesse de rotation de la machine soit de 1500 tr/min, lorsque la puissance mécanique délivrée à la charge est de 8,5 kW. Déterminer les valeurs de ψ, E et i nécessaires et pour cela :

3.1.1. Calculer U_o et I_o.

3.1.2. En tenant compte de la chute de tension due aux commutations, calculer $V \cos \varphi$ et $E \cos \psi$.

3.1.3. On désire que pour ce fonctionnement, l'angle de garde β soit de 15°. A l'aide de la relation établie en IV. 1.2.3., calculer les valeurs de V,φ et α_2.

3.1.4. Par l'intermédiaire de la relation établie en II.1.1., calculer E, i et ψ.

3.2. E, i et ψ conservant les valeurs précédemment calculées :

3.2.1. La puissance mécanique passe brusquement à 12 kW. Que se passe-t-il ? Justifier votre réponse.

3.2.2. La puissance mécanique passe à 4 kW, et U_o est modifiée de sorte que la vitesse se rétablisse à 1 500 tr/min.. Calculer les valeurs de I_o, V,θ et φ.

3.2.3. U_o est modifiée de sorte que la vitesse soit 750 tr/min., le couple conservant cependant la valeur précédente (4 kW à 1 500 tr/min.). Calculer I_o, θ et φ.

3.3. L'expérience montre que ce n'est que lorsque la machine tourne à environ 10 % de sa vitesse nominale que sa force électromotrice est suffisante pour assurer les commutations et la marche du pont 2 en onduleur assisté.

Au-dessous de cette vitesse, pour bloquer les thyristors conducteurs du pont 2, on fait fonctionner pendant un court instant le pont 1 en onduleur, ce qui permet d'annuler I_0.

Ensuite, on fait à nouveau fonctionner le pont 1 en redresseur et on envoie l'impulsion de commande sur les thyristors du pont 2 qui doivent conduire pendant le sixième de période suivant des tensions appliquées à la machine.

L'inductance de lissage ayant une valeur L = 30 mH, calculer approximativement la durée nécessaire pour annuler, puis rétablir le courant I_0 et le temps pendant lequel il doit rester nul (on prendra I_0 = 20 A).

On explicitera les diverses hypothèses nécessaires à ce calcul.

Représenter le courant dans un enroulement de la machine pendant une période, en supposant que sa fréquence f_2 soit de 5 Hz.

- Machine synchrone autopilotée.

I. <u>Echange d'énergie entre deux réseaux triphasés.</u> *(Voir tome 2 § III.B et III.C)*

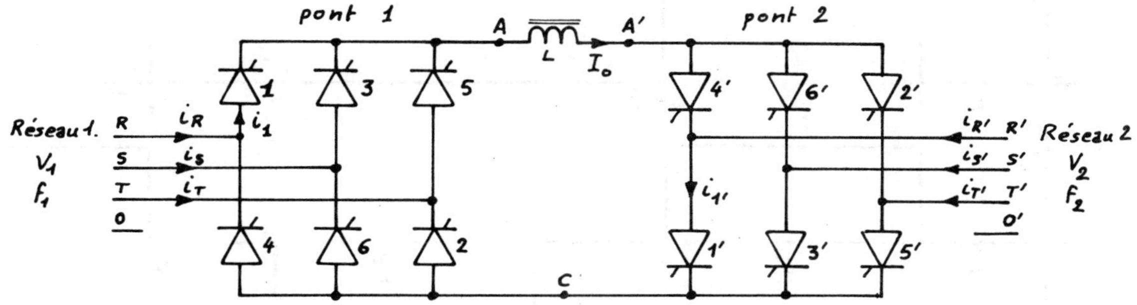

Fig. 6.I.1

On étudie les réseaux 1 et 2 représentés sur la figure 6.1.1, reliés par deux ponts PD3 tous thyristors commandés avec des retards α_1 et α_2.

1. On étudie le pont 1 lorsque α_1 = 30° et I_0 est donné.

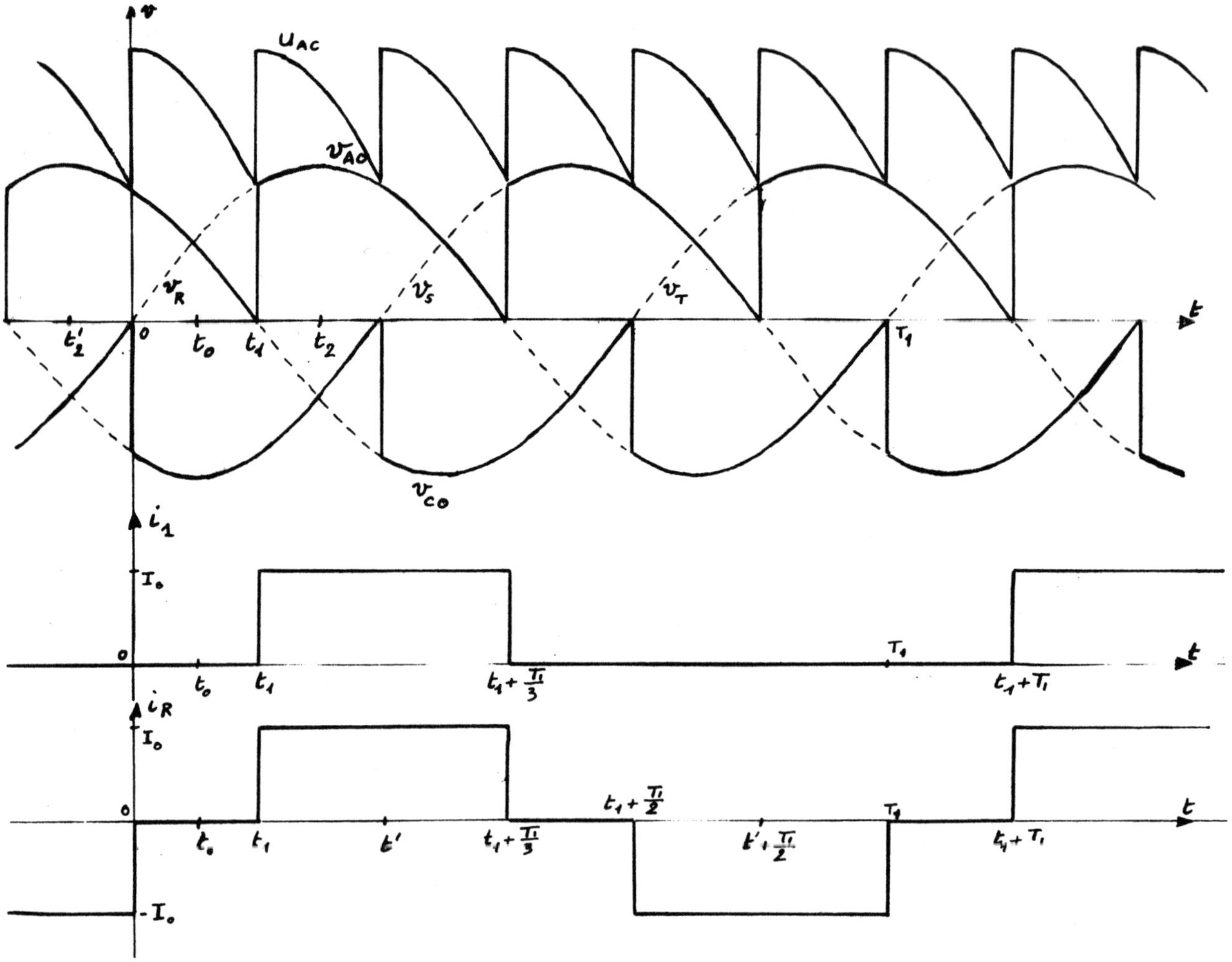

Fig. 6.I.2

1.1. On a représenté sur la figure 6.1.2 les tensions v_{AO} et v_{CO} en fonction du temps lorsque les thyristors du pont 1 sont commandés avec un retard $\alpha_1 = 30° = \frac{\pi}{6}$ sur l'amorçage naturel.

On voit en particulier que l'amorçage naturel de 1 se produirait à l'instant t_o où la tension simple v_R devient la plus grande des trois tensions v_R, v_S et v_T. L'amorçage n'est commandé qu'à l'instant :

$$t_1 = t_o + \alpha_1/\omega_1 = t_o + \frac{\pi}{6.2\pi f_1} = t_o + \frac{T_1}{12} .$$

Le thyristor 1 reste enclenché (car I_o est constant) jusqu'à l'instant $t_1 + \frac{1}{3}.T_1$ où 3 est commandé et s'amorce.

1.2. On voit sur les courbes précédentes que l'instant t_o correspondant à la commutation naturelle entre 5 et 1 est nécessairement situé à mi-chemin entre les instants t_2' (maximum de v_T) et t_2 (maximum de v_R) ; comme v_R, v_S et v_T sont triphasées, on a : $t_2 - t_2' = \frac{1}{3}.T_1$ et donc :

$$t_2 - t_o = T_1/6 \qquad t_2 = t_o + T_1/6.$$

L'analyse de la courbe associée à $i_R(t)$ (intensité du courant dans le fil R) montre, par raison de symétrie, que le terme fondamental de la décomposition harmonique de $i_R(t)$ passe par sa valeur maximale à l'instant t', milieu de la durée de conduction du thyristor 1 ; comme 1 s'amorce à t_1 et conduit durant $T_1/3$ on a : $t' = t_1 + T_1/6$.

D'où le retard du fondamental de i_R sur v_R :

$$\Delta t = t' - t_2 = t_1 - t_o = \alpha_1/\omega_1$$

et le déphasage φ de l'onde fondamentale de i_R sur v_R :

$$\boxed{\varphi = \omega_1.\Delta t = \omega_1.(t_1 - t_o) = \alpha_1 \ .}$$

Par définition, la valeur efficace de l'intensité du courant i_R se déduit de :

$$I_{Ref}^2 = \frac{1}{T_1}\left[\int_0^{T_1}(i_R)^2.dt\right] = \frac{1}{T_1}\left[\int_0^{t_1}(0)^2.dt + \int_{t_1}^{t_1+T_1/3}(I_o)^2.dt + \int_{t_1+T_1/3}^{t_1+T_1/2}(0)^2.dt\right.$$

$$\left. + \int_{t_1+T_1/2}^{T_1}(-I_o)^2.dt\right] = \frac{2}{3} . I_o^2$$

car, compte-tenu de l'origine des temps choisie pour la figure 6.I.2, $t_1 = T_1/6$.
D'où :

$$\boxed{I_{Ref} = I_o . \sqrt{\tfrac{2}{3}} = 0{,}82.I_o \ .}$$

Pour calculer l'amplitude du terme fondamental de i_R, il est préférable de simplifier le problème en choisissant comme origine des temps l'instant t' où on a prévu un maximum pour ce fondamental. Alors $i_R(t)$ a l'allure représentée sur la figure 6.I.3. et le terme fondamental cherché est de la forme (puisque i_R est une fonction paire) :

$$I_{R1} = I_{R1}\sqrt{2}\cos\omega_1 t$$

où

$$I_{R1}\sqrt{2} = \frac{2}{T_1}\int_0^{T_1} i_R.\cos\omega_1 t.dt \ .$$

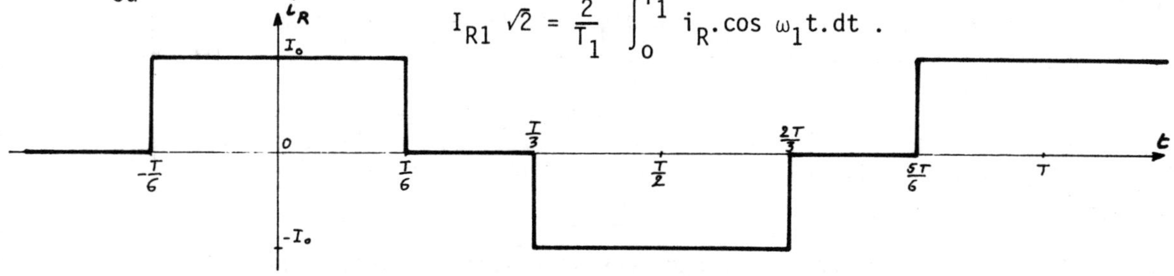

Fig. 6.I.3

D'où :

$$\frac{1}{\sqrt{2}}.T_1 I_{R1} = \int_0^{T_1/6} I_o \cos \omega_1 t.dt + \int_{T_1/3}^{2T_1/3} (-I_o)\cos \omega_1 t.dt + \int_{5T_1/6}^{T_1} I_o \cos \omega_1 t.dt$$

$$\frac{1}{\sqrt{2}}.T_1 I_{R1} = \frac{I_o}{\omega_1}\left\{\left[\sin \omega_1 t\right]_0^{T_1/6} - \left[\sin \omega_1 t\right]_{T_1/3}^{2T_1/3} + \left[\sin \omega_1 t\right]_{5T_1/6}^{T_1}\right\} = \frac{I_o}{\omega_1}.2\sqrt{3} .$$

D'où la valeur efficace I_{R1} de l'onde harmonique fondamentale de i_R :

$$\boxed{I_{R1} = \frac{\sqrt{6}}{\pi} . I_o = 0,78.I_o .}$$

2. Pour $\alpha_2 = 120° = 2\pi/3$ et une valeur donnée de I_o on a les courbes ci-dessous pour $v_{A'O'}$, $v_{CO'}$, $u_{CA'}$, $i_{1'}$ et $i_{R'}$.

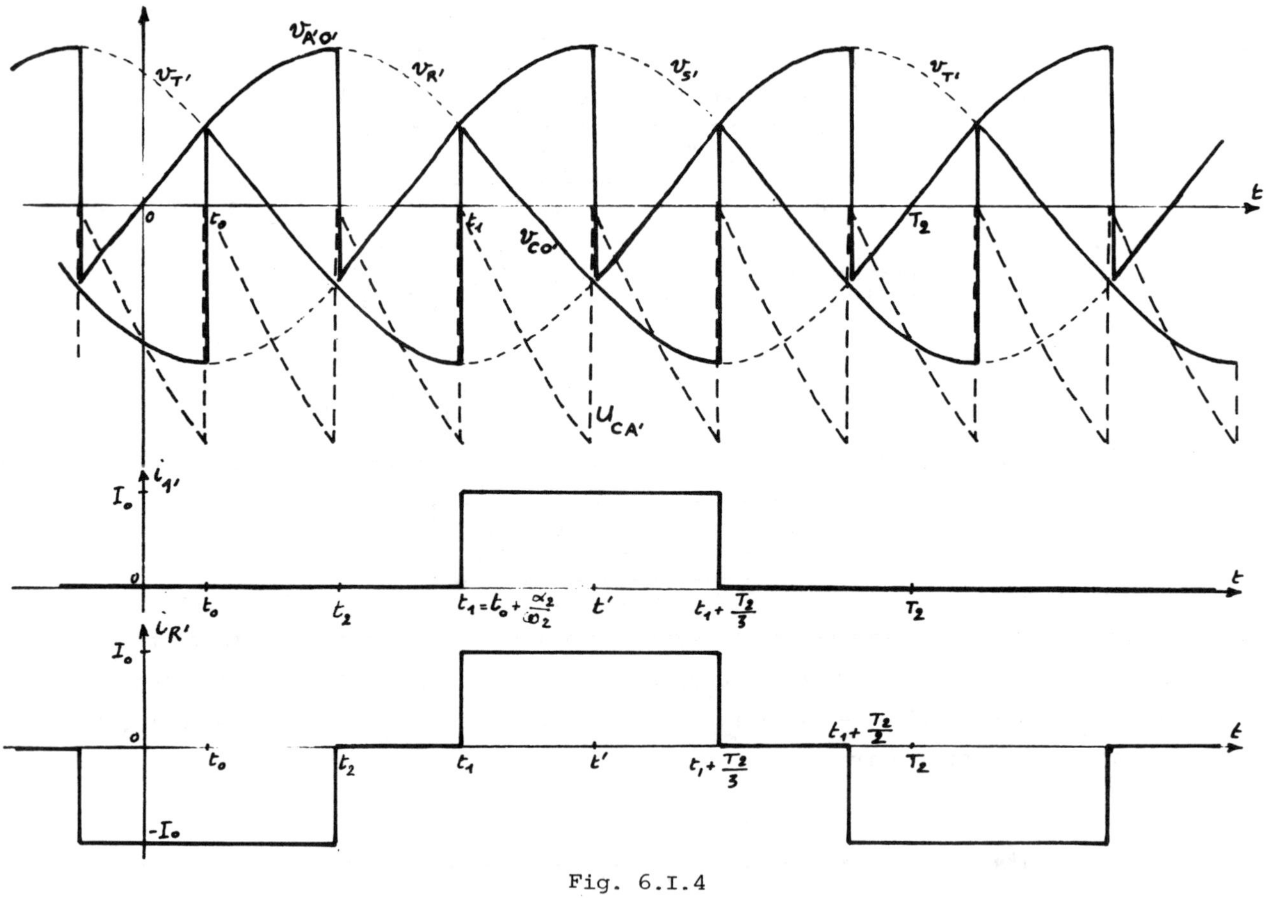

Fig. 6.I.4

Le thyristor 1' est commandé à l'instant t_1 en retard sur la date t_o d'amorçage naturel de :

$$t_1 - t_o = \frac{\alpha_2}{\omega_2} = \frac{2\pi}{3.2\pi f_2} = \frac{T_2}{3}$$

1' conduit pendant un tiers de période (il y a trois thyristors par commutateur et la condition est ininterrompue), soit de $t_1 = t_o + T_2/3$ à $t_1 + T_2/3 = t_o + 2T_2/3$.

L'allure de $i_{R'}$ (intensité du courant dans le fil R') montre que, par raison de symétrie, le terme fondamental de sa décomposition harmonique passe par sa valeur maximale à l'instant t' milieu de la durée de conduction de 1' :

$$t' = t_1 + T_2/6 = t_o + \alpha_2/\omega_2 + T_2/6 .$$

La tension simple $v_{R'}$, sinusoïdale, passe par sa valeur maximale à l'instant : $t_2 = t_o + T_2/6$ et le retard du fondamental de $i_{R'}$ sur $v_{R'}$ (grandeurs sinusoïdales de même fréquence) vaut : $t' - t_2 = \alpha_2/\omega_2$.

D'où le déphasage angulaire :

$$\boxed{\varphi_2 = \omega_2(t' - t_2) = \alpha_2 = \frac{2\pi}{3} = 120° .}$$

L'allure de $i_{R'} = f(t)$ est la même que celle, déjà étudiée, de $i_R = f(t)$ dans le pont 1 ; seuls diffèrent la période et le retard de $i_{R'}$ sur $v_{R'}$, grandeurs qui n'ont pas d'influence sur le calcul des coefficients de la série de Fourier de $i_{R'}$; les calculs relatifs à i_R sont encore valables et on en déduit :

- la valeur efficace de l'intensité du courant $i_{R'}$:

$$\boxed{I_{R'ef} = \sqrt{\frac{2}{3}}.I_o = 0,82.I_o}$$

- la valeur efficace du terme harmonique fondamental :

$$\boxed{I_{R'1} = \frac{\sqrt{6}}{\pi}.I_o = 0,78.I_o \quad .}$$

3. Etudions maintenant les tensions produites par les ponts 1 et 2.

La figure 6.I.2 montre la forme de la courbe représentant l'évolution de la tension $u_{AC} = v_{AO} - v_{CO}$ au cours du temps. On voit que cette tension est une grandeur périodique de période $T_1/6$; si on choisit comme intervalle d'étude la période $(t_1, t_1 + T_1/6)$, on voit qu'alors :

- le thyristor 1 conduit et $v_{AO} = v_R$
- le thyristor 6 conduit et $v_{CO} = v_S$.

D'où :

$$u_{AC} = v_{AO} - v_{CO} = v_R - v_S = u_{RS} .$$

Compte-tenu de l'origine des temps choisie on peut écrire :

$$v_R = V_1\sqrt{2}\ \sin \omega_1 t$$
$$v_S = V_1\sqrt{2}\ \sin(\omega_1 t - \frac{2\pi}{3})$$
$$u_{RS} = V_1\sqrt{6}\ \sin(\omega_1 t + \frac{\pi}{6}).$$

L'instant d'amorçage naturel est alors défini par $t_o = T_1/12$ et l'intervalle étudié est limité par :

$$t_1 = t_o + \alpha_1/\omega_1 = T_1/12 + \alpha_1/\omega_1$$

et :

$$t_1 + T_1/6 = T_1/4 + \alpha_1/\omega_1 .$$

La valeur moyenne U_o de la tension u_{AC} s'exprime donc :

$$U_o = \frac{6}{T_1}\int_{t_1}^{t_1+T_1/6} V_1\sqrt{6}\,\sin(\omega_1 t + \frac{\pi}{6}) = \frac{6\sqrt{6}}{T_1\,\omega_1}.V_1\Big[-\cos(\omega_1 t + \frac{\pi}{6})\Big]_{t_1}^{t_1+T_1/6} .$$

D'où :

$$\boxed{U_o = \frac{3\sqrt{6}}{\pi}\,V_1.\cos\,\alpha_1 .}$$

Le même résultat, indépendant de la fréquence, s'applique aussi au pont 2 à condition de considérer des grandeurs homologues. L'homologue de u_{AC} (pont 1) est $u_{CA'}$ pour le pont 2, du fait de la disposition de thyristors dans les deux ponts ; d'où, par analogie, la valeur moyenne de $u_{CA'}$:

$$\boxed{\overline{u_{CA'}} = \frac{3\sqrt{6}}{\pi}.V_2.\cos\,\alpha_2}$$

et la valeur moyenne U'_o de $u_{A'C} = -u_{CA'}$:

$$U'_o = -\,\frac{3\sqrt{6}}{\pi}\,V_2.\cos\,\alpha_2 .$$

Si on néglige la chute de tension résistive aux bornes de la bobine de lissage, on a nécessairement au régime permanent (I_o constant) :

$$U_o = U'_o \quad \text{soit} \quad \frac{3\sqrt{6}}{\pi}\,V_1.\cos\,\alpha_1 = -\,\frac{3\sqrt{6}}{\pi}\,V_2.\cos\,\alpha_2 .$$

Donc :

$$\boxed{V_1.\cos\,\alpha_1 = -V_2.\cos\,\alpha_2 .}$$

Les valeurs efficaces V_1 et V_2 étant nécessairement positives, il découle de cette relation que les valeurs de $\cos\,\alpha_1$ et $\cos\,\alpha_2$ sont de signes opposés. Or, si on admet que les tensions fournies par les réseaux 1 et 2 sont sinusoïdales, les puissances actives et réactives fournies respectivement par ces réseaux aux ponts 1 et 2 sont celles transportées par les ondes harmoniques fondamentales des intensités des courants en ligne ; ces puissances s'écrivent donc :

$$\begin{cases} P_1 = 3.V_1.I_{R1}.\cos\,\alpha_1 \\ Q_1 = 3.V_1.I_{R1}.\sin\,\alpha_1 \end{cases} \qquad \begin{cases} P_2 = 3.V_2.I_{R'1}.\cos\,\alpha_2 \\ Q_2 = 3.V_2.I_{R'1}.\sin\,\alpha_2 \end{cases}$$

(en comptant positivement les puissances fournies par les réseaux aux ponts tout thyristors). Les puissances P_1 et P_2 sont donc de signes opposés (elles sont même directement opposées), ce qui implique que :

- l'un des ponts reçoit de la puissance active du réseau qui lui est connecté et fonctionne en redresseur ;

- l'autre fournit de la puissance active au réseau qui lui est associé ; il transforme donc une onde continue en onde sinusoïdale (en tension) triphasée : c'est un onduleur.

Les expressions de P_1 et P_2 montrent que la nature du fonctionnement de chaque pont ne dépend que des valeurs des angles α_1 et α_2. Le montage est donc totalement réversible (ce qu'indique aussi sa symétrie).

4. On a déjà écrit que les puissances respectivement fournies par les réseaux triphasés aux ponts 1 et 2 s'expriment :

$$P_1 = 3.V_1.I_{R1}.\cos \alpha_1 \qquad P_2 = 3.V_2.I_{R'1}.\cos \alpha_2$$

$$Q_1 = 3.V_1.I_{R1}.\sin \alpha_1 \qquad Q_2 = 3.V_2.I_{R'1}.\sin \alpha_2$$

car seuls les termes harmoniques fondamentaux des courants en ligne développent des puissances actives et réactives (si les tensions sont purement sinusoïdales).

D'où, si : $V_1 = 127$ V , $\alpha_1 = 60°$, $\alpha_2 = 150°$, $I_0 = 20$ A
on peut déduire de : $V_1.\cos \alpha_1 = - V_2.\cos \alpha_2$

$$V_2 = -V_1 . \frac{\cos \alpha_1}{\cos \alpha_2} = 73{,}3 \text{ V.}$$

Par ailleurs, les intensités I_{R1} et $I_{R'1}$ sont liées à I_o par :

$$I_{R1} = I_{R'1} = \frac{\sqrt{6}}{\pi} . I_o = 0{,}78.20 = 15{,}6 \text{ A.}$$

D'où :

$$P_1 = 3.127.15{,}6.0{,}5 = 2970 \text{ W}$$
$$Q_1 = 3.127.15{,}6.0{,}866 = 5145 \text{ VAR}$$
$$P_2 = 3.73{,}3.15{,}6.(-0{,}866) = - 2970 \text{ W}$$
$$Q_2 = 3.73{,}3.15{,}6.0{,}5 = 1715 \text{ VAR.}$$

En résumé :

- le réseau 1 fournit 2970 W et 5145 VAR au pont 1 ;
- le réseau 2 reçoit 2970 W du pont 2 et lui fournit 1715 VAR.

Le pont 2 fonctionne ici en onduleur non autonome (ou assisté) : la valeur efficace V_2 et la fréquence f_2 ainsi que la forme des tensions alternatives de sortie sont imposées par le réseau 2, lequel doit aussi fournir la puissance réactive Q_2. Cette dernière propriété, qui contraint le réseau 2 à être capable de fournir de l'énergie réactive, découle immédiatement du fait que nous avons choisi (dans le montage proposé) de laisser ce réseau assurer la commutation des thyristors après que la commande d'amorçage a été réalisée ; les thyristors ne peuvent donc être amorçés que lorsqu'ils sont polarisés en direct, ce qui ne se produit que durant la demi-période qui suit l'instant d'amorçage naturel : les courants ne peuvent donc qu'être en retard sur les tensions simples (dans les conventions de signes choisies jusqu'ici).

5. On a toujours $V_1 = 127$ V et on prévoit une valeur maximale de 30 A pour I_o.

Les montages en ponts montrent que la tension maximale susceptible d'apparaître aux bornes d'un thyristor (en direct ou en inverse) est égale à la valeur maximale de la tension $u_R(t)$; dans le cas d'un pont PD3, c'est la valeur maximale des tensions composées du réseau. D'où :

$$U_{iio} = U_{DM} = V_1\sqrt{6} = 127.\sqrt{6} = 311 \text{ V}.$$

Chaque thyristor conduit au maximum $I_{oM} = 30$ A pendant au maximum un tiers de chaque période (en conduction ininterrompue et en négligeant l'empiétement); d'où les valeurs maximales :

- de la valeur moyenne de l'intensité du courant dans un thyristor :

$$I_{ToM} = \frac{1}{T}\int_{(T/3)} I_{oM}.dt = \frac{1}{3}.I_{oM} = 10 \text{ A}$$

- de la valeur efficace de l'intensité du courant dans un thyristor :

$$I_{Tief} = \sqrt{\frac{1}{T}\int_{(T/3)} I_{oM}^2.dt} = \sqrt{\frac{1}{3}.I_{oM}^2} = \frac{1}{\sqrt{3}}.I_{oM} = \frac{30}{1,73} = 17,3 \text{ A}.$$

II. Etude d'un moteur synchrone.

Soit une machine synchrone caractérisée par :

$f_n = 50$ Hz , $p = 2$ (4 pôles), $S_n = 10$ kVA , $U_n = 220$ V

entrefer constant

réactance synchrone : $X_d = 4,5\ \Omega$

réactance transitoire : $X'_d = 1\ \Omega$

réactance substransitoire : $X''_d = 0,85\ \Omega$

flux inducteur proportionnel à l'intensité du courant d'excitation ;

pertes dans le fer, mécaniques et dans l'induit négligeables devant la puissance utile ;

excitatation indépendante ;

$U = 220$ V à vide lorsque $i = 4,6$ A.

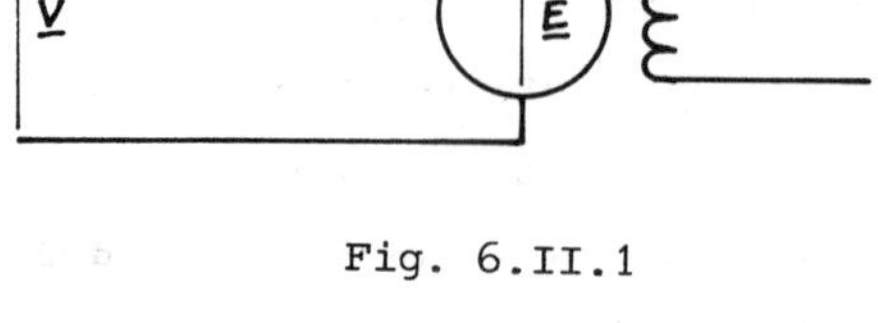

Fig. 6.II.1

Alors le schéma électrique équivalent à une phase de la machine synchrone est celui indiqué sur la figure 6.II.1 (où les grandeurs électriques sont représentées dans le convention de signes des récepteurs).

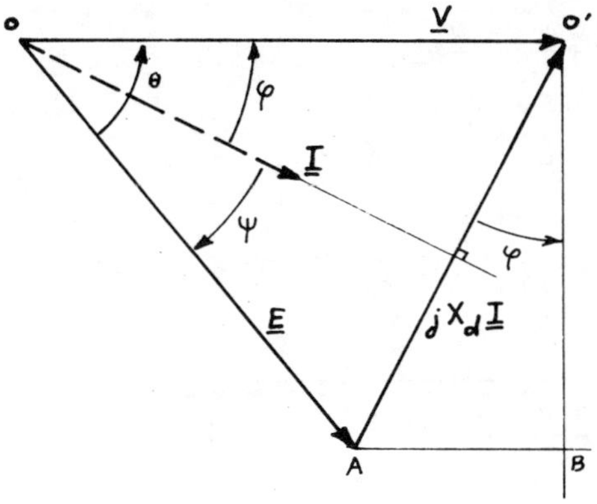

Fig. 6.II.2

On sait que la f.e.m. interne E est proportionnelle à la vitesse (donc à la fréquence) et au flux (relation de BOUCHEROT) :

$$E = \frac{\pi}{\sqrt{2}} N.f.\phi_M.K_b$$

(si l'induction est à répartition sinusoïdale dans l'espace) ; d'où, puisque le flux est proportionnel à l'intensité i : $E = K.i.f = k.i.\Omega$.

Les diagrammes vectoriels, traductions de l'équation : $\underline{V} = \underline{E} + j\, X_d.\underline{I}$ ont donc l'allure de celui représenté sur la figure 6.II.2.

1. La machine est couplée sur un réseau triphasé équilibré :

$$U = 220 \text{ V}, \quad f = 50 \text{ Hz}.$$

On raisonnera sur une "phase" de la machine et du réseau, de tension étoilée :

$$V = 127 \text{ V}.$$

1.1. Dans la convention de signes des récepteurs, les puissances active et réactive fournies à la machine par le réseau s'expriment :

$$P = 3.V.I.\cos\varphi \qquad Q = 3.V.I.\sin\varphi .$$

On sait aussi que ce sont les composantes réelle et imaginaire de :

$$\underline{S} = 3.\underline{V}.\underline{I}^* = P + jQ \quad \text{(où } \underline{I}^* \text{ est le conjugué de } \underline{I}\text{)}.$$

Or : $\underline{V} = \underline{E} + jX_d.\underline{I}$

Donc : $\underline{S} = 3.\underline{E}.\underline{I}^* + 3jX_d.\underline{I}.\underline{I}^*$.

Si on choisit $\underline{V}$ comme origine des phases il vient :

$$\underline{E} = E.\exp(-j\,\theta) \qquad \underline{I} = I.\exp(-j\,\varphi) \qquad \underline{I}^* = I.\exp(j\,\varphi)$$

D'où : $\underline{S} = 3.E.I.\exp(j\varphi - j\theta) + 3jX_d.I^2$.

En remarquant que : $\varphi - \theta = \psi$ (par construction), on en déduit :

$$\underline{S} = 3.E.I.\exp(j\psi) + 3jX_d.I^2 = 3.E.I.\cos\psi + 3j(E.I.\sin\psi + X_d.I^2).$$

D'où, puisque $\underline{S} = P + jQ$

$$\boxed{P = 3.E.I.\cos\psi \qquad Q = 3.E.I.\sin\psi + 3.X_d.I^2} \; .$$

De la même façon que nous avons éliminé V des expressions de P et Q, il est possible d'éliminer I en remarquant que :

$$\underline{V} = \underline{E} + jX_d.\underline{I} \qquad \underline{I} = \frac{\underline{V} - \underline{E}}{jX_d} \qquad \underline{I}^* = \frac{\underline{V}^* - \underline{E}^*}{-jX_d} .$$

D'où :

$$\underline{S} = 3.\underline{V}.\underline{I}^* = \frac{3j}{X_d}(\underline{V}.\underline{V}^* - \underline{V}.\underline{E}^*).$$

En prenant toujours $\underline{V}$ comme origine des phases, on a :

$$\underline{V} = V\ ,\quad \underline{E} = E.\exp(-j\theta)\ ,\quad \underline{E}^* = E.\exp(j\theta)\ .$$

Donc :

$$\underline{S} = \frac{3j}{X_d}(V^2 - V.E.\exp(j\theta)) = \frac{3}{X_d}.V.E.\sin\theta + j\,\frac{3}{X_d}(V^2 - V.E.\cos\theta).$$

En identifiant à $\underline{S} = P + jQ$, on en tire :

$$\boxed{P = \frac{3.V.E.\sin\theta}{X_d} \qquad Q = \frac{3(V^2 - V.E.\cos\theta)}{X_d}}\ .$$

1.2. Le moteur synchrone développe une puissance utile $P_u = 8{,}5$ kW.

Comme on a négligé toutes les sources de pertes (autres que celles d'excitation fournies séparément), la puissance absorbée sur le réseau est pratiquement égale à la puissance utile :

$$P_a \# P_u = 8{,}5 \text{ kW}.$$

Alimenté à la fréquence du réseau $f = 50$ Hz, le moteur tourne à la pulsation :

$$\Omega = \frac{2\pi f}{p} = \frac{100\pi}{2} = 50\pi \text{ rad/s}.$$

Dans les deux cas étudiés, $\varphi = -30°$ et $\varphi = +30°$, on pourra déterminer successivement :

- le facteur de puissance : $f_p = \cos\varphi$
- l'intensité du courant en ligne : $I = \dfrac{P_a}{3.V.\cos\varphi} = \dfrac{P_u}{3.V.\cos\varphi}$
- la f.e.m. à vide E telle que (voir figure 6.II.2) :

$$E = \sqrt{(V - X_d.I.\sin\varphi)^2 + (X_d.I.\cos\varphi)^2}$$

où $X_d = 4{,}5\ \Omega$ puisqu'on est à 50 Hz (fréquence nominale).

- l'intensité du courant d'excitation, sachant que E est proportionnelle à i et qu'à 50 Hz on a $E = E_n = 127$ V pour $i = i_n = 4{,}6$ A ; d'où, à fréquence constante :

$$\frac{E}{i} = \frac{E_n}{i_n} \quad \text{et} \quad i = i_n.\frac{E}{E_n}$$

- la puissance réactive :

$$Q = 3.V.I.\sin\varphi$$

- le déphasage θ de $\underline{E}$ sur $\underline{V}$:

$$P = \frac{3}{X_d}.V.E.\sin\theta = 3.V.I.\cos\varphi,\quad \theta = \text{Arc}\sin\left(\frac{X_d.I.\cos\varphi}{E}\right)$$

- le déphasage ψ de $\underline{I}$ sur $\underline{E}$: $\psi = \varphi - \theta$
- le moment du couple moteur :

$$\Gamma = \frac{P_u}{\Omega} = \frac{p.P_u}{2\pi f}$$

D'où le tableau des résultats numériques :

P_u	(W)	8500	8500
φ	(° , rad)	$- 30° = - \frac{\pi}{6}$	$+ 30° = + \frac{\pi}{6}$
I	(A)	25,8	25,8
E	(V)	210,4	121,8
i	(A)	7,6	4,4
Q	(VAR)	- 4895	4895
θ		28,5° = 0,5 rad	55,5° = 1 rad
ψ		-58,5° = -1,02 rad	-25,5° = - 0,44 rad
Γ	(N.m)	54	54

1.3. On conserve $i = 7,62$ A, donc $E = 210$ V à 50 Hz.

On voit sur la figure 6.II.2 que la puissance utile de la machine, qui est aussi sa puissance absorbée $P_a = P_u = 3.V.I.\cos\varphi$ peut encore s'écrire, comme $O'B = O'A.\cos\varphi = X_d.I.\cos\varphi$

$$\boxed{P_a = P_u = 3.V.\frac{O'B}{X_d} = \frac{3.V}{X_d}.O'B}$$

où O'B est la projection de $\underline{AO'} = jX_d.\underline{I}$ sur une perpendiculaire à $\underline{V}$.

Le coefficient $\frac{3.V}{X_d}$ est constant si le réseau est à tension et fréquence constantes.

La puissance utile P est donc proportionnelle à O'B et sera maximale lorsque O'B est maximale ; à E = Cte, la projection $O'B = E.\sin\theta$ est maximale lorsque $\underline{E}$ est en quadrature arrière sur $\underline{V}$ $(\theta = + \frac{\pi}{2} = + 90°)$;
on a alors : $O'B = E.\sin\frac{\pi}{2} = E$

et :

$$P_{Max} = \frac{3.V.E}{X_d} = \frac{3.127.210}{4,5} = 17,78 \text{ kW} .$$

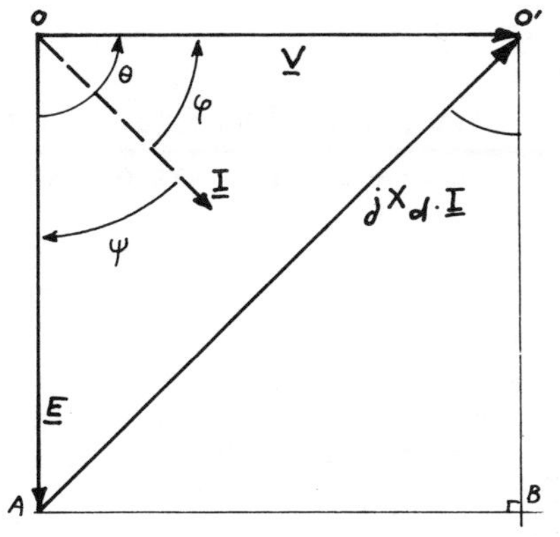

Fig. 6.II.3

On a alors, puisque $\theta = 90°$, une puissance réactive absorbée :

$$Q = \frac{3}{X_d}(V^2 - V.E.\cos\theta) = \frac{3.V^2}{X_d}$$

$$Q = \frac{3.(127)^2}{4,5} = 10,75 \text{ kVAR}$$

On voit (figure 6.II.3) que :

$$X_d.I = \sqrt{V^2 + E^2}$$

D'où : $$I = \frac{1}{X_d}\sqrt{V^2+E^2} = \frac{\sqrt{(127)^2+(210)^2}}{4,5} = 54,5 \text{ A}$$

D'où encore le facteur de puissance :

$$f_p = \cos\varphi = \frac{P_{Max}}{3.V.I} = \frac{17\ 780}{380.54,5} = 0,858$$

et le déphasage φ de $\underline{I}$ sur $\underline{V}$:

$$\varphi = 0{,}534 \text{ rad} = 30{,}9\ °$$

Le déphasage ψ de $\underline{I}$ sur $\underline{E}$ vaut donc :

$$\psi = \varphi - \theta = 30{,}9 - 90 = -59°.$$

Si la puissance mécanique demandée est supérieure à la puissance maximale disponible (fonction de l'intensité i du courant inducteur) la roue polaire (responsable de la f.e.m. $\underline{E}$ à vide) prend un retard supérieur à $\frac{\pi}{2p}$ (écart électrique $\theta > \frac{\pi}{2}$) sur les pôles du champ glissant résultat (responsable des tensions $\underline{V}$) ; le moment du couple diminue (et on est par ailleurs en régime instable de fonctionnement) et le rotor continue à retarder par rapport au champ d'induction glissant, champ dont la vitesse de rotation est fixée par la fréquence du réseau (et le nombre de pôles).

Si la réduction de vitesse de la charge ainsi produite ne suffit pas rapidement à réduire la puissance mécanique appelée à une valeur inférieure à P_{Max}, le rotor continue à ralentir, le moteur se désynchronise, les courants d'induit deviennent très importants ($\underline{E}$ diminue en norme et tourne par rapport à $\underline{V}$) et les dispositifs de protection découplent la machine.

Si une légère réduction de la vitesse suffit à ramener la puissance demandée en-dessous de P_{Max}, la roue polaire se recale sur le champ d'induction glissant et reprend la vitesse nominale ; la puissance demandée par la charge redevient supérieure à P_{Max} (si la surcharge n'était pas fugitive), ce qui conduit à une nouvelle désynchronisation ; on assiste à un phénomène d'oscillations périodiques ralentissements-accrochages.

2. La machine est maintenant couplée à un réseau triphasé de tension et fréquence réglables de telle sorte que :

$$\frac{V}{f} = \frac{127}{50} = \text{Cte} = A, \text{ soit } V = A.f\ .$$

Par ailleurs, on sait que la f.e.m. à vide $\underline{E}$ est porportionnelle à la fréquence (relation de BOUCHEROT) et à l'intensité du courant d'excitation (machine supposée non saturée) : $E = K.i.f$.

Enfin, la réactance synchrone s'écrit :

$$X_d = L_d.\omega = 2\pi L_d.f = B.f \quad \text{où} \quad B = \frac{X_{dn}}{f_n} = \frac{4{,}5}{50}\ \Omega/\text{Hz}\ .$$

2.1. Si on travaille à intensités des courants d'induit et d'inducteur constantes : $i = i_1 = \text{Cte}$ $\quad I = I_1 = \text{Cte}$

on a : $V = A.f$

$$E = K.i_1.f = C.f \quad \text{où} \quad C = K.i_1 = \text{Cte}$$

$$X_d.I = B.f.I_1 = D.f \quad \text{où} \quad D = B.I_1 = \text{Cte}.$$

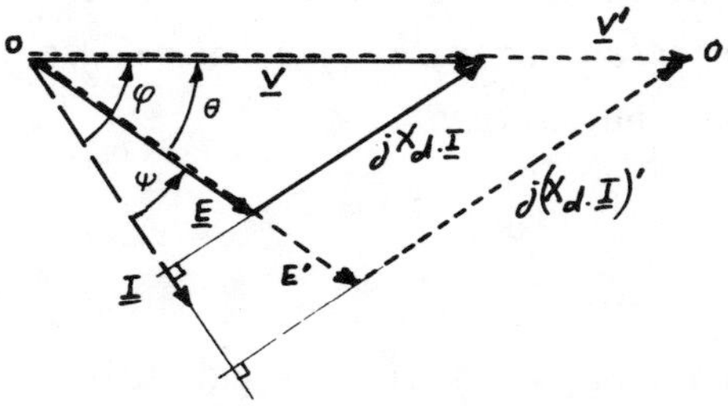

Fig. 6.II.4

On voit que les trois vecteurs du diagramme vectoriel associé à la relation : $\underline{V} = \underline{E} + jX_d.\underline{I}$ ont leurs normes proportionnelles à la valeur de la fréquence f de travail. Il en découle immédiatement que ce diagramme reste semblable à lui-même lorsque la fréquence f varie, ce qui a pour conséquences que :

$$\theta = Cte , \qquad \varphi = Cte , \qquad \psi = Cte .$$

Par ailleurs, le moment du couple s'exprime, tant que l'on peut négliger les effets des résistances d'induit :

$$\Gamma = \frac{P}{\Omega} = \frac{3.V.E.\sin\theta}{X_d} . \frac{p}{2\pi f} = \frac{3.A.f.C.f.\sin\theta.p}{B.f.2\pi.f} = \frac{3.p.A.C.\sin\theta}{2\pi.B} = Cte.$$

Le moment du couple moteur reste donc constant lorsque V et f varient (avec V = A.f) tandis que, bien entendu, la vitesse de rotation varie comme la fréquence f.

Lorsque la valeur de la fréquence tend vers zéro, la résistance des enroulements d'induit n'est plus négligeable devant leur réactance cyclique ($X_d = B.f$) et le moment du couple s'écrit :

$$\Gamma = \frac{P_u}{\Omega} = \frac{P_a - 3.R.I^2}{\Omega} = \frac{p}{2\pi f}\,(3.V.I.\cos\varphi - 3.R.I^2).$$

La puissance dissipée par effet Joule étant constante (à I = Cte), le moment du couple tend vers zéro lorsque la tension diminue (et d'ailleurs en-dessous d'une certaine tension on ne peut plus maintenir l'intensité constante).

Conséquence : on ne pourra pas démarrer un moteur synchrone aux très basses fréquences sans prendre le risque de très forts courants d'induit.

2.2. Le moteur, alimenté initialement à la fréquence f (et sous la tension V = A.f), est brusquement alimenté à la fréquence $f_1 = 2f$ (sous la tension $V_1 = 2V$) ; si on néglige le régime transitoire associé au changement rapide de tension et de fréquence on peut décrire ainsi le fonctionnement de la machine :

- le rotor tourne à une pulsation Ω voisine de $\frac{2\pi f}{p}$ (pulsation de rotation au synchronisme à la fréquence f) du fait de la grande inertie des parties tournantes ;
- le stator, alimenté à la fréquence f_1, force un champ d'induction glissant à la pulsation $\Omega_1 = \frac{2\pi}{p} . f_1$ par rapport au stator, donc glissant par rapport au rotor à la pulsation $\Omega_1 - \Omega$;
- ce champ induit dans l'enroulement inducteur un courant alternatif de

pulsation $\omega_2 = p(\Omega_1 - \Omega)$ responsable (théorème de LEBLANC) de deux champs d'induction glissants de pulsations, par rapport au rotor, $+\omega_2/p$ et $-\omega_2/p$; ces champs tournent, par rapport au stator, aux pulsations :

$$\Omega' = \Omega + \frac{\omega_2}{p} = \Omega + (\Omega_1 - \Omega) = \Omega_1 = \frac{2\pi}{p} \cdot f_1$$

$$\Omega'' = \Omega - \frac{\omega_2}{p} = \Omega - (\Omega_1 - \Omega) = 2\Omega - \Omega_1 .$$

Le premier champ glissant tourne au synchronisme de celui créé par le stator et échange de l'énergie avec lui ; la machine se comporte comme un moteur asynchrone de pulsation de rotation Ω et donc de glissement :

$$g' = \frac{\Omega_1 - \Omega}{\Omega_1} .$$

Le second champ induit des courants au stator (de pulsation $p.\Omega''$) qui créent (théorème de FERRARIS) un champ synchrone (pulsation Ω'') ; la machine se comporte comme un moteur asynchrone alimenté par le rotor (c'est lui qui crée le champ de pulsation Ω'') et court-circuité au stator (le réseau est un court-circuit pour les courants de pulsation $p.\Omega''$) ; le champ d'induction de cette machine tourne, par rapport au rotor, à la pulsation $\Omega'' - \Omega = \Omega - \Omega_1$ tandis que le stator tourne à la pulsation $-\Omega$. D'où le glissement de cette machine :

$$g'' = \frac{\Omega - \Omega_1 - (-\Omega)}{\Omega - \Omega_1} = \frac{2\Omega - \Omega_1}{\Omega - \Omega_1} = 2 - \frac{1}{g'}$$

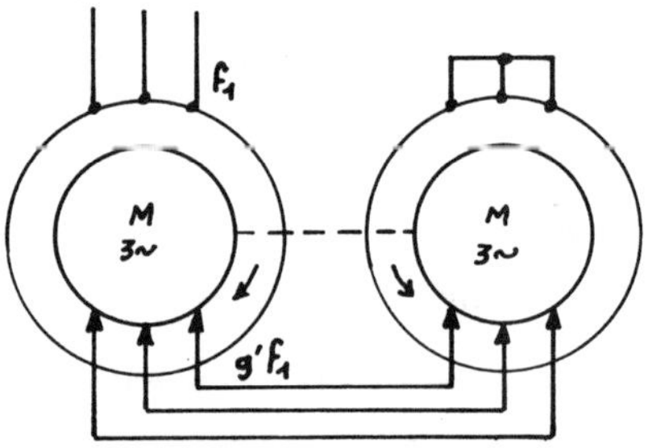

Fig. 6.II.5

On peut donc représenter le moteur comme l'indique la figure 6.II.5. Un premier moteur asynchrone alimenté par son stator à la fréquence f_1 alimente par son rotor un second moteur à la fréquence $g'.f_1$ (g' est le glissement du premier moteur) ; le rotor du second moteur est alimenté de telle sorte qu'il crée un champ moins rapide que le premier.

Le couple développé dans la machine est la somme des couples développés dans les deux moteurs asynchrones triphasés définis ci-dessus. On peut facilement représenter l'évolution des moments de ces deux couples avec la pulsation de rotation du rotor (voir figure 6.II.6).

L'allure du moment du couple résultant montre un pic positif aux pulsations légèrement inférieures à $\Omega_1/2$ (pulsation de synchronisme du second moteur). Si ce pic est suffisamment élevé le moteur peut fonctionner en régime stable

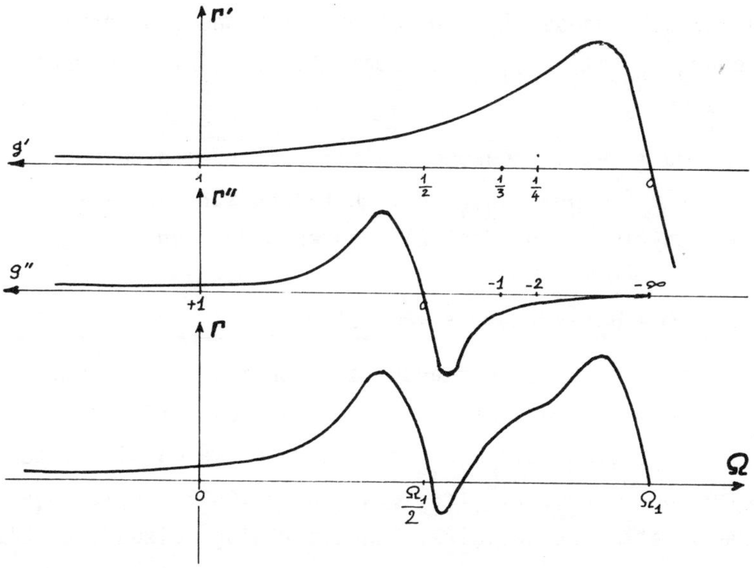

Fig. 6.II.6

au voisinage du semi-synchronisme (phénomène de GOERGES).

Le couplage induit inducteur étant important (X'_d est beaucoup plus faible que X_d), on peut prévoir un courant rotorique alternatif important et donc un couple Γ'' de moment maximal élevé ; on peut donc imaginer que le doublement de la fréquence se traduit par un fonctionnement en moteur asynchrone (à rotor monophasé) à une vitesse très voisine de celle qui caractérisait le fonctionnement synchrone à la fréquence f.

III. Etude élémentaire d'une machine synchrone autopilotée.

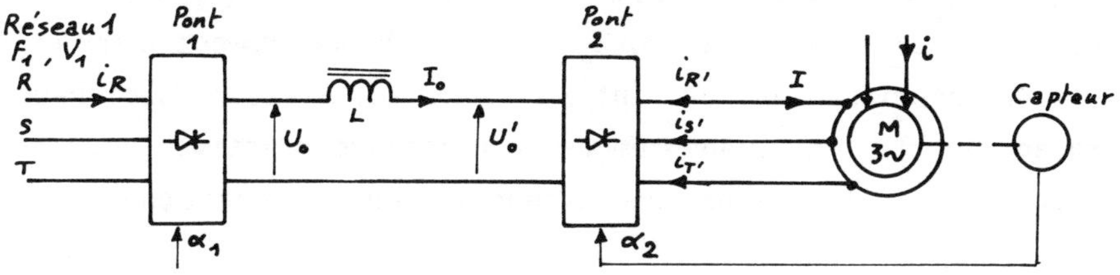

Fig. 6.III.1

Si on admet que les commutations des deux ponts sont instantanées, le fonctionnement de l'ensemble Pont 1-Pont 2 satisfait aux relations établies dans la première partie.

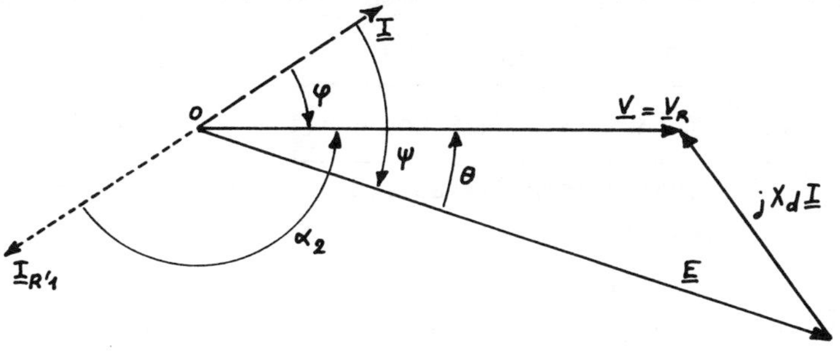

Fig. 6.III.2

Si on néglige les composantes harmoniques de rang 2 et plus des courants absorbés par le pont 2, cela revient à confondre $\underline{I}$ et $-\underline{I}_{R'1}$, si on note $\underline{I}$ l'intensité du courant sinusoïdal dans la phase R' du moteur synchrone (convention de signes des récepteurs pour M) et $\underline{I}_{R'1}$ le fondamental de $i_{R'}$ (courant absorbé par le pont 2 sur la phase R'.

1. Le diagramme vectoriel du moteur synchrone a l'allure représentée sur la figure 6.III.2 ; on a vu (partie II) que $\underline{I}_{R'1}$ est en retard sur $\underline{V}_{R'} = \underline{V}$ de α_2 (retard à l'amorçage des thyristors du pont 2) ; on en déduit que $\underline{I}$ est en retard sur $\underline{V}$ de :

$$\varphi = \alpha_2 - \pi = \alpha_2 - 180° .$$

En pratique, les thyristors ne sont pas commandés avec un retard fixe sur les tensions simples $\underline{V}$; on commande le pont par des signaux élaborés à partir d'une référence prélevée par un capteur disposé sur l'arbre de la machine ; cette référence, liée à la position de la roue polaire, est donc associée à la phase de la f.e.m. à vide $\underline{E}$ due à cette roue polaire. Donc, à réglage fixe du décalage introduit entre la référence et les signaux de commande, les courants $i_{R'}$, $i_{S'}$, $i_{T'}$ ont un retard constant sur les f.e.m. à vide dans les enroulements correspondants ; on travaille donc à $\alpha_2 - \theta = \text{Cte}$, ou, comme $\alpha_2 - \theta = \pi + \psi$, on travaille à $\boxed{\psi = \text{Cte}}$.

La commande introduit donc un retard ψ constant (mais réglable) entre $\underline{I}$ et $\underline{E}$.

On remarque que ce retard est négatif, c'est-à-dire que $\underline{I}$ est toujours en avance sur $\underline{V}$ et $\underline{E}$, ce qui découle du fait que α_2 est nécessairement compris entre 90° et 180° lors du fonctionnement du pont 2 en onduleur assisté. Ceci peut s'expliquer en remarquant que le pont 2 absorbe de la puissance réactive (voir partie I), ce qui contraint le moteur synchrone à fonctionner comme une charge capacitive.

On a vu dans la partie I que la tension moyenne $U'_0 = U_0$ qui apparaît aux bornes du pont 2 s'exprime :

$$U_0 = \frac{3\sqrt{6}}{\pi}.V_2.\cos\varphi = -\frac{3\sqrt{6}}{\pi}.V_2.\cos\alpha_2 \qquad (\varphi = \alpha_2 - \pi)$$

Or : $V_2.\cos\varphi = E.\cos\psi$ (valeur de la projection commune de $\underline{V}$ et $\underline{E}$ sur la direction de $\underline{I}$ puisque $jX_d.\underline{I}$ est normal à $\underline{I}$) ; d'où :

$$\boxed{U_0 = \frac{3\sqrt{6}}{\pi}.E.\cos\psi = 2{,}34.E.\cos\psi} \ .$$

2. On sait que la f.e.m. E est proportionnelle au flux et donc à l'intensité i (machine non saturée) et à la pulsation de rotation :

$$E = k.i.\Omega$$

D'où :

$$U_0 = \frac{3\sqrt{6}}{\pi}.k.i.\Omega.\cos\psi$$

On en déduit que :

$$\boxed{\Omega = \frac{\pi}{3\sqrt{6}.k.i.\cos\psi}.U_0 = A.U_0} \ .$$

où $A = Cte$ si on travaille à excitation fixe ($i = Cte$) sans toucher au décalage ψ des courants sur les f.e.m. (commande constante). Dans ces conditions, la pulsation de rotation est proportionnelle à la tension U_0 (et elle est réglée par α_1 puisque $U_0 = 2{,}24.V_1.\cos \psi_1$).

Le moment du couple moteur s'exprime, en négligeant les pertes autres que celles de l'inducteur :

$$\Gamma = \frac{P_u}{\Omega} = \frac{P_a}{\Omega} = \frac{3.V.I.\cos \varphi}{\Omega} = \frac{3.E.I.\cos \psi}{\Omega} .$$

Mais le pont 2 est constitué de thyristors supposés parfaits ; on peut aussi écrire que $P_a = U_0.I_0$, puissance fournie au pont 2 par le pont 1 , d'où :

$$\Gamma = \frac{1}{\Omega}.U_0.I_0 = \frac{3\sqrt{6}}{\pi}.E.\cos\psi.\frac{I_0}{\Omega} = \frac{3\sqrt{6}}{\pi}.k.i.\Omega.\cos \psi.\frac{I_0}{\Omega}$$

$$\boxed{\Gamma = \frac{3\sqrt{6}}{\pi}.k.i.\cos \psi.I_0 = B.I_0}$$

où $B = Cte$ si $i = Cte$ et $\psi = Cte$.

Le moment du couple ne dépend que de I_0 qui n'a aucune influence sur la tension U_0 (si le réseau 1, le pont 1 et la bobine de lissage ne provoquent pas de chute de tension en charge) et donc sur la pulsation Ω.

Ainsi la tension du réseau continu U_0 (par réglage de α_1) décide de la vitesse de rotation tandis que la charge, par son couple résistant, impose la valeur de l'intensité du courant I_0.

3. On va construire, pour $\psi = -60°$ et $i = 9$ A :

- le réseau des caractéristiques $\Gamma = f(\Omega)$ pour $V_1 = 127$ V, $\alpha_1 = 0$ et $I_0 = 10$ A, 20 A et I_{on} .

Ce n'est pas un réseau puisque Ω ne dépend que de U_0, donc des valeurs de V_1 et α_1 ; pour $V_1 = 127$ V et $\alpha_1 = 0$ on a :

$$U_0 = \frac{3\sqrt{6}}{\pi}.V_1.\cos \alpha_1 = 297 \text{ V}.$$

La pulsation est liée à U_0 par : $\Omega = A.U_0$
où :

$$A = \frac{\pi}{3\sqrt{6}.k.i.\cos \psi} .$$

On calcule k en sachant qu'à 50 Hz ($\Omega_n = 50\pi$) la f.e.m. à vide vaut $E_n = 127$ V lorsque $i_n = 4{,}6$ A ; d'où :

$$k = \frac{E_n}{i_n.\Omega_n} = \frac{127}{4{,}6.50.\pi} = 0{,}176 .$$

Donc :

$$A = \frac{\pi}{3\sqrt{6}.0{,}176.9.0{,}5} = 0{,}54 \quad \text{et} \quad \Omega = A.U_0 = 160 \text{ rd/s}.$$

Le moment du couple moteur est lié à l'intensité du courant I_o par :

$$\Gamma = \frac{3\sqrt{6}}{\pi}.k.i.\cos\psi.I_o = \frac{3\sqrt{6}}{\pi}.0{,}176.9.0{,}5.I_o = 1{,}85.I_o .$$

Déterminons la valeur I_{on} de I_o correspondant au fonctionnement nominal de la machine synchrone. On peut facilement calculer la valeur de l'intensité efficace du courant nominal fondamental :

$$I_n = \frac{S_n}{3.V_n} = \frac{10\ 000}{3.127} = 26{,}3\ \text{A}.$$

L'intensité efficace du courant par phase est liée à la valeur de I_o par :

$$I = \sqrt{\frac{2}{3}}.I_o \ ;\ \text{d'où :}\ I_{on} = \sqrt{\frac{3}{2}}.I_n = 32{,}15\ \text{A}.$$

D'où le tableau des résultats :

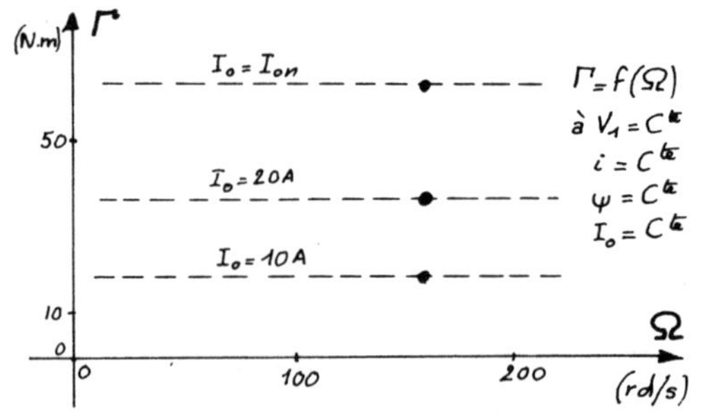

Fig. 6.III.3

I_o (A)	10	20	32,15
Γ (N.m)	18,5	37	59,5

La figure 6.III.3 montre les points ainsi calculés.

Si on ne maintient pas constante la valeur de α_1 on obtient bien un réseau de courbes $\Gamma = f(\Omega)$ à V_1 = Cte, i = Cte, ψ = Cte et I_o = Cte .

- le réseau des caractéristiques $\Omega = f(I_o)$ pour $V_1 = 127$ V et $\alpha_1 = 0,\ 30°,\ 60°$.

On va avoir un réseau de droites parallèles à l'axe des abscisses I_o puisque la pulsation de rotation ne dépend pas de I_o :

$$\Omega = \frac{V_1.\cos\alpha_1}{k.i.\cos\psi} = \frac{V_1}{k.i.\cos\psi}.\cos\alpha_1 .$$

D'où, numériquement :

$$\Omega = \frac{127}{0{,}176.9.0{,}5}.\cos\alpha_1 = 160{,}6.\cos\alpha_1$$

D'où le tableau des résultats :

α_1	0	30°	60°
$\cos\alpha_1$	1	0,866	0,5
Ω	160	140	80 (rad/s)

et les courbes caractéristiques (figure 6.III.4).

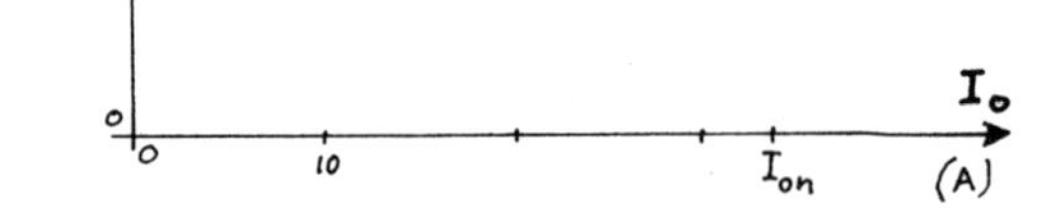

Fig. 6.III.4

4. L'ensemble pont 2-machine synchrone se comporte comme un moteur à courant

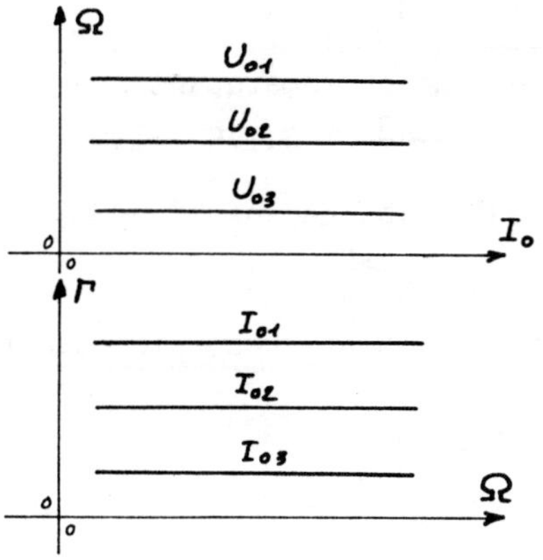

Fig. 6.III.5

continu alimenté sous U_o, absorbant I_o et tournant à la pulsation Ω. On sait qu'un tel moteur présente une f.e.m. à vide :

$$E = \frac{p}{a}.N.n.\phi = k.I_e.\Omega$$

si $\phi = k'.I_e$ (circuit magnétique non saturé) ; si on néglige les chutes de tension en charge dues à l'induit, il vient :

$$U_o = E = k.I_e.\Omega \quad \text{et} \quad \Omega = \frac{U_o}{k.I_e} .$$

Le moment du couple moteur s'exprime :

$$\Gamma = \Gamma_{em} = \frac{P_{em}}{\Omega} = \frac{E.I_o}{\Omega} = k.I_e.I_o .$$

Ces formules sont analogues à celles établies pour le moteur synchrone autopiloté ($\Omega = A.U_o$ et $\Gamma = B.I_o$) si l'intensité du courant d'excitation I_e est indépendante de U_o et de I_o. Le moteur synchrone autopiloté est équivalent à un moteur à courant continu à excitation indépendante.

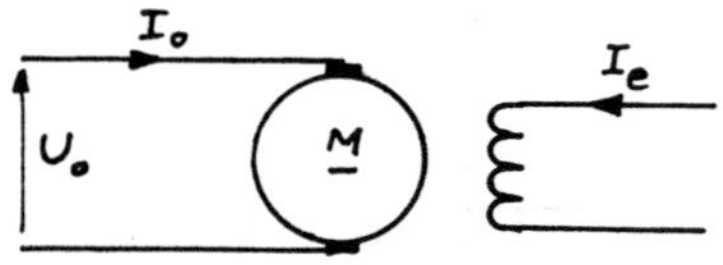

Fig. 6.III.6

Le moteur synchrone étudié est tétrapolaire et alimenté par un pont PD3 tout thyristors ; chaque tour de l'arbre correspond donc à deux périodes des tensions alternatives et chaque période correspond à une tension U_o à 6 ondulations (le pont PD3 a un indice de pulsation p = 6) ; d'où une tension d'alimentation U_o à 12 ondulations par tour d'arbre ; on obtiendrait le même type de tension aux bornes d'un moteur à courant continu à deux lignes de balais et à 12 lames de collecteur.

5.1. On voit (figure 6.III.7) que la nécessité de faire fonctionner le moteur synchrone en déphasage Avant (car le pont de thyristors 2 consomme de l'énergie réactive) conduit la projection de 0 (origine de $\underline{V}$ dans le plan de Fresnel) sur la direction de $jX_d.\underline{I}$ à se trouver dans le premier quadrant ; d'où l'inégalité qui en découle :

$$HA \geq BA$$

Or : $HA = - E.\sin\psi$

et $AB = X_d.I$.

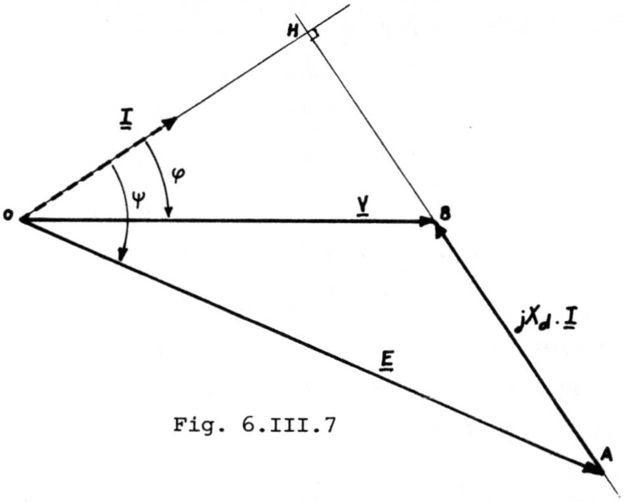

Fig. 6.III.7

Les grandeurs E, I et ψ doivent donc satisfaire à :

$$\boxed{-E.\sin\psi = E.\sin(-\psi) \geq X_d.I\ .}$$

5.2. On peut transformer l'inégalité établie précédemment en remarquant que :

- la f.e.m. à vide s'exprime : $E = k.i.\Omega$ où $k = \dfrac{E_n}{i_n.\Omega_n} = 0{,}176$.
- la réactance synchrone est proportionnelle à la pulsation de rotation

$$X_d = L_d.\omega = L_d.p.\Omega = k'.\Omega \quad \text{où} \quad k' = X_{dn}/\Omega_n = \frac{4{,}5}{50.\pi}\ .$$

- l'intensité du courant I (fondamental) est liée au moment du couple moteur par :

$$\Gamma = \frac{3.E.I.\cos\psi}{\Omega} = \frac{3.k.i.\Omega.I.\cos\psi}{\Omega} = 3.k.i.I.\cos\psi\ .$$

D'où :

$$I = \frac{\Gamma}{3.k.i.\cos\psi}\ .$$

L'inégalité devient :

$$-k.i.\Omega.\sin\psi \geq k'.\Omega.\ \frac{\Gamma}{3.k.i.\cos\psi}\ .$$

Comme i et $-k.\sin\psi$ sont des grandeurs positives (car $-\pi \leq \psi \leq 0$), cette inégalité s'écrit aussi :

$$i^2 \geq \frac{-k'.\Gamma}{3.k^2.\sin\psi.\cos\psi} = \frac{-2.k'.\Gamma}{3.k^2.\sin 2\psi}$$

ou, en remplaçant k et k' par leurs expressions en fonction des mesures effectuées à la fréquence nominale :

$$i^2 \geq \frac{-2X_{dn}.i_n^2.\Omega_n^2.\Gamma}{3.\Omega_n.E_n^2.\sin(2\psi)} = \frac{-2.X_{dn}.i_n^2.\Omega_n}{3.E_n^2.\sin(2\psi)}.\Gamma$$

D'où la valeur minimale de i (intensité du courant inducteur) associée à une charge de couple résistant de moment Γ lorsque le décalage vaut ψ .

$$i \geq i_{min} = \sqrt{\frac{-2.k'.\Gamma}{3.k^2.\sin(2\psi)}} = \sqrt{\frac{-2.X_{dn}.i_n^2.\Omega_n}{3.E_n^2}\ .\ \frac{\Gamma}{\sin(2\psi)}}\ .$$

5.3. Application numérique :

$X_{dn} = 4{,}5\ \Omega$, $i_n = 4{,}6$ A, $\Omega_n = 50.\pi$ rad/s $E_n = 127$ V

$$i_{min} = \sqrt{\frac{-2.4{,}5.(4{,}6)^2.50}{3.(127)^2}\ .\frac{\Gamma}{\sin(2\psi)}} = \sqrt{-0{,}618.\frac{\Gamma}{\sin(2\psi)}}\ .$$

Si on veut que le moteur puisse développer un couple de moment 50 N.m avec un retard $\psi = -60°$ il faut un courant inducteur d'intensité minimale :

$$i_{min} = \sqrt{0{,}618.\frac{50}{0{,}866}} = 5{,}97\text{ A} \qquad \boxed{i_{min} = 6\text{ A}\ .}$$

6. Quels sont les effets d'une surcharge mécanique sur un moteur synchrone autopiloté alimenté sous tension U_o constante (c'est-à-dire à α_1 = Cte), à décalage constant (ψ = Cte) et excitation fixe (i = Cte) ?

Dans ces conditions, on voit que la pulsation de rotation est constante (car $\Omega = \frac{\pi}{3\sqrt{6}.k.i.\cos\psi}.U_o$), de même que la réactance synchrone ($X_d = k'.\Omega$) et la f.e.m. à vide ($E = k.i.\Omega$) ; alors, en retournant l'expression :

$$i \geq i_{min} = \sqrt{\frac{-2.X_{dn}.i_n^2.\Omega_n}{3.E_n^2.\sin(2\psi)}.\Gamma}$$

on trouve que :

$$\Gamma \leq \Gamma_{max} = -\frac{3.E_n^2.\sin(2\psi)}{2.X_{dn}.i_n^2.\Omega_n}.i^2$$

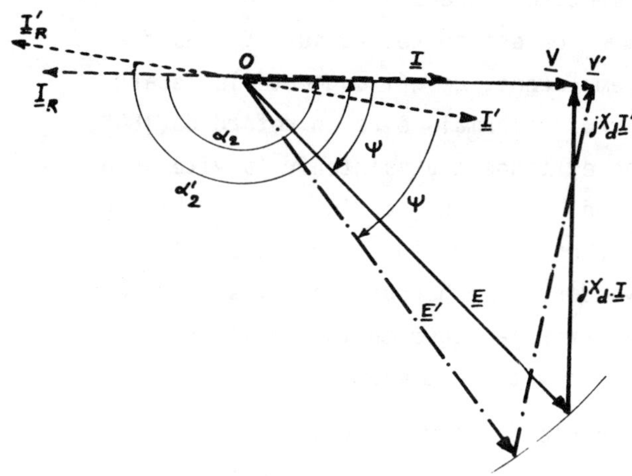

Fig. 6.III.8

ce qui signifie que le moteur synchrone ne peut développer un couple de moment supérieur à Γ_{max}. On vérifie facilement que le moment du couple est maximal lorsque $\underline{I}$ est en phase avec $\underline{V}$ et donc $\underline{E}$ en retard de $-\psi$ sur $\underline{I}$ et $\underline{V}$ (figure 6.III.8); en effet, on a alors :

$$\Gamma = 3.E.I.\cos\psi/\Omega$$

avec $E = \sqrt{V^2 + (X_d.I)^2}$ et $V = E.\cos\psi$

ou bien :

$$I = \frac{1}{X_d}\sqrt{E^2 - V^2} = \frac{E}{X_d}\sqrt{1-\cos^2\psi}.$$

D'où : $\Gamma = \frac{3.E^2}{\Omega.X_d}.\cos\psi.\sqrt{\sin^2\psi}$.

Comme la valeur de $\sin\psi$ est négative, il en résulte :

$$\Gamma = -\frac{3.\sin(2\psi)}{2.\Omega.X_d}.E^2$$

En tenant compte des valeurs de E et de X_d :

$$E = k.i.\Omega = \frac{E_n}{i_n.\Omega_n}.i.\Omega \quad \text{et} \quad X_d = k'.\Omega = \frac{X_{dn}}{\Omega_n}.\Omega$$

on retrouve bien :

$$\Gamma = -\frac{3.E_n^2.\sin(2\psi).i^2}{2.X_{dn}.i_n^2.\Omega_n} = \Gamma_{max} \qquad \text{C.Q.F.D.}$$

Une surcharge du moteur tend alors à retarder encore davantage $\underline{E}$ (liée à la roue polaire) sur $\underline{V}$ (liée au champ d'induction glissant) ; la figure 6.III.8 montre que si un retard supérieur à $-\psi$ apparaissait entre $\underline{E}'$ et $\underline{V}'$ la commande des thyristors tendrait à faire apparaître un courant $\underline{I}'_R$ en retard de $\alpha'_2 > 180°$ sur $\underline{V}'$, ce qui est impossible car des signaux parvenant aux thyristors avec un retard supérieur à $T/2$ sur l'instant d'amorçage naturel les trouvent polarisés en inverse et ne peuvent les enclencher ; une telle situation interdirait la commande des thyristors et donc l'existence de $\underline{I}'_R$ (et de $\underline{I}' = -\underline{I}'_R$) ; or les courants $\underline{I}$ sont nécessaires à la création de la tension $\underline{V}$ induite par le champ d'induction glissant résultant de l'action combinée de la roue polaire et des courants d'induit. Le raisonnement précédent est donc insuffisant ; il montre tout-de-même qu'au voisinage de $\alpha_2 = 180°$ des problèmes d'amorçage des thyristors se posent, qui conduiront à limiter le retard maximal à l'amorçage à

$$\alpha_{2max} = 180° - \beta \quad (\beta = \text{angle de garde}).$$

En pratique la surcharge conduit au blocage des thyristors (α_2 devient supérieur à 180°) ; dès que les thyristors sont bloqués, les tensions v_R, v_S et v_T aux bornes des enroulements de la machine sont remplacées par les f.e.m. e_R, e_S et e_T induites par la roue polaire ; comme $\underline{E}$ est en retard sur $\underline{V}$, ces f.e.m. sont en retard sur les tensions qu'elles remplacent, ce qui augmente le retard possible à l'amorçage des thyristors ($\underline{I}_R$ peut désormais être en retard de 180° sur $\underline{E}$) ; les thyristors se réamorcent donc et tendent à maintenir la vitesse à la valeur fixée par la tension d'alimentation ($\Omega = A.U_0$) ; d'où nouveau blocage des thyristors puisque le moteur ne peut fournir la puissance demandée à la vitesse nominale. L'alimentation du moteur va donc être hachée, la vitesse et le moment du couple vont décroître lorsque la surchage augmente (à condition que la charge mécanique réduise son couple lorsque la vitesse diminue).

7. Pour inverser le signe du moment du couple de la machine sans changer de sens de rotation, il suffit d'inverser le sens du transfert de l'énergie, donc le mode de fonctionnement des ponts 1 et 2 en partant du tableau ci-dessous :

Fonctionnement de M	MOTEUR	GENERATEUR
Fonctionnement du pont 1	Redresseur : $0 < \alpha_1 < 90°$	Onduleur : $90° < \alpha_2 < 180°$
Fonctionnement du pont 2	Onduleur : $90° < \alpha_1 < 180°$	Redresseur : $0 < \alpha_2 < 90°$

Pour inverser le sens de rotation de la machine (en fonctionnement moteur par exemple) on sait qu'il suffit d'inverser le sens de rotation du champ d'induction glissant, donc l'ordre de succession des tensions d'induit v_R , v_S , v_T .

D'où deux possibilités suivant le principe du dispositif de commande :

- les six signaux d'amorçage des thyristors sont élaborés (décalés successivement de T/6) à partir d'un seul signal de référence (par exemple passage de e_R par sa valeur maximale, c'est-à-dire roue polaire décalée électriquement de 90° par rapport à l'axe d'un enroulement de la phase R). Pour inverser le sens de rotation, il suffit alors de permuter les commandes de deux des branches du pont 2 (par exemple les branches 2 et 3 : permutation des commandes des thyristors 6 et 2 et de celles des thyristors 3 et 5).

- les six signaux de commande sont élaborés séparément ou deux par deux (pour chaque branche du pont) à partir de six ou de trois signaux de référence issus du capteur (passage de l'axe d'un pôle du rotor en phase ou en quadrature électrique avec l'axe de chacune des bobines d'induit). Le changement du sens de rotation du capteur conduira automatiquement à la permutation désirée de l'ordre des commandes. Il suffira donc de provoquer un changement du sens de rotation au démarrage en permutant alors deux phases de la machine (démarrage en moteur asynchrone ou en moteur synchrone alimenté par un onduleur autonome).

IV. Etude de la commutation et de ses conséquences.

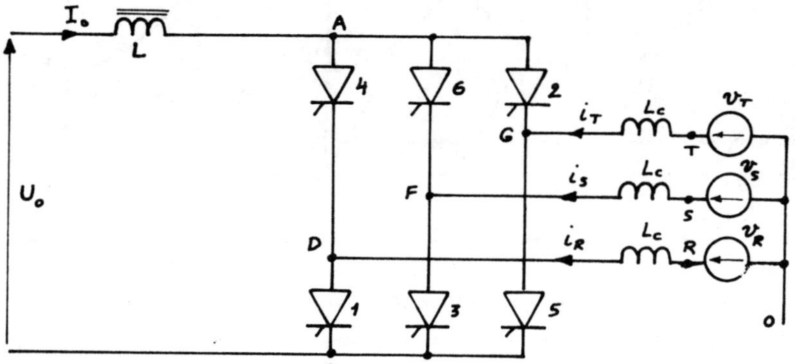

Fig. 6.IV.1

On considère le schéma équivalent au moteur synchrone indiqué sur la figure 6.IV.1 ; le moteur est remplacé par trois f.e.m. sinusoïdales v_R, v_S, v_T en série avec des impédances purement inductives d'inductance L_c .

1. Pour $\alpha = 120° = 2\pi/3$ et en supposant la commutation entre deux thyristors s'étendant sur une durée τ (durée d'empiètement) telle que $\omega\tau = 30° = \pi/6$, on a les courbes de la figure 6.IV.2 pour :

$$V_{AO} = f(t)\ ,\ v_{CO} = f(t)\ ,\ v_{DO} = f(t)\ ,\ i_R = f(t)\ ,\ u_{CA} = f(t).$$

A l'instant $t_1 = t_0 + \frac{\alpha}{\omega}$ le thyristor 1 est commandé et commence à commuter avec 5 qui conduisait auparavant ; pendant la commutation, on a :

$$i_R + i_T = I_0 = \text{Cte} \quad (I_0 \text{ est parfaitement lissé})$$

$$v_{CO} = v_R - L_c.\frac{d}{dt}(i_R) = v_T - L_c.\frac{d}{dt}(i_T).$$

Or : $i_R + i_T = \text{Cte}$, d'où : $\frac{d}{dt}(i_R) = -\frac{d}{dt}(i_T)$.

Donc :

$$v_{CO} = v_R + L_c.\frac{d}{dt}(i_T) = v_T - L_c.\frac{d}{dt}(i_T).$$

On en déduit que :

$$2v_{CO} = v_R + v_T \qquad \text{et} \qquad v_{CO} = \frac{1}{2}(v_R + v_T)$$

et :

$$u_{CA} = v_{CO} - v_{AO} = \frac{1}{2}(v_R + v_T) - v_S = \frac{1}{2}(u_{RS} + u_{TS}).$$

Au-delà de l'instant $t_1 + \tau$ la commutation est terminée et :

$$i_T = 0\ ,\ i_R = I_0 = \text{Cte},\ L_c.\frac{d}{dt}(i_R) = 0,\ v_{DO} = v_{CO} = v_R\ ,\ u_{CA} = u_{RS}\ .$$

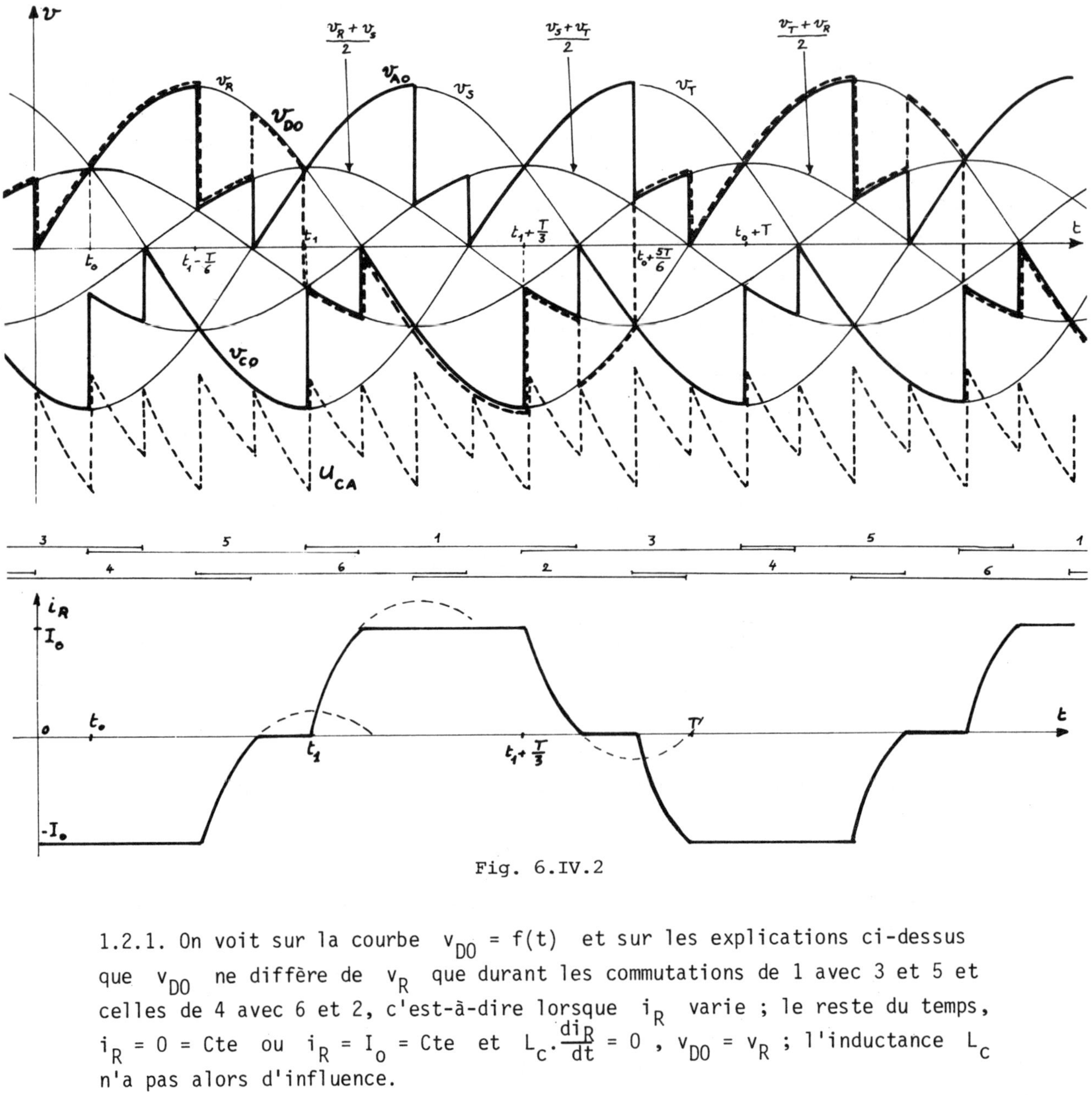

Fig. 6.IV.2

1.2.1. On voit sur la courbe $v_{DO} = f(t)$ et sur les explications ci-dessus que v_{DO} ne diffère de v_R que durant les commutations de 1 avec 3 et 5 et celles de 4 avec 6 et 2, c'est-à-dire lorsque i_R varie ; le reste du temps, $i_R = 0 = Cte$ ou $i_R = I_o = Cte$ et $L_c . \frac{di_R}{dt} = 0$, $v_{DO} = v_R$; l'inductance L_c n'a pas alors d'influence.

1.2.2. Si on considère la période de la tension u_{AC} comprise entre t_1 et $t_1 + \frac{T}{6}$ (puisque u_{AC} a une période d'amplitude T/6), on a :

pour $t_1 \leq t \leq t_1 + \tau$ $\quad u_{AC} = v_A - v_C = v_S - v_D = v_S - v_R - (v_D - v_R)$

pour $t_1 + \tau < t \leq t_1 + \frac{T}{6}$ $\quad u_{AC} = v_A - v_C = v_S - v_D = v_S - v_R$.

D'où la valeur moyenne $< u_{AC} > = U_o$:

$$U_o = \frac{6}{T}\left[\int_{t_1}^{t_1+\tau}(v_S - v_R - (v_D - v_R))dt + \int_{t_1+\tau}^{t_1+T/6}(v_S - v_R)dt\right]$$

$$U_o = \frac{6}{T}\left[\int_{t_1}^{t_1+T/6}(v_S - v_R).dt - \int_{t_1}^{t_1+\tau}(v_D - v_R).dt\right].$$

Le premier terme est la valeur moyenne de u_{AC} lorsque la commutation est instantanée :

$$U_{io} = -\frac{3\sqrt{6}}{\pi}.V.\cos\alpha .$$

Par ailleurs, nous avons vu que durant la commutation : $v_D - v_R = -L_c.\frac{di_R}{dt}$.

D'où :

$$U_o = U_{io} + \frac{6}{T}\int_{t_1}^{t_1+\tau}L_c.\frac{di_R}{dt}.dt = U_{io} + \frac{6}{T}.L_c\int_0^{I_o}di_R = U_{io} + \frac{6}{T}.L_c.I_o$$

$$\boxed{U_o = -\frac{3\sqrt{6}}{\pi}.V.\cos\alpha + \frac{6}{T}.L_c.I_o = -\frac{3\sqrt{6}}{\pi}.V.\cos\alpha + \frac{3}{\pi}.L_c\omega.I_o\ .}$$

1.2.3. On voit que durant la commutation entre 1 et 5, c'est-à-dire durant l'intervalle $(t_1, t_1+\tau)$, on a :

$$L_c.\frac{di_R}{dt} = v_R - v_D = v_R - \frac{v_R + v_T}{2} = \frac{v_R - v_T}{2} = \frac{u_{RT}}{2} .$$

Si on choisit l'instant t_o (commutation naturelle de 1 et 5) comme origine, on voit que u_{RT} qui passe par zéro en devenant positive à cet instant s'écrit :

$$u_{RT} = V\sqrt{6}.\sin\omega t$$

D'où :

$$L_c.\frac{di_R}{dt} = \frac{V\sqrt{6}}{2}.\sin\omega t \quad \text{et} \quad \frac{di_R}{dt} = \frac{V\sqrt{6}}{2.L_c}.\sin\omega t .$$

Dont on déduit :

$$i_R = -\frac{V\sqrt{6}}{2.L_c\omega}.\cos\omega t + K.$$

On détermine la valeur de la constante K en écrivant qu'à l'instant $t = t_1 = \frac{\alpha}{\omega}$ on a $i_R = 0$ (c'est le début de la commutation et i_R ne peut varier de façon discontinue du fait de la présence de la bobine L_c) ; d'où :

$$K = \frac{V\sqrt{6}}{2.L_c\omega}.\cos\alpha \quad \text{et} \quad i_R = \frac{V\sqrt{6}}{2.L_c\omega}.(\cos\alpha - \cos\omega t).$$

La commutation s'arrête à l'instant $t_1 + \tau$ où la valeur de i_R atteint I_o :

$$i_R(t_1 + \tau) = I_o = \frac{V\sqrt{6}}{2.L_c\omega}.(\cos\alpha - \cos(\omega t_1 + \omega\tau)).$$

Soit, en remarquant que $\omega t_1 = \alpha$ et en notant $\omega\tau = \delta$:

$$\boxed{\cos\alpha - \cos(\alpha + \omega\tau) = \cos\alpha - \cos(\alpha + \delta) = \frac{2.L_c\omega.I_o}{V\sqrt{6}}\ .}$$

1.2.4. Chaque thyristor est soumis à une tension inverse entre l'instant $t_o + \frac{\alpha}{\omega} + \frac{T}{3} + \tau$ où s'achève son déclenchement (t_o, instant d'amorçage naturel,

$\frac{\alpha}{\omega}$, retard à l'amorçage, $\frac{T}{3}$, durée de conduction normale, τ, durée de la commutation déclenchant le thyristor) et l'instant $t_o + T - T/6$ où il est à nouveau polarisé en direct (voir figure 6.IV.2) ; d'où la durée t_r d'application de la tension inverse :

$$t_r = t_o + T - \frac{T}{6} - (t_o + \frac{\alpha}{\omega} + \frac{T}{3} + \tau) = \frac{T}{2} - \frac{\alpha}{\omega} - \tau$$

$$\boxed{t_r = \frac{T}{2} - \frac{\alpha}{\omega} - \tau .}$$

D'où, si on note $\omega.t_r = \beta$

$$\beta = \frac{\omega.T}{2} - \alpha - \omega.\tau = \pi - \alpha - \delta$$

$$\boxed{\beta = \pi - \alpha - \delta}$$

1.2.5. On a représenté sur la figure 6.IV.3 les conséquences d'un raté d'amorçage du thyristor 1 du pont 2 dû, soit à une impulsion de commande insuffisante pour assurer l'enclenchement, soit à un retard à l'amorçage α trop grand pour assurer le blocage du thyristor à déclencher (ici 5).

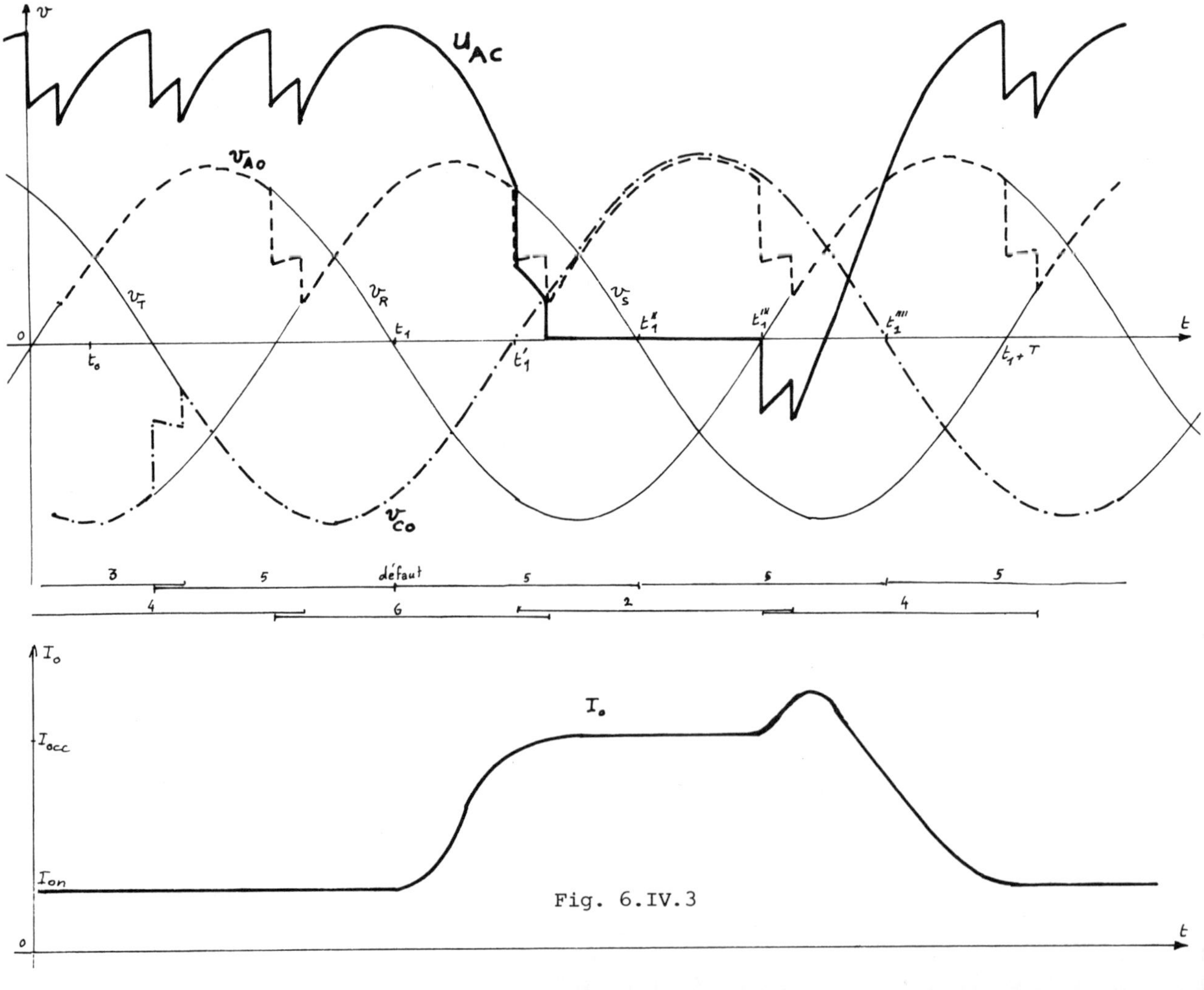

Fig. 6.IV.3

On a représenté les tensions v_{AO}, v_{CO}, u_{AC} et l'intensité I_o au cours du temps avec $\alpha = \frac{5\pi}{6} = 150°$ et $\tau = \frac{T}{24}$ $(\omega.\tau = \frac{\pi}{12} = 15°)$.

On voit que :

- juste avant l'instant t_1 d'enclenchement normal de 1, les thyristors 5 et 6 conduisent ; d'où : $v_{AO} = v_S$, $v_{CO} = v_T$, $u_{AC} = u_{ST}$.

- à l'instant $t_1 = t_o + \frac{\alpha}{\omega}$ le thyristor 1 ne s'enclenche pas (défaut étudié) et 5 reste conducteur puisque le courant I_o est forcé par la source d'alimentation (pont 1) ; d'où toujours : $v_{CO} = v_T$, $u_{AC} = u_{ST}$.

- à l'instant $t_1' = t_1 + T/6$ le thyristor 2 reçoit une impulsion de commande ; il est alors sous la tension : $v_2 = v_A - v_G = v_S - v_T > 0$ et s'amorce (on le suppose) ; d'où : $v_{AO} = v_T$ et toujours $v_{CO} = v_T$. Après commutation de 2 et 6 on a donc :

$$u_{AC} = 0 .$$

La source U_o est donc mise en court-circuit par le pont 2 et I_o tend vers I_{occ} (intensité du courant de court-circuit) avec une constante de temps qui dépend des caractéristiques du circuit (résistance et inductance).

- à l'instant $t_1'' = t_1 + \frac{2T}{6} = t_1 + \frac{T}{3}$, le thyristor 3 reçoit une impulsion et devrait commuter avec 5 ; avant t_1'', 3 est sous la tension :

$$v_3 = v_F - v_C = v_S - v_T .$$

Cette tension est négative dans le cas où $\alpha > \frac{2\pi}{3} = 120°$ (cas étudié) et 3 ne s'enclenche pas ; 5 reste conducteur et : $u_{AC} = 0$.

- à l'instant $t_1''' = t_1 + \frac{3T}{6} = t_1 + \frac{T}{2}$ le thyristor 4 reçoit un signal de commande alors qu'il est sous la tension :

$$v_4 = v_A - v_D = v_T - v_R > 0$$

4 s'enclenche et : $v_{AO} = v_R$, $v_{CO} = v_T$, $u_{AC} = u_{RT} < 0$.

La tension u_{AC} tend à faire circuler un courant I_o d'intensité supérieure à I_{occ}.

- à l'instant $t_1'''' = t_1 + \frac{4T}{6} = t_1 + \frac{2T}{3}$ le thyristor 5 reçoit une impulsion sans effet puisqu'il est déjà enclenché ; on se retrouve dans les conditions normales de fonctionnement : 4 et 5 conduisent, comme à partir de l'instant $t_1 - \frac{2T}{6}$; un nouveau cycle commence.

En conclusion, un raté d'amorçage conduit à un courant I_o très supérieur à celui prévu au fonctionnement normal puisqu'il amène la source U_o à fonctionner en régime de court-circuit (et même en série avec une f.e.m. de même polarité).

On peut limiter l'intensité du courant I_o :

- en augmentant l'inductance de la bobine de lissage L pour augmenter la constante de temps du circuit continu et réduire l'intensité maximale de I_o lors d'un défaut bref ; on peut aussi utiliser une bobine à noyau saturable dont l'inductance devient très élevée dès que l'intensité I_o du courant qui la traverse atteint une valeur I_{oM} (fixée par l'intensité du courant de polarisation du circuit saturable). Ces dispositifs limitent la vitesse d'accroissement de I_o mais sont insuffisants si le défaut se prolonge.
- en disposant un capteur de courant I_o, un comparateur analysant $k.I_o$ et une référence $k.I_{oM}$ et commandant, lorsque $k.I_o > k.I_{oM}$, une augmentation du retard α_1 du pont 1 (donc une diminution de $U_o = 0{,}78\ V_1 \cos \alpha_1$) ramenant I_o à une valeur au plus égale à I_{oM}.

2.1. L'analyse de l'oscillogramme proposé (en notant arbitrairement R la phase visualisée expérimentalement) et sa comparaison avec la courbe théorique $v_{DO} = f(t)$ prévue (figure 6.IV.2) dans le cas étudié en IV.1.1. montrent que :

- l'oscillogramme relevé correspond à un retard à l'amorçage $\alpha = \frac{2\pi}{3} = 120°$. En effet, sur les six commutations s'effectuant au cours d'une période, quatre affectent directement la "phase" R (voir figure 6.IV.2)) ; elles se répartissent en deux groupes :

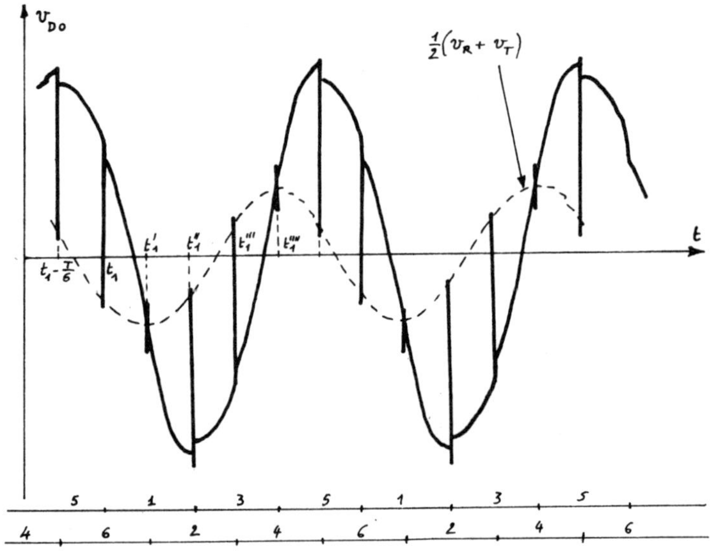

Fig. 6.IV.4

- aux instants $t_1 - \frac{T}{6}$ et t_1 on assiste aux commutations entre 4 et 6 puis entre 5 et 1 ; ces commutations signifient que $v_R > v_S$ (lorsque 6 relaie 4) et $v_R > v_T$ (1 relaie 5) ; v_R est donc la plus élevée des trois tensions et elle est nécessairement positive (car trois tensions triphasées ne peuvent être simultanément négatives) et il en est de même de v_{DO} puisque $v_{DO} \# v_R$ hors des commutations ;
- aux instants $t_1'' = t_1 + \frac{2T}{6}$ et $t_1''' = t_1 + \frac{3T}{6}$, 3 prend le relais de 1 puis 4 remplace 2 ; ces commutations ont nécessairement lieu durant l'alternance néga-

tive de $v_{DO} \# v_R$ (raisonnement symétrique du précédent) ;

ces considérations permettent de disposer les dates t_1 , t_1' , t_1'' , t_1''' sur l'oscillogramme relevé. On voit que $t_1 - \frac{T}{6}$ correspond au maximum de v_{DO} (voir figure 6.IV.4) et t_1 à la mi-pente, ce qui est bien analogue au résultat obtenu lorsque $\alpha = 120° = \frac{2\pi}{3}$ (figure 6.IV.2). C.Q.F.D.

- la durée des commutations (empiétement) est très faible devant la période des tensions.
- les commutations qui se produisent aux instants $t_1' = t_1 + \frac{T}{6}$ (où 2 relaie 6) et $t_1'''' = t_1 + \frac{4T}{6}$ (où 5 relaie 3) provoquent une perturbation au niveau de la tension v_{DO} ; en effet, si ces commutations ne conduisent pas à une variation du courant i_R , elles s'accompagnent toutefois d'une rotation rapide du champ d'induction au stator (voir question IV.2.3) ; d'où variation du flux dans l'enroulement R et perturbation de v_{DO} .
- les valeurs de la tension v_{DO} durant les commutations sont bien situées (cas particulier pour $\alpha = 120°$) sur la sinusoïde $\frac{1}{2}(v_R + v_T)$.

2.2. On a réalisé un essai en charge où :

$V = 108$ V , $I_o = 18$ A , $\alpha = 120°$, $f = 50$ Hz , $\tau = 0{,}45$ ms.

On a montré à la question 1.2.3. que V , I_o , α , $\omega = 2\pi f$, τ et L_c sont liés par :

$$\cos\alpha - \cos(\alpha + \omega.\tau) = \frac{2.L_c.\omega.I_o}{V\sqrt{6}} .$$

D'où :

$$X_c = L_c\omega = \frac{V\sqrt{6}}{2.I_o}.[\cos\alpha - \cos(\alpha + \omega\tau)].$$

Numériquement :

$$X_c = \frac{108\sqrt{6}}{2.18}.[- 0{,}5 + 0{,}617] = 0{,}86\ \Omega .$$

Comme on est à 50 Hz, on en déduit :

$$L_c = \frac{X_c}{2\pi f} = \frac{0{,}86}{100\pi} = 2{,}74.10^{-3}\text{H}$$

$X_c = 0{,}86\,\Omega$	$L_c = 2{,}74$ mH .

2.3. Avant le transfert du courant I_o entre les phases R et S on a :

$$i_R = I_o , \quad i_S = 0 , \quad i_T = - I_o .$$

D'où le fonctionnement décrit à la figure 6.IV.5.a et le positionnement des pôles Nord et Sud du champ d'induction (immobile puisque les intensités sont constantes). Durant la commutation entre R et S, de durée τ , i_R passe

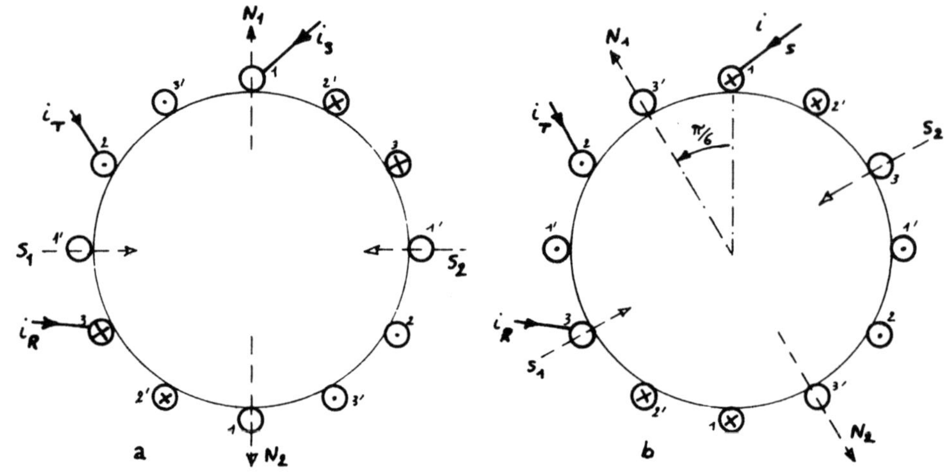

Fig. 6.IV.5

de I_0 à 0 et i_S de 0 à I_0 ; on passe donc de la situation décrite en IV.5.a à celle représentée en 6.IV.5.b. Le champ d'induction a donc tourné de $\frac{\pi}{6}$ = 15° (ce qui était prévisible en remarquant qu'il y a six commutations par période et qu'il faut deux périodes pour faire un tour puisque la machine est tétrapolaire).

La vitesse moyenne de rotation du champ d'induction durant la commutation s'écrit donc:

$$\Omega_c = \frac{\pi}{6.\tau} \text{ rad/s}; \; n'_c = \frac{30}{\pi}.\Omega_c = \frac{5}{\tau} \text{ tr/mn}.$$

Numériquement, si τ = 0,45 ms :

$$\Omega_c = \frac{\pi\, 10^3}{6.0{,}45} = 1163 \text{ rad/s}; \; n'_c = \frac{5000}{0{,}45} = 11\,100 \text{ tr/mn}.$$

La pulsation et la vitesse moyennes de rotation du champ d'induction valent (puisque p = 2) :

$$\Omega = \frac{\omega}{p} = \frac{2\pi f}{p} = \frac{2\pi}{p.T} = \frac{\pi}{T} \qquad n' = \frac{30.\Omega}{\pi} = \frac{30}{T} .$$

D'où les rapports :

$$\boxed{\frac{\Omega_c}{\Omega} = \frac{n'_c}{n'} = \frac{T}{6.\tau} = \frac{1}{6.f.\tau} .}$$

Numériquement, si f = 50 Hz et τ = 0,45 ms :

$$\frac{\Omega_c}{\Omega} = \frac{n'_c}{n'} = 7{,}4 .$$

Cette vitesse de rotation élevée du champ glissant durant la commutation amène ce champ à se déplacer rapidement par rapport à la roue polaire qui, du fait de l'inertie mécanique des parties en mouvement, tourne à vitesse constante (n') ; l'amortisseur et l'enroulement inducteur sont donc soumis à un flux variable (durant la commutation essentiellement) et sont le siège de courants induits qui tendent à s'opposer à la variation de flux. La réactance X_c qui rend compte des variations des courants dans les phases R, S et T durant les commutations doit donc tenir compte des couplages qui apparaissent ainsi entre l'induit (dont les courants fixent le champ de l'induit) et l'inducteur (où des courants induits s'opposent aux précédents) ; il est donc normal de trouver pour X_c une valeur (0,86 Ω) voisine de celle (0,85 Ω) de X''_d , réactance subtransitoire associée au couplage induit-inducteur-amortisseur (puisque c'est la réactance de fuites de ces trois éléments ramenée à l'induit).

3.1. Le moteur développe une puissance $P_u = 8{,}5$ kW à la vitesse $n' = 1500$ tr/mn lorsque $\alpha_1 = 0$ (et $V_1 = 127$ V).

3.1.1. On peut calculer U_o en négligeant la chute de tension en charge provoquée par les thyristors du pont 1 et la bobine de lissage :

$$U_o = \frac{3\sqrt{6}}{\pi}.V_1.\cos\alpha_1 = 2{,}24.127 = \underline{297\ V}\ .$$

Comme les pertes d'énergie du moteur et du pont 2 sont négligées, on a :

$$U_o.I_o = 3.V.I.\cos\varphi = P_u = 8500\ W\ .$$

D'où :

$$I_o = \frac{P_u}{U_o} = \frac{8500}{297} = \underline{28{,}6\ A}\ .$$

3.1.2. On sait que U_o , V (tension simple du moteur), I_o et α sont liés par :

$$U_o = -\ 2{,}34.V.\cos\alpha + \frac{3}{\pi}.L_c\omega.I_o\ .$$

On sait que le retard α à l'amorçage des thyristors est lié au déphasage de l'onde fondamentale de l'intensité par : $\alpha = \pi + \varphi$.

D'où :

$$\cos\alpha = -\cos\varphi$$

Donc : $U_o = 2{,}34.V.\cos\varphi + \frac{3}{\pi}.X_c.I_o$ et $V.\cos\varphi = \frac{1}{2{,}34}\left(U_o - \frac{3}{\pi}.X_c.I_o\right)$.

Par ailleurs, on a déjà vu que $V.\cos\varphi = E.\cos\psi$ (figure 6.III.7). D'où :

$$V.\cos\varphi = E.\cos\psi = \frac{\pi}{3\sqrt{6}}\left(U_o - \frac{3}{\pi}.X_c.I_o\right).$$

Numériquement, à 1500 tr/mn on a une fréquence $f = \frac{\omega}{2\pi} = \frac{p\Omega}{2\pi} = \frac{p\pi n'}{60\pi} = 50$ Hz et par conséquent une réactance $X_c = 0{,}86\ \Omega$; par ailleurs : $U_o = 297$ V et $I_o = 28{,}6$ A. D'où :

$$V.\cos\varphi = E.\cos\psi = 117\ V.$$

3.1.3. On veut un angle de garde $\beta = 15° = \frac{\pi}{12}$; d'où :

$$\pi - \alpha - \delta = \beta = \frac{\pi}{12}\ .$$

On sait que la durée de commutation τ (et donc $\delta = \omega.\tau$) est liée à α , V et I_o par :

$$\cos\alpha - \cos(\alpha + \delta) = \frac{2.X_c.I_o}{V\sqrt{6}}\quad \text{(question IV.1.2.3).}$$

D'où, comme $V.\cos\alpha = -V.\cos\varphi$ et $V.\cos(\alpha+\delta) = V.\cos(\pi-\beta) = -V.\cos\beta$

$$-V.\cos\varphi + V.\cos\beta = \frac{2}{\sqrt{6}}.X_c.I_o$$

et :

$$V = \frac{2.X_c.I_o + V\sqrt{6}.\cos\varphi}{\sqrt{6}.\cos\beta} \ .$$

Numériquement : $X_c = 0{,}86\ \Omega$, $I_o = 28{,}6$ A , $V.\cos\varphi = 117$ V, $\beta = \frac{\pi}{12} = 15°$:

$$\underline{V = 142\ V}$$

Comme $V.\cos\varphi = 117$ V, on en déduit immédiatement :

$$\cos\varphi = \frac{117}{142} = 0{,}824 \qquad \varphi = -0{,}602 \text{ rd} = -\ 34{,}5°$$

car on sait que $\underline{I}$ est nécessairement en avance sur $\underline{V}$.

D'où encore :

$$\alpha = \pi + \varphi = 3{,}14 - 0{,}60 = 2{,}54 \text{ rd} = 145{,}5°$$

3.1.4. On sait que la puissance active du moteur peut aussi s'exprimer :

$$P = \frac{3.V.E.\sin\theta}{X_d} \quad \text{où} : \quad \theta = \varphi - \psi \quad \text{(question II.1.1.)}$$

D'où : $X_d.P = 3VE\sin(\varphi-\psi) = 3VE\sin\varphi.\cos\psi - 3VE\sin\psi.\cos\varphi$ qui peut encore s'écrire, car $V.\cos\varphi = E.\cos\psi$:

$$X_d.P = 3.V.\cos\varphi.(V.\sin\varphi - E.\sin\psi)$$

D'où :

$$E.\sin\psi = V.\sin\varphi - \frac{X_d.P}{3.V.\cos\varphi}$$

et

$$E.\cos\psi = V.\cos\varphi$$

dont on tire :

$$E = \sqrt{V^2 + \left(\frac{X_d.P}{3.V.\cos\varphi}\right)^2 - \frac{2.X_d.P.\text{tg}\,\varphi}{3}} \ .$$

Numériquement : $V = 142$ V , $X_d = 4{,}5\ \Omega$, $P = 8500$ W , $\varphi = -\ 0{,}60$ rd

$$\underline{E = 222{,}5\ V}$$

On sait que la f.e.m. à vide est proportionnelle à la pulsation de rotation et à l'intensité du courant d'excitation (machine non saturée) :

$$E = k.i.\Omega$$

On est ici à $f = 50$ Hz, $\Omega = 50\,\pi$ **rad/s** ; à la même pulsation $\Omega_n = 50\,\pi$ **rad/s** on a $E_n = 127$ V avec $i_n = 4{,}6$ A ; d'où :

$$\frac{E}{i} = \frac{E_n}{i_n} = k.\,\Omega_n \quad \text{et} \quad i = i_n.\frac{E}{E_n} \ .$$

Numériquement :

$$\underline{i} = 4{,}6.\frac{222{,}5}{127} = \underline{8{,}06\ A} \ .$$

Enfin, on a :

$$E.\cos\psi = V.\cos\varphi = 117\ V \quad \text{et} \quad E = 222{,}5\ V \ .$$

D'où :

$$\cos\psi = \frac{117}{222{,}5} = 0{,}525 \qquad \underline{\psi = -\ 1{,}017\ \textbf{rad} = -\ 58{,}3°.}$$

3.2.1. E, i et ψ gardent les valeurs précédentes :

$$E = 222\ V\ ,\ i = 8\ A \quad \text{et} \quad \psi = -58° .$$

La charge mécanique passe brutalement à 12 kW, où, puisque la vitesse ne change pas (car elle est fixée par la valeur de U_o qui est peu dépendante de la charge) :

$$\Gamma = \frac{P_u}{\Omega} = \frac{12\ 000}{50\pi} = 76{,}4\ N.m$$

(en fait, c'est l'inertie mécanique qui maintient la vitesse lors de la variation de la charge). On a montré (question III.5.2) qu'en régime permanent, le moteur synchrone peut développer un couple de moment Γ si i et ψ satisfont à :

$$i \geq i_{min} = \sqrt{-\frac{2.X_{dn}.i_n^2.\Omega_n}{3.E_n^2.\sin(2\psi)}.\Gamma} = \sqrt{-0{,}618.\frac{\Gamma}{\sin(2\psi)}} .$$

Dans notre cas, on a : $\Gamma = 76{,}4$ N.m , $\psi = -58{,}3°$ $\sin(2\psi) = -0{,}894$

$$i_{min} = \sqrt{-0{,}618.\frac{76{,}4}{-0{,}894}} = 7{,}27\ A.$$

Puisque l'intensité du courant d'excitation (i = 8 A) est supérieure à i_{min}, le moteur peut supporter une charge de 12 kW. Un nouveau régime permanent s'établira avec des valeurs différentes de I_o , V , Ω, E , etc... En effet, la variation de I_o (car $P = U_o.I_o$) conduit à celle de V, E et Ω . Le nouveau fonctionnement obtenu sera un régime stable puisque la condition $i \geq i_{min}$ sera encore satisfaite (i et ψ sont fixées extérieurement et le moment du couple Γ ne peut que diminuer lors d'une réduction de vitesse ; la vitesse ne peut que diminuer lors d'une surcharge à U_o = Cte).

3.2.2. On impose une charge de 4 kW et on modifie U_o pour conserver la vitesse constante : n' = 1500 tr/mn, $\Omega = 50\ \pi$ **rad/s**, f = 50 Hz .

On a toujours : E = 222,5 V, i = 8,06 A, $\psi = -58{,}3°$.

On connaît donc toujours la valeur commune : $V.\cos\varphi = E.\cos\psi = 117$ V .

Par ailleurs, on peut calculer I par l'intermédiaire de la puissance :

$$P = 3.V.I.\cos\varphi = 3.E.I.\cos\psi \qquad I = \frac{P}{3.V.\cos\varphi} .$$

Numériquement : $I = \frac{4000}{3.117} = 11{,}4$ A.

Remarque : si l'on admet que I et I_o sont toujours liées par : $I_o = \frac{\pi}{\sqrt{6}}.I$ il vient : $I_o = 1{,}18.I = 14{,}6$ A et $U_o = \frac{P}{I_o} = \frac{4000}{14{,}6} = 273{,}6$ V.

On voit bien qu'il faut réduire U_o (il fallait U_o = 297 V pour avoir 8500 W à la même vitesse) pour maintenir la vitesse lorsqu'on décharge le moteur. Inversement, une surcharge diminue la vitesse (à U_o constant).

Connaissant maintenant E, I, ψ, X_d (à 1500 tr/mn, $X_d = 4{,}5\ \Omega$) on peut construire le diagramme vectoriel des tensions du moteur et en déduire V.

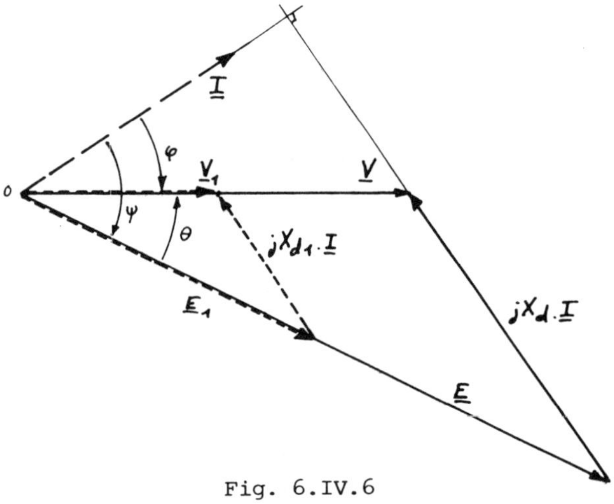

Fig. 6.IV.6

En effet, le diagramme (voir figure 6.IV.6) montre que :

$$V.\cos\varphi = E.\cos\psi$$

$$V.\sin\varphi = E.\sin\psi + X_d.I$$

D'où :

$$V = \sqrt{E^2 + (X_d.I)^2 + 2.E.X_d.I.\sin\psi}$$

Numériquement :

$$\underline{V = 181\ V}$$

Or : $V.\cos\varphi = E.\cos\psi = 117\ V$

D'où :

$$\cos\varphi = \frac{117}{181} = 0{,}646$$

$\varphi = -0{,}868$ rad= $-\ 49{,}7°$

et :

$$\theta = \varphi - \psi = 0{,}149 \text{ rad} = 8{,}57° .$$

Remarque : on a admis dans les calculs (pour déterminer I_o et U_o) que la relation $I = 0{,}78.I_o$ (1) liant la valeur efficace du terme fondamental de l'intensité du courant dans une phase à l'intensité du courant continu est encore vraie lorsque la commutation n'est pas instantanée, comme nous le permet l'énoncé ; en toute rigueur, on peut constater qu'elle est incompatible avec les relations exprimant :

- la tension U_o (en tenant compte de l'empiètement) :

$$U_o = -\ 2{,}34.V.\cos\alpha + 0{,}955.X_c.I_o \qquad (2)$$

- la puissance (machine sans pertes) :

$$P_u = U_o.I_o = 3.V.I.\cos\varphi - 3.E.I.\cos\psi \qquad (3)$$

- le déphasage de $\underline{I}$ sur $\underline{V}$ qui, par hypothèse, n'est pas perturbé par l'empiètement : $\alpha = \pi + \varphi$ (4)

En effet, en tenant compte de (4), la relation (2) s'écrit :

$$U_o = 2{,}34.V.\cos\varphi + 0{,}955.X_c.I_o$$

En multipliant par $I_o = 1{,}28.I$ (relation (1)), il vient :

$$U_o.I_o = 3.V.I.\cos\varphi + 0{,}955.X_c.I_o^2 .$$

Or, compte-tenu de (3), cette relation devient :

$$P_u = P_u + 0{,}955.X_c.I_o^2$$

ce qui n'est vérifié que si $X_c = 0$ (commutation instantanée) ou $I_o = 0$.
On ne peut donc pas admettre simultanément que l'empiètement non nul a un effet sur la valeur de U_o (relation (2)) sans perturber $\underline{I}$ (relations (1) et (4)). C'est pourquoi l'énoncé de la question IV.3.1 guide le candidat afin qu'il n'utilise au plus que trois de ces quatre relations.

3.2.3. On ramène la vitesse à 750 tr/mn ($\Omega = 25.\pi$ rad/s) en maintenant la valeur du moment du couple à : $\Gamma = \frac{4000}{50.\pi} = 25{,}5$ N.m.

Puisque le moment du couple est constant et ne dépend que de I_o (voir question III.2) : $\Gamma = 2{,}34.k.i.\cos\psi.I_o$
si on néglige l'incidence de l'empiétement sur les courants, I_o et par conséquent I n'ont pas changé (i et ψ sont maintenus constants).

Comme la réactance synchrone est proportionnelle à la vitesse, elle a désormais pour valeur :

$$X_{d1} = \frac{1}{2}.X_d \quad (\text{où } X_d = 4{,}5\ \Omega \text{ à } 1500 \text{ tr/mn})$$

D'où la nouvelle valeur de $(X_d.I)$

$$(X_d.I)_1 = X_{d1}.I = \frac{1}{2}.X_d.I \qquad (X_d.I = 51{,}3 \text{ V à } 1500 \text{ tr/mn}).$$

La f.e.m. à vide E, proportionnelle à la vitesse (à intensité constante du courant inducteur) est aussi devenue E_1 telle que :

$$E_1 = \frac{1}{2}.E \qquad (\text{où } E = 222{,}5 \text{ V à } 1500 \text{ tr/mn})$$

Le nouveau diagramme vectoriel des tensions part donc des mêmes valeurs de I et de ψ que précédemment et doit être construit avec $E_1 = \frac{1}{2}.E$ et $(X_d.I)_1 = \frac{1}{2}.(X_d.I)$. Il est évident (figure 6.IV.6) qu'il est semblable au précédent, ce qui conduit à : $V_1 = \frac{1}{2}.V$, $\theta_1 = \theta$, $\varphi_1 = \varphi$.

Conclusion : les valeurs de I_o , θ et φ demandées sont les mêmes que celles calculées en 3.2.2. :

$\underline{I_o = 14{,}6 \text{ A}}$, $\underline{\theta = 0{,}15 \text{ rad} = 8{,}6°}$, $\underline{\varphi = -\ 0{,}87 \text{ rad} = -\ 50°}$.

On peut aussi en déduire U_o , sachant que la puissance utile a diminué de moitié (même couple à la vitesse moitié) :

$$U_{o1} = \frac{P_1}{I_o} = \frac{P}{2.I_o} = \frac{U_o.I_o}{2.I_o} = \frac{U_o}{2} = \frac{274}{2} = 137 \text{ V}.$$

3.3. En-dessous d'une certaine vitesse (environ 10 % de la vitesse nominale), les f.e.m. induites dans les enroulements sont insuffisantes pour provoquer l'enclenchement et la commutation des thyristors du pont onduleur n° 2.

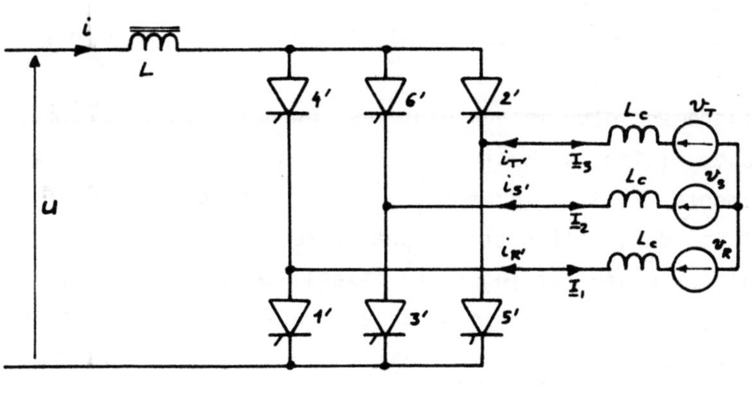

Fig. 6.IV.7

On pourrait alors utiliser le pont 2 en onduleur autonome, ce qui supposerait la présence de circuits de blocage sur tous les thyristors.

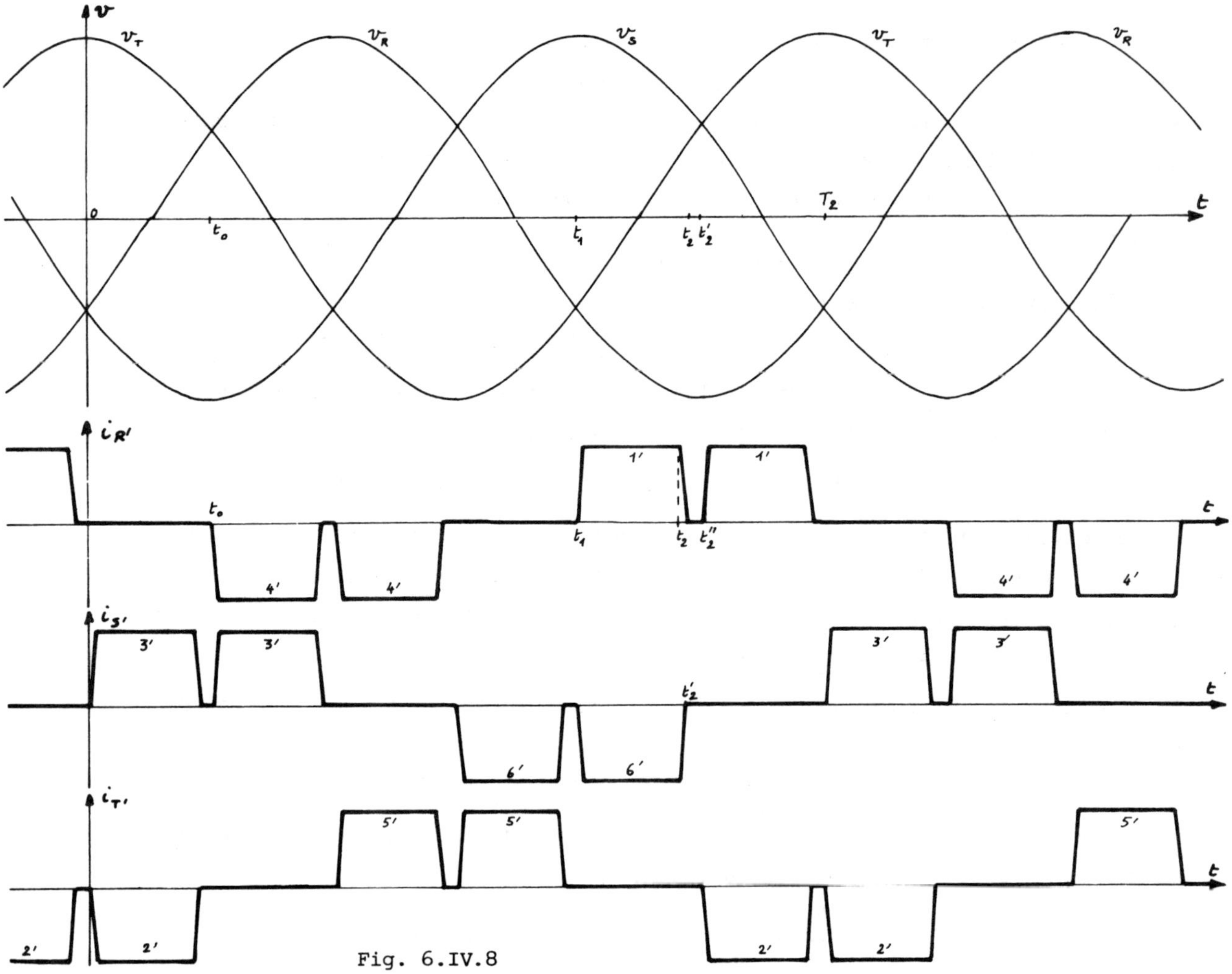

Fig. 6.IV.8

On peut aussi provoquer l'enclenchement et le déclenchement des thyristors du pont 2 en agissant sur la tension u produite par le pont 1 (c'est la solution choisie ici).

On va étudier le fonctionnement d'un moteur dont les courants $\underline{I}_{R1}$, $\underline{I}_{S1}$ et $\underline{I}_{T1}$ (fondamentaux des décompositions harmoniques des courants i_R, i_S et i_T circulant dans les enroulements R, S, T du moteur) sont en phase avec les tensions simples V_R , V_S et V_T ; ce fonctionnement correspond au couple mécanique de moment maximal (à tension et intensité fixes), ce qui est souhaitable durant le démarrage. Ce fonctionnement suppose donc que les thyristors du pont 2 sont commandés avec un retard :

$$\alpha = \pi + \varphi = \pi = 180° \quad \text{(puisque } \varphi = 0\text{)}$$

sur l'amorçage "naturel" ; d'où amorçage du thyristor 1' à l'instant :

$$t_1 = t_o + \frac{T}{2} \quad \text{(si } t_o \text{ est l'instant d'amorçage naturel théorique de 1')} ;$$

on n'a plus à se poser le problème de l'angle de garde qui limite le retard maximal à l'amorçage dans la mesure où il n'y a plus commutation entre les thyristors : à l'instant t_1 où on commande les thyristors 1' et 6', aucun thyristor n'est en service et 1' et 6' sont en série sous la tension : $u_1 - v_S - v_R = u_1 - u_{SR}$. Ils s'enclencheront si $u_1 > u_{SR}$ (et si les impulsions de commande sont suffisantes et simultanées).

A l'instant t_2 on désire bloquer les thyristors 1' et 6' en appliquant grâce au pont 1 une tension u_2 négative (pont 1 utilisé en onduleur) ; la loi des mailles donne alors, comme : $i = - i_{S'} = i_{R'}$

$$u_2 = L.\frac{di}{dt} + L_c.\frac{di}{dt} + v_S - v_R + L_c.\frac{di}{dt} = u_{SR} + (L + 2.L_c).\frac{di}{dt} .$$

D'où :

$$(L + 2.L_c).\frac{di}{dt} = u_2 - u_{SR} = u_2 + u_{RS} .$$

Si on admet (hypothèse à vérifier par la suite) que la durée du blocage de 1' à 6' est assez courte pour que $u_2 + u_{RS}$ puisse être considérée comme constante, on a :

$$\frac{di}{dt} = \frac{u_2 + u_{RS}}{L + 2.L_c} \; ; \; i = \frac{u_2 + u_{RS}}{L + 2.L_c}.t + K .$$

Pour $t = t_2$, on a $i = I_o$; d'où : $K = I_o - \frac{1}{L + 2.L_c}.(u_2 + u_{RS}).t_2$.

Donc :

$$i = \frac{u_2 + u_{RS}}{L + 2.L_c}.(t - t_2) + I_o .$$

Le blocage sera obtenu à l'instant $t'_2 = t_2 + \tau_b$ (où τ_b est la durée du blocage) tel que $i(t'_2) = 0$; d'où :

$$\tau_b = t'_2 - t_2 = - \frac{(L + 2.L_c).I_o}{u_2 + u_{RS}} .$$

La durée du blocage sera donc d'autant plus courte que u_2 sera plus grande en valeur absolue (u_2 est négative) ; en commandant le pont 1 avec un retard $\alpha_1 = \pi = 180°$ (en supposant résolus les problèmes de commutation), on a :

$$u_2 = 2{,}34.V_1.\cos \alpha_1 = - 2{,}34.V_1 .$$

Par ailleurs, au voisinage de $t_2 = t_1 + \frac{T}{6}$ on a : $u_{RS} = - V\sqrt{6}.\frac{\sqrt{3}}{2} = - \frac{3.V}{\sqrt{2}}$.

D'où :

$$\boxed{\tau_b = \frac{(L + 2.L_c).I_o}{2{,}34.V_1 + 2{,}12.V}} .$$

Numériquement, on a : $L = 30$ mH, $L_c = 2{,}73$ mH, $V_1 = 127$ V et, au voisinage de $n' = \frac{1}{10}.n'_n$, $V = \frac{1}{10}.V_n = 12{,}7$ V (si i est voisin de i_{no}) ; d'où, pour $I_o = 20$ A :

$$\underline{\tau_b = 2{,}2 \text{ ms}} .$$

Cette durée est bien négligeable devant la période des tensions et courants du moteur puisqu'à $n' = \frac{1}{10}.n'_n$, $T_2 = 10.T_n = \frac{10}{50}$ s = 200 ms. Elle est aussi petite devant la période des tensions d'alimentation du pont 1, T_1 = 20 ms, et on peut admettre que u_2 varie peu durant le blocage (de toute façon, l'ondulation de la tension produite par un pont PD3 à $\alpha_1 = 180°$ est suffisamment faible pour ne pas perturber beaucoup le calcul précédent).

Les deux thyristors doivent rester bloqués pendant une durée supérieure à leur t_q (durée de recouvrement) pour que 6' ne se réamorçe pas lorsque le pont 2 est à nouveau alimenté sous tension u positive (et 1' réenclenché) ; quelques centaines de microsecondes (ou au maximum une milliseconde) suffisent en général.

A l'instant $t''_2 = t_1 + \frac{T_2}{6}$ on remet le pont 2 sous tension u positive tandis que les thyristors 1' et 2' reçoivent des signaux de commande. Alors, la maille empruntée par le courant i est telle que :

$$i_{T'} = -\,i \;, \qquad i_{R'} = i$$

$$u_{2'} = L.\frac{di}{dt} + L_c.\frac{di}{dt} + v_T - v_R + L_c.\frac{di}{dt} = u_{TR} + (L + 2.L_c).\frac{di}{dt} \;.$$

D'où : $$\frac{di}{dt} = \frac{u_{2'} - u_{TR}}{L + 2.L_c} \qquad \text{et} \qquad i = \frac{u_{2'} - u_{TR}}{L + 2.L_c}.t + K$$

(si on fait à nouveau l'hypothèse que la durée d'enclenchement est faible devant la période et que par conséquent $u_{2'} - u_{TR}$ = Cte). En tenant compte des conditions initiales : $i = 0$ à t''_2, il vient :

$$i = \frac{u_{2'} - u_{TR}}{L + 2.L_c}.(t - t''_2) \;.$$

L'amorçage sera terminé à l'instant $t'''_2 = t''_2 + \tau_e$ tel que $i = I_o$.
D'où la durée d'enclenchement τ_e :

$$\boxed{\tau_e = t'''_2 - t''_2 = \frac{(L + 2.L_c).I_o}{u_{2'} - u_{TR}}} \;.$$

Pour avoir un enclenchement rapide, il faut que $u_{2'}$ soit maximale ; à l'enclenchement, on commandera le pont 1 avec un retard $\alpha_1 = 0$. Alors :

$$u_{2'} = 2{,}34.V_1$$

et comme à l'instant t''_2 on a : $u_{TR} = V\sqrt{6}.\frac{\sqrt{3}}{2} = 2{,}12.V$

la durée de l'enclenchement vaudra :

$$\tau_e = \frac{(L+2.L_c).I_o}{2{,}34.V_1 - 2{,}12.V} \;.$$

Numériquement : $L + 2.L_c$ = 35,48 mH, V_1 = 127 V, V = 12,7 V (à $\frac{n'_n}{10}$) ;
D'où, pour I_o = 20 A :

$$\underline{\tau_e = 2{,}62.10^{-3}\ \text{s} = 2{,}6\ \text{ms}} \;.$$

Les hypothèses de travail sont encore satisfaites.

Les durées d'enclenchement et de blocage sont bien très petites (à peine plus de un pour cent) devant la période (T_2 = 200 ms à 5 Hz) des tensions et courants du moteur ; les intensités varient pratiquement linéairement durant ces régimes transitoires. D'où l'allure de $i_{R'} = f(t)$ représentée sur la figure 6.IV.8.

Remarque : il est nécessaire de faire varier u au cours de la conduction des thyristors pour avoir une valeur maximale lors de l'enclenchement puis retomber à $u = U_o = 2,34.V + \frac{3}{\pi}.X_c.I_o$ pour assurer le régime permanent à $i = I_o$ = Cte (permanent si on admet que V et X_c varient peu durant la conduction d'un couple de thyristors, c'est-à-dire durant $T_2/6$). Ceci est possible puisqu'à une vitesse inférieure à $\frac{1}{10}$ de n'_n (1500 tr/mn), la fréquence est inférieure à 5 Hz et la période supérieure à 200 ms. Or, pendant les 20 ms = T_1 de la période des tensions du réseau 1 le pont n° 1 voit s'effectuer 6 commutations ; deux commutations successives sont distantes de $\frac{20}{6}$ = 3,33 ms et il est donc possible de faire évoluer rapidement la tension u puisque durant la conduction d'un couple de thyristors du pont 2 ($T_2/6$ supérieure à $\frac{200}{6}$ = 33,3 ms) il y a au minimum dix commutations du pont 1.

¶ 7. *Moteur d'induction asynchrone triphasé.* (B.T.S. 1983).

Un moteur d'induction asynchrone triphasé est alimenté par le réseau EDF 220/380 V de fréquence 50 Hz.

Le stator (primaire) est couplé en triangle ; le rotor bobiné est couplé en étoile sans neutre sorti. La machine est à 4 pôles.

On fera les hypothèses simplificatrices suivantes :
- les pertes ferromagnétiques, les chutes de tension dans les résistances et les inductances de fuite du stator sont négligeables.
- les pertes mécaniques sont également négligeables.

On effectue deux essais du moteur sous tension nominale :

Premier essai : Moteur à l'arrêt, rotor ouvert, on relève la tension entre 2 bagues du rotor : 395 V et le courant en ligne $I_0 = 16,5$ A.

Deuxième essai : Moteur en marche, rotor en court-circuit, la fréquence de rotation est de 1455 tr/min.
La machine absorbe une puissance mesurée par la méthode des deux wattmètres dont les déviations de même sens correspondent respectivement à 17,9 kW et 7 kW.

1. Calculer pour le point de fonctionnement du deuxième essai et dans les hypothèses simplificatrices :

1.1. Le glissement g

1.2. Le facteur de puissance $\cos\varphi$ (on prendra par la suite : $\cos\varphi = 0,8$).

1.3. L'intensité du courant en ligne I.

1.4. La puissance dissipée dans le rotor P_{Jr}.

1.5. Le moment du couple électromagnétique exercé sur le rotor : T.

2. Compte-tenu des hypothèses, on propose ci-dessous le schéma équivalent ramené au primaire d'une phase du stator.

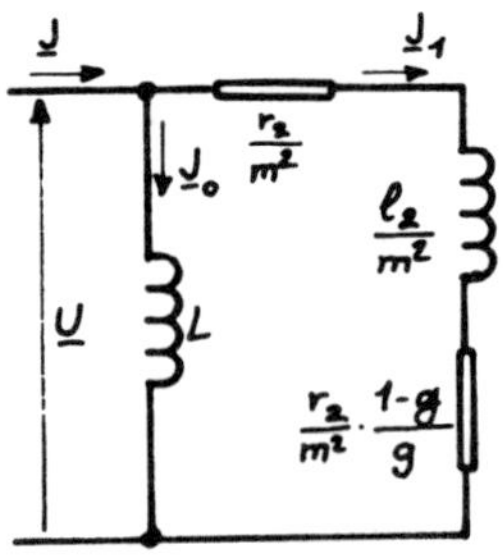

Fig. 7.1

r_2 et $\ell_2\omega$ sont la résistance et la réactance de fuite d'une phase du rotor.
m est le rapport de transformation par phase à vide. g est le glissement.

On rappelle que le moment du couple électromagnétique peut se mettre sous la forme :

$$T = K.U^2 \frac{\frac{r_2}{g}}{\left(\frac{r_2}{g}\right)^2 + (\ell_2\omega)^2}$$

On se propose d'utiliser les essais effectués pour déterminer les facteurs :

$K.U^2$, r_2, $\ell_2\omega$.

2.1. Placer sur un diagramme vectoriel la tension $\underline{U}$ et les courants $\underline{J}_0$, $\underline{J}_1$, $\underline{J}$. Montrer que l'intensité J_1 du courant par phase a pour valeur efficace : $J_1 = 22{,}9$ A. (On pourra utiliser une méthode graphique ou un calcul).

2.2. Vérifier que $m = 0{,}6$ et calculer la résistance rotorique par phase: r_2.

2.3. Calculer la réactance $\ell_2\omega$.

2.4. Montrer que le facteur $K.U^2$ vaut : $K\,U^2 = 992{,}5$ S.I.

2.5. Quel est le moment du couple électromagnétique maximal T_M ? Pour quel glissement a-t-il lieu ?

3. On veut obtenir le point de fonctionnement suivant :

$$T = 200 \text{ Nm} \quad \text{pour} \quad g = 0{,}5.$$

On utilise pour cela un rhéostat de glissement couplé en étoile au rotor.

3.1. Montrer que la résistance par phase de ce rhéostat doit être : Rh = 1,95 Ω

3.2. Calculer la puissance totale dissipée dans le rhéostat : P_{Rh} .

□ 1. Le fonctionnement du deuxième essai est décrit ainsi :

$$U = 380 \text{ V},\ f = 50 \text{ Hz},\ n' = 1455 \text{ tr/min},\ P^1_{13} = 17{,}9 \text{ kVA},\ P^2_{23} = 7 \text{ kVA}$$

(on sait que si les phases 1, 2, 3 du réseau constituent un système direct de tensions on doit avoir $P^1_{13} > P^2_{23}$ lorsque le récepteur consomme de la puissance réactive, ce qui est le cas pour un moteur à induction asynchrone).

1.1. La machine ayant deux paires de pôles ($2p = 4$ pôles) la vitesse de synchronisme vaut :

$$n'_s = \frac{60}{2\pi}\,\Omega_s = \frac{60}{2\pi}\,\frac{\omega}{p} = \frac{30}{\pi}\,\frac{2\pi f}{p} = 60\,\frac{f}{p}\ .$$

Dans notre cas, où $f = 50$ Hz et $p = 2$: $n'_s = 1500$ tr/min. D'où la valeur du glissement, en utilisant sa définition :

$$g = \frac{n'_s - n'}{n'_s} = \frac{1500 - 1455}{1500} = \frac{45}{1500} = 3\ \%\ .$$

1.2. On sait qu'en régime sinusoïdal triphasé équilibré la méthode des deux wattmètres permet de calculer :

$$P = P^1_{13} + P^2_{23} = \sqrt{3}\ U\ I\ \cos\varphi$$

$$Q = \sqrt{3}\ (P^1_{13} - P^2_{23}) = \sqrt{3}\ U\ I\ \sin\varphi\ .$$

D'où aussi :

$$S = \sqrt{P^2 + Q^2} = \sqrt{(P^1_{13} + P^2_{23})^2 + 3(P^1_{13} - P^2_{23})^2}$$

et le facteur de puissance s'exprime, par définition :

$$\cos\varphi = \frac{P}{S} = \frac{P^1_{13} + P^2_{23}}{2\sqrt{(P^1_{13})^2 + (P^2_{23})^2 - P^1_{13}\ P^2_{23}}}\ .$$

A.N. : $\cos\varphi = 0{,}7968 \approx 0{,}80$.

1.3. Sachant qu'en régime sinusoïdal triphasé équilibré on peut écrire :

$$P = \sqrt{3}\ U\ I\ \cos\varphi = P^1_{13} + P^2_{23}$$

on en déduit :

$$I = \frac{P^1_{13} + P^2_{23}}{\sqrt{3}\ U \cos\varphi} = \frac{(17{,}9+7).10^3}{\sqrt{3}.380.0{,}80} = 47{,}3 \text{ A} .$$

1.4. Compte-tenu des hypothèses admises (on néglige les pertes dans le fer, les pertes par effet Joule au primaire et les pertes mécaniques) la seule cause de pertes est l'effet Joule dans les enroulements secondaires (rotor) ; d'où le bilan de puissance :

$$P_a = p_{J2} + P_u .$$

Comme on a négligé la totalité des pertes du stator (effet Joule et pertes ferromagnétiques) la puissance électromagnétique transmise au rotor vaut

$$P_{em} = P_{tr} = P_a .$$

On sait que la conservation du moment du couple dans une machine à induction (couple exercé par le primaire sur le champ glissant égal au couple exercé par le champ glissant sur le rotor, au régime permanent) se traduit par

$$p_{J2} = g\ P_{em} .$$

D'où :

$$p_{J2} = g\ P_a = g\ \sqrt{3}\ U\ I\ \cos\varphi = g(P^1_{13} + P^2_{23})$$

A.N. : $p_{J2} = 0{,}03 \times 24{,}9.10^3 = 747$ W.

1.5. Par définition, le moment du couple électromagnétique exercé par le primaire sur le champ glissant est le rapport de la puissance électromagnétique transmise sur la pulsation de rotation du champ glissant (ou pulsation de synchronisme)

$$T = \frac{P_{em}}{\Omega_s} = \frac{P_a}{\frac{\omega}{p}} = \frac{p(P^1_{13} + P^2_{23})}{2\pi f}$$

A.N. : $T = \dfrac{2.24{,}9.10^3}{100\pi} = 158{,}5$ Nm.

2. On admet qu'une phase primaire du moteur fonctionnant en régime sinusoïdal triphasé équilibré est équivalente au dipôle de la figure 7.2 ci-contre et donc que le moment du couple électromagnétique s'exprime

$$T = K.U^2 \frac{\frac{r_2}{g}}{(\frac{r_2}{g})^2 + (\ell_2\omega)^2} .$$

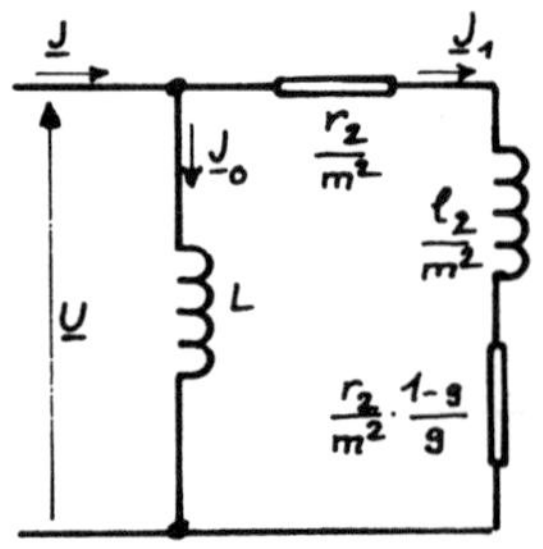

Fig. 7.2

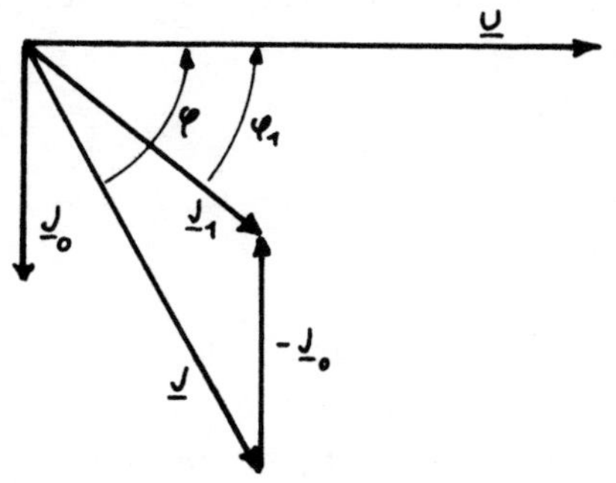

Fig. 7.3

2.1. La traduction vectorielle du schéma électrique équivalent proposé donne le diagramme de la figure 7.3.
L'intensité de $\underline{J}_0$ est en retard de $\frac{\pi}{2}$ par rapport à $\underline{U}$ puisqu'on néglige les pertes ferromagnétiques et les pertes par effet Joule au primaire. De plus, en régime triphasé équilibré et en couplage triangulaire du primaire on a, dans chaque enroulement statorique, à vide :

$$J_0 = \frac{I_o}{\sqrt{3}} = \frac{16,5}{\sqrt{3}} = 9,53 \text{ A.}$$

Par ailleurs, on connaît l'intensité I du courant absorbé lors du fonctionnement en charge analysé à la question 1 : $I = 47,3$ A.

On en déduit l'intensité du courant dans un élément :

$$J = \frac{I}{\sqrt{3}} = 27,3 \text{ A}$$

et on sait que $\underline{J}$ est déphasé par rapport à $\underline{U}$ de

$$\varphi = \text{arc cos } 0,8 = 0,643 \text{ rad}$$

(φ est nécessairement compris entre 0 et $\frac{\pi}{2}$ car un moteur à induction a toujours un comportement inductif).

De la loi des noeuds qui donne : $\underline{J} = \underline{J}_0 + \underline{J}_1$ on déduit :

$$\underline{J}_1 = \underline{J} - \underline{J}_0 = [27,3, - 0,643 \text{ rad}] - [9,53, - \frac{\pi}{2}]$$

soit :

$$\underline{J}_1 = [22,89 \text{ A}, -0,304 \text{ rad}] \quad .$$

On vérifie bien que $J_1 \approx 22,9$ A.

2.2. Lors de l'essai à l'arrêt, rotor ouvert, on a relevé : $U_2 = 395$ V pour $U_1 = 380$ V, soit, pour un couple d'enroulements primaire-secondaire

$$V_1' = U_1 = 380 \text{ V} \quad \text{(primaire en triangle)}$$

$$V_2' = \frac{U_2}{\sqrt{3}} = 228 \text{ V} \quad \text{(secondaire en étoile)}$$

D'où le rapport de transformation d'un couple d'enroulements, à l'arrêt :

$$m = \frac{V_2'}{V_1'} = \frac{228}{380} = 0,600.$$

On a calculé les pertes par effet Joule dans les enroulements du rotor lors de l'essai en charge :

$$p_{J2} = 747 \text{ W}$$

et on sait que le rotor est parcouru par des courants d'intensité I_2 telle que :

$$J_1 = m\, I_2 \, .$$

D'où, si r_2 est la résistance d'une phase du rotor :

$$p_{J2} = 3 r_2 I_2^2 = 3\, \frac{r_2}{m^2}\, J_1^2$$

dont on déduit :

$$r_2 = \frac{m^2\, p_{J2}}{3 . J_1^2} = \frac{(0,6)^2\; 747}{3(22,9)^2} \approx 171 \text{ m}\,\Omega \, .$$

2.3. La loi d'Ohm généralisée, appliquée au schéma équivalent, en régime sinusoïdal, donne :

$$\underline{U} = \underline{Z}\, \underline{J}_1 \quad \text{où} \quad \underline{Z} = \frac{r_2}{m^2}\left(\frac{1-g}{g} + 1\right) + j\, \frac{\ell_2 \omega}{m^2} \, .$$

D'où :

$$Z = \sqrt{\left(\frac{r_2}{m^2 g}\right)^2 + \left(\frac{\ell_2\omega}{m^2}\right)^2} = \frac{U}{J_1}$$

et donc :

$$\ell_2\omega = m^2 \sqrt{\left(\frac{U}{J_1}\right)^2 - \left(\frac{r_2}{m^2 g}\right)^2}$$

A.N. : $\ell_2\omega = (0,6)^2 \sqrt{\left(\frac{380}{22,9}\right)^2 - \left(\frac{0,171}{0,36.0,03}\right)^2} = 1,795\ \Omega \approx 1,8\ \Omega.$

2.4. On a estimé la valeur du moment du couple électromagnétique T pour $U = 380$ V et $g = 3$ %. On a trouvé : $T = 158,5$ Nm.

Or T est aussi donné par l'expression :

$$T = K.U^2\, \frac{\frac{r_2}{g}}{\left(\frac{r_2}{g}\right)^2 + (\ell_2\omega)^2} \, .$$

D'où l'expression permettant de calculer $K.U^2$:

$$K.U^2 = \frac{gT}{r_2}\left[\left(\frac{r_2}{g}\right)^2 + (\ell_2\omega)^2\right] .$$

A.N. : pour $T \approx 158,$Nm, $g = 0,03$, $r_2 \approx 0,171\ \Omega$, $\ell_2\omega \approx 1,8\ \Omega$

$$K.U^2 \approx 992,7 \text{ S.I.}$$

2.5. En écrivant l'expression du moment T sous la forme :

$$T = K\, U^2\, \frac{r_2}{\frac{r_2^2}{g} + g(\ell_2\omega)^2} = \frac{N}{D}$$

on voit que le numérateur $N = K\, U^2 r_2$ est indépendant du glissement g alors que le dénominateur D est minimal lorsque les deux termes dont il est la somme, de produit constant $(r_2 \ell_2\omega)^2$, sont égaux. Le maximum de T a donc lieu lorsque :

$$\frac{r_2^2}{g} = g(\ell_2\omega)^2 \quad \text{soit} \quad g_M = \frac{r_2}{\ell_2\omega}$$

et la valeur maximale de T vaut :

$$T_M = \frac{K\,U^2 r_2}{\dfrac{2r_2^2}{g_M}} = \frac{K\,U^2}{2\ell_2\omega}\ .$$

A.N. : $g_M = \frac{r_2}{\ell_2\omega} = \frac{0{,}171}{1{,}795} = 9{,}52\ \%$ $\qquad T_M = \frac{K\,U^2}{2\ \ell_2\omega} = \frac{992{,}7}{2.1{,}795} \approx 277$ Nm .

3. On veut obtenir T = 200 Nm pour g = 0,5 = 50 % en insérant un rhéostat de glissement en série avec les enroulements rotoriques. Le rhéostat étant constitué de trois résistors de résistance Rh couplés en étoile, la résistance totale d'une phase secondaire vaut désormais : $r_2 + Rh = R_2$.

Cette résistance totale R_2 doit donc satisfaire à :

$$T = K\,U^2\ \frac{R_2}{\dfrac{R_2^2}{g} + g(\ell_2\omega)^2}$$

et est donc solution de l'équation

$$\frac{T}{g}\,R_2^2 - K\,U^2\,R_2 + g(\ell_2\omega)^2 T = 0$$

ou :

$$R_2^2 - \frac{g\,K\,U^2}{T}.R_2 + (g\ell_2\omega)^2 = 0$$

numériquement : $R_2^2 - 2{,}482\ R_2 + 0{,}8055 = 0$.

Les solutions de cette équation valent :

$R'_2 = 2{,}0978\ \Omega$, $\qquad R''_2 = 0{,}3839\ \Omega$.

Ces deux solutions sont réelles et positives mais une seule correspond à un fonctionnement stable du moteur à induction lorsqu'il présente un glissement g = 0,5 = 50 %. Les fonctionnements d'un moteur à induction sont stables lorsqu'ils sont associés à des valeurs du glissement comprises entre zéro et $g_M = \frac{R_2}{\ell_2\omega}$; d'où :

- pour $R'_2 = 2{,}0978\ \Omega \qquad 0 < g < \frac{2{,}0978}{1{,}795} = 1{,}17 = 117\ \%$
- pour $R''_2 = 0{,}3839\ \Omega \qquad 0 < g < \frac{0{,}3839}{1{,}795} = 0{,}214 = 21{,}4\ \%$.

On ne pourra avoir un fonctionnement stable du moteur présentant un couple de moment T = 200 Nm avec un glissement de 50 % (n' = 750 tr/min) que si la résistance totale d'une phase rotorique vaut : $R_2 = 2{,}0978\ \Omega \approx 2{,}1\ \Omega$.
D'où la résistance d'une phase du rhéostat de glissement : $Rh = R_2 - r_2 = 1{,}927\ \Omega \approx 1{,}93\ \Omega$
La puissance totale dissipée dans le rotor et le rhéostat s'exprime :

$$P_{J2} = gP_{em} = g\ T\ \Omega = g\ T\ \frac{\omega}{p} = \frac{2\pi fg}{p}\ T$$

A.N. : $P_{J2} = 15{,}7$ kW .
Or $P_{J2} = 3(r_2+Rh)I_2^2$ et $P_{Rh} = 3.Rh.I_2^2$. D'où la puissance dissipée dans le rhéostat de glissement : $P_{Rh} = \frac{Rh}{r_2+Rh}\ .\ P_{J2} = \frac{Rh}{r_2+Rh}\ \frac{2\pi fg}{p}\ T$.
A.N. : $P_{Rh} = \frac{1{,}927}{2{,}098}.15{,}7.10^3 = 14{,}4$ kW.

¶ 8. *Moteur asynchrone. Rhéostat de démarrage.*

Un moteur à induction triphasé, à rotor bobiné, primaire et secondaire couplés en étoile, porte sur sa plaque :

$U_n = 380$ V, $I_n = 6{,}2$ A, f = 50 Hz, 4 pôles.

On a effectué les essais suivants, où les puissances ont été mesurées au moyen d'un compteur triphasé d'énergie de coefficient K = 4,44 Wh par tour (du disque).

- Essai à vide : $U_o = 380$ V, $I_o = 3{,}7$ A, le disque du compteur a fait 5 tours en 3 min 44 s.
- Essai à l'arrêt, rotor en court-circuit : $U_{cc} = 87{,}5$ V, $I_{cc} = 6{,}45$ A, le disque du compteur a fait 5 tours en 3 min 35 s.
- Mesure de la résistance des enroulements à la température normale de démarrage :
  - résistance d'un enroulement primaire : $r_1 = 1\ \Omega$.
  - résistance d'un enroulement secondaire : $r_2 = 0{,}3\ \Omega$.

Déterminer le réhostat de démarrage permettant d'assurer la mise en marche dans les conditions suivantes :

$$U = U_n \qquad I_n \leq I \leq 1{,}5\ I_n .$$

Préciser les vitesses de rotation auxquelles doivent être effectués les changements de résistance.

□ Nous allons dans un premier temps construire le diagramme circulaire normalisé de la machine, dans le but de déterminer les caractéristiques des fonctionnements associés à $I = I_n$ et $I = 1{,}5\ I_n$.

- L'essai à vide a donné :

$U_o = 380$ V, $I_o = 3{,}7$ A, $W_o = 5 \times 4{,}44$ Wh $= 5 \times 4{,}44 \times 3600$ J en t = 3 min 44 s = 224 s.

D'où
$$P_o = \frac{W_o}{t} \approx 357 \text{ W}.$$

Comme en régime triphasé sinusoïdal équilibré on peut écrire

$$P = \sqrt{3}\ UI \cos \varphi$$

on en déduit :

$$\cos \varphi_o = \frac{P_o}{\sqrt{3}\ U_o I_o} = 0{,}1465, \qquad \varphi_o = 1{,}42 \text{ rad.}$$

Par ailleurs, la machine étant couplée en étoile, chaque enroulement est traversé par un courant d'intensité efficace I_o.

On construit donc le point A extrémité du vecteur associé à $\underline{I}_o$, de norme $I_o = 3{,}7$ A et déphasé de φ_o par rapport à la tension simple $\underline{V}$ du réseau d'alimentation

$$\underline{I}_o = [3,7 \text{ A}, - 1,42 \text{ rad}].$$

- L'essai à l'arrêt, rotor en court-circuit, donne :

$$U_{cc} = 87,5 \text{ V} \quad V_{cc} = \frac{U_{cc}}{\sqrt{3}} = 50,5 \text{ V} \quad I_{cc} = J_{cc} = 6,45 \text{ A},$$

$W_{cc} = 5.4,44$ Wh $= 5.4,44.3600$ J en $t = 3$ min 35 s $= 215$ s.

D'où :

$$P_{cc} = \frac{W_{cc}}{t} = \frac{5.4,44.3600}{215} \approx 372 \text{ W}.$$

D'où la valeur du facteur de puissance :

$$\cos \varphi_{cc} = \frac{P_{cc}}{\sqrt{3}\, U_{cc}\, I_{cc}} = 0,380 \qquad \varphi_{cc} = 1,18 \text{ rad}.$$

Sous sa tension nominale le primaire serait parcouru par des courants d'intensité efficace :

$$J_{ccn} = I_{ccn} = \frac{U_n}{U_{cc}} \cdot I_{cc} = \frac{380}{87,5}\ 6,45 = 28 \text{ A}.$$

On construit donc le point C extrémité de $\underline{I}_{ccn}$

$$I_{ccn} = [28 \text{ A}, - 1,18 \text{ rad}]$$

en prenant une tension simple $\underline{V}$ comme référence de phases.

- Le cercle cherché passe par les points A et C ; son centre est sur une droite passant par A et faisant avec une perpendiculaire à $\underline{V}$ un angle tel que :

$$\sin \gamma \approx \operatorname{tg} \gamma \approx \frac{2 r_1 I_{1m}}{V_n} = \frac{2 r_1 I_{10} \sin \varphi_{10}}{V_n}$$

$$\sin \gamma \approx \operatorname{tg} \gamma \approx \frac{2.1.3,66}{220} = 0,033 \qquad \gamma \approx 33 \text{ m rad} \approx 1,9° .$$

- On construit la droite des couples qui coupe le segment C"C au point C' tel que :

$$3V\, C"C' = P_{Js} = 3\, r_1\, I_{ccn}^2$$

$$C"C' = \frac{r_1}{V_1}\, I_{ccn}^2 = \frac{1}{220}\, (28)^2 \approx 3,57 \text{ A} .$$

- On construit une échelle de glissements, parallèle à la droite des couples (on a tracé la parallèle passant par le point C). Pour un point M du cercle, le glissement du fonctionnement associé s'obtient en cherchant l'insertion m est tel que :

$$g = \frac{am}{ac}$$

où a est le point de cette échelle qui est sur la tangente en A au cercle, c le point de l'échelle qui est aussi sur la droite AC (ici c est confondu avec le point C).

Ayant construit le diagramme circulaire de la machine, on construit les points M et M' associés aux intensités

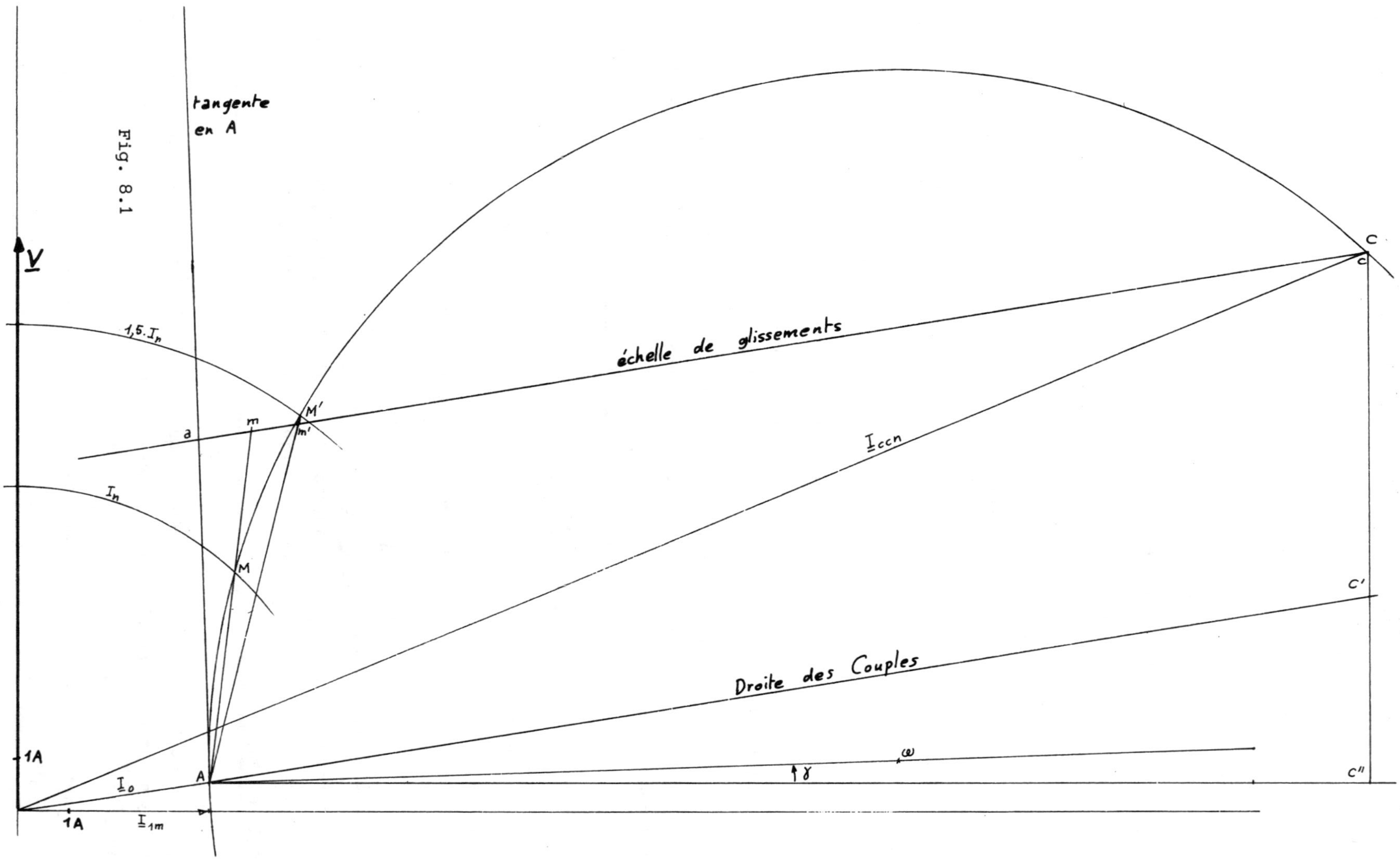
tangente
en A
V
1,5.I_n
I_n
a
m
M'
m'
M
échelle de glissements
$\underline{I}_{ccn}$
C
c
C'
C''
Droite des Couples
ω
γ
1A
A
$\underline{I}_0$
1A
$\underline{I}_{1m}$

Fig. 8.1

$$I = I_n = 6{,}2 \text{ A} \quad \text{et} \quad I' = 1{,}5 \ I_n = 9{,}3 \text{ A}.$$

Le diagramme permet de déterminer le glissement que présenterait la machine, dans ces fonctionnements, lorsque $U = U_n$ et lorsque les enroulements rotoriques sont court-circuités. On trouve :

- Pour $I = I_n$ (point M) $g_m = \frac{am}{ac} = \frac{1{,}02}{22{,}7} = 0{,}04493 \approx 4{,}5 \ \%$
- Pour $I = 1{,}5 \ I_n$ (point M') $g_M = \frac{am'}{ac} = \frac{1{,}93}{22{,}7} = 0{,}0850 = 8{,}5 \ \%$.

On en déduit le nombre de sections du rhéostat de démarrage (formule E.V.4) :

$$k \leq \frac{\log g_m}{\log(\frac{g_m}{g_M})} = 4{,}876.$$

On va donc réaliser un rhéostat à 5 sections (6 temps de démarrage). Si on veut réduire au minimum la durée du démarrage, c'est-à-dire augmenter le moment du couple, donc l'intensité du courant de démarrage, on peut maintenir I entre $1{,}5 \ I_n$ et une intensité I' telle qu'elle soit associée à un glissement (en court-circuit) g'_m tel que :

$$\left(\frac{g'_m}{g_M}\right)^5 = g_M$$

soit $g'_m = g_M \exp\left(\frac{\log 9M}{5}\right) = 5{,}19 \ \% \approx 5{,}2 \ \%$.

On peut alors calculer les valeurs successives de la résistance totale d'une phase rotorique (secondaire plus rhéostat) et les glissements correspondant aux changements de résistance, sachant que :

$$r_2 = 0{,}3 \ \Omega \qquad g_M = 8{,}5 \ \% \qquad g_m \approx 5{,}2 \ \%.$$

- Démarrage : $g_1 = 1$ $\quad r_2 + Rh_1 = \frac{r_2}{g_M} = 3{,}53 \ \Omega$.
- Deuxième temps : $g_2 = \frac{g_m}{g_M} = \frac{0{,}0519}{0{,}085} = 61 \ \%$, $\quad r_2 + Rh_2 = \frac{gm}{gM} \cdot \frac{r_2}{gM} \doteq 2{,}16 \ \Omega$.
- Troisième temps : $g_3 = \left(\frac{g_m}{g_M}\right)^2 = 37{,}3 \ \%$, $\quad r_2 + Rh_3 = \left(\frac{g_m}{g_M}\right)^2 \frac{r_2}{g_M} = 1{,}32 \ \Omega$.
- Quatrième temps : $g_4 = \left(\frac{g_m}{g_M}\right)^3 = 22{,}8 \ \%$, $\quad r_2 + Rh_4 = \left(\frac{g_m}{g_M}\right)^3 \frac{r_2}{g_M} = 0{,}80 \ \Omega$.
- Cinquième temps : $g_5 = \left(\frac{g_m}{g_M}\right)^4 = 13{,}9 \ \%$, $\quad r_2 + Rh_5 = \left(\frac{g_m}{g_M}\right)^4 \frac{r_2}{g_M} = 0{,}49 \ \Omega$.
- Sixième temps : $g_6 = \left(\frac{g_m}{g_M}\right)^5 = 8{,}5 \ \%$, $\quad r_2 + Rh_6 = \left(\frac{g_m}{g_M}\right)^5 \frac{r_2}{g_M} = 0{,}3 \ \Omega = r_2$.

D'où la configuration du rhéostat et les vitesses de changement de plots, sachant que $n' = n'_s \ (1-g)$ où

$$n'_s = \frac{30}{\pi} \frac{2\pi f}{p} = 1500 \text{ tr/min} \quad (p = 2, \ f = 50 \text{ Hz}).$$

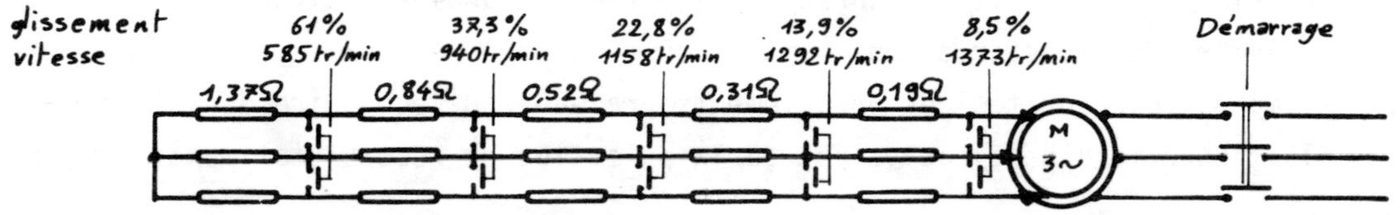

Fig. 8.2

¶ 9. *Cascade hyposynchrone.*

On dispose d'un moteur asynchrone triphasé, tétrapolaire, à rotor bobiné, primaire et secondaire couplés en étoile, caractérisé par les résultats des essais suivants :

- Essai à vide, rotor en court-circuit :

$$U_{M10} = 400\ V,\quad f_M = 50\ Hz,\quad I_{M10} = 4{,}3\ A,\quad P_{M10} = 300\ W\ .$$

- Essai à rotor bloqué, secondaire en court-circuit :

$$U_{M1cc} = 87\ V,\quad f_M = 50\ Hz,\quad I_{M1cc} = 6{,}2\ A,\quad P_{M1cc} = 550\ W.$$

- Mesure de la résistance à chaud d'un enroulement primaire :

$$r_1 = 1\Omega\ .$$

- Essai à l'arrêt, secondaire ouvert :

$$U_{M10} = 400\ V,\quad f_M = 50\ Hz,\quad U_{M20} = 100\ V\ .$$

- Détermination des pertes mécaniques de la machine :

$$p_{méca} = 100\ W\ .$$

On réalise la cascade hyposynchrone dont le schéma est indiqué ci-dessous :

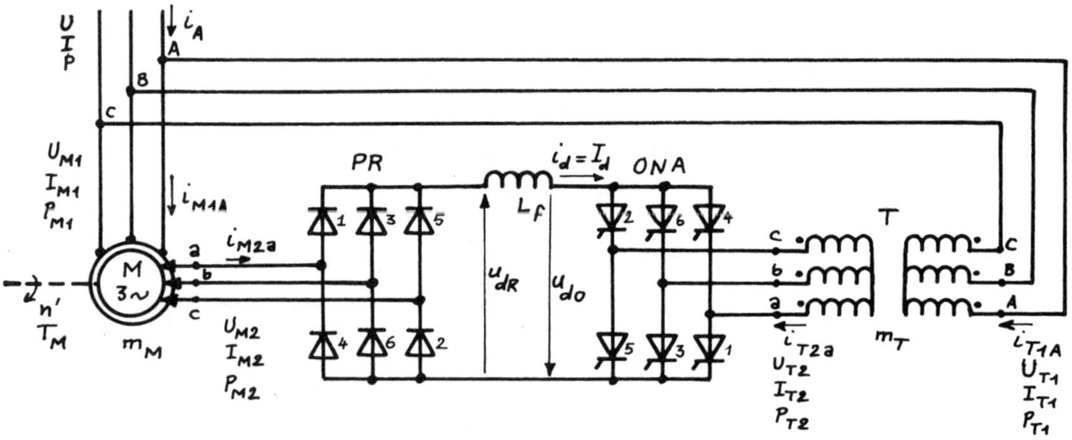

Fig. 9.1

Les composants électroniques (diodes, thyristors) sont supposés parfaits : on négligera les chutes de tension directe à leurs bornes (en conduction) devant les autres tensions du montage, et leurs pertes d'énergie devant les énergies totales mises en jeu.

Le transformateur T est caractérisé par les grandeurs suivantes :

- Rapport de transformation : $m_T = 0{,}5$
- Impédance de pertes des enroulements, ramenée au secondaire dans le schéma électrique monophasé équivalent (à la pulsation du réseau d'alimentation) :

$$R_s = 0{,}2\,\Omega,\; X_s = 0{,}3\,\Omega.$$

- Résultats de l'essai à vide :

$$U_{T10} = 400\text{ V},\quad I_{T10} = 0{,}5\text{ A},\quad f_T = 50\text{ Hz},\quad P_{T10} = 50\text{ W}.$$

On désire analyser le fonctionnement de cette cascade défini par les grandeurs suivantes :

- Tension d'alimentation $U_{M1} = U_{T1} = 400\text{ V} = U$
- Fréquence d'alimentation $f_M = f_T = 50\text{ Hz} = f$
- Vitesse de rotation du moteur : $n' = 500$ tr/min.
- Moment du couple utile du moteur : $T_M = 20$ Nm.

1. Première partie. Etude de la machine asynchrone.

En supposant que le moteur M fonctionne en régime sinusoïdal triphasé équilibré de tensions et de courants, déterminer, lors du fonctionnement souhaité, les valeurs :

1.1. du glissement, g ;

1.2. de la puissance électromagnétique disponible dans les enroulements du rotor, P_{Mem2} ;

1.3. de la f.e.m. secondaire simple, E_{M2} ;

1.4. de l'intensité des courants primaires, I_{M1}, et secondaires, I_{M2} ;

1.5. du facteur de puissance primaire, $\cos\varphi_{M1}$;

1.6. de l'impédance de pertes ramenée au secondaire $(R_2,\; X_2 = L_2\omega)$ à la pulsation ω des grandeurs primaires.

□ 1.1. Le moteur M, tétrapolaire (p = 2), présente, à la fréquence d'alimentation $f_M = f = 50$ Hz, une vitesse de synchronisme :

$$n'_s = \frac{60}{2\pi}.\Omega_s = \frac{30}{\pi}\frac{\omega}{p} = \frac{30}{\pi}\frac{2\pi f}{p} = \frac{60f}{p} = 1500\text{ tr/min.}$$

D'où, lors d'un fonctionnement à $n' = 500$ tr/min. La valeur du glissement du rotor par rapport au champ magnétique, glissant dans l'entrefer et forcé par les tensions d'alimentation :

$$g = \frac{n'_s - n'}{n'_s} = \frac{1500 - 500}{1500} = \frac{2}{3} = 66{,}7\ \%.$$

1.2. On sait qu'en régime de fonctionnement où tensions et courants sont des fonctions sinusoïdales du temps la puissance P_{Mem1} transmise du stator (primaire) au rotor est ainsi utilisée :

$P_{Mem2} = g\,P_{Mem1}$ est disponible dans les enroulements (secondaire) du rotor,

$P_{Mm} = P_{Mem1} - P_{Mem2} = (1-g)P_{Mem1}$ devient de la puissance mécanique disponible (aux pertes mécaniques près) sur l'arbre de la machine.

D'où la puissance mécanique utile

$$P_{Mu} = P_{Mm} - p_{méca} = (1 - g)\,P_{Mem1} - p_{méca}.$$

Connaissant le moment T_M du couple utile du moteur et la vitesse de rotation n' on peut donc déterminer la puissance mécanique utile :

$$P_{Mu} = T_M \Omega = T_M \frac{\pi n'}{30} = \frac{\pi}{30} T_M n'_s (1 - g) .$$

D'où la valeur de la puissance électrique disponible au secondaire :

$$P_{Mem2} = g\ P_{Mem1} = \frac{g}{1-g} P_{Mm} = \frac{g}{1-g} (P_{Mu} + p_{méca})$$

$$P_{Mem2} = g \frac{\pi}{30} T_M n'_s + \frac{g}{1-g} p_{méca} .$$

A.N. : en négligeant, du fait de sa faible incidence sur les résultats du calcul, la variation de $p_{méca}$ avec la vitesse de rotation, on a :

$$T_M = 20 \text{ Nm},\ n'_s = 1500 \text{ tr/min},\ g = \frac{2}{3},\ p_{méca} = 100 \text{ W}$$

$$P_{Mem2} = 2294 \text{ W}.$$

1.3. La machine M présente un rapport de transformation m_M dont la valeur se déduit des résultats de l'essai à l'arrêt, secondaire ouvert ; par définition :

$$m_M = \frac{U_{M20}}{U_{M10}}$$

A.N. : $U_{M10} = 400$ V, $U_{M20} = 100$ V ; $m_M = \frac{1}{4} = 0{,}25$.

Lors d'un fonctionnement en rotation caractérisé par un glissement g les valeurs efficaces de f.e.m. homologues (simples, par exemple) secondaire, E_{M2}, et primaire, E_{M1}, sont liées par :

$$E_{M2} = g\ m_M . E_{M1} .$$

Si on néglige les chutes de tension primaires on peut estimer que :

$$U_{M1} = E_{M1} \sqrt{3} \quad \text{(primaire en étoile)}$$

D'où :

$$E_{M2} = g\ m_M \frac{U_M}{\sqrt{3}} = g\ m_M \frac{U}{\sqrt{3}} .$$

A.N. : si $U = 400$ V, $g = \frac{2}{3}$, $m_M = \frac{1}{4}$

$$E_{M2} = 38{,}5 \text{ V}.$$

1.4. L'intensité des courants primaires et secondaires peut être déduite du diagramme circulaire des intensités :

- l'essai à vide donne le point A, extrêmité de

$$\underline{OA} = \underline{J}_{M10} = \underline{I}_{M10} \quad \text{(primaire couplé en étoile)}$$

$$I_{M10} = 4{,}3 \text{ A}$$

$$\cos \varphi_{M10} = \frac{P_{M10}}{\sqrt{3}\ U_{M10} I_{M10}} = \frac{300}{\sqrt{3}\ 400\ 4{,}3} = 0{,}101$$

$$\varphi_{M10} = 1{,}47 \text{ rad}$$

$$\underline{OA} = \underline{I}_{M10} = [4{,}3 \text{ A}; -1{,}47 \text{ rad}]$$

(en prenant $\underline{V}_{M1}$ comme origine des phases).

- le point A' associé au fonctionnement au synchronisme $(g = 0)$ se déduit des essais en exprimant que la machine ne reçoit du réseau que les pertes ferromagnétiques et par effet Joule au primaire (les pertes mécaniques étant alors fournies par une machine auxiliaire d'entraînement, si on réalise ce fonctionnement) :

$$P_{M1s} = P_{M10} - p_{méca} = 300 - 100 = 200 \text{ W}$$

$$OA' = I_{M1s} \approx I_{M10} = 4,3 \text{ A}$$

$$\cos \varphi_{M1s} = \frac{P_{M1s}}{\sqrt{3}\, U_{M1} I_{M1s}} = \frac{200}{\sqrt{3}\; 400\; 4,3} = 0,067$$

$$\varphi_{M1s} = 1,50 \text{ rad}$$

$$\underline{OA}' = \underline{I}_{M1s} = [4,3 \text{ A}, -1,50 \text{ rad}]$$

- l'essai rotor bloqué, secondaire en court-circuit, permet de déterminer le point C (g = 1) :

$$\underline{OC} = \underline{I}_{M1ccn} \quad \text{où} \quad I_{M1ccn} = I_{M1cc} \frac{U_{M1}}{U_{M1cc}} = 6,2 \frac{400}{87} = 28,5 \text{ A}$$

et

$$\cos \varphi_{M1cc} = \frac{P_{M1cc}}{\sqrt{3}\, U_{M1cc} I_{M1cc}} = \frac{550}{\sqrt{3}\; 87\; 6,2} = 0,589$$

$$\varphi_{M1cc} = 0,94 \text{ rad}$$

$$\underline{OC} = I_{M1ccn} = [28,5 \text{ A}, -0,94 \text{ rad}] .$$

- le cercle cherché passe par A' et C et a son centre sur la demi-droite (D) issue de A' et définie par l'angle γ tel que

$$\sin \gamma \approx \operatorname{tg} \gamma \approx \frac{2 r_1 I_{M1m}}{V_{M1}} = \frac{2 r_1 I_{M10} \sin \varphi_{M10}}{V_{M1}}$$

Numériquement

$$\sin \gamma \approx \operatorname{tg} \gamma \approx \frac{\bar{3}\; 2\; 1\; 4,3\; 0,995}{400} = 0,037$$

$$\gamma \approx 0,037 \text{ rad}$$

- enfin, on construit la droite des couples en plaçant le point C' tel que :

$$C''C' = \frac{r_1 I^2_{M1ccn}}{V_{M1}} = \frac{\sqrt{3}\; 1\; (2,85)^2}{400} = 3,52 \text{ A}.$$

On cherche le point de fonctionnement M correspondant à un couple électromagnétique de moment :

$$T_{em} = T_M + \frac{p_{méca}}{(1-g)\Omega_s}$$

soit :

$$T_{em} = 20 + \frac{100}{0,333\; 50\; \pi} = 21,9 \text{ Nm} .$$

M est donc distant, suivant les ordonnées (direction de $\underline{V}_{M1}$) de la droite des couples de :

$$PM = \frac{\Omega_s T_{em}}{\sqrt{3}\, U_{M1}} .$$

A.N. : $PM = \dfrac{50\; \pi\; 21,9}{\sqrt{3}\; 400} = 4,97$ A.

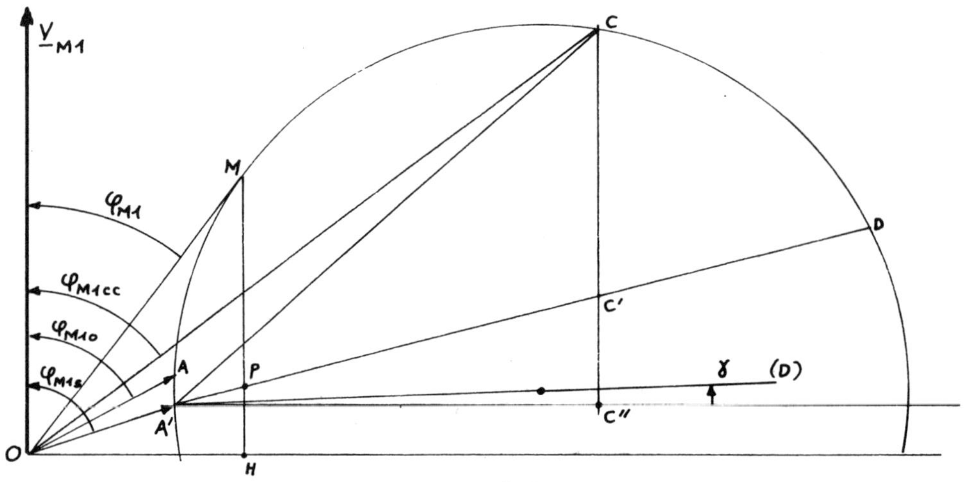

Fig. 9.2

On mesure sur le diagramme circulaire :

$$OM = I_{M1} = 7,27 \text{ A}$$

$$A'M = I_{M1t} = 5,12 \text{ A}.$$

Sachant que : $I_{M1t} = m_M . I_{M2}$ on en déduit l'intensité des courants rotoriques :

$$I_{M2} = \frac{I_{M1t}}{m_M} = \frac{A'M}{m_M} = \frac{5,12}{0,25} = 20,5 \text{ A} .$$

1.5. Le diagramme circulaire fournit aussi le facteur de puissance au primaire de la machine :

$$\cos \varphi_{M1} = \frac{HM}{OM} = \frac{5,37}{7,27} = 0,738.$$

D'où le déphasage φ_{M1} de $\underline{I}_{M1}$ par rapport à $\underline{V}_{M1}$

$$\varphi_{M1} = 0,74 \text{ rad}$$

$$\underline{I}_{M1} = [7,27 \text{ A}, -0,74 \text{ rad}].$$

1.6. Lors de l'essai à l'arrêt, secondaire en court-circuit, une phase primaire de la machine (en régime sinusoïdal triphasé équilibré) peut être représentée par le schéma monophasé équivalent ci-dessous :

Fig. 9.3

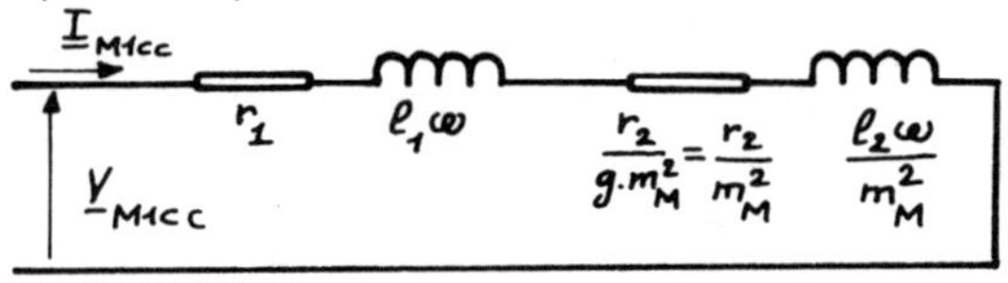

La puissance active absorbée est consommée dans les éléments résistifs et :

$$P_{M1cc} = 3(r_1 + \frac{r_2}{m_M^2})\, I_{M1cc}^2 .$$

D'où : $r_1 + \frac{r_2}{m_M^2} = \frac{P_{M1cc}}{3I^2_{M1cc}}$.

A.N. : $r_1 + \frac{r_2}{m_M^2} = \frac{550}{3(6,2)^2} = 4,77\ \Omega$.

D'où $\dfrac{r_2}{m_M^2} = 4,77 - 1 = 3,77\ \Omega$,

et $r_2 = m_M^2 \left(\dfrac{P_{M1cc}}{3I_{M1cc}^2} - r_1\right) = (0,25)^2\ 3,77 = 0,298 \approx 0,3\ \Omega$.

La puissance réactive est "consommée" dans les réactances de fuites :

$$Q_{M1cc} = 3(\ell_1\omega + \frac{\ell_2\omega}{m_M^2}) I_{M1cc}^2 .$$

Or, en régime sinusoïdal triphasé équilibré :

$$Q_{M1cc} = \sqrt{S_{M1cc}^2 - P_{M1cc}^2} = \sqrt{(\sqrt{3}\ U_{M1cc} I_{M1cc})^2 - (P_{M1cc}^2)} .$$

D'où :

$$\ell_1\omega + \frac{\ell_2\omega}{m_M^2} = \frac{1}{3}\sqrt{3\left(\frac{U_{M1cc}}{I_{M1cc}}\right)^2 - \left(\frac{P_{M1cc}}{I_{M1cc}^2}\right)^2}$$

A.N. : $\ell_1\omega + \dfrac{\ell_2\omega}{m_M^2} = \dfrac{1}{3}\sqrt{3\left(\dfrac{87}{6,2}\right)^2 - \left(\dfrac{550}{6,2^2}\right)^2} = 6,55\ \Omega$.

On sait que l'on peut rassembler au secondaire les éléments de cette impédance totale de pertes des enroulements, en les multipliant par gm^2. D'où l'impédance $\underline{Z}_2$ ramenée au secondaire :

$$\underline{Z}_2 = R_2 + j\ L_2 g\omega = R_2 + j\ g\ X_2$$

où : $R_2 = gm_M^2 (r_1 + \dfrac{r_2}{gm_M^2}) = gm_M^2\ r_1 + r_2$.

A.N. : $R_2 = g(0,25)^2 + 0,3\,\Omega = (0,0625\ g + 0,3)\Omega$

pour : $g = \dfrac{2}{3}$ $\quad R_2 = 0,342\ \Omega$.

Par ailleurs : $gL_2\omega = gX_2 = gm_M^2(\ell_1\omega + \dfrac{\ell_2\omega}{m_M^2})$

$$X_2 = L_2\omega = m_M^2 \ell_1\omega + \ell_2\omega$$

A.N. : $X_2 = L_2\omega = (0,25)^2\ 6,55 = 0,409\ \Omega$.

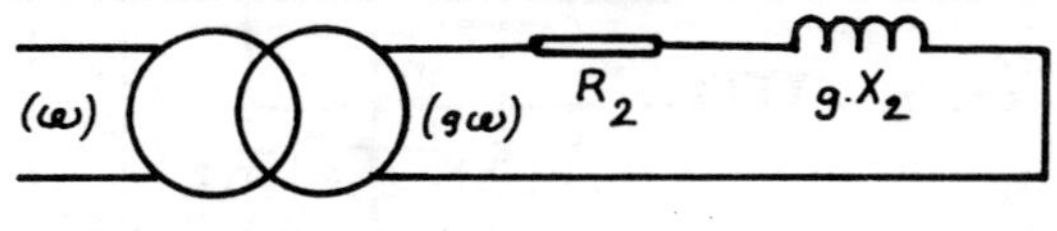

Fig. 9.4

2. Deuxième partie. Etude du Pont Redresseur PR.

On suppose le courant de sortie parfaitement lissé par la bobine sans résistance L_f : on notera I_d la valeur (constante) de son intensité $i_d(t)$.

2.1. Exprimer littéralement, en fonction de E_{M2} (f.e.m. secondaire simple) R_2, X_2 (résistance et réactance ramenées au secondaire, à la pulsation $\omega = 2\pi f$), g, r_2 et I_d :

- la valeur moyenne U_{dR} de la tension redressée $u_{dR}(t)$;
- la valeur moyenne P_{Mem2} de la puissance active reçue par le secondaire (en provenance du champ glissant de la machine M).

2.2. En déduire :

- la valeur de l'intensité I_d ;
- la valeur moyenne U_{dR} de la tension redressée.
- une valeur approximative de la durée de l'empiètement en commutation (en négligeant l'influence de R_2).
- l'allure de l'intensité i_{M2a} d'un courant secondaire.

2.3. Calculs annexes. Etude de la commutation.

Exprimer $i_{M2a}(t)$ lors de la mise en conduction de la diode 1 (les diodes étant toujours supposées parfaites).

En déduire la durée de la commutation (empiètement).

Calculer la valeur efficace $(I_{M2f})_{ef}$ de la composante fondamentale de i_{M2a}.

Apprécier l'incidence des hypothèses simplificatrices admises jusqu'ici.

□

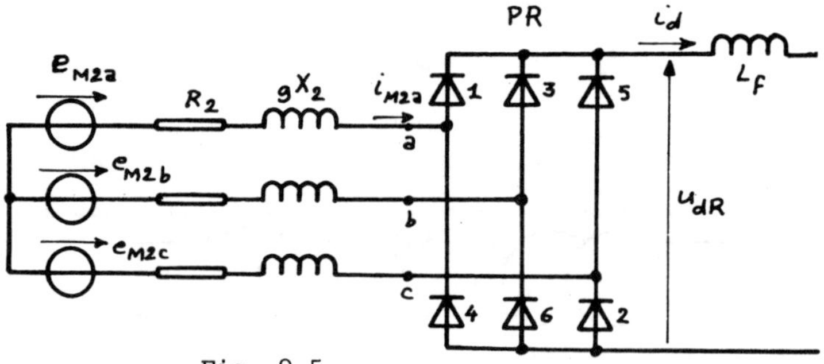

Fig. 9.5

2.1. Le pont de diodes PD3 constituant PR est alimenté par un système triphasé de forces électromotrices, de valeur efficace simple E_{M2}, de pulsation $g\omega$ (ω est la pulsation des courants statoriques de M), en série avec des impédances de partie réelle R_2 et de réactance gX_2 (à la pulsation $g\omega$).

La valeur moyenne U_{dR} de la tension redressée produite par PR s'exprime donc approximativement :

$$U_{dR} = E_{M2}\sqrt{6}\,\frac{\sin\frac{\pi}{6}}{\frac{\pi}{6}} - 6\,\frac{gX_2 I_d}{2\pi} - 2\,R_2\,I_d$$

(si on néglige les chutes de tension dues aux diodes du pont).

Le premier terme est la valeur moyenne de la tension obtenue dans le cas idéal (diodes parfaites, $R_2 = 0$, $X_2 = 0$) ; (cf. tome 2 § III.B.II) :

$$U_{di} = E_{M2}\sqrt{6}\,\frac{\sin\frac{\pi}{6}}{\frac{\pi}{6}} = \frac{3}{\pi}\,gm_M\,U_{M1}\sqrt{2} = \frac{3}{\pi}\,E_{M2}\sqrt{6}\,.$$

Comme il y a toujours deux diodes au moins en conduction (i_d ininterrompu) la chute de tension moyenne due à la résistance des enroulements de M s'exprime approximativement :

$$\Delta U'_d \approx 2\,R_2\,I_d\,.$$

Enfin, la réactance gX_2 ramenée au secondaire provoque une commutation des diodes avec empiétements, ce qui s'accompagne (cf. tome 2 § III.B.III) d'une chute de tension moyenne (si on néglige l'influence de R_2)

$$\Delta U''_d \approx p\,\frac{(\ell\omega)I_d}{2\pi} = 6\,\frac{gX_2 I_d}{2\pi} = \frac{3}{\pi}\,.\,gX_2\,I_d\,.$$

Du fait de la conservation de l'énergie la puissance moyenne développée par les f.e.m. secondaire, P_{Mem2}, est la somme (les diodes étant supposées parfaites) :

- de la puissance dissipée par effet Joule dans les enroulements secondaires :

$$P_{JM2} \approx 3\,r_2(I_{M2})^2_{ef}$$

- de la puissance P_R disponible à la sortie du redresseur

$$P_R = \frac{1}{T}\int_0^T u_{dR}(t)\,i_d(t)dt = I_d\,\frac{1}{T}\int_0^T u_{d_R}(t)\,dt = I_d U_{dR}$$

(car $i_d(t) = c^{te} = I_d$).

D'où : $$P_{Mem2} = P_{JM2} + P_R \approx 3r_2(I_{M2})^2_{ef} + U_{dR}\,I_d.$$

Si on néglige les conséquences de l'empiétement en commutation, la valeur efficace $(I_{M2})_{ef}$ des courants secondaires s'exprime, dans le cas d'un pont PD3, en fonction de l'intensité I_d du courant lissé de sortie :

$$(I_{M2})_{ef} = \sqrt{\frac{2}{3}}\,I_d\,.$$

D'où $P_{Mem2} \approx 3r_2(\frac{2}{3}\,I_d^2) + (\frac{3}{\pi}\,E_{M2}\sqrt{6} - \frac{3}{\pi}\,gX_2\,I_d - 2R_2I_d).I_d\,.$

2.2. L'intensité I_d du courant débité par le redresseur est donc solution de l'équation du second degré :

$$(\frac{3}{\pi}\,gX_2 + 2R_2 - 2r_2)I_d^2 - (\frac{3\sqrt{6}}{\pi}\,E_{M2})I_d + P_{Mem2} = 0\,.$$

A.N. : $R_2 = 0{,}342\ \Omega$, $X_2 = 0{,}409\ \Omega$, $r_2 = 0{,}3\ \Omega$, $g = \frac{2}{3}$,

$$E_{M2} = 38{,}5\ V,\ P_{Mem2} = 2294\ W.$$

Les solutions de cette équation valent :

$$I_{d1} = 232{,}9\ A,\ I_{d2} = 28{,}60\ A.$$

La seconde solution est mieux adaptée à notre étude dans la mesure où on prévoit que la machine asynchrone ne pourrait délivrer une forte intensité secondaire en régime de fonctionnement stable.

Donc : $$I_d = 28{,}60\ A.$$

On en déduit la valeur moyenne U_{dR} de la tension redressée par PR :

$$U_{dR} = \frac{3}{\pi} E_{M2} \sqrt{6} - \frac{3}{\pi} g\, X_2 I_d - 2R_2 I_d$$

A.N. : $E_{M2} = 38{,}5\ V$, $g = \frac{2}{3}$, $X_2 = 0{,}409\ \Omega$, $R_2 = 0{,}342\ \Omega$, $U_{dR} = 63{,}04\ V$.

Si on néglige l'incidence des résistances ramenées au secondaire (R_2) la durée τ de l'empiètement en commutation (cf. tome 2 § III.B.III) s'exprime :

$$\omega_2 \tau = \arc\cos\left(1 - \frac{2\ell\omega_2 I_d}{U_2\sqrt{2}}\right)$$

où, ici : $\ell\omega_2 = gX_2\omega$; $\omega_2 = g\omega$, $U_2 = E_{M2}\sqrt{3} = gm_M U$.

Donc $$g\omega\tau = \arc\cos\left(1 - \frac{\sqrt{2}X_2 I_d}{m_M\ U}\right).$$

A.N. : $X_2 = 0{,}409\ \Omega$, $I_d = 28{,}60\ A$, $m_M U = 0{,}25\ 400 = 100\ V$

$$g\omega\tau = 0{,}583\ \text{rad} = 33{,}4°.$$

Comme $g\omega = \frac{2}{3}\ 100\pi = 209{,}4\ \text{rad/s}$

$$\tau = 2{,}78\ \text{ms}.$$

Cette durée est à comparer à la période des f.e.m. et courants secondaires :

$$T_2 = \frac{2\pi}{\omega_2} = \frac{2\pi}{g\omega} = \frac{T}{g} = \frac{1}{gf} = 30\ \text{ms}$$

et à la durée de conduction d'une diode (chaque commutateur comprend $q = 3$ diodes) dans le cas idéal d'un empiètement nul et en régime de conduction ininterrompue :

$$T_c = \frac{T_2}{3} = 10\ \text{ms}.$$

Toujours en négligeant l'influence de R_2 sur la commutation on a établi (tome 2 § III.B.III) que la mise en conduction d'une diode, à partir de la date t_o, s'effectue de telle sorte que l'intensité de son courant direct évolue comme :

$$i = \frac{U_2\sqrt{2}}{2\ell\omega_2}\ (1-\cos(\omega_2(t-t_o))).$$

Dans notre cas $U_2 = gm_M U$ $\ell\omega_2 = gX_2$ $\omega_2 = g\ \omega$.

D'où, si on prend l'origine des temps telle que

$$e_{M2a} = E_{M2}\sqrt{2}\cos(\omega_2 t)$$
$$e_{M2b} = E_{M2}\sqrt{2}\cos(\omega_2 t - \frac{2\pi}{3})$$
$$e_{M2c} = E_{M2}\sqrt{2}\cos(\omega_2 t - \frac{4\pi}{3})$$

on sait que la diode 1 est idéalement conductrice entre les dates $-\frac{T_2}{6}$ et $+\frac{T_2}{6}$ où e_{M2a} est la plus grande des trois f.e.m. ; alors :

$$i_{M2ai} = I_d .$$

La diode 4 est idéalement $(R_2 = 0,\ X_2 = 0)$ conductrice entre les dates $\frac{T_2}{3}$ et $\frac{2T_2}{3}$ où e_{M2a} est la plus négative des trois f.e.m. ; alors :

$$i_{M2ai} = -I_d .$$

D'où l'allure idéale (commutation sans empiétement) de $i_{M2a}(t)$. Si on tient compte des phénomènes d'empiétement, il vient, pour la période de i_{M2a} comprise entre $-\frac{T}{6}$ et $\frac{5T}{6}$:

- pour $-\frac{T_2}{6} \le t < -\frac{T_2}{6} + \tau$ $\quad i_{M2a} = \frac{m_M U}{\sqrt{2}\,X_2}(1 - \cos(g\omega(t + \frac{T_2}{6})))$
- pour $-\frac{T_2}{6} + \tau \le t < \frac{T_2}{6}$ $\quad i_{M2a} = I_d$
- pour $\frac{T_2}{6} \le t < \frac{T_2}{6} + \tau$ $\quad i_{M2a} = I_d - \frac{m_M U}{\sqrt{2}\,X_2}(1-\cos(g\omega(t - \frac{T_2}{6})))$
- pour $\frac{T_2}{6} + \tau \le t < \frac{T_2}{3}$ $\quad i_{M2a} = 0$
- pour $\frac{T_2}{3} \le t < \frac{T_2}{3} + \tau$ $\quad i_{M2a} = -\frac{m_M U}{\sqrt{2}\,X_2}(1-\cos(g\omega(t - \frac{T_2}{3})))$
- pour $\frac{T_2}{3} + \tau \le t < \frac{2T_2}{3}$ $\quad i_{M2a} = -I_d$
- pour $\frac{2T_2}{3} \le t \le \frac{2T_2}{3} + \tau$ $\quad i_{M2a} = -I_d + \frac{m_M U}{\sqrt{2}\,X_2}(1-\cos(g\omega(t - \frac{2T_2}{3})))$
- pour $\frac{2T_2}{3} + \tau \le t < \frac{5T_2}{6}$ $\quad i_{M2a} = 0$

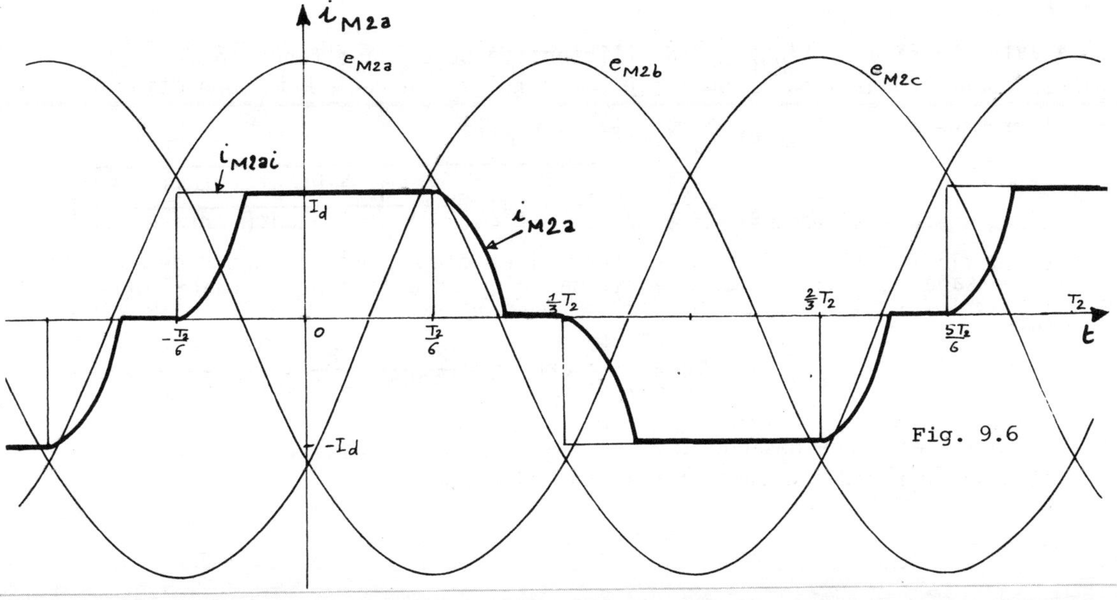

Fig. 9.6

Remarque : des expressions de i_{M2ai} (cas idéal où $R_2 = 0$ et $X_2 = 0$) et i_{M2a} (cas où $R_2 = 0$) on peut déduire les expressions de :

- l'intensité efficace du courant secondaire idéal $(I_{M2i})_{ef}$

$$(I_{M2i})^2_{ef} = \frac{1}{T_2}\int_{-\frac{T_2}{6}}^{+\frac{5T_2}{6}} (i_{M2ai})^2.dt = \frac{2}{T_2}\int_{-\frac{T_2}{6}}^{+\frac{T_2}{6}} I_d^2.dt = \frac{2}{3} I_d^2$$

$$(I_{M2i})_{ef} = I_d\sqrt{\frac{2}{3}} .$$

- l'intensité efficace de la composante fondamentale du courant secondaire idéal, $(I_{M2fi})_{ef}$, dont on voit sur la figure 9.6 qu'elle est nécessairement en phase avec la tension simple associée :

$$i_{M2fai}(t) = (I_{M2fi})_{ef}\sqrt{2}\cos(\omega_2 t)$$

$$(I_{M2fi})_{ef}\sqrt{2} = \frac{2}{T_2}\int_{-\frac{T_2}{6}}^{\frac{5T_2}{6}} i_{M2ai}\cos(\omega_2 t)dt = \frac{2\sqrt{3}}{\pi} I_d .$$

D'où :

$$(I_{M2fi})_{ef} = \frac{\sqrt{6}}{\pi}.I_d .$$

- la composante fondamentale du courant secondaire lorsqu'on tient compte de l'empiètement provoqué par X_2 ; on cherche $i_{M2fa}(t)$ sous la forme :

$$i_{M2fa}(t) = I'_{M2f}\sqrt{2}\cos(\omega_2 t) + I''_{M2f}\sqrt{2}\sin(\omega_2 t)$$

où

$$I'_{M2f} = \frac{\sqrt{3}}{\sqrt{2}\pi}(3 - \cos\omega_2\tau).I_d$$

$$I''_{M2f} = \frac{\sqrt{3}}{\sqrt{2}\pi}\left(\frac{\omega_2\tau - \sin(\omega_2\tau)\cos(\omega_2\tau)}{1 - \cos(\omega_2\tau)}\right).I_d .$$

On peut donc exprimer :

. la valeur efficace $(I_{M2f})_{ef}$ de l'intensité du courant fondamental :

$$(I_{M2f})_{ef} = \sqrt{(I'_{M2f})^2 + (I''_{M2f})^2}$$

$$(I_{M2f})_{ef} = \frac{\sqrt{3}}{\sqrt{2}\pi}\sqrt{(3-\cos(\omega_2\tau))^2 + \left(\frac{\omega_2\tau-\sin(\omega_2\tau)\cos(\omega_2\tau)}{1 - \cos(\omega_2\tau)}\right)^2}\ .I_d$$

. le déphasage φ_{2f} de ce fondamental par rapport à la f.e.m. simple correspondante :

$$\varphi_{2f} = \text{arc tg}\frac{I''_{M2f}}{I'_{M2f}} = \text{arc tg}\left(\frac{\omega_2\tau-\sin(\omega_2\tau)\cos(\omega_2\tau)}{(3-\cos(\omega_2\tau)).(1-\cos(\omega_2\tau))}\right) .$$

- l'intensité efficace des courants secondaires de M dans le cas où on ne néglige pas l'influence de X_2 :

$$(I_{M2})_{ef} = I_d\sqrt{\frac{2}{3}}\sqrt{1 + \frac{3}{\pi(1-\cos(\omega_2\tau))^2}\left[\frac{\omega_2\tau}{2} + \omega_2\tau\cos(\omega_2\tau) - \sin(\omega_2\tau) - \frac{1}{4}\sin(2\omega_2\tau)\right]}$$

A.N. : lorsque $\omega_2\tau = 0{,}583$ rad et $I_d = 28{,}60$ A on trouve :

$$(I_{M2i})_{ef} = 23{,}3 \text{ A} \; ; \; (I_{M2fi})_{ef} = 22{,}3 \text{ A} \; ; \; (I_{M2f})_{ef} = 25{,}5 \text{ A} \; ; \; (I_{M2})_{ef} = 22{,}5 \text{ A}$$

2.3. Analysons la mise en conduction de la diode 1 lorsqu'on tient compte de l'influence de la résistance R_2 et de la réactance gX_2 (à la pulsation $\omega_2 = g\omega$) ramenées au secondaire de la machine M. Prenons, pour simplidier, l'origine des temps à date d'amorçage de la diode 1, c'est-à-dire au début du blocage de la diode 5, c'est-à-dire encore au passage par zéro en croissant de la f.e.m. composée $(e_{M2a} - e_{M2c})$ entre les bornes a et c (date $-\frac{T}{6}$ dans l'ancien repère).

Alors la f.e.m. composée responsable de la commutation s'exprime :

$$e_{M2a} - e_{M2c} = E_{M2}\sqrt{6}\,\sin(\omega_2 t)$$

et la loi des mailles impose que i_{M2a} et i_{M2c} doivent satisfaire à (cf. figure 9.7),

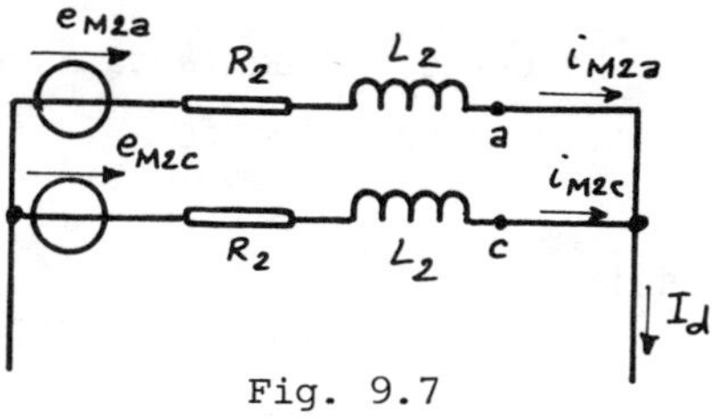

Fig. 9.7

$$e_{M2a} - e_{M2c} = R_2 i_{M2a} + L_2\frac{di_{M2a}}{dt} - L_2\frac{di_{M2c}}{dt} - R_2 i_{M2c}$$

où $L_2 = \frac{gX_2}{g\omega} = \frac{X_2}{\omega}$.

Par ailleurs, la loi des noeuds impose :

$i_{M2a} + i_{M2c} = I_d = C^{te}$ (car la diode 3 est bloquée, l'angle d'empiétement, déjà calculé approximativement, étant inférieur à $\frac{\pi}{3}$).

D'où $\quad \frac{di_{M2a}}{dt} + \frac{di_{M2c}}{dt} = 0.$

On en déduit l'équation différentielle à laquelle doit satisfaire $i_{M2a}(t)$:

$$R_2\, i_{M2a} + L_2\frac{di_{M2a}}{dt} = \frac{E_{M2}\sqrt{6}}{2}\sin(\omega_2 t) + \frac{R_2 I_d}{2} .$$

L'intensité $i_{M2a}(t)$ est donc la superposition :

- de la solution en régime permanent sinusoïdal :

$$i'_{M2a} = \frac{E_{M2}\sqrt{6}}{2Z_2}\sin(\omega_2 t - \varphi_2)$$

où $Z_2 = \sqrt{(R_2)^2 + (gX_2)^2}$ et $\varphi_2 = \text{arc tg}\,\frac{gX_2}{R_2}$.

- de la solution en régime permanent continu :

$$i''_{M2a} = \frac{1}{2}\cdot I_d .$$

- de la solution transitoire

$$i'''_{M2a} = A.e^{-\frac{t}{\theta}} \quad \text{où} \quad \theta = \frac{L_2}{R_2} = \frac{X_2\, g}{R_2 \omega_2} \ .$$

On déduit la valeur de A de la condition initiale : $i_{M2a}(0) = 0$ (imposée par l'inductance L_2 en série avec la diode 1) :

$$A = E_{M2} \frac{\sqrt{6}}{2Z_2} \sin \varphi_2 - \frac{I_d}{2} \ .$$

D'où :

$$i_{M2a}(t) = \frac{E_{M2}\sqrt{6}}{2Z_2} \sin(\omega_2 t - \varphi_2) + \frac{I_d}{2} + \left(\frac{E_{M2}\sqrt{6}}{2Z_2} \sin \varphi_2 - \frac{I_d}{2}\right) e^{-\frac{t}{\theta}}$$

où : $Z_2 = \sqrt{(R_2)^2 + (gX_2)^2}$; $\varphi_2 = \text{arc tg } \frac{gX_2}{R_2}$; $\omega_2\theta = \frac{gX_2}{R_2}$.

Si on revient au repère initial choisi de telle sorte que

$$e_{M2a}(t) = E_{M2} \sqrt{2} \cos(\omega_2 t)$$

$$i_{M2a}(t) = \frac{E_{M2}\sqrt{6}}{2Z_2} \sin(\omega_2(t + \frac{T}{6}) - \varphi_2) + \frac{I_d}{2} + \left(\frac{E_{M2}\sqrt{6}}{2Z_2} \sin \varphi_2 - \frac{I_d}{2}\right) e^{-\frac{t+\frac{T}{6}}{\theta}}$$

est l'expression de $i_{M2a}(t)$ entre les dates $-\frac{T}{6}$ (mise en conduction de la diode 1) et $-\frac{T}{6} + \tau$ (fin de la commutation).

La durée τ de la commutation (empiétement) ou l'angle $\omega_2\tau$ d'empiétement sont donc solution de

$$i_{M2a}(-\frac{T}{6} + \tau) = I_d$$

soit :

$$\omega_2\tau = \varphi_2 + \text{arc sin} \left[\frac{Z_2 I_d}{E_{M2}\sqrt{6}} + \left(\frac{Z_2 I_d}{E_{M2}\sqrt{6}} - \sin \varphi_2\right) e^{-\frac{R_2(\omega_2\tau)}{gX_2}}\right] .$$

A.N. : on cherche par itération la solution de cette boucle de calcul lorsque : $E_{M2} = 38{,}5$ V, $X_2 = 0{,}409\ \Omega$, $R_2 = 0{,}342\ \Omega$, $g = \frac{2}{3}$; d'où aussi :

$$gX_2 = 0{,}273\ \Omega \ ; \quad \varphi_2 = 0{,}673 \text{ rad} \ ; \quad Z_2 = 0{,}437\ \Omega.$$

On trouve :

$$\omega_2\tau = 0{,}563 \text{ rad} = 32{,}28°$$

et donc :

$$\tau = 2{,}69 \text{ ms} \quad \text{car} \quad \omega_2 = g\omega = \frac{2}{3}\, 100\, \pi \text{ rad/s} .$$

Le calcul approché effectué en négligeant l'incidence de R_2 et qui donnait (question 2.2.) :

$$\omega_2\tau = g\omega\tau = 0{,}583 \text{ rad} \ ; \ \tau = 2{,}78 \text{ ms}$$

introduisait donc une erreur inférieure (relativement) à 5 %.

On peut simplifier la recherche de la composante fondamentale de l'intensité $i_{M2a}(t)$ en exprimant cette intensité sous la forme :

$$i_{M2a}(t) = i_{M2ai}(t) + (i_{M2a}(t) - i_{M2ai}(t))$$

(cf. figure 9.8). Compte-tenu du choix de l'origine des temps la composante fondamentale de $i_{M2ai}(t)$ (cas idéal où $R_2 = 0$ et $X_2 = 0$) s'exprime :

$$i_{M2fi}(t) = (I_{M2fi})_{ef}\,\sqrt{2}\cos(\omega_2 t) = \frac{2\sqrt{3}}{\pi} I_d \cos(\omega_2 t).$$

La composante fondamentale de $(i_{M2a}(t) - i_{M2ai}(t))$ va s'exprimer sous la forme :

$$i_{M2fd}(t) = I'_{M2fd}.\sqrt{2}\cos(\omega_2 t) + I''_{M2fd}.\sqrt{2}\sin\omega_2 t$$

où

$$I'_{M2fd}\sqrt{2} = \frac{2}{T_2}\int_0^{T_2}(i_{M2a} - i_{M2ai})\cos(\omega_2 t)dt$$

$$I''_{M2fd}\sqrt{2} = \frac{2}{T_2}\int_0^{T_2}(i_{M2a} - i_{M2ai})\sin(\omega_2 t)dt .$$

On voit que la calcul de ces coefficients fait apparaître plusieurs fois le même calcul élémentaire de l'intégrale du produit d'une fonction sinusoïdale par une "pointe" de $(i_{M2a} - i_{M2ai})$.

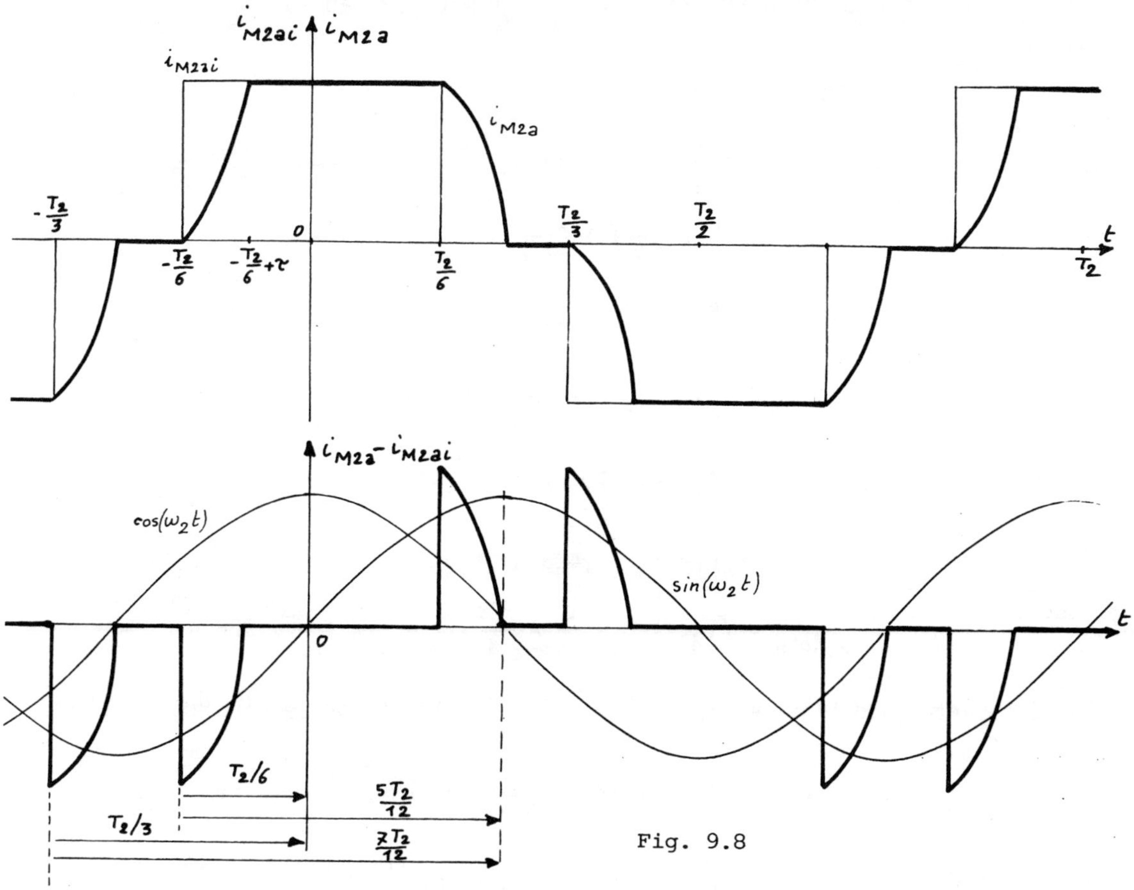

Fig. 9.8

Si donc on introduit la fonction $A(t_1)$ telle que :

$$A(t_1)=\frac{1}{T}\int_{-t_1}^{-t_1+\tau}[E_{M2}\frac{\sqrt{6}}{2Z_2}\sin(\omega_2(t+t_1)-\varphi_2)+(\frac{E_{M2}\sqrt{6}}{2Z_2}\sin\varphi_2-\frac{I_d}{2})e^{-\frac{t+t_1}{\theta}}-\frac{I_d}{2}]\cos(\omega_2 t)dt$$

on voit que $I'_{M2fd}\sqrt{2} = 4.A\,(\frac{T_2}{6}) + 4A\,(\frac{T_2}{3})$

$I''_{M2fd}\sqrt{2} = 4.A\,(\frac{5T_2}{12}) + 4A\,(\frac{7T_2}{12}).$

Le calcul de $A(t_1)$ donne :

$$A(t_1) = \frac{1}{2\pi}\Big[-\frac{I_d}{2}(\sin(\omega_2\tau-\omega_2 t_1)+\sin(\omega_2 t_1)) + \frac{E_{M2}\sqrt{6}}{8Z_2}\,(\cos(\varphi_2+\omega_2 t_1)-\cos(2\omega_2\tau-\varphi_2-\omega_2 t_1)$$

$$+\,2(\omega_2\tau)\sin(\omega_2 t_1-\varphi_2)) + \frac{(\frac{E_{M2}\sqrt{6}}{2Z_2}\sin(\varphi_2) - \frac{I_d}{2})(\omega_2\tau)}{1+(\omega_2\theta)^2}\,(\cos(\omega_2 t_1)+(\omega_2\theta)\sin(\omega_2 t_1)$$

$$-\,(\cos(\omega_2\tau-\omega_2 t_1) - (\omega_2\theta)\,\sin(\omega_2\tau - \omega_2 t_1))\,\exp(-\,\frac{\omega_2\tau}{\omega_2\theta}))\Big]$$

A.N. : Pour : $E_{M2} = 38{,}5$ V, $I_d = 28{,}60$ A, $Z_2 = 0{,}437\ \Omega$,

$\omega_2\tau = 0{,}563$ rad $\quad \omega_2\theta = \frac{gX_2}{R_2} = 0{,}797$ rad.

on trouve :

$$A(\frac{T_2}{6}) = -\,0{,}998\ \text{A}$$

$$A(\frac{T_2}{3}) = 0{,}477\ \text{A}.$$

D'où $\quad I'_{M2fd} = \frac{4}{\sqrt{2}}\,(A(\frac{T_2}{6}) + A(\frac{T_2}{3}\,)) = -\,1{,}471$ A .

Comme $\quad I_{M2fi} = \frac{\sqrt{6}}{\pi}\ I_d = 22{,}30$ A

on en déduit $(I'_{M2f})_{ef} = |I_{M2fi} + I'_{M2fd}| = 20{,}83$ A .

Par ailleurs :

$$A(\frac{5T_2}{12}) = 1{,}127\ \text{A}$$

$$A(\frac{7T_2}{12}) = 1{,}428\ \text{A}\ .$$

D'où $\quad I''_{M2fd} = (I''_{M2f})_{ef} = \frac{4}{\sqrt{2}}(A(\frac{5T_2}{12}) + A(\frac{7T_2}{12})) = 7{,}228$ A.

La composante fondamentale $i_{M2fa}(t)$ de $i_{M2a}(t)$ s'exprime donc :

$$i_{M2fa}(t) = (I'_{M2f})_{ef}\sqrt{2}\,\cos(\omega_2 t) + (I''_{M2f})_{ef}\sqrt{2}\,\sin(\omega_2 t)\ .$$

On en déduit :

. la valeur efficace de cette composante fondamentale :

$$(I_{M2f})_{ef} = \sqrt{(I'_{M2f})^2_{ef} + (I''_{M2f})^2_{ef}}$$

$$(I_{M2f})_{ef} = 22{,}047\ A.$$

. le déphasage φ_{2f} de cette composante fondamentale par rapport à :

$$e_{M2a}(t) = E_{M2}\sqrt{2}\cos(\omega_2 t)$$

$$\varphi_{2f} = \text{arc tg}\ \frac{(I''_{M2f})_{ef}}{(I'_{M2f})_{ef}} = 0{,}334\ \text{rad}\ (\cos\varphi_{2f} = 0{,}9477).$$

Cette valeur $(I_{M2f})_{ef} = 22{,}05$ A est à comparer à celle obtenue par le diagramme circulaire de la machine M : $I_{M2} = 20{,}5$ A. On voit que les hypothèses simplificatrices que l'on a faites pour calculer la valeur de I_d et l'hypothèse que le moteur se comporte comme en régime sinusoïdal (d'où utilisation du diagramme circulaire des intensités) amènent à un écart (inférieur à 8 % en valeur relative) sensible entre les valeurs efficaces fondamentales de l'intensité des courants secondaires de M que l'on peut déterminer, d'une part par l'analyse du fonctionnement du moteur, d'autre part à partir du fonctionnement du redresseur PR.

3. Troisième partie. Etude de l'onduleur non autonome ONA. Synthèse de la Cascade Hyposynchrone.

3.1. Exprimer en fonction de $U_{T1} = U$, m_T, R_s, X_s et du retard angulaire α à l'amorçage des thyristors du pont ONA, la valeur moyenne $U_{d\alpha}$ de la tension U_{d0} produite à sa sortie en régime ininterrompu de conduction.

3.2. Exprimer et calculer la valeur du retard angulaire α qui permet le fonctionnement désiré de la cascade hyposynchrone. Montrer comment le réglage de α commande la fonctionnement du moteur asynchrone M.

3.3. Etablir, pour la valeur calculée de α, les formes d'ondes de $u_{d0}(t)$, $i_{T2a}(t)$ et $i_{t1A}(t)$ en supposant que :

$$\begin{cases} v_{T1A}(t) = V\sqrt{2}\sin\omega t \\ v_{T1B}(t) = V\sqrt{2}\sin(\omega t - \frac{2\pi}{3}) \\ v_{T1C}(t) = V\sqrt{2}\sin(\omega t - \frac{4\pi}{3}) \end{cases} \quad \text{et donc} \quad \begin{cases} v_{T2a}(t) = m_T V\sqrt{2}\sin\omega t \\ v_{T2b}(t) = m_T V\sqrt{2}\sin(\omega t - \frac{2\pi}{3}) \\ v_{T2c}(t) = m_T V\sqrt{2}\sin(\omega t - \frac{4\pi}{3}) \end{cases}$$

où $V = \frac{U}{\sqrt{3}}$ et $\omega = 2\pi.f$.

Analyser l'influence de l'empiètement en commutation et montrer qu'elle est ici négligeable.

3.4. Déterminer la valeur efficace I_{T1} de la composante fondamentale $i_{T1fA}(t)$ de l'intensité $i_{T1A}(t)$ et son déphasage par rapport à la tension simple $v_{T1A}(t)$. Ces résultats sont-ils en accord avec le fonctionnement attendu de ONA ?

3.5. En ne conservant que les termes sinusoïdaux de fréquence f (fréquence du réseau triphasé d'alimentation) déterminer :

- l'expression et la valeur de l'intensité efficace des courants (i_A, i_B, i_C) appelés par la cascade ;
- la valeur du déphasage de ces courants par rapport aux tensions simples correspondantes d'alimentation ; en déduire la valeur du facteur de puissance de la cascade ;
- la valeur de la puissance active absorbée et celle du rendement de l'ensemble.

Conclure en analysant les performances de la Cascade Hyposynchrone.

□

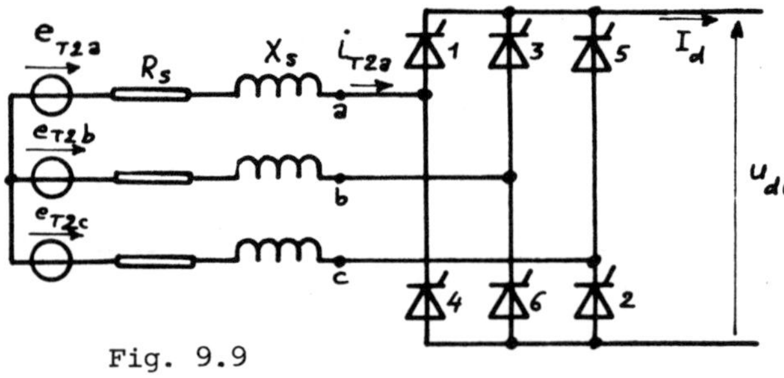

Fig. 9.9

3.1. On sait qu'en régime de conduction ininterrompue un montage tout thyristors (fig. 9.9) idéal (composants parfaits, ligne et transformateur sans résistance ni inductance de fuites) dont les composants sont commandés avec un retard angulaire α (ou un retard dans le temps $\frac{\alpha}{\omega}$) par rapport à leur amorçage naturel (amorçage spontané de diodes disposées à leur place) produit une tension de sortie, côté unidirectionnel, dont la valeur moyenne est le produit de celle de la tension obtenue avec un montage similaire de diodes par le cosinus du retard α à l'amorçage :

$$U_{di\alpha} = U_{dio}.\cos\alpha \qquad \text{où} \qquad U_{dio} = Ud_M \frac{\sin\frac{\pi}{p}}{\frac{\pi}{p}} .$$

Dans notre cas, la valeur maximale U_{dM}. est la valeur maximale d'une tension composée secondaire du transformateur :

$$U_{dM} = U_{T2}\sqrt{2} = m_T\, U_{T1}\sqrt{2} = m_T U\sqrt{2}$$

(car $U_{T1} = U$).

Par ailleurs, un montage PD3 alimenté en triphasé génère une onde $u_d(t)$ d'indice de pulsation $p = 6$; d'où :

$$U_{dio} = m_T\, U\sqrt{2}\,\frac{\sin(\pi/6)}{\pi/6} = \frac{3\sqrt{2}\,m_T}{\pi}.U .$$

Donc :
$$U_{di\alpha} = \frac{3\sqrt{2}\,m_T}{\pi}\,U.\cos\alpha .$$

On a supposé les thyristors parfaits (pas de chute de tension à leurs bornes, en conduction) mais le transformateur T n'est pas parfait. On peut simplifier l'analyse de l'incidence des imperfections de T en séparant leurs effets :
- une chute ohmique de tension en charge due à la résistance R_s (ramenée au secondaire) des enroulements :

$$\Delta U'_{d0} = 2R_s\, I_d$$

(car il y a en permanence deux enroulements secondaires parcourus par le courant continu d'intensité I_d) ;
- une chute de tension en charge due à l'empiétement :

$$\Delta U''_{d0} = \frac{p\ell\omega\, I_d}{2\pi} \quad \text{(cf. § III.C.I.6 du tome 2).}$$

Ici : $p = 6$, $\ell\omega = X_s$: $\Delta U''_{d0} = \frac{6X_s I_d}{2\pi} = \frac{3}{\pi} X_s I_d$.

D'où la valeur moyenne $U_{d\alpha}$ de la tension $u_{d0}(t)$ produite par ONA :

$$U_{d\alpha} = U_{dio} \cos\alpha - 2R_s I_d - \frac{3}{\pi} X_s I_d$$

$$U_{d\alpha} = \frac{3\sqrt{2}}{\pi}.m_T\, U \cos\alpha - (2R_s + \frac{3}{\pi} X_s)\, I_d.$$

3.2. Le couplage (figure 9.10) du redresseur PR et de l'onduleur assité ONA impose à $u_{dR}(t)$ et $u_{d0}(t)$ la relation (loi des mailles) suivante :

$$u_{dR}(t) = u_L(t) - u_{d0}(t)$$

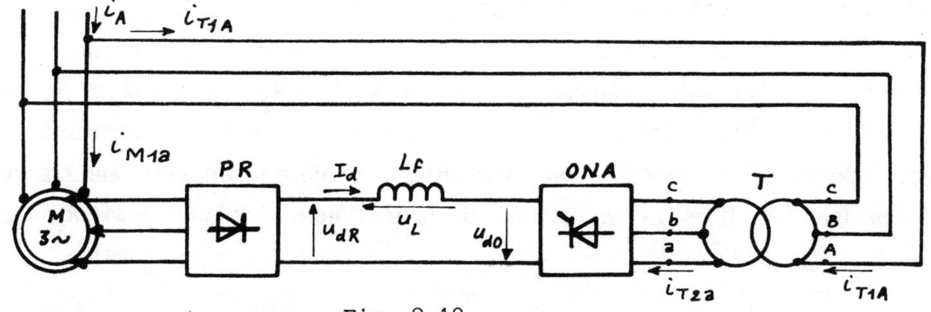

Fig. 9.10

D'où, en valeur moyenne :

$$U_{dR} = U_L - U_{d\alpha} \quad .$$

Si on néglige devant U_{dR} et $U_{d\alpha}$ la chute ohmique de tension due à la résistance de la bobine de filtrage L_f on sait que U_L est nulle lors du régime permanent établi ; en effet

$$U_L = \frac{1}{T}\int_0^T L_f \frac{di_d}{dt} . dt = \frac{L_f}{T}\,[i_d(T) - i_d(0)] = 0$$

car $i_d(0) = i_d(T)$ en régime permanent (périodique) établi.

La loi des mailles (en valeurs moyennes) donne donc :

$$U_{dR} = -U_{d\alpha} = -\frac{3\sqrt{2}}{\pi} m_T U \cos\alpha + (2R_s + \frac{3}{\pi} X_s) I_d .$$

On en déduit la valeur à donner à α lorsque U_{dR}, U, I_d sont connus :

$$\alpha = \arc\cos\left[\frac{\pi}{3\sqrt{2}\, m_T U}\left(-U_{dR} + (2R_s + \frac{3}{\pi} X_s) I_d\right)\right]$$

A.N. : $U_{dR} = 63$ V, $U = 400$ V, $I_d = 28{,}6$ A, $m_T = 0{,}5$,
$R_s = 0{,}2\ \Omega$, $X_s = 0{,}3\ \Omega$
$\cos\alpha = -0{,}160$; $\alpha = 1{,}732$ rad $\approx 99{,}2°$.

Pour comprendre le fonctionnement de la Cascade hyposynchrone on peut rassembler :

- l'expression de U_{dR} en fonction du glissement g de M :

$$U_{dR} = \frac{3\sqrt{2}}{\pi} g\, m_M U - (2R_2 + \frac{3}{\pi} g X_2) I_d .$$

- l'expression de $U_{d\alpha}$ en fonction du retard angulaire α à la commande de ONA :

$$U_{d\alpha} = \frac{3\sqrt{2}}{\pi} m_T U \cos\alpha - (2R_s + \frac{3}{\pi} X_s) I_d .$$

- la relation liant U_{dR} à $U_{d\alpha}$, du fait du couplage de PR et ONA :

$$U_{dR} = -U_{d\alpha} .$$

D'où :

$$\frac{3\sqrt{2}}{\pi} g\, m_M U - (2R_2 + \frac{3}{\pi} g X_2) I_d = -\frac{3\sqrt{2}}{\pi} m_T U \cos\alpha + (2R_s + \frac{3}{\pi} X_s) I_d .$$

On en tire la valeur de g en fonction de α et I_d :

$$g = \frac{1}{m_M U\sqrt{2} - X_2 I_d}\left[-m_T U\sqrt{2}\cos\alpha + \left(\frac{2\pi}{3}(R_2 + R_s) + X_s\right) I_d\right].$$

On voit que le glissement g de la machine M dépend essentiellement du retard angulaire α. Dans le cas idéal où on peut admettre que $R_2 = R_s = 0$ et $X_2 = X_s = 0$ il vient :

$$g = -\frac{m_T}{m_M}\cos\alpha .$$

On voit aussi que U_{dR} ne peut être que positive (du fait des diodes de PR), ce qui implique que $U_{d\alpha}$ sera toujours négative ($U_{d\alpha} = -U_{dR}$) donc $\cos\alpha$ pratiquement toujours négatif ($\frac{\pi}{2} \leq \alpha \leq \pi$) ; g est donc toujours positif et M fonctionnera toujours en-dessous de sa vitesse de synchronisme (d'où le nom de Cascade Hyposynchrone donné à l'ensemble).

On peut donc résumer ainsi le principe du fonctionnement de la cascade :

- la valeur de α règle (pratiquement) celle de $U_{d\alpha}$ (< 0) et donc celle de $U_{dR} = -U_{d\alpha}$ (> 0) ;
- le pont PR ne peut présenter la valeur ainsi fixée de U_{dR} que pour une valeur particulière de $E_{M2} = g m_M \frac{U}{\sqrt{3}}$, donc pour une valeur particulière du glissement g (puisque m_M et U sont fixés) ;

- le moteur M se règle à cette valeur de g car tout écart par rapport à ce régime tend à l'y ramener ; exemple : si le glissement est trop grand (vitesse trop petite) la valeur de U_{dR} est supérieure à celle de $-U_{d\alpha}$, ce qui conduit à une augmentation de I_d, donc de l'intensité des courants rotoriques et statoriques de M ; d'où augmentation du moment du couple moteur (cf. diagramme circulaire des intensités) et accélération de la machine, ce qui diminue le glissement.
- la valeur de l'intensité I_d et celles des intensités des courants secondaires et primaires (de M et de T) dépendent de la puissance disponible au secondaire de M, donc à la fois du glissement g et du moment du couple moteur de M, donc de la charge à entraîner.

3.3. Représentons les tensions secondaires

$$\begin{cases} v_{T2a}(t) = m_T V \sqrt{2} \sin \omega t \\ v_{T2b}(t) = m_T V \sqrt{2} \sin (\omega t - \frac{2\pi}{3}) \\ v_{T2c}(t) = m_T V \sqrt{2} \sin (\omega t - \frac{4\pi}{3}). \end{cases}$$

Elles forment un système triphasé équilibré direct.

On peut aisément déterminer les dates d'amorçage naturel des thyristors du pont ONA, c'est-à-dire les dates où s'enclencheraient des diodes mises à la place de ces composants (cf. figure 9.11).

- le commutateur des thyristors 1-3-5 dont les cathodes sont équipotentielles a pour dates d'amorçage naturel :

. pour T1 : t_{n1} au-delà de laquelle v_{T2a} est supérieure à v_{T2b} et v_{T2c}.
. pour T3 : t_{n3}.
. pour T5 : t_{n5}.

- le commutateur 4-6-2, dont les composants ont leur anode au même potentiel, a pour dates d'amorçage naturel :

. pour T4 : t_{n4} au-delà de laquelle v_{T2a} est inférieure à v_{T2b} et v_{T2c}.
. pour T6 : t_{n6}.
. pour T2 : t_{n2}.

On voit que les composants ont été numérotés de telle sorte que leurs dates d'amorçage naturel se succèdent dans l'ordre : t_{n1}, t_{n2}, t_{n3}, t_{n4}, t_{n5} et t_{n6} (pour un système triphasé direct d'alimentation).

Au régime permanent établi, en conduction ininterrompue, lorsqu'on se prépare à enclencher le thyristor 1 les composant 5 et 6 (derniers thyristors commandés de chaque commutateur) sont conducteurs. On enclenche les thyristors avec un retard angulaire α, c'est-à-dire qu'ils reçoivent leurs signaux de commande aux dates

$$t_1 = t_{n1} + \frac{\alpha}{\omega} \quad \text{pour T1}$$
$$t_2 = t_{n2} + \frac{\alpha}{\omega} \quad \text{pour T2}$$
$$t_3 = t_{n3} + \frac{\alpha}{\omega}$$

etc....

On peut établir la forme d'onde de la tension $u_{DO}(t)$ (cf. figure 9.11) ; exemple : pour t compris entre t_1 et t_2 les thyristors 1 et 6 sont conducteurs et, si on néglige la chute de tension à leurs bornes, on a :

$$u_{dO} = v_{T2a}(t) - v_{T2b}(t) = u_{T2ab}(t) .$$

Dans notre cas, pour $\alpha = 1{,}732$ rad on a un retard à l'amorçage $\frac{\alpha}{\omega} = \frac{\alpha T}{2\pi} = 0{,}275 \times T = 3{,}3 \frac{T}{12}$.

On établit la forme d'onde de $i_{T2a}(t)$ en notant que, d'après la loi des noeuds :

$$i_{T2a}(t) = i(T1) - i(T4).$$

Donc :

$i_{T2a}(t) = I_d$ lorsque T1 conduit $(t_1 \leq t < t_3)$

$i_{T2a}(t) = -I_d$ lorsque T4 conduit $(t_4 \leq t < t_6)$

$i_{T2a}(t) = 0$ lorsque T1 et T4 sont bloqués.

Enfin, pour établir la forme d'onde de $i_{T1A}(t)$ il faut tenir compte de la propriété des transformateurs concernant les courants : au courant magnétisant près l'intensité d'un courant primaire est l'image des composantes sinusoïdales d'un courant secondaire (cf. § III.B.II.2 du tome 2),

$$i_{T1Ai} = m_T (i_{T2a} - I_{T2o})$$

où I_{T2o}, valeur moyenne de $i_{T2a}(t)$ est ici nulle (cf. chronogramme de $i_{T2a}(t)$, figure 9.11).

D'où $i_{T1Ai}(t) = m_T i_{T2a}(t)$.

Remarque : $i_{T1Ai}(t)$ et $i_{T2a}(t)$ sont directement homothétiques du fait du couplage Y_Y0 du transformateur T.

On n'a pas tenu compte d'un éventuel empiêtement lors de la commutation des thryristors. Si on ne tient compte que de l'influence des réactances de fuites X_s (ramenées au secondaire de T) on sait que la durée τ de l'empiêtement s'exprime (voir § III.C.I.6 du tome 2) :

$$\omega\tau = \text{arc cos } (\cos \alpha - \frac{2X_s}{m_T U\sqrt{2}} I_d) - \alpha$$

A.N. : $\alpha = 1{,}732$ rad, $X_s = 0{,}3\ \Omega$, $m_T = 0{,}5$, $U = 400$ V, $I_d = 28{,}6$ A.

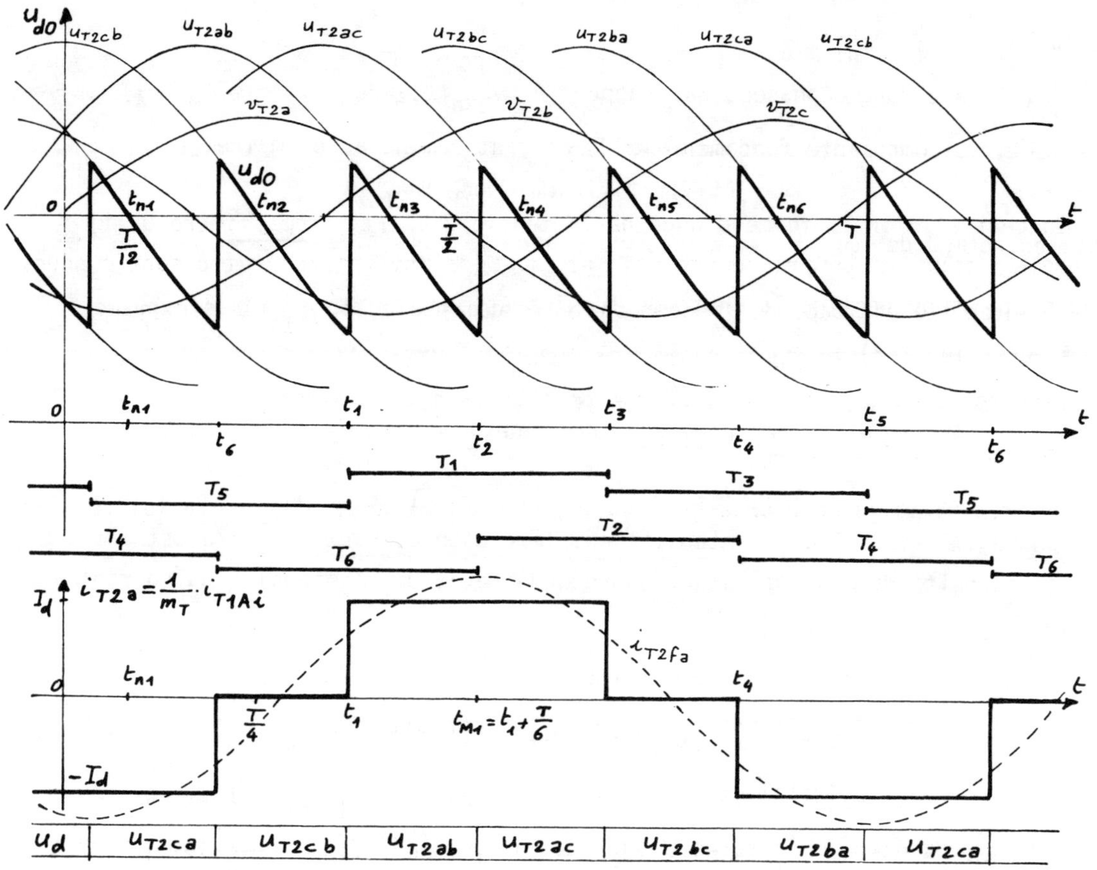

Fig. 9.11

On trouve $\omega\tau = 0{,}0618 \ \text{rad} \approx 3{,}5°$

D'où : $\tau = \frac{\omega\tau}{100\pi} = 0{,}196 \ \text{ms} \approx 0{,}2 \ \text{ms}$.

On peut aisément négliger ces durées devant celle de la conduction idéale d'un thyristor, c'est-à-dire :

$$\frac{2\pi}{3} \ \text{rad} = 2{,}09 \ \text{rad}$$

$$\text{ou} \quad \frac{T}{3} = 6{,}66 \ \text{ms} \ .$$

Nous considérerons donc que $u_{d0}(t)$, $i_{T2a}(t)$ et $i_{T1Ai}(t)$ sont représentés par les chronogrammes idéaux (établis en négligeant l'empiètement de commutation) de la figure 9.11.

3.4. L'analyse du chronogramme de $i_{T2a}(t) = \frac{1}{m_T} i_{T1Ai}(t)$ montre que :

- la composante fondamentale $i_{T2fa}(t) = \frac{1}{m_T} i_{T1fAi}(t)$ de l'intensité $i_{T2a}(t)$ est maximale à la date

$$t_{M1} = t_1 + \frac{T}{6} = t_{n1} + \frac{\alpha}{\omega} + \frac{T}{6}$$

alors que la tension simple secondaire correspondante $v_{T2a}(t)$, est maximale à la date : $\frac{T}{4} = t_{n1} + \frac{T}{6}$.

$i_{T2fa}(t)$ est donc déphasée, par rapport à $v_{T2a}(t)$, de $\varphi_{f2} = \omega(t_{M1} - \frac{T}{4}) = \omega.\frac{\alpha}{\omega} = \alpha$.

De même, la composante fondamentale du courant ramené au primaire,

$$i_{T1Ai}(t) \;;\; i_{T1fAi}(t) = m_T \; i_{T2fa}(t)$$

est en retard de $\varphi_{f1} = \varphi_{f2} = \alpha$ par rapport à $v_{T1A}(t) = \dfrac{v_{T2a}(t)}{m_T}$.

- l'intensité efficace de la composante fondamentale $i_{T2fa}(t)$ s'exprime (cf. question 2.2) :

$$(I_{T2f})_{ef} = \frac{\sqrt{6}}{\pi} I_d \,.$$

D'où l'intensité efficace $(I_{T1f})_{ef}$ des courants ramenés au primaire

$$(I_{T1f})_{ef} = m_T (I_{T2f})_{ef} = \frac{\sqrt{6}}{\pi} m_T \; I_d \,.$$

En régime sinusoïdal l'intensité complexe d'un courant primaire est la somme de l'intensité du courant ramené du secondaire et de l'intensité du courant à vide : $\underline{I}_{T1} = \underline{I}_{T1f} + \underline{I}_{T1o}$.

Soit, en prenant $\underline{V}_1$ comme origine ;

$$\underline{I}_{T1} = [(I_{T1f})_{ef} \,,\, -\varphi_{f1}] + [I_{T1o} \,,\, -\varphi_{T1o}] = [I_{T1}, -\varphi_{T1}] \,.$$

A.N. : $I_d = 28{,}6$ A, $m_T = 0{,}5$, $\varphi_{f1} = \alpha = 1{,}732$ rad : $(I_{T1f})_{ef} = 11{,}15$ A

$I_{T1o} = 0{,}5$ A, $P_{T1o} = 50$ W, $U_{T1o} = 400$ V : $\cos \varphi_{T1o} = \dfrac{P_{T1o}}{\sqrt{3}\; U_{T1o} I_{T1o}} = 0{,}144$.

Soit : $I_{T1} = 11{,}63$ A $\quad \varphi_{T1} = 1{,}72$ rad.

On peut en déduire la puissance active reçue par le transformateur T depuis le réseau triphasé d'alimentation

$$P_{T1} = 3V_{T1} \times I_{T1} \times \cos \varphi_{T1} = \sqrt{3}\; U \times I_{T1} \times \cos \varphi_{T1} \,.$$

En effet, on sait qu'une puissance de valeur moyenne non nulle ne peut être développée que par des couples tension-courant de même fréquence. Les tensions primaires appliquées au transformateur étant sinusoïdales, l'énergie sera transportée par les composantes fondamentales des courants primaires :

A.N. : $U = 400$ V $\quad I_{T1} = 11{,}63$ A $\quad \varphi_{T1} = 1{,}72$ rad $\quad P_{T1} = -\,1{,}190$ kW .

Dans les conventions de mesure adoptées, nous calculons la puissance reçue par le primaire de T. Puisqu'elle est négative $(\frac{\pi}{2} \leq \varphi_{T1} \approx \alpha < \pi)$ cela signifie que T fournit de l'énergie au réseau triphasé d'alimentation . Le pont ONA convertit donc de l'énergie prise à une ligne unidirectionnelle en énergie fournie à une ligne triphasée ; c'est bien un onduleur triphasé ; c'est un onduleur non autonome (ou onduleur assisté) car U et f sont fixées par la ligne triphasée de charge, ligne dont une étude plus détaillée montrerait qu'elle doit nécessairement fournir de l'énergie réactive à l'ensemble transformateur-onduleur.

3.5. Si on ne considère que les composantes sinusoïdales de fréquence f et si on se place côté réseau triphasé d'alimentation on voit en définitive que :

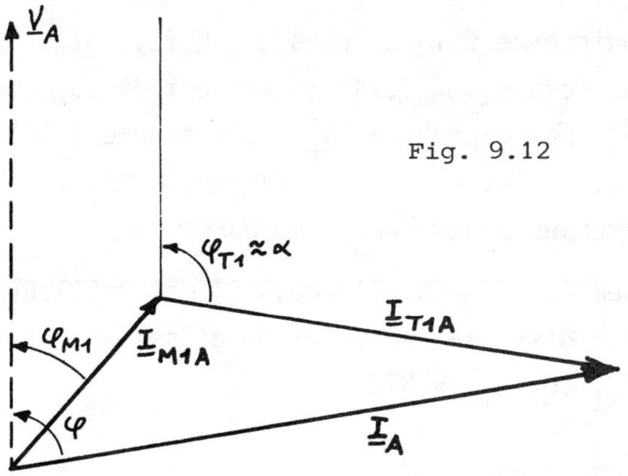

Fig. 9.12

- le moteur M absorbe des courants d'intensité efficace I_{M1} déphasés de φ_{M1} par rapport aux tensions simples correspondantes.
- le transformateur T absorbe des courants d'intensité efficace $I_{T1} \approx (I_{T1f})_{ef}$ déphasés de φ_{T1} par rapport aux tensions simples correspondantes.

D'où l'intensité du courant de ligne associé à la borne A :

$$i_A = i_{M1A} + i_{T1A} .$$

Soit, puisqu'on est en régime sinusoïdal, dans le formalisme complexe

$$\underline{I}_A = \underline{I}_{M1A} + \underline{I}_{T1A} .$$

En prenant $\underline{V}_A$ comme référence de phases on a (cf. figure 9.12) :

$$\underline{I}_A = [I_{M1} , -\varphi_{M1}] + [I_{T1} , -\varphi_{T1}] = [I, -\varphi].$$

A.N. : $I_{M1} = 7,27$ A $\quad \varphi_{M1} = 0,74$ rad
$I_{T1} = 11,63$ A $\quad \varphi_{T1} = 1,72$ rad.

On trouve

$$\underline{I}_A = [16,8 \text{ A}, \ -1,35 \text{ rad}]$$

Donc :

$$I = 16,8 \text{ A}$$
$$\varphi = 1,35 \text{ rad} .$$

On en déduit la valeur du facteur de puissance

$$\cos \varphi \approx 0,22 .$$

En régime sinusoïdal triphasé quilibré la puissance active absorbée s'exprime :

$$P_a = \sqrt{3}\ U\ I \cos \varphi$$

alors que la puissance utile s'écrit :

$$P_u = T_M \Omega = T_M \frac{2\pi n'}{60} = \frac{\pi}{30} T_M n' .$$

D'où le rendement, par définition :

$$\eta = \frac{P_u}{P_a} = \frac{\pi}{30} \cdot \frac{T_M n'}{\sqrt{3}\ U\ I \cos \varphi} .$$

A.N. : $P_a = \sqrt{3}\ 400\ 16,8\ 0,22 = 2,522$ kW, $P_u = \frac{\pi}{30}\ 20\ 500 = 1,047$ kW.

D'où : $\eta = \frac{P_u}{P_a} = 0{,}415 = 41{,}5$ %.

Conclusions :

. Cette cascade présente un facteur de puissance faible ($\cos \varphi = 0{,}22$), plus faible que celui du moteur asynchrone seul ($\cos \varphi_{M1} \approx 0{,}74$) ; ceci est dû au courant $\underline{I}_{T1A}$, très déphasé ($\varphi_{T1} \approx \alpha > \frac{\pi}{2}$) par rapport à $\underline{V}_A$ (cf. figure 9.12). On peut améliorer $\cos \varphi$ en diminuant I_{T1}, c'est-à-dire en diminuant M_T, mais on risque de limiter la plage des vitesses de M réalisables.

. Cette cascade présente un mauvais rendement ($\eta \approx 0{,}42$) mais il est meilleur que si la puissance prélevée au rotor était dissipée (rhéostat de glissement) ; en effet, on aurait alors : $P'_a = \sqrt{3}\, U\, I_{M1} \cos \varphi_{M1} = 3720$ W

et donc:

$$\eta' = \frac{P_u}{P'_a} = \frac{1047}{3720} \approx 28 \%$$

L'ensemble PR-ONA-T récupère donc une partie de l'énergie disponible au secondaire du moteur M, ce qui améliore le rendement.

. Cette cascade permet de régler la vitesse de rotation quelle que soit la charge entraînée, ce que ne permet pas un rhéostat de glissement qui ne réalise des glissements importants qu'aux forts couples moteurs.

Bibliographie

Pour approfondir la théorie sur certains points (niveau Ecoles d'ingénieurs) :

CAHEN F., *Electrotechnique* (t. 4). - Gauthiers-Villars.
PICHOIR J., *Cours d'électrotechnique* (t. 3, fasc. 2).- Masson.
CHATELAIN J., *Machines électriques (t.X du Traité d'électricité)*.-Georgi.
SEGUIER G., NOTELET F., *Electrotechnique industrielle*.- Tech. et Doc.

Pour plus ample information - y compris technologique - à un bon niveau (T.S.) (à condition de franchir la barrière du symbolisme mathématique étranger) :

KOSTENKO M.
& PIOTROVSKI L., *Machines électriques* (t. 2) - Editions de Moscou.

Pour informations diverses :

POLOUJADOFF M., *Conversions électromécaniques*. - Dunod.
POLOUJADOFF M., *Machines électriques et réseaux industriels*. - Dunod.
FOUILLE A., *Electrotechnique à l'usage des ingénieurs*. - Dunod.
PILLET E., *Electrotechnique élémentaire*. - Dunod.

Pour informations d'ordre technologique :

KASSATKINE A.
& PEREKALINE M., *Cours d'électrotechnique*. - Editions de Moscou.

Pour s'initier au calcul pratique des machines :

LOUTZKY S. *Calcul pratique des alternateurs et des moteurs asynchrones* - Eyrolles.
LIWSCHITZ M.,
& MARET L., *Calcul des machines électriques* (2 vol.) - SPES (Lausanne) et Dunod.

Pour préciser certains éléments d'électronique de puissance (onduleurs) :

SEGUIER G. *L'électronique de puissance*. - Dunod.

Pour résoudre des problèmes (avec ou sans solutions proposées) :

BORNAND M., *Electronique et électrotechnique. Exercices*. - Vuibert.
BORNAND M., *Problèmes d'électrotechnique avec leurs solutions. Machines en courant alternatif*. - Eyrolles.
FOUILLE A., *Problèmes d'électrotechnique à l'usage des ingénieurs*, (t. 2). - Dunod.

Pour préparer les essais de machines :

ROBERJOT P.
& LOUBIGNAC J., *Electrotechnique appliquée* (t. 1). - Dunod.

INDEX

Imprimé en France par Pollina, 85400 Luçon - n° 64153
N° d'éditeur : 0858-05 — Dépôt légal : novembre 1993